普通高等院校计算机基础教育规划教材·精品系列

微型计算机原理与接口技术

（第四版）

杨立　邓振杰　荆淑霞　等编著

中国铁道出版社有限公司
CHINA RAILWAY PUBLISHING HOUSE CO., LTD.

内 容 简 介

本书以目前流行的微型计算机为对象，将微型计算机基础知识、典型微处理器、寻址方式与指令系统、汇编语言及程序设计、总线技术、存储器系统、输入/输出接口技术、中断技术、通用可编程接口芯片、人机交互设备及接口、D/A 及 A/D 转换器等知识融为一体，内容的组合体现出结构化和模块化，合理形成完整的课程教学体系，突出计算机应用的新知识和新技术。每章均给出导读、小结及思考与练习，为读者学习提供帮助。

本书融入作者多年教学和实践经验，内容由浅入深、循序渐进、重点突出、应用性强；从教学规律和学习习惯出发，合理编排教学内容，全面阐述微型计算机原理与接口技术中必须掌握的基本知识和基本技能，为今后的实际应用奠定扎实基础。

本书适合作为应用型本科院校计算机专业的教材，也可作为高等职业教育、成人教育、在职人员培训、高等教育自学人员和从事微型计算机硬件和软件开发的工程技术人员学习和应用的参考书。

图书在版编目（CIP）数据

微型计算机原理与接口技术/杨立等编著. —4 版. —北京：中国铁道出版社，2016.2（2023.12重印）
普通高等院校计算机基础教育规划教材. 精品系列
ISBN 978-7-113-21419-7

Ⅰ. ①微… Ⅱ. ①杨… Ⅲ. ①微型计算机-理论-高等学校-教材 ②微型计算机-接口技术-高等学校-教材
Ⅳ. ①TP36

中国版本图书馆 CIP 数据核字（2016）第 012018 号

书　　名：微型计算机原理与接口技术
作　　者：杨立　邓振杰　荆淑霞　等

策　　划：刘丽丽　　　　　　　　　　编辑部电话：（010）51873202
责任编辑：周　欣　彭立辉
封面设计：一克米工作室
责任校对：王　杰
责任印制：樊启鹏

出版发行：中国铁道出版社有限公司（100054，北京市西城区右安门西街 8 号）
网　　址：http://www.tdpress.com/51eds/
印　　刷：三河市兴达印务有限公司
版　　次：2003 年 9 月第 1 版　　2006 年 8 月第 2 版　　2009 年 9 月第 3 版
　　　　　2016 年 2 月第 4 版　　2023 年 12 月第 7 次印刷
开　　本：787 mm×1 092 mm　　1/16　印张：21.5　字数：532 千
书　　号：ISBN 978-7-113-21419-7
定　　价：45.00 元

◀ 前言（第四版）

  本书在《微型计算机原理与接口技术（第三版）》的基础上改版，按照应用技术型本科院校各专业对该课程的教学要求来设计课程体系并确定教学内容，让读者能有针对性地学习微型计算机基础知识和应用技能，培养较强的计算机应用能力，为今后从事计算机软硬件系统的设计和开发应用奠定扎实的基础。

  本版教材在保持第三版组织结构的基础上进行了修改和调整，删去一些比较浅显和累赘的知识，修改了部分内容，补充了一些实用知识和应用实例。例如，第 1 章中删除了微型计算机应用的内容，增加了软件系统和软硬件之间关系的表述；将原计算机中的信息表示一节拆分为计算机的数制及其转换、机器数表示、常用编码等 3 节内容；增加了对数据溢出及其判断的讨论。第 2 章中深化了对段寄存器、存储器分段处理、复位信号的理解和应用；增加了 8086 系统有关操作时序的讨论。第 3 章中增加了中断调用类指令的表述。第 4 章中将汇编语言常用伪指令和上机过程两节拆分出来；改换和充实了部分程序设计例题；在高级汇编技术中将重复汇编和条件汇编有关内容进行了分解表述。第 5 章中补充了微机总线结构的讨论及组成图示。第 6 章中增加了高集成度 DRAM、SATA接口、硬盘基本参数以及闪速存储器等内容，利用图示对虚拟存储器进行分析和讨论。第 7 章中增加了 DMA 数据传送过程、选择型和多路型 DMA 控制器以及通道方式的介绍。第 8 章中增加了 8237A 与 CPU 接口电路、与外设接口电路及其应用的分析等内容。第 9章中对单级中断与多级中断、8086 中断处理过程等内容进行了扩充。第 10 章中充实了并行传输的基本概念。第 11 章中修改了串行传输基本概念；修改了 RS-232 相关内容。第 12 章中将原 12.1 节分解为概述、8253 内部结构和引脚功能、8253 初始化及工作方式等 3 节内容；删除了 8253 与系统的连接部分。第 13 章中删除了 CRT 显示器接口编程以及主机与打印机接口的内容。经过这样处理，使本书各章节内容相对独立又相互衔接，形成层次化和模块化的知识体系，兼顾不同层次的需求，具体授课时可根据各专业教学要求在内容上适当取舍。

  本书教学参考学时为 70～80 学时（含实训 20～30 学时）。全书共计 14 章，分别介绍了微型计算机基础知识、典型微处理器、寻址方式与指令系统、汇编语言及程序设计、总线技术、存储器系统、输入/输出接口技术、可编程 DMA 控制器 8237A、中断技术、可编程并行接口芯片 8255A、可编程串行接口芯片 8251A、可编程定时/计数器接口芯片8253、人机交互设备及接口、D/A 及 A/D 转换器等有关知识。

  本书配套有学习指导参考书《微型计算机原理与接口技术学习指导（第四版）》（中

国铁道出版社出版），提供本书各章重点知识复习、典型例题解析、思考与练习题解答，在附录中给出 3 套模拟试题及其解答、DOS 常用命令及出错信息、8086 指令系统、DOS 系统功能调用、BIOS 中断调用等，为课程教学、实践训练和课后复习提供强有力的帮助。

本书注重知识体系的完整和前后内容的有机衔接，突出应用特色，与工程实践相结合，减少过多过深的原理性分析，加大实践教学内容比重。相关概念、理论及应用均以基本要求为主，通过对各章知识点的阐述与分析，做到层次清晰、脉络分明、由浅入深、循序渐进、举一反三、突出实用。

本书适合作为应用型本科院校计算机专业的教材，也可作为高等职业教育、成人教育、在职人员培训、高等教育自学人员和从事微型计算机硬件和软件开发的工程技术人员学习和应用的参考书。

本书由杨立、邓振杰、荆淑霞等编著。编写分工：杨立负责编写第 1~5 章；邓振杰负责编写第 6~9 章；荆淑霞负责编写第 10~14 章。参加本书大纲讨论和部分内容编写工作的还有曲凤娟、金永涛、李杰、王振夺、李楠、邹澎涛、朱蓬华等。全书由杨立负责组织与统稿。

由于编者水平有限，书中不足之处在所难免，敬请广大读者批评指正。

编　者
2015 年 11 月

目 录

微型计算机基础知识 ≪≪

本章阐述了微处理器的产生和发展过程；分析了微型计算机的特点、性能指标及分类；介绍了微型计算机的基本结构、工作原理及系统组成；讨论了计算机中常用数制及其转换、机器数表示、字符编码等基本知识。

通过本章的学习，读者应理解微型计算机的工作特点、基本结构和系统组成；熟悉计算机中数制的表示和相互转换；掌握机器数的表示、字符编码等相关知识，为后续内容的学习打下扎实基础。

1.1 微型计算机概述

1946年2月诞生了世界上第一台电子数字积分计算机（Electronic Numerical Integrator and Calculator，ENIAC）。此后，计算机的发展随着其主要电子部件的演变经历了电子管、晶体管、中小规模集成电路、大规模集成电路和超大规模集成电路等不同时代。

随着社会科技的发展，计算机技术突飞猛进，特别是进入20世纪70年代以后，微型计算机的出现为计算机的广泛应用开拓了更加广阔的前景。其存储容量、运算速度、可靠性、性能价格比等都有很大的突破，同时推出了各种系统软件和应用软件，使其功能不断增强。目前，微型计算机已经渗透到国民经济的各个领域，极大地改变了人们的工作、学习及生活方式，成为信息时代的主要标志。

1.1.1 微处理器的产生和发展

微处理器（Microprocessor）诞生于20世纪70年代初，是将传统计算机的运算器和控制器等部件集成在一块大规模集成电路芯片上作为中央处理部件。

微型计算机以微处理器为核心，配置存储器、输入/输出设备、接口电路和总线等构成。以其体积小、重量轻、价格低廉、可靠性高、结构灵活、适应性强和应用面广等一系列优点，占领了计算机市场并得到广泛应用，成为现代社会中不可缺少的重要工具。

按照字长和功能划分，微处理器经历了以下6代的演变。

1. 第1代：4位和8位低档微处理器

Intel公司在1971年开发出字长4位的微处理器芯片4004，它集成了2 300多个晶体管，时钟频率108 kHz，每秒可进行6万次运算，寻址空间640 B，指令系统比较简单，价格较低廉，由它组成的MCS-4计算机是世界上第一台微型计算机。

随后Intel公司研制出字长8位的8008微处理器，采用PMOS工艺，基本指令48条，时钟频率500 kHz，集成度3 500晶体管/片，以它为核心组成MCS-8微型计算机。

这一阶段的微型计算机主要用于算术运算、家用电器及简单的控制等。

2．第2代：8位中高档微处理器

1974年，Intel公司推出新一代8位微处理器芯片8080，采用NMOS工艺，集成6 000个晶体管，时钟频率2 MHz，指令系统比较完善，寻址能力有所增强，运算速度提高了一个数量级。

这一阶段的微型计算机主要用于教学和实验、工业控制、智能仪器等。

3．第3代：16位微处理器

1978年，Intel公司推出16位微处理器芯片8086，采用HMOS工艺，集成29 000个晶体管，时钟频率5 MHz/8 MHz/10 MHz，寻址空间1 MB。其间，Intel公司又推出8086一个简化版本8088，时钟频率4.77 MHz，将8位数据总线独立出来，减少了引脚，成本也较低。

1979年，IBM公司采用Intel的8086与8088推出了个人计算机（IBM PC），PC时代从此诞生。

1982年2月，Intel公司推出超级16位微处理器芯片80286，集成度13.4万晶体管/片，时钟频率20 MHz，各方面的性能有了很大提高，其24位地址总线可寻址16 MB地址空间，还可访问1 GB虚拟地址空间，能够实现多任务并行处理。

这一阶段的微型计算机在数值计算、数据处理、信息管理、过程控制和智能化仪表等诸多方面都得到了广泛的应用。

4．第4代：32位微处理器

1985年10月，Intel公司推出32位微处理器芯片80386，集成27.5万个晶体管，时钟频率33 MHz，数据总线和地址总线均为32位，具有4 GB物理寻址能力。由于在芯片内部集成了分段存储管理部件和分页存储管理部件，能管理高达64 TB的虚拟存储空间。

1989年4月，Intel公司推出80486微处理器，芯片内集成120万个晶体管，不仅把浮点运算部件集成进芯片内，同时还把一个8 KB高速缓冲存储器（Cache）也集成进CPU芯片。同时，80486微处理器的兼容性也得到更大的提高。

5．第5代：超级32位Pentium微处理器

1993年3月，Intel公司推出Pentium微处理器芯片（俗称586）。集成310万个晶体管，采用全新体系结构，性能大大高于Intel系列其他微处理器。Pentium系列CPU主频从60 MHz到100 MHz不等，支持多用户、多任务，具有硬件保护功能，支持多处理器系统。

1996年，Intel公司推出高能奔腾（Pentium Pro）微处理器，集成550万个晶体管，内部时钟频率133 MHz，采用独立总线和动态执行技术，处理速度大大提高。

1996年底，Intel公司又推出多能奔腾（Pentium MMX）微处理器，MMX（Multi Media eXtension）技术是Intel公司发明的一项多媒体增强指令集技术，它为CPU增加了57条MMX指令。此外，还将CPU芯片内Cache由原来16 KB增加到32 KB，使处理多媒体的能力大大提高。

1997年5月，Intel公司推出Pentium Ⅱ微处理器，集成750万个晶体管，8个64位MMX寄存器，时钟频率450 MHz，二级Cache达到512 KB，在浮点运算和MMX性能等方面都有明显的增强。

1999年2月，Intel公司推出Pentium Ⅲ微处理器，集成950万个晶体管，时钟频率500 MHz，具有单指令多数据浮点运算部件，语音和图形图像处理能力得到了明显的提高。

2000年3月，Intel公司又推出新一代高性能32位Pentium 4微处理器，采用NetBurst新式处理器结构，可更好地处理互联网用户的需求，在数据加密、视频压缩和对等网络等方面的性能都有较大幅度提高。

Pentium 4 微处理器为因特网、图形处理、数据流视频、语音、3D 和多媒体等多种应用模式提供了强大的功能，由它组成的微型计算机在目前市场上占有较大的份额。

6. 第6代：新一代64位微处理器 Merced

在不断完善 Pentium 系列处理器的同时，Intel 公司与 HP 公司联手开发了更先进的64位微处理器——Merced。

Merced 采用全新结构 IA-64（Intel Architecture-64）设计，IA-64 采用了长指令字（LIW）、分支预测、推理装入和其他一些先进技术，有64位寻址能力和64位宽的寄存器，能使用一百万 TB 的地址空间，足以运算企业级或超大规模的数据库任务，64位宽的寄存器可使 CPU 浮点运算达到非常高的精度。IA-64 还允许处理器上有更多的空间用于执行指令——更多的执行单元、更多的寄存器和更多的高速缓存。

作为64位处理器架构，IA-64 代表了一种新型微处理器的发展方向，基于 IA-64 的处理器可提供更高的指令级并行性（ILP）。IA-64 架构的广泛资源、固有可扩展性和全面兼容性，将使它成为可支持更高性能的服务器和工作站的新一代处理器系统架构。

总体来看，未来的计算机将以超大规模集成电路为基础，向巨型化、微型化、网络化与智能化的方向发展。

（1）巨型化：指计算机的运算速度更快、存储容量更大、功能更强。巨型计算机其运算速度可达每秒百亿次。

（2）微型化：微型计算机已进入仪器仪表、家用电器等小型仪器设备中，同时也作为工业控制过程的心脏，使仪器设备实现智能化控制。随着微电子技术的进一步发展，笔记本型、掌上型等微型计算机会以更优的性能价格比受到人们的欢迎。

（3）网络化：计算机网络是现代通信技术与计算机技术相结合的产物。计算机网络已在现代企业的管理中发挥着越来越重要的作用，如银行系统、商业系统、交通运输系统等。

（4）智能化：智能化是计算机发展的一个重要方向，新一代计算机将可模拟人的感觉行为和思维过程的机理，进行看、听、说、想、做，具有逻辑推理、学习与证明的能力。

1.1.2 微型计算机分类

微型计算机可按照 CPU 的字长、使用形态等划分类别。

1. 按照 CPU 的字长来分类

微型计算机的性能主要取决于微处理器，按照微处理器能够处理的数据字长作为分类标准，有以下几种类别：

（1）4位微型计算机：CPU 字长为4位，系统并行传送的数据位为4位。

（2）8位微型计算机：CPU 字长为8位，系统并行传送的数据位为8位。在计算机中，通常将8位二进制数称为1字节。

（3）16位微型计算机：采用高性能的16位微处理器作为其 CPU，系统并行传送的数据位为16位。

（4）32位微型计算机：采用32位微处理器组成，这是当前使用最多的微型计算机，系统并行传送的数据位可达到32位。

（5）64位微型计算机：采用64位微处理器组成，这是当前性能最优的微型计算机，采用了被称为"显示并行指令计算"的指令架构。

2．按照微型计算机的利用形态来分类

（1）单片微型计算机：在一个芯片上包括CPU、RAM、ROM及I/O接口电路的完整计算机功能的电路。由于集成度的关系，其存储容量有限，I/O电路也不多，所以通常用于一些专用的小系统中。

（2）单板微型计算机：一种将微处理器和一定容量的存储器芯片及I/O接口电路等大规模集成电路组装在一块印制电路板上的微型计算机。通常，在这块板上还包含固化在ROM中的容量不大的监控程序，以及配置一些典型的外围设备。

（3）位片式微型计算机：采用多片双极型位片组合而成的CPU，处理速度较高。由于双极型工艺集成度较低，功耗较大，因此在一个单片上的位数不可能做得很多。位片式微处理器以位为单位构成CPU芯片，常用多片位片式微处理器构成高速、分布式系统和阵列式系统。

（4）微型计算机系统：将包含CPU、RAM、ROM和I/O接口电路的主板及其他若干块印制板电路，如存储器扩展板、外设接口板、电源等组装在一个机箱内，构成一个完整的、功能更强的计算机装置，称为微型计算机系统。该系统中还配有磁盘、光盘等外部存储器，配有键盘、显示器等人机对话工具和打印机、扫描仪等外围设备，并且有丰富的系统软件和应用软件的支持。

1.1.3　微型计算机特点

微型计算机采用了许多先进的加工工艺和制造技术，其硬件和软件的有机组合，显示出许多突出优点，使得微型计算机从问世以来就得到了极其迅速的发展和广泛的应用，其特点可以概括如下：

1．功能强

微型计算机运算速度快、计算精度高，而且都配有一整套支持其工作的软件，使得微型计算机的处理功能大大增强，满足了各行各业的实际应用。

2．可靠性高

微处理器及其配套系列芯片上可以集成上百万个元件，减少了大量的焊点、连线、接插件等不可靠因素，使其可靠性大大增加。

3．价格低

由于微处理器及其配套系列芯片集成度高，适合大批量生产，因此产品成本低，低廉的价格对于微型计算机的推广和普及是十分有利的。

4．适应性强

由于硬件扩展很方便，在相同的配置情况下，只要对硬件和软件做某些变动就可以适应不同用户对微型计算机系统的要求。而且，微处理器的制造厂家除生产微处理器芯片外，还生产各种与之相配套的支持芯片和提供许多相关支持软件，为计算机用户根据实际需求组成微型计算机应用系统创造了十分有利的条件。

5．体积小、重量轻

微处理器及其配套的支持芯片尺寸都比较小，尤其近几年还大量采用大规模集成专用芯片（ASIC）和通用可编程门阵列（GAL）器件，使得微型计算机的体积明显缩小，重量减轻。随着超大规模集成电路技术的不断发展，今后推出的微处理器集成度将更高，体积将更小，功能将更强。

6．维护方便

微型计算机已逐渐趋于标准化、模块化和系列化，从硬件结构到软件配置都作了比较全面的考虑，采用自检诊断及测试等技术可及时发现系统故障。发现故障后排除故障也比较容易，例如可迅速地更换标准化模块或芯片等。

1.1.4 微型计算机性能指标

为了表示微型计算机的性能好坏，可以采用以下指标来衡量：

1．位（bit）

在计算机中一个二进制位由"0"和"1"两种状态构成，若干个二进制位的组合可表示出计算机中的各种信息。

2．字长

字长指微处理器内部寄存器、运算器、内部数据总线等部件之间传输数据的宽度或位数（二进制数），它是微处理器数据处理能力的重要指标。字长应该是字节的整数倍，如16位、32位、64位等，字长越长精度越高，主存容量也越大。

3．字节（Byte）

字节是计算机中通用的基本存储和处理单元，由8个二进制位组成。

4．字

字是计算机内部进行数据处理的常用单位。16位二进制为1个字，即由2个字节组成1个字。如果是32位的微型计算机则由4个字节组成1个双字。

5．主频

主频也称时钟频率，单位为MHz（兆赫），它决定了微型计算机的处理速度。Pentium系列微型计算机的主频可达到上千兆赫。

6．主存容量

主存容量指主存储器中RAM和ROM的总和，是衡量微型计算机处理数据能力的一个重要指标。

7．可靠性

可靠性指计算机在规定的时间和工作条件下正常工作不发生故障的概率。故障率越低说明可靠性越高。

8．兼容性

兼容性指计算机的硬件和软件可用于其他多种系统的性能，主要体现在数据处理、I/O接口、指令系统等的可兼容性。

9．性能价格比

性能价格化是衡量计算机产品优劣的综合性指标，包括计算机的硬件、软件性能与售价的关系。通常要求计算机具备良好的性价比。

1.2 微型计算机硬件结构及其功能

微型计算机系统包括硬件和软件两大部分。硬件是由电子部件和机电装置所组成的计算机实体，其基本功能是接受计算机程序，并在程序控制下完成信息输入、处理和结果输出等任务；软件是指为计算机运行服务的全部技术资料和各种程序，以保证计算机硬件的功能得以充分发挥。

1.2.1 微型计算机硬件基本结构

通用微型计算机的硬件系统由微处理器、内存储器、外存储器、总线、接口电路、输入/输出设备等部件组成，如图 1-1 所示。

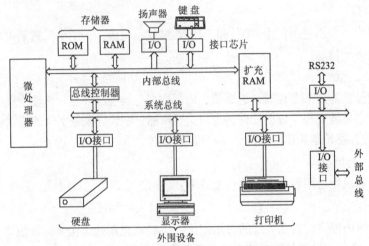

图 1-1　通用微型计算机的硬件系统结构

在图 1-1 中，各部件在计算机内部的信息交换和处理均通过各类总线实现。总线是计算机系统中各部件共享的信息通道，是一条在部件、设备、系统之间传送信息的公共通路，在物理上是一组信号线的集合。微型计算机的各种操作就是计算机内部定向的信息流和数据流在总线中流动的结果。

1.2.2 微型计算机各模块基本功能

按照图 1-1 所示的微型计算机硬件结构，对各主要组成部件的功能分析如下：

1. 微处理器

微处理器是中央处理器（Control Processing Unit，CPU）的一种，是微型计算机的核心部件，它是包含有运算器、控制器、寄存器组以及总线接口等部件的一块大规模集成电路芯片，负责对计算机系统的各个部件进行统一的协调和控制。

（1）运算器（Arithmetic Logic Unit，ALU）：又称为算术逻辑单元，是计算机中加工和处理各种数据的部件，主要完成算术运算和逻辑运算。

（2）控制器（Control Unit）：计算机工作的指挥与控制中心，它能自动地从内存储器中取出指令并将指令转换成控制信号，指挥各部件协同工作。

（3）寄存器组：用来暂存数据和指令等信息的逻辑部件，包括通用寄存器和专用寄存器。由于寄存器的访问速度要比存储器快，所以主要起到数据准备、调度和缓冲的作用。

2. 主存储器

主存储器是微型计算机中存储程序、原始数据、中间结果和最终结果等各种信息的部件。

按其功能和性能，可分为随机存储器和只读存储器，两者共同构成主存储器。通常说内存容量时主要是指随机存储器，不包括只读存储器在内。

（1）随机存储器（Random Access Memory，RAM）：又称为读/写存储器，用于存放当前参与运行的程序和数据。

RAM 的特点是信息可读可写，存取方便，但信息不能长期保留，断电会丢失。关机前要将 RAM 中的程序和数据转存到外存储器上。

（2）只读存储器（Read Only Memory，ROM）：用于存放各种固定的程序和数据，由生产厂家将开机检测、系统初始化、引导程序、监控程序等固化在其中。

ROM 的特点是信息固定不变，只能读出不能重写，关机后原存储的信息不会丢失。

3．系统总线

系统总线是 CPU 与其他部件之间传送数据、地址和控制信息的公共通道。各个部件直接用系统总线相连，信号通过总线相互传送。

根据传送内容的不同可分成以下 3 种总线：

（1）数据总线（Data Bus，DB）：用于 CPU 与主存储器、CPU 与 I/O 接口之间传送数据。数据总线一般为双向总线，其宽度等于计算机的字长。

（2）地址总线（Address Bus，AB）：用于 CPU 访问主存储器和外围设备时传送相关的地址信号。在计算机中，存储器、输入/输出设备等都有各自的地址，地址总线的宽度决定 CPU 的寻址能力。

（3）控制总线（Control Bus，CB）：用于传送或接收 CPU 与主存储器及外围设备之间的控制信号或状态信号。控制信号通过控制总线通往各个设备，使这些设备完成指定的操作。状态信号是各个设备发送至 CPU 的信号。

4．输入/输出接口电路

输入/输出接口电路也称为 I/O（Input /Output）电路，它是微型计算机外围设备交换信息的桥梁。

输入/输出接口电路的特点如下：

（1）接口电路一般由寄存器组、专用存储器和控制电路等组成，当前的控制指令、通信数据及外围设备的状态信息分别存放在专用存储器或寄存器组中。

（2）所有外围设备都通过各自的接口电路连接到微型计算机的系统总线上。

（3）接口电路的通信方式分为并行通信和串行通信。并行通信是将数据各位同时传送，串行通信则使数据一位一位地顺序传送。

5．主机板

由 CPU、RAM、ROM、I/O 接口电路及系统总线组成的计算机装置简称"主机"。主机的主体是主机板，也称系统主板或简称主板，CPU 就安装在其上面。

主板上有 CPU 插座（或插槽）、内存插槽、扩展插槽、主板电源插座、磁盘接口、主控芯片组、BIOS 芯片、CMOS 芯片、跳线或 DIP 开关、电池、各种外围设备输入/输出端口等，如图 1-2 所示。

（1）内存插槽（DIMM）：用来插入内存条。一个内存条上安装有多个 RAM 芯片。

（2）扩展插槽：用来插入各种外围设备的适配卡。选择主板时要注意它的扩展插槽数量和总线标准，前者反映计算机的扩展能力，后者表示对 CPU 的支持程度及对适配卡的要求。

总线扩展插槽类型主要有 PCI、AGP 等。

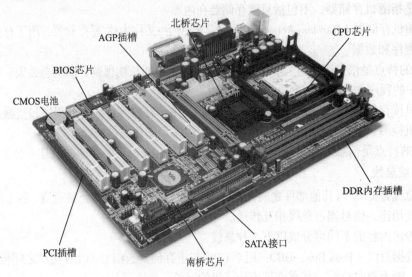

图 1-2　常见微型计算机的主板结构

（3）IDE（Integrated Drive Electronics）：主板与硬盘和光驱等外部存储器之间交换数据的一种接口，也称为 ATA（AT attachment）接口。

（4）SATA 接口：SATA（Serial ATA）是一种采用串行方式传输数据的串行 ATA 接口。SATA 使用嵌入式时钟信号，具备更强的纠错能力和数据传输的高可靠性。串行接口还具有结构简单、支持热插拔的优点。

（5）主控芯片组：指在 BIOS 和操作系统的控制下，按规定的技术标准和规范通过主板为 CPU、内存条、图形卡等部件建立可靠、正确的安装、运行环境，为各种 IDE 接口存储设备以及其他外围设备提供方便、可靠的连接接口。主控芯片组一般分为南桥、北桥芯片。南桥芯片管理 IDE、PCI 总线与硬件监控；北桥芯片负责管理 CPU、AGP 总线以及内存间的数据交流。

（6）BIOS 芯片：BIOS（Basic Input/Output System）是指在 ROM 中固化的"基本输入/输出系统"程序，它是操作系统和硬件之间连接的桥梁，负责在计算机开启时检测、初始化系统设备、装入操作系统并调度操作系统向硬件发出指令。BIOS 程序的性能对主板影响较大，好的 BIOS 程序能充分发挥主板各种部件的功能，并能在不同硬件环境下，方便地兼容运行多种应用软件。

（7）CMOS 电池：负责记忆 CMOS（Complementary Metal Oxide Semiconductor）的各项设置及时钟功能的电力来源。CMOS 中保存了机器的基本信息，如 CPU、存储器和外围设备的种类、规格、当前日期、时间等大量参数，为系统的正常运行提供所需数据。当相关数据出现问题或需要重新设置时，可以在系统启动阶段按【Del】键启动 SETUP 程序，进入修改状态。

（8）跳线及 DIP 开关：跳线是一种起"短接"作用的微型开关，它与多孔微型插座配合使用，可调整某些相关的参数，以扩大主板的通用性。跳线开关是一组微型开关，可实现跳线的短路、开路作用。

6. 辅助存储器

辅助存储器也称为外存，可分为磁盘及光盘存储器。通常由盘片、磁盘（光盘）驱动器和驱动器接口电路组成。

（1）软盘：由盘片、盘套组成，盘片与盘轴连接，上有读/写定位机构，在盘套上设有读/写窗口和写保护块。常见软盘是 3.5 英寸双面高密度磁盘，其容量为 1.44MB。目前，软盘已基本被淘汰。

（2）硬盘：采用金属为基底，表面涂覆有磁性材料，由于刚性较强，所以称为硬盘。硬盘与光盘的比较如表 1-1 所示。

表 1-1　硬盘与光盘的比较

比 较 内 容	硬　　盘	光　　盘
结构特点	多片密封，组合成柱面和扇区	单片，划分磁道和扇区
读/写方式	磁头采用浮动方式工作	通过光盘驱动器内的激光头读取盘片上信息
存储容量	密度高，存储容量大	密度高，存储容量大，可重复擦写
存取速度	旋转速度快，存取速度快	存取速度低于硬盘
使用方式	多安装在机箱内部	可随身携带，使用方便，盘片易于更换
使用寿命和价格	不易损坏，寿命长，价格高	不易损坏，寿命长，价格低

（3）光盘：由于多媒体技术的广泛应用，加上计算机处理大量数据、图形、文字、声像等多种信息能力增强，磁盘存储器容量不足的矛盾日益突出。为此，人们研制出光盘存储器，使用激光进行读/写，比磁盘存储器具有更大的存储容量。由于激光头与介质无接触、没有退磁问题，所以信息保存时间更长。

7．输入/输出设备

计算机中最常用的输入设备是键盘和鼠标，最常用的输出设备是显示器和打印机。

（1）键盘：主要用于输入数据、文本、程序和命令。按照各类按键的功能和排列位置，可将键盘分为打字机键盘、功能键、编辑键和数字小键盘等 4 个主要部分。

（2）鼠标：一种屏幕标定装置，常用的有线鼠标分为机械式和光电式两种。机械式鼠标利用其下面滚动小球在桌面上移动，使屏幕上的光标随着移动，这种鼠标价格便宜，但易沾灰尘，影响移动速度，要经常清洗；光电式鼠标通过接收其下面光源发出的反射光并转换为移动信号送入计算机，使屏幕光标随着移动。光电式鼠标的功能优于机械式鼠标。此外，还有无线鼠标。

（3）显示器：微型计算机中最重要的输出设备，也是人机交互的桥梁。它能以数字、字符、图形、图像等形式显示各种设备的状态和运行结果，编辑各种程序、文件和图形。显示器通过显卡连接到系统总线上，显卡负责把需要显示的图像数据转换成视频控制信号，控制显示器显示该图像。

（4）打印机：也是重要的输出设备，可将计算机的运行结果、信息等打印在纸上。按输出方式可分为行式打印机和串式打印机，前者按"点阵"逐行打印，后者按"字符"逐行打印。目前常用的有针式打印机、喷墨打印机、激光打印机等。

1.3　微型计算机系统

1.3.1　微型计算机系统组成

微型计算机硬件的基本功能是接受计算机程序，并在程序的控制下完成各类信息的输入、输出以及操作处理等功能。在硬件基础上合理地配置软件就构成微型计算机系统，其组成如

图 1-3 所示。

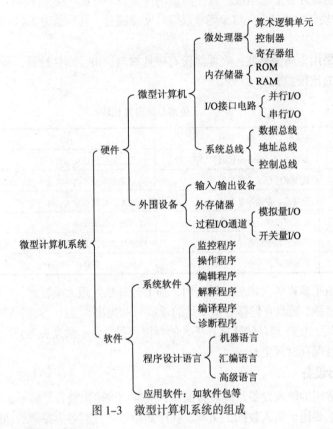

图 1-3 微型计算机系统的组成

1.3.2 微型计算机常用软件

计算机系统只有在配备了完善的软件之后才具有实际使用价值。软件是计算机与用户之间的一座桥梁，是计算机中不可缺少的部分。随着计算机硬件技术的发展，计算机软件也在不断完善。

计算机软件包括系统运行所需的各种程序、数据、文件、手册和有关资料，由系统软件、程序设计语言、应用软件等组成，它们形成层次关系。这里的层次关系是指处在内层的软件要向外层软件提供服务，外层软件必须在内层软件支持下才能运行。

软件系统的组成如图 1-4 所示。

系统软件的主要功能是简化计算机操作，充分发挥硬件功能，支持应用软件的运行并提供服务。它具有两个主要特点：一是通用性，其算法和功能不依赖于特定的用户，无论哪个应用领域都可以使用；二是基础性，其他软件都是在系统软件的支持下进行开发和运行的。

常用软件的主要功能简述如下：

1. 操作系统

操作系统（Operating System，OS）用于控制和管理计算机内各种硬件和软件资源，合理有效地组织计算机系统

用户程序
应用软件
套装软件
语言处理系统
服务型程序
操作系统
计算机硬件

图 1-4 软件系统组成示意

工作，提供用户和计算机系统之间的接口，用户通过操作系统中各种命令调用有关程序来使用计算机。

操作系统具有进程与处理机调度、作业管理、存储管理、设备管理、文件管理等五大功能。

MS-DOS 操作系统是 Windows 出现之前在 IBM 及其兼容机上使用十分广泛的单用户操作系统。由于 MS-DOS 使用字符表示的命令行管理计算机并与用户交换信息，用户需要记住诸多指令，在使用上有一定难度。

目前常用的操作系统是微软的 Windows 系列，诸如 Windows 2000、Windows XP、Windows 7 等版本。它为用户提供了良好的图形界面，便于操作，还提供了方便的网络环境，支持多任务操作等。

2．程序设计语言

程序设计语言是一组专门设计用来生成一系列可被计算机处理和执行的指令的符号集合，人们将需要计算机完成的各种工作编成程序告诉计算机。程序设计语言经历了从机器语言、汇编语言到高级语言等发展历程。

计算机编程最早使用的是机器语言。采用由"0"和"1"组成的二进制代码编写程序，不需任何翻译就能被计算机硬件理解和执行，程序执行效率高。但机器语言编写程序十分困难，容易出错，而且编制的程序也难以阅读。

为使编程人员从烦琐、难以理解的机器语言中解放出来，人们研制了用字母、数字和符号组成的汇编语言来表示机器语言。计算机只能识别二进制编码指令，用汇编语言编写的源程序不能直接被计算机所识别，必须由翻译程序将其编译成机器语言的目标程序才能被计算机识别。

汇编语言与机器语言一样，都是面向机器的语言，用汇编语言编写的程序执行速度快，占用内存小，运行效率也较高，所以常用汇编语言编写系统软件、实时控制程序、外围设备或端口数据的输入/输出程序。

高级语言采用类似英语单词的字符来表达指令，它能够将几条机器语言指令合并为一条高级指令，并与具体的计算机指令系统无关。使用高级语言的好处是无须了解计算机的内部结构。用高级语言编写程序不仅可以提高工作效率，并且易于移植。用高级语言编写的程序必须使用编译程序，将源程序编译成目标程序后才能使用。由于高级语言独立于机器，因此，用高级语言编写程序比较容易，而且通用性好。

3．应用软件

应用软件是使用者、计算机制造商或软件公司为解决某些特定问题而设计的程序，如文字处理、图像处理、财务处理、办公自动化、人事档案管理软件等。目前，市场上已经有各种各样的商品化应用软件包，可供用户合理选择使用，避免了软件编制的重复劳动。

1.3.3 软硬件之间的关系

在计算机技术的发展过程中，软件随硬件技术的迅速发展而发展，反过来，软件的不断发展与完善又促进了硬件的发展。硬件和软件是微型计算机系统互相依存的两大部分，其关系主要体现在以下几方面：

1．硬件和软件相互依存

硬件是软件赖以工作的物质基础，软件的正常工作是硬件发挥作用的唯一途径。计算机系统只有配备了完善的软件系统才能正常工作，才能充分发挥硬件的各种功能。

2．硬件和软件无严格界线

随着技术的不断进步，硬件和软件相互渗透、相互融合，之间的界限变得越来越模糊。原来一些由硬件实现的操作改由软件实现，增强了系统的功能和适应性，称为硬件的软化；原来由软件实现的操作改由硬件完成，显著降低时间上的运行开销，称为软件的硬化。

3．硬件和软件协同发展

计算机软件随着硬件技术的迅速发展而发展，而软件的不断发展与完善又促进了硬件的更新，两者密切地交织发展，缺一不可。

4．固件

固件（Firmware）是指那些存储在能永久保存信息的器件（如 ROM）中的程序，是具有软件功能的硬件。固件的性能指标介于硬件与软件之间，并吸收了软硬件各自的优点，其执行速度快于软件，灵活性优于硬件，可以说是软硬件结合的产物。计算机功能的固件化将成为计算机发展中的一个趋势。

5．软件兼容性

随着元器件制造技术和生产工艺的迅猛发展，新的高性能计算机在不断地研制和生产出来。作为用户，希望在新的计算机系统推出后，原先已开发的软件仍能继续在升级换代后的新型号计算机上使用，这就要求软件具有可兼容性。

由一个厂家生产的，具有相同的系统结构但有不同组成和实现的一系列不同型号计算机称为系列机。主要体现在计算机的指令系统、数据格式、字符编码、中断系统、控制方式和输入/输出操作方式等多个方面保持一致，从而保证软件的兼容性。

1.4 计算机中的数制及其转换

计算机的基本功能是对数据进行加工，计算机内的数字、字符、指令、控制状态、图形和声音等信息都采用二进制编码形式来表示。

在使用上通常把计算机中的数据分为数值型数据和非数值型数据两类，前者用来表示数量的大小，能够进行算术运算等处理操作；后者是字符编码，在计算机中用来描述某种特定的信息。

1.4.1 数制的基本概念

人们最熟悉和最常用的数是十进制数，采用 0～9 共 10 个数字及其进位来表示数的大小。0～9 称为"数码"，全部数码个数称为"基数"，用"逢基数进位"的原则进行计数称为进位计数制。

代表不同数值的各位有不同的"位权"，位权与基数的关系是：位权值等于基数的若干次幂。

例如，十进制数 125.62 可展开为以下多项式：

$$125.62 = 1 \times 10^2 + 2 \times 10^1 + 5 \times 10^0 + 6 \times 10^{-1} + 2 \times 10^{-2}$$

式中的 10^2、10^1、10^0、10^{-1}、10^{-2} 等即为该位的位权，该位的数值等于该位数码与该位权的乘积。

任何一种数制表示的数都可写成按位权展开的多项式之和，其一般形式为：

$$N = d_{n-1}b^{n-1} + d_{n-2}b^{n-2} + \cdots d_0 b^0 + d_{-1}b^{-1} + d_{-2}b^{-2} + \cdots + d_{-m}b^{-m}$$

式中：n 表示整数的总位数；m 表示小数的总位数；d 下标表示该位的数码；b 表示进位制的基数；b 上标表示该位的位权。其中，整数位的上、下标从高到低取值为 $(n-1)$～0，小数位的上下标取值（-1）～（-m）。

为了区分各种计数制的数据，可采用以下两种方法进行书写表达：

（1）在数字后面加写相应英文字母作为标识。

例如：B（Binary）表示二进制数；D（Decimal）表示十进制数（可省略）；H（Hexadecimal）表示十六进制数。

（2）在数字的括号外面加计数制下标，此种方法比较直观。

例如：二进制的11010011可以写成$(11010011)_2$。

表1-2给出了计算机中二、十、十六进制的基数、数码、进位关系和表示方法举例。

表1-2 计算机中二、十、十六进制的基数、数码、进位关系和表示方法举例

计数制	基数	数码	进位关系	表示方法举例
二进制	2	0、1	逢2进1	01011010B 或$(01011010)_2$
十进制	10	0、1、2、3、4、5、6、7、8、9	逢10进1	598D 或$(598)_{10}$ 或 598
十六进制	16	0、1、2、3、4、5、6、7、8、9、A、B、C、D、E、F	逢16进1	7C2FH 或$(7C2F)_{16}$

1.4.2 数制之间的转换

为了方便使用，在计算机中有时需要将不同的数制进行转换，其转换规律总结如表1-3所示。

表1-3 各种计数制之间的转换规律

计数制转换要求	相应转换遵循的规律
十进制整数转换为二进制（或十六进制）整数	采用基数2（或基数16）连续去除该十进制整数，直至商等于"0"为止，然后逆序排列所得到的余数
十进制小数转化为二进制（或十六进制）小数	连续用基数2（或基数16）去乘该十进制小数，直至乘积的小数部分等于0，然后顺序排列每次乘积的整数部分
二、十六进制数转换为十进制数	用其各位所对应的系数，按照"位权展开求和"的方法即可
二进制数转换为十六进制数	从小数点开始分别向左或向右，将每4位二进制数分成1组，不足4位的补0，然后将每组用1位十六进制数表示即可
十六进制数转换为二进制数	将每位十六进制数用4位二进制数表示即可

下面用一些例题来分析各种数制之间的转换方法。

【例1.1】将十进制整数$(103)_{10}$转换为二进制整数。按照转换规律，采用"除2倒取余"的方法，过程如下：

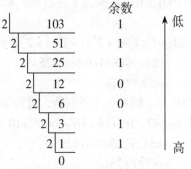

转换结果：$(103)_{10}=(1100111)_2$。

【例 1.2】将十进制小数$(0.8125)_{10}$转换为二进制小数。按照转换规律，采用"乘 2 顺取整"的方法，过程如下：

	整数	
$0.8125 \times 2=1.625$	1	高
$0.625 \times 2=1.25$	1	
$0.25 \times 2=0.5$	0	
$0.5 \times 2=1.0$	1	低

转换结果：$(0.8125)_{10}=(0.1101)_2$

若出现乘积的小数部分一直不为"0"，可根据计算精度的要求截取一定有效位数。

【例 1.3】将十进制整数$(2347)_{10}$转换为十六进制整数。按照转换规律，采用"除 16 倒取余"的方法，过程如下：

		余数	
16	2347	11（十六进制数为B）	低
16	146	2	
16	9	9	高
	0		

转换结果：$(2347)_{10}=(92B)_{16}$。

【例 1.4】将十进制小数$(0.8129)_{10}$转换为十六进制小数。按照转换规律，采用"乘 16 顺取整"的方法，过程如下：

	整数	
$0.8129 \times 16=13.0064$	13（十六进制数为D）	高
$0.0064 \times 16=0.1024$	0	
$0.1024 \times 16=1.6384$	1	
$0.6384 \times 16=10.2144$	10（十六进制数为A）	
$0.2144 \times 16=3.4304$	3	低

转换结果：$(0.8129)_{10}=(0.D01A)_{16}$

转换结果：$(0.8129)_{10}=(0.D01A)_{16}$

本例计算到小数点后第 5 位，四舍五入后精确到该数据的小数点后 4 位数。

【例 1.5】将二进制数$(1011001.101)_2$转换为十进制数。采用按位权展开求和的方法，过程如下：

$$(1011001.101)_2=1 \times 2^6+1 \times 2^4+1 \times 2^3+1 \times 2^0+1 \times 2^{-1}+1 \times 2^{-3}$$
$$=64+16+8+1+0.5+0.125$$
$$=(89.625)_{10}$$

【例 1.6】将十六进制数$(2D7.A)_{16}$转换为十进制数，过程如下：

$$(2D7.A)_{16}=2 \times 16^2+13 \times 16^1+7 \times 16^0+10 \times 16^{-1}$$
$$=512+208+7+0.625$$
$$=(727.625)_{10}$$

【例1.7】将二进制数(1110110010110.010101101)₂转换为十六进制数，从小数点开始分别向左或向右，将每4位二进制数分成一组，过程如下：

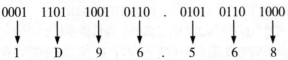

转换结果：(1110110010110.010101101)₂=(1D96.568)₁₆

【例1.8】将十六进制数(72A3.C69)₁₆转换为二进制数，将每位十六进制数用4位二进制数表示，过程如下：

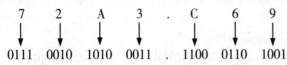

转换结果：(72A3.C69)₁₆=(111001010100011.110001101001)₂

1.5 计算机中机器数的表示

1.5.1 机器数表示方法

在计算机内部表示二进制数的方法称为数值编码，把一个数及其符号在机器中的表示加以数值化，这样的数称为机器数。机器数所代表的数称为该机器数的真值。

要完整地表示一个机器数应综合考虑机器数的范围、机器数的符号和机器数中小数点的位置3个因素。

1. 机器数的范围

机器数的范围由计算机的CPU字长来决定。

字长为8位时，无符号整数的最大值是11111111B=255，机器数范围是0～255。

字长为16位时，无符号整数的最大值是1111111111111111B=FFFFH=65535，机器数范围是0～65 535。

2. 机器数的符号

在算术运算中，数据是有正有负的，称为带符号数。为了在计算机中正确地表示带符号数，规定每个字长的最高位为符号位，并用"0"表示正数，用"1"表示负数。例如，字长为8位二进制数时，D_7为符号位，其余$D_6 \sim D_0$为数值位；字长为16位二进制数时，D_{15}为符号位，其余$D_{14} \sim D_0$为数值位。

3. 机器数中小数点的位置

机器数中小数点的位置通常有两种约定：一种是小数点位置固定不变，该机器数称为"定点数"；另一种是小数点位置可以浮动，该机器数称为"浮点数"。

1.5.2 带符号数的原码、反码、补码表示

1. 原码

原码的表示：规定正数的符号位为0，负数的符号位为1，其他位按照一般的方法来表示数的绝对值。

例如，当机器字长为 8 位二进制数时：

$$X=+1011011B \qquad [X]_{原码}=01011011B$$
$$Y=-1011011B \qquad [Y]_{原码}=11011011B$$

原码表示的整数范围是 $-(2^{n-1}-1) \sim +(2^{n-1}-1)$，其中 n 为机器字长。

通常，8 位二进制原码表示的整数范围是 $-127 \sim +127$；16 位二进制原码表示的整数范围是 $-32\ 767 \sim +32\ 767$。

2. 反码

对于带符号数来说，正数的反码与其原码相同，负数的反码为其原码除符号位以外的各位按位取反。

例如，当机器字长为 8 位二进制数时：

$$X=+1011011B \qquad [X]_{原码}=01011011B \qquad [X]_{反码}=01011011B$$
$$Y=-1011011B \qquad [Y]_{原码}=11011011B \qquad [Y]_{反码}=10100100B$$

负数的反码与负数的原码有很大的区别，反码通常用作求补码过程中的中间形式。反码表示的整数范围与原码相同。

3. 补码

采用补码的目的是为使符号位作为数参加运算，解决将减法转换为加法运算的问题，并简化计算机控制线路，提高运算速度。

补码的表示：正数的补码与其原码相同，负数的补码为其反码在最低位加 1。

例如：
$$X= +1011011B \qquad [X]_{原码}=01011011B \qquad [X]_{补码}=01011011B$$
$$Y= -1011011B \qquad [Y]_{原码}=11011011B \qquad [Y]_{补码}=10100101B$$

补码表示的整数范围是 $-2^{n-1} \sim +(2^{n-1}-1)$，其中 n 为机器字长。8 位二进制补码表示的整数范围是 $-128 \sim +127$，16 位二进制补码表示的整数范围是 $-32\ 768 \sim +32\ 767$。

对于 8 位字长的二进制数，其原码、反码、补码对应关系如表 1-4 所示。

表 1-4　8 位二进制数的原码、反码、补码对应关系

二进制数	无符号数	带符号数		
		原码	反码	补码
00000000	0	+0	+0	+0
00000001	1	+1	+1	+1
…	…	…	…	…
01111111	127	+127	+127	+127
10000000	128	−0	−127	−128
…	…	…	…	…
11111110	254	−126	−1	−2
11111111	255	−127	−0	−1

4. 补码与真值之间的转换

已知某数的真值，可通过补码的定义来完成真值到补码的转换；反之，若已知某数的补码，也可通过以下方法求出其真值。

（1）正数的补码，其真值等于补码的本身。

（2）负数的补码，求其真值时可以除符号位以外将补码的有效值按位求反后在末位加1，即可得到该负数补码对应的真值。

【例1.9】给定$[X_1]_{补码}$=01011001B，求真值X_1；$[X_2]_{补码}$=11011010B，求真值X_2。

（1）由于$[X_1]_{补码}$代表的数是正数，则其真值：

X_1=+1011001B

$= +(1 \times 2^6 + 1 \times 2^4 + 1 \times 2^3 + 1 \times 2^0)$

$= +(64+16+8+1)$

$= +89D$

（2）由于$[X_2]_{补码}$代表的数是负数，则其真值：

$X_2 = -([1011010]_{求反}+1)B$

$= -(0100101+1)B$

$= -(0100110)B$

$= -(1 \times 2^5 + 1 \times 2^2 + 1 \times 2^1)$

$= -(32+4+2)$

$= -38D$

1.5.3 定点数和浮点数的表示

1. 定点数

如果数据采用整数表示，将小数点约定在最低位的右边称为定点整数；如果数据采用纯小数表示，将小数点约定在符号位之后称为定点小数。

需要说明的是，计算机中小数点的位置是假想位置，计算机厂家在设计机器时将数的表示形式约定好，各种部件及运算线路均按约定的形式进行设计。

例如，对于8位字长的计算机，假想小数点的位置可表示为如图1-5所示。

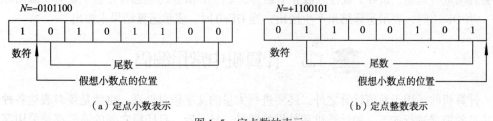

图1-5 定点数的表示

2. 浮点数

如果要处理的数据既有整数部分又有小数部分，可采用浮点数表示。该方法中小数点的位置不固定，可表示的数值范围要比定点数大。

例如，十进制数可表示为：$1428.25 = 0.142825 \times 10^4$；$-0.000012 = -0.12 \times 10^{-4}$

可见，在原数中无论小数点前后各有几位数，它们都可用一个纯小数与10的整数次幂乘积来表示，这就是浮点数的表示方法，也称为科学计数法。

通常，一个二进制数N可以表示为：$N = \pm 2^{\pm P} \times S$

式中，S称为N的尾数，即全部有效数字，2前面"±"号是尾数符号；P称为N的阶码，指明小数点实际位置，2的右上方"±"号是阶码符号。

一般情况下，浮点数在机器中的表示分成两部分，格式如下：

阶符	阶码 P	尾符	尾码 S

阶码 P 表示数的实际小数点相对机器中约定小数点位置的浮动方向：如阶符为负，则实际小数点在约定小数点的左边，反之在右边，其位置由阶码值来确定，尾数符号代表浮点数的符号。所以，阶符和阶码指明了小数点的位置，小数点随着 P 的符号和大小而浮动。

1.5.4 数据溢出及其判断

计算机中，数据运算后得到的结果若超过计算机所能表示的数值范围称为数据溢出。例如，8 位带符号数取值范围是 $-128 \sim +127$，当 $X \pm Y < -128$ 或 $X \pm Y > 127$ 时产生数据溢出，将导致错误的结果。

可采用参加运算的两数和运算结果的符号位来判断是否产生溢出，如果两个正数相加得到的结果为负数，或者两个负数相加得到的结果为正数，则产生数据溢出。

【例 1.10】 已知两个带符号数 $X=01001001$，$Y=01101010$，用补码运算求 $X+Y$ 的结果，并判断其是否会产生溢出。

给定为两个正数，按照补码运算规则可得

$[X]_{补码}=01001001$，$[Y]_{补码}=01101010$

$[X+Y]_{补码}=[X]_{补码}+[Y]_{补码}=01001001+01101010=10110011$

运算结果 10110011 的符号位为 1，表示 X+Y 的值为负数。两个正数相加得到负数显然是错误的，出错原因是由于 $X+Y=73+106=179>127$，超出 8 位带符号数取值范围，产生溢出。

当两数异号时，相加的结果只会变小，所以不会产生溢出。运算结果产生溢出时，计算机会自动进行判断，如对于带符号数算术运算，专门在 CPU 的标志寄存器中设置了溢出标志 OF。当 OF=1 时，表示运算结果产生溢出；当 OF=0 时，表示运算结果未溢出。

1.6 计算机中常用编码

计算机除了用于数值计算之外，还要进行大量的文字信息处理，也就是要对表达各种文字信息的符号进行加工。如计算机和外设的键盘、显示器、打印机之间的通信都是采用字符方式输入/输出的。

目前，最通用的两种字符编码分别是美国信息交换标准代码（ASCII 码）和二–十进制编码（BCD 码）。

1.6.1 美国信息交换标准代码

ASCII（American Standard Code for Information Interchange）码是美国信息交换标准代码的简称，用于给西文字符编码，包括英文字母的大小写、数字、专用字符和控制字符等。这种编码由 7 位二进制数组合而成，可表示 128（2^7）种字符。

ASCII 编码的内容如表 1–5 所示。

表1-5 7位ASCII码编码表

高3位代码		0	1	2	3	4	5	6	7
低4位代码		000	001	010	011	100	101	110	111
0	0000	NUL	DLE	SP	0	@	P	`	p
1	0001	SOH	DC1	!	1	A	Q	a	q
2	0010	STX	DC2	"	2	B	R	b	r
3	0011	ETX	DC3	#	3	C	S	c	s
4	0100	EOT	DC4	$	4	D	T	d	t
5	0101	ENQ	NAK	%	5	E	U	e	u
6	0110	ACK	SYN	&	6	F	V	f	v
7	0111	BEL	ETB	'	7	G	W	g	w
8	1000	BS	CAN	(	8	H	X	h	x
9	1001	HT	EM	)	9	I	Y	i	y
A	1010	LF	SUB	*	:	J	Z	j	z
B	1011	VT	ESC	+	;	K	[	k	{
C	1100	FF	FS	,	<	L	\	l	|
D	1101	CR	GS	-	=	M	]	m	}
E	1110	SO	RS	.	>	N	↑	n	~
F	1111	SI	US	/	?	O	←	o	DEL

ASCII码的特点分析如下：

（1）每个字符的ASCII码由7位二进制数组成（分成高3位和低4位），采用十六进制数表示。例如：

- 换行LF的ASCII码是0AH，回车CR的ASCII码是0DH。
- 数码0~9的ASCII码是30H~39H（注：去掉高4位，即减去30H就是BCD码表示）。
- 大写字母A~Z的ASCII码是41H~5AH。
- 小写字母a~z的ASCII码是61H~7AH。

可见，大小写字母之间ASCII码值相差20H，两者之间的转换很容易实现。

（2）128个字符的ASCII码功能分为94个信息码和34个功能码。

信息码包括10个阿拉伯数字、52个英文大小写字母、32个专用符号，供书写程序和描述命令之用，能显示和打印出来。

功能码在计算机系统中起各种控制作用，它们在表中占前两列，加上SP和DEL，共34个，提供传输控制、格式控制、设备控制、信息分隔控制及其他控制等，这些控制符只表示某种特定操作，不能显示和打印。

表1-5中功能码的含义如表1-6所示。

表1-6 ASCII编码表中功能码的含义

字 符	功 能	字 符	功 能	字 符	功 能
NUL	空	FF	走纸控制	CAN	注销
SOH	标题开始	CR	回车	EM	纸尽
STX	正文结束	SO	移位输出	SUB	减

字　符	功　能	字　符	功　能	字　符	功　能
ETX	本文结束	SI	移位输入	ESC	换码
EOT	传输结束	DLE	数据链换码	FS	文字分隔符
ENQ	询问	DC1	设备控制 1	GS	组分隔符
ACK	承认	DC2	设备控制 2	RS	记录分隔符
BEL	报警符	DC3	设备控制 3	US	单元分隔符
BS	退一格	DC4	设备控制 4	SP	空格
HT	横向列表	NAK	否定	DEL	删除
LF	换行	SYN	空转同步		
VT	垂直制表	ETB	信息组传输结束		

（3）由于微机基本存储单位是 1 个字节，即 8 位二进制数，表达 ASCII 码时也采用 8 位，最高位 D_7 通常作为 "0"。进行数据通信时，最高位 D_7 作为奇偶校验位，用来校验代码在存储和传送过程中是否发生错误。

奇校验时，包括校验位在内的 8 位二进制码中所有 "1" 的个数为奇数。例如字符 "A" 的 ASCII 码是 41H（1000001B），加奇校验位时 "A" 的 ASCII 码为 C1H（11000001B）。

偶校验时，包括校验位在内的 8 位二进制码中所有 "1" 的个数为偶数。例如，字符 "A" 加偶校验时 ASCII 码依然是 41H（01000001B）。

为扩大计算机处理信息的范围，IBM 公司又将 ASCII 码的位数增加了一位，由原来的 7 位变为用 8 位二进制数构成一个字符编码，共有 256 个符号。扩展后的 ASCII 码除原有的 128 个字符外，又增加了一些常用的科学符号和表格线条等。

1.6.2　二–十进制编码——BCD 码

计算机中的数采用二进制形式表示，但人们常常习惯用十进制数来进行数据的输入/输出，BCD（Binary–Coded Decimal）码就是专门解决用二进制数表示十进制数的问题。

最常用的是 8421–BCD 编码，采用 4 位二进制数来表示 1 位十进制数，自左至右每一个二进制位对应的位权是 8、4、2、1。

8421–BCD 编码如表 1–7 所示。

表 1–7　8421–BCD 编码表

十 进 制 数	8421–BCD 编码	十 进 制 数	8421–BCD 编码
0	0000	8	1000
1	0001	9	1001
2	0010	10	0001 0000
3	0011	11	0001 0001
4	0100	12	0001 0010
5	0101	13	0001 0011
6	0110	14	0001 0100
7	0111	15	0001 0101

由于 4 位二进制数有 0000B~1111B 共 16 种状态，而十进制数 0~9 只取 0000B~1001B 的 10 种状态，其余 6 种状态闲置不用。

表 1-7 所示的 BCD 码为压缩 BCD 码（或称组合 BCD 码），其特点是用 4 位二进制数来表示一位十进制数，即 1 个字节表示 2 位十进制数。例如，十进制数 59，采用压缩 BCD 码表示为二进制数是 01011001B。

如采用非压缩 BCD 码（或称非组合 BCD 码）表示，其特点是用 8 位二进制数来表示 1 位十进制数，即 1 个字节表示 1 位十进制数，而且只用每个字节的低 4 位来表示 0~9，高 4 位设定为 0。例如，十进制数 87，采用非压缩 BCD 码表示为二进制数是 00001000 00000111B。

BCD 码可直观地表达十进制数，也容易实现与 ASCII 码的相互转换，方便了数据的输入输出。

本 章 小 结

微型计算机系统包括硬件和软件。硬件主要由 CPU、存储器、系统总线、接口电路及 I/O 设备等部件组成；软件由各种程序和数据组成。衡量一台微型计算机性能的好坏应综合考虑 CPU 芯片、系统主板、存储容量和速度、I/O 接口和外设、配置的系统软件和应用软件以及系统的可靠性与可扩展性等因素，实现最佳的性价比。

计算机内部信息处理主要针对数值型数据和字符型数据。数值型数据可采用二进制、十进制及十六进制数表示，各类数制之间相互转换有特定规律。计算机内部将一个数及其符号数值化表示的方法称为机器数，表示一个完整的机器数需考虑数的范围、符号和小数点位置。机器数中小数点位置固定不变称"定点数"，小数点位置可浮动时称"浮点数"。带符号数在计算机中有原码、反码和补码 3 种表示方法。数据处理时通常采用补码来表示带符号数参加指定运算。运算结果若超过计算机所能表示的数值范围称为数据溢出，可根据两数的符号位或运算结果的标志位来判断结果是否产生溢出。

描述特定字符和信息也需用二进制进行编码，目前普遍采用的是美国信息交换标准代码（ASCII 码）和二–十进制编码（BCD 码）。基本 ASCII 码用 1 个字节中的 7 位对字符进行编码，可表示 128 种字符，最高位是奇偶校验位，用以判别数码传送是否正确。BCD 码专门解决用二进制数表示十进制数的问题，有压缩 BCD 码和非压缩 BCD 码两种表示。

思 考 与 练 习 题

一、选择题

1. 计算机硬件中最核心的部件是（   ）。

   A. 运算器   B. 主存储器   C. CPU   D. 输入/输出设备

2. 微机的性能主要取决于（   ）。

   A. CPU   B. 主存储器   C. 硬盘   D. 显示器

3. 计算机中带符号数的表示通常采用（   ）。

   A. 原码   B. 反码   C. 补码   D. BCD 码

4. 采用补码表示的 8 位二进制数真值范围是（   ）。

   A. −127 ～ +127   B. −127 ～ +128   C. −128 ～ +127   D. −128 ～ +128

5. 大写字母 B 的 ASCII 码是 (　　　)。

    A. 41H　　　　　　　B. 42H　　　　　　　C. 61H　　　　　　　D. 62H

6. 某数在计算机中用压缩 BCD 码表示为 1001 0011，其真值为 (　　　)。

    A. 10010011B　　　　B. 93H　　　　　　　C. 93　　　　　　　D. 147

二、填空题

1. 微处理器是指＿＿＿＿＿；微型计算机以＿＿＿＿＿为核心，配置＿＿＿＿＿构成；其特点是＿＿＿＿＿。

2. 主存容量是指＿＿＿＿＿；是衡量微型计算机＿＿＿＿＿能力的一个重要指标；构成主存的器件通常采用＿＿＿＿＿。

3. 系统总线是＿＿＿＿＿的公共通道；根据传送内容的不同可分成＿＿＿＿＿ 3 种总线。

4. 计算机中的数据可分为＿＿＿＿＿两类，前者的作用是＿＿＿＿＿；后者的作用是＿＿＿＿＿。

5. 机器数是指＿＿＿＿＿；机器数的表示应考虑＿＿＿＿＿ 3 个因素。

6. ASCII 码可以表示＿＿＿＿＿种字符，其中起控制作用的称为＿＿＿＿＿；供书写程序和描述命令使用的称为＿＿＿＿＿。

三、判断题

1. 计算机中带符号数采用补码表示的目的是为了简化机器数的运算。　　　　　　(　　　)

2. 计算机中数据的表示范围不受计算机字长的限制。　　　　　　　　　　　　(　　　)

3. 计算机地址总线的宽度决定了内存容量的大小。　　　　　　　　　　　　　(　　　)

4. 计算机键盘输入的各类符号在计算机内部均表示为 ASCII 码。　　　　　　　(　　　)

四、简答题

1. 微处理器和微型计算机的发展经历了哪些阶段？各典型芯片具备哪些特点？

2. 微型计算机硬件结构由哪些部分组成？各部分的主要功能和特点是什么？

3. 微型计算机系统软件的主要特点是什么？包括哪些内容？

4. 计算机中常用的数制有哪些？如何进行数制之间的转换？

5. ASCII 码和 BCD 码有哪些特点？其应用场合是什么？

五、数制转换题

1. 将下列十进制数分别转换为二进制数、十六进制数和压缩 BCD 码。

    (1) 25.82　　　　　　(2) 412.15　　　　　　(3) 513.46　　　　　　(4) 69.136

2. 将下列二进制数分别转换为十进制数和十六进制数。

    (1) 111001.101　　　(2) 110010.1101　　　(3) 1011.11011　　　(4) 101101.0111

3. 将下列十六进制数分别转换为二进制数、十进制数和 BCD 码。

    (1) 7B.21　　　　　　(2) 127.1C　　　　　　(3) 6A1.41　　　　　　(4) 2DF3.4

4. 写出下列十进制数的原码、反码、补码表示（采用 8 位二进制数）。

    (1) 96　　　　　　　(2) 31　　　　　　　　(3) -42　　　　　　　(4) -115

5. 已知下列补码求出其原值的十进制表示。

    (1) 92H　　　　　　(2) 8DH　　　　　　　(3) B2H　　　　　　　(4) 4C26H

6. 按照字符所对应的 ASCII 码表示，查表写出下列字符的 ASCII 码。

    a、K、G、+、DEL、SP、CR

典型微处理器 ‹‹‹

第2章

微型计算机的核心部件是微处理器，它决定了微型计算机的结构。要掌握微型计算机原理，首先要熟悉微处理器的内部组成及相应功能，理解各部件的工作原理和具备的特点。

本章先针对 Intel 8086 微处理器的体系结构，分析其内、外部特性和工作方式，然后再讨论 Intel 80x86、Pentium 等高档微处理器的组成结构、典型部件及其特点。

通过本章的学习，读者应掌握典型微处理器的内部组成、寄存器结构、外部引脚特性及其作用；熟悉存储器内部组织及 I/O 编址；理解时序和总线操作以及系统的工作方式等知识。

2.1 微处理器性能简介

微处理器是微型计算机的心脏，也是整个硬件系统的控制指挥中心，其职能是执行各种运算和信息处理，控制各部件自动协调地完成规定的各种操作。微型计算机的性能与内部结构和机器的硬件配置直接相关。

2.1.1 处理器主要性能指标

在第 1 章中已经介绍了微型计算机的基本性能指标，除此以外，典型微处理器还有以下主要性能表述：

（1）主频、外频、倍频：主频是微处理器的时钟频率；外频是系统总线的工作频率，即主板的工作频率，可衡量微型计算机外设的工作速度；倍频是指微处理器外频与主频相差的倍数。三者的关系为：主频=外频×倍频。

（2）内存总线速度：存放在外存上的信息都要通过内存再进入微处理器进行处理，内存总线的速度对整个系统性能显得很重要。由于内存和微处理器之间的运行速度存在差异，通常采用二级缓存来协调，这里的内存总线速度是指微处理器与二级高速缓存和内存之间的通信速度。

（3）扩展总线速度：扩展总线指安装在微型计算机系统上的局部总线，如 VESA 和 PCI 总线等，它是微处理器联系各种外围设备的桥梁。扩展总线速度是指 CPU 与扩展设备之间的数据传输速度。

（4）地址总线宽度：决定微处理器可访问的物理地址空间，即微处理器能够使用多大容量的内存。

（5）数据总线宽度：决定微处理器与二级高速缓存、内存以及输入/输出设备之间一次数据传输的信息量，以二进制位数为单位。

（6）高速缓存（Cache）：也是影响微处理器性能的一个重要因素，在微处理器中内置高速缓存可以提高微处理器的运行效率。Cache 的存取速度与微处理器的主频相匹配，可解决快速 CPU 与慢速内存之间的速度问题。

2.1.2 微处理器基本功能

微处理器对整个计算机系统的运行是极为重要的，一般情况下，它应该具有以下四方面的基本功能：

（1）指令控制：也称程序的顺序控制，使计算机中的指令严格按照规定的顺序执行。

（2）操作控制：将计算机指令所产生的一系列控制信号分别送往相应部件，从而控制这些部件按指令的要求完成规定工作。

（3）时间控制：使计算机中各类控制信号严格按照时间上规定的先后顺序进行操作，以完成时序控制和总线操作。

（4）数据加工：完成对数据进行算术运算和逻辑运算等操作，或对其他信息进行处理。

2.2 Intel 8086 微处理器内外部结构

Intel 公司推出的 16 位微处理器 8086 是一种具有代表性的处理器，后续推出的各种微处理器均保持与之兼容。

8086 微处理器使用+5V 电源，40 条引脚双列直插式封装，时钟频率为 5～10 MHz，基本指令执行时间为 0.3～0.6 μs。有 16 根数据线和 20 根地址线，可寻址内存地址空间达 1 MB（2^{20} B）。它通过 16 位内部数据通路与流水线结构结合起来获得较高性能，流水线结构允许在总线空闲时候预取指令，使取指令和执行指令的操作能并行处理。

8086 微处理器具有多重处理能力，能方便地和浮点运算器 8087、I/O 处理器 8089 或其他处理器组成多处理器系统，提高了系统的数据吞吐能力和数据处理能力。

8086 微处理器的特点是采用并行流水线工作方式，通过设置指令预取队列实现；对内存空间实行分段管理；支持多处理器系统，可工作于最小和最大两种工作方式。

2.2.1 8086 微处理器内部结构

8086 微处理器从功能上可划分为两个逻辑单元，即执行部件（Execution Unit，EU）和总线接口部件（Bus Interface Unit，BIU），其内部结构如图 2-1 所示。

1. 执行部件

EU 由算术逻辑单元（ALU）、标志寄存器、数据暂存寄存器、通用寄存器组和 EU 控制电路等部件组成，其功能是负责指令的译码和执行。

计算机按照取指令→指令译码→取操作数→执行指令→存放结果的顺序进行操作。

EU 可不断地从 BIU 指令队列缓冲器中取得指令并连续执行，省去了访问存储器取指令所需时间。如果指令执行过程中需要访问存储器存取数据时，只需将要访问的地址送给 BIU，等待操作数到来后再继续执行。遇到转移类指令时则将指令队列中的后续指令作废，等待 BIU 重新从存储器中取出新指令代码送入指令队列缓冲器，EU 再继续执行指令。

EU 无直接对外的接口，要译码的指令将从 BIU 的指令队列中获取，除了最终形成 20 位物理地址的运算需要 BIU 完成相应功能外，所有的逻辑运算包括形成 16 位有效地址的运算均由 EU 来完成。

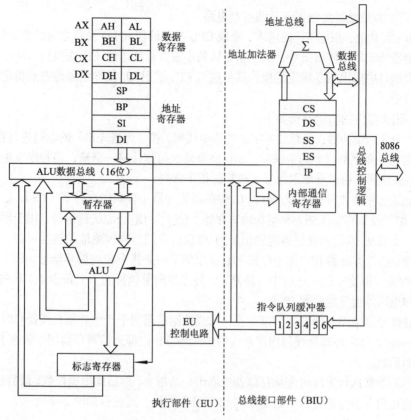

图 2-1　8086 微处理器内部结构

EU 中主要部件的功能分析如下：

（1）算术逻辑单元（Arithmetic Logic Unit，ALU）：ALU 是加工与处理数据的功能部件，可完成 8/16 位二进制数的算术逻辑运算。运算结果通过内部总线送通用寄存器组或 BIU 内部寄存器中以等待写到存储器，此外还影响状态标志寄存器的状态标志位。

（2）通用寄存器组：寄存器是 CPU 内部的高速存储单元，不同的 CPU 配有不同数量、不同长度的一组寄存器。由于访问寄存器比访问存储器快捷和方便，所以各种寄存器用来存放临时的数据或地址，具有数据准备、调度和缓冲等作用。通用寄存器包括 4 个 16 位数据寄存器 AX、BX、CX、DX，可用来寄存 16 位或 8 位数据；4 个 16 位地址指针与变址寄存器 SP、BP、SI、DI。

（3）暂存器：用于暂时存放参加运算的操作数。ALU 可按指令寻址方式计算出寻址单元的 16 位偏移地址（有效地址 EA），送到 BIU 中形成 20 位物理地址，实现对 1 MB 的存储空间寻址。

（4）标志寄存器（FLAG）：反映 CPU 最近一次运算结果的状态特征或存放控制标志。标志寄存器的各标志位记录了指令执行后的各种状态。

（5）EU 控制电路：负责从 BIU 的指令队列缓冲器中取指令、分析指令，然后根据译码结果向 EU 内部各部件发出控制命令以完成指令功能。

2. 总线接口部件（BIU）

BIU 内部设有 4 个 16 位段地址寄存器［代码段寄存器（CS）、数据段寄存器（DS）、堆栈段寄存器（SS）和附加段寄存器（ES）］；1 个 16 位指令指针寄存器（IP）；1 个 6 字节指令队列缓冲器及 20 位地址加法器和总线控制电路。

BIU 的主要功能：根据 EU 的请求，完成 CPU 与存储器或 I/O 设备之间的数据传送。BIU 提供从存储器指定单元取出指令，送至指令队列中或直接传送给 EU 去执行；从存储器指定单元和外设端口中取出指令规定的操作数传送给 EU，或把 EU 操作结果传送到指定存储单元和外设端口中。

BIU 中相关部件的功能分析如下：

（1）指令队列缓冲器：可存放 6 字节的指令代码，按"先进先出"的原则进行存取操作。当队列中出现 1 个字节以上的空缺时，BIU 会自动取指弥补这一空缺；当程序发生转移时，BIU 会废除原队列，通过重新取指来形成新的指令队列。

（2）地址加法器和段寄存器：4 个 16 位的段寄存器［代码段寄存器（CS）、数据段寄存器（DS）、堆栈段寄存器（SS）和附加段寄存器（ES）］与地址加法器组合，用于形成存储器物理地址，完成从 16 位的存储器逻辑地址到 20 位的存储器物理地址的转换运算。

（3）指令指针寄存器 IP：用于存放 BIU 要取的下一条指令段内偏移地址。程序不能直接对 IP 进行存取，但能在程序运行中自动修正，使之指向要执行的下一条指令。某些转移、调用、中断和返回等指令能改变 IP 值。

（4）总线控制电路与内部通信寄存器：总线控制电路用于产生外部总线操作时的相关控制信号，是连接 CPU 外部总线与内部总线的中间环节；内部通信寄存器用于暂存 BIU 与 EU 之间交换的信息。

传统微处理器执行程序时先从存储器中取出一条指令，然后读出操作数，最后执行指令。取指令和执行指令串行进行，取指令期间 CPU 必须等待，其过程如图 2-2 所示。

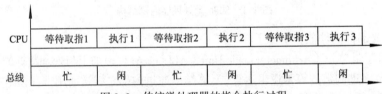

图 2-2　传统微处理器的指令执行过程

8086 中取指令和执行指令分别由 BIU 和 EU 来完成，BIU 和 EU 可并行工作。EU 负责执行指令，BIU 负责提取指令、读出操作数和写入结果。大多数情况下，取指令和执行指令可重叠进行，即在执行指令的同时进行取指令的操作，如图 2-3 所示。

8086 中 BIU 和 EU 采用并行工作方式，减少了 CPU 为取指令而等待的时间，使整个程序运行期间 BIU 总是忙碌的，充分利用了总线，极大地提高了 CPU 的工作效率，加快了整机的运行速度，也降低了 CPU 对存储器存取速度的要求，这成为 8086 的突出优点。

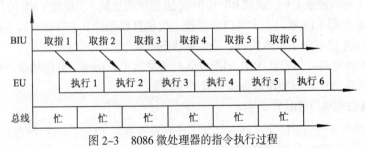

图 2-3　8086 微处理器的指令执行过程

2.2.2 8086 微处理器寄存器结构

CPU 中大部分指令是在寄存器中实现对操作数的预定功能，这些寄存器用来暂时存放参加运算的操作数和运算过程的中间结果。由于不必访问存储器，故提升了数据的读取速度。

8086 微处理器中可供编程使用的有 14 个 16 位寄存器，按其用途分为通用寄存器、控制寄存器和段寄存器 3 类，如图 2-4 所示。

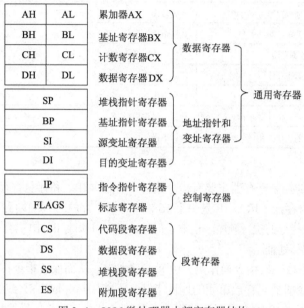

图 2-4 8086 微处理器内部寄存器结构

1. 通用寄存器

8086 微处理器中设置了 8 个通用寄存器，分为数据寄存器、地址指针和变址寄存器两组，操作数可直接存放在这些寄存器中，既可减少访问存储器的次数，又可缩短程序的长度，占用内存空间少，提高了数据处理速度。

（1）数据寄存器：用于存放操作数或中间结果，包括 4 个 16 位寄存器（AX、BX、CX、DX），或将其分成独立的 2 个 8 位寄存器（AH、BH、CH、DH 和 AL、BL、CL、DL）使用，16 位寄存器可存放常用数据和地址，8 位寄存器只存放数据。

（2）地址指针和变址寄存器：用于存放操作数地址的偏移量（被寻址存储单元相对于段起始地址的距离，也称偏移地址），包括地址指针寄存器 SP、BP 和变址寄存器 SI、DI，均为 16 位寄存器，其所保存的偏移地址在 BIU 地址加法器中和段寄存器相加产生 20 位物理地址。

SP 和 BP 用来存取位于当前堆栈段中的数据，入栈（PUSH）和出栈（POP）指令由 SP 给出栈顶偏移地址，称为堆栈指针寄存器；BP 存放堆栈段中数据区基址的偏移地址，称为基址指针寄存器。

SI 和 DI 存放当前数据段偏移地址。源操作数的偏移地址存放于 SI 中，称其为"源变址寄存器"；目的操作数的偏移地址存放于 DI 中，称其为"目的变址寄存器"。

通用寄存器在一定场合有其特定的用法，如 AX 作累加器，BX 作基址寄存器，CX 作计数寄存器，DX 作数据寄存器等。

表 2-1 中给出了一些寄存器在指令中的特定用法。

表 2-1 一些寄存器在指令中的特定用法

寄存器名称	寄存器含义	常用的操作功能
AX	16 位累加器	字乘、字除、字 I/O 处理
AL	8 位累加器	字节乘、字节除、字节 I/O 处理、查表转换、十进制运算
AH	8 位累加器	字节乘、字节除
BX	16 位基址寄存器	查表转换
CX	16 位计数寄存器	数据串操作指令、循环指令
CL	8 位计数寄存器	变量移位、循环移位
DX	16 位数据寄存器	字乘、字除、间接 I/O 处理
SP	16 位堆栈指针寄存器	堆栈操作
SI	16 位源变址指针寄存器	数据串操作指令
DI	16 位目的变址指针寄存器	数据串操作指令

2. 控制寄存器

8086 微处理器的控制寄存器主要有指令指针寄存器（IP）和标志寄存器（FLAGS）。

（1）指令指针寄存器（IP）：IP 是一个 16 位寄存器，存放 EU 要执行的下一条指令偏移地址，用以控制程序中指令的执行顺序。正常运行时，BIU 可修改 IP 中内容，使它始终指向 BIU 要取的下一条指令偏移地址。

一般情况下，每取一次指令操作码，IP 就自动加 1，从而保证指令按顺序执行。应当注意，IP 实际上是指令机器码存放单元的地址指针，不能用指令取出 IP 或给 IP 设置给定值，但可通过某些指令修改 IP 的内容，如转移类指令就可自动将转移目标偏移地址写入 IP 中，实现程序转移。

（2）标志寄存器（FLAGS）：FLAGS 是一个 16 位寄存器，共有 9 个标志，其中 6 个用作状态标志，3 个用作控制标志，如图 2-5 所示。

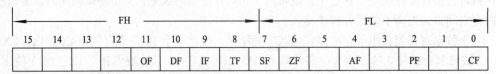

图 2-5 8086 微处理器的标志寄存器 FLAGS

FLAGS 中的状态标志反映 EU 执行算术运算和逻辑运算后的结果特征，这些标志常作为条件转移类指令的测试条件，以控制程序的运行方向。控制标志用来控制 CPU 的工作方式或工作状态，一般由程序设置或由程序清除。这 9 个标志位的含义和特点如表 2-2 所示。

表 2-2 标志寄存器 FLAGS 中标志位的含义和特点

标志类别	标志位	含义	特点	应用场合
状态标志	CF（Carry Flag）	进位标志	CF=1 结果在最高位产生一个进位或借位； CF=0 无进位或借位	主要用于加、减运算，移位和循环指令
	PF（Parity Flag）	奇偶标志	PF=1 结果中有偶数个 1； PF=0 结果中有奇数个 1	用于检查在数据传送过程中是否有错误发生

续表

标志类别	标志位	含 义	特 点	应用场合
状态标志	AF（Auxiliary Carry Flag）	辅助进位标志	AF=1 结果中的低4位产生了一个进位或借位； AF=0 无进位或借位	主要用于实现 BCD 码算术运算结果的调整
	ZF（Zero Flag）	零标志	ZF=1 运算结果为零； ZF=0 运算结果不为零	用于判断运算结果和进行控制转移
	SF（Sign Flag）	符号标志	SF=1 运算结果为负数； SF=0 运算结果为正数	用于判断运算结果和进行控制转移
	OF（Overflow Flag）	溢出标志	OF=1 带符号数运算时产生算术溢出； OF=0 无溢出	主要用于判断运算结果的溢出情况
控制标志	TF（Trap Flag）	陷阱标志	TF=1 CPU 处于单步工作方式； TF=0 CPU 正常执行程序	用于程序调试
	IF（Interrupt-Enable Flag）	中断允许标志	IF=1 允许接受 INTR 发来的可屏蔽中断请求信号； IF=0 禁止接受可屏蔽中断请求信号	用于控制可屏蔽中断
	DF（Direction Flag）	方向标志	DF=1 字符串操作指令按递减顺序从高到低的方向进行处理； DF=0 字符串操作指令按递增的顺序从低到高的方向进行处理	用于控制字符串操作指令的步进方向

对于状态标志，CPU 在进行算术/逻辑运算时，根据操作结果自动将状态标志位置位（置 1）或复位（清 0）；对于控制标志，事先用指令设置，在程序执行时检测这些标志，用以控制程序的转向。

3. 段寄存器

8086 微处理器最大寻址 1 MB 存储空间，但包含在指令中的地址及在指针和变址寄存器中的地址只有 16 位长，而 16 位地址寻址空间为 64 KB，访问不到 1 MB 存储空间，为解决该问题，采用存储器分段技术来实现。

8086 微处理器把 1 MB 存储空间分成若干逻辑段，每个逻辑段长度不超过 64 KB，分别为代码段、堆栈段、数据段和附加段，这些逻辑段互相独立，可在整个空间浮动。

8086 微处理器共有 4 个 16 位段寄存器，存放每一个逻辑段的段起始地址。

（1）代码段寄存器（Code Segment，CS）：CS 存放当前代码段的起始地址。CPU 在取指令时将寻址代码段，其段地址和偏移地址分别由 CS 和 IP 给出。

（2）数据段寄存器（Data Segment，DS）：DS 保存当前数据段起始地址。寻址该段内数据时，可缺省段说明，其偏移地址（有效地址 EA）通过操作数的寻址方式形成。

（3）堆栈段寄存器（Stack Segment，SS）：SS 给出当前程序所使用的堆栈段地址。堆栈是指定存储器中某一特定的存储区域。在堆栈中，信息的存入（PUSH）与取出（POP）过程为"先进后出"方式。堆栈指针 SP 指示栈顶，其初值由程序员设定。

在计算机的各种应用中，堆栈是一种非常有用的数据结构，它为保护和调度数据提供了重要手段。

（4）附加段寄存器（Extra Segment，ES）：ES 保存当前程序使用的附加段数据起始地址。

访问该段内数据时，其偏移地址可通过多种寻址方式来形成，但在偏移地址前需要加上段说明（即段跨越前缀 ES）。

4 个段寄存器的作用及操作类别如表 2-3 所示。

表 2-3　4 个段寄存器的作用及操作类别

段寄存器名称	作　用	操作类别
CS	指向当前代码段起始地址，存放 CPU 可执行的指令	取指令操作
DS	指向程序当前所使用的数据段，存放数据	数据访问操作
SS	指向程序当前所使用的堆栈段，存放数据	堆栈操作
ES	指向程序当前所使用的附加数据段，存放数据	数据访问操作

2.2.3　8086 微处理器外部特性

8086 微处理器采用双列直插式封装形式，具有 40 个引脚，其引脚的排列和引脚信号的标识如图 2-6 所示。

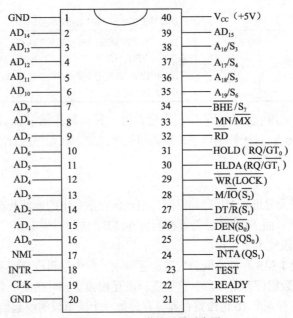

图 2-6　8086 微处理器引脚图

在理解和运用 8086 微处理器引脚时要注意以下几方面：

（1）每个引脚只传送一种特定的信号。

（2）一个引脚电平的高低代表着不同的传递信号。

（3）当 CPU 工作于最小、最大不同模式时其引脚有着不同的名称和定义。

（4）地址和数据分时复用的引脚。

（5）某类特定引脚的输入和输出信号分别传送着不同的信息。

8086 微处理器具有 16 条数据总线、20 条地址总线，地址/数据总线采用分时复用，即一部分引脚具有双重功能。例如，$AD_{15} \sim AD_0$ 这 16 个引脚，有时输出地址信号，有时可传送数据信号。

为适应不同的应用环境，8086 有两种工作方式，最大工作方式（MN/$\overline{\text{MX}}$ =0）和最小工作方式（MN/$\overline{\text{MX}}$ =1），可通过第 33 条引脚 MN/$\overline{\text{MX}}$ 来控制。最大工作方式适用于多微处理器组成的大系统，最小工作方式适用于单微处理器组成的小系统。

8086 微处理器的引脚功能按其作用可分为以下 5 类：

1．地址/数据总线 AD$_{15}$～AD$_0$（双向传输信号，三态）

AD$_{15}$～AD$_0$ 这 16 条地址/数据总线是分时复用的访问存储器或 I/O 端口的地址/数据总线。传送地址时三态输出，传送数据时双向三态输入/输出。AD$_7$～AD$_0$ 是低 8 位地址和数据信号分时复用信号线，传送地址信号时为单向传输，传送数据信号时为双向传输。

注意： 所谓"三态"是指除"0""1"两种状态外，还有一种悬浮（高阻）状态，采用三态门进行控制。

2．地址/状态线 A$_{19}$/S$_6$～A$_{16}$/S$_3$（输出，三态）

A$_{19}$～A$_{16}$ 是地址总线的高 4 位，S$_6$～S$_3$ 是状态信号，采用多路开关分时输出，在存储器操作的总线周期第一个时钟周期输出 20 位地址的高 4 位 A$_{19}$～A$_{16}$，与 AD$_{15}$～AD$_0$ 组成 20 位地址信号。

访问 I/O 时不使用 A$_{19}$～A$_{16}$ 这 4 条线。在其他时钟周期输出状态信号。S$_3$ 和 S$_4$ 和的组合表示正在使用的寄存器名，如表 2-4 所示。S$_5$ 表示 IF 的当前状态，S$_6$ 则始终输出低电平"0"，表示 8086 微处理器当前连接在总线上。

表 2-4　S$_4$、S$_3$ 的组合代码与对应状态

S$_4$	S$_3$	工 作 状 态
0	0	当前正在使用 ES（可修改数据）
0	1	当前正在使用 SS
1	0	当前正在使用 CS，或未使用任何段寄存器
1	1	当前正在使用 DS

3．控制总线

（1）总线高字节允许/状态信号线 $\overline{\text{BHE}}$/S$_7$（输出，三态）：在总线周期的第一个时钟周期输出总线高字节允许信号 $\overline{\text{BHE}}$，表示高 8 位数据线上的数据有效，其余时钟周期输出状态 S$_7$。$\overline{\text{BHE}}$ 和地址线 A$_0$（即分时复用数据线 AD$_0$）配合可用来产生存储体的选择信号。

（2）读控制信号线 $\overline{\text{RD}}$（输出，三态）：$\overline{\text{RD}}$ 有效时表示 CPU 正在进行读存储器或读 I/O 端口的操作。CPU 是读取内存单元还是读取 I/O 端口的数据，取决于 M/$\overline{\text{IO}}$ 信号。

（3）准备就绪信号 READY（输入）：该信号是由被访问的存储器或 I/O 端口发来的响应信号，当 READY=1 时表示所寻址的存储单元或 I/O 端口已准备就绪。

（4）测试信号 $\overline{\text{TEST}}$（输入）：由 WAIT 指令来检查。当 CPU 执行 WAIT 指令时，每隔 5 个时钟周期对该线的输入进行一次测试。若 $\overline{\text{TEST}}$ =1，CPU 停止取下一条指令而进入等待状态，直到 $\overline{\text{TEST}}$ =0，等待状态结束，CPU 继续执行被暂停的指令。$\overline{\text{TEST}}$ 信号用于多处理器系统中实现 8086 CPU 与协处理器的同步协调。

（5）可屏蔽中断请求信号 INTR（输入）：INTR=1 时表示外设向 CPU 提出了中断请求，8086 CPU 在每个指令周期的最后一个 T 状态采样该信号，以决定是否进入中断响应周期。若 IF=1

（中断未屏蔽）CPU 响应中断；若 IF=0（中断被屏蔽）CPU 继续执行指令队列中的下一条指令。

（6）非屏蔽中断请求信号 NMI（输入信号）：该信号不受中断允许标志 IF 状态的影响，只要 NMI 出现，CPU 就会在结束当前指令后进入相应的中断服务程序。NMI 比 INTR 的优先级别高。

（7）复位信号 RESET（输入）：复位信号 RESET 使 8086 微处理器立即结束当前正在进行的操作。CPU 要求复位信号至少要保持 4 个时钟周期的高电平才能结束正在进行的操作。随着 RESET 信号变为低电平，CPU 开始执行再启动过程。

复位信号保证了 CPU 在每一次启动时其内部状态的一致性。CPU 复位之后，将从 FFFF0H 单元开始取出指令，一般这个单元在 ROM 区域中，那里通常放置一条转移指令，它所指向的目的地址就是系统程序的实际起始地址。

复位后 CPU 内部各寄存器的状态如表 2-5 所示。

表 2-5　复位后 CPU 内部各寄存器的状态

CPU 寄存器名称	复位后状态
标志寄存器（FLAGS）	清零
指令寄存器（IP）	0000H
代码段寄存器（CS）	FFFFH
数据段寄存器（DS）	0000H
堆栈段寄存器（SS）	0000H
附加段寄存器（ES）	0000H
指令队列	空

（8）系统时钟 CLK（输入）：为 8086 微处理器提供基本的时钟脉冲，通常与时钟发生器 8284A 的时钟输入端相连。

4. 电源线 V$_{CC}$ 和地线 GND

电源线 V$_{CC}$ 接入的电压为+5 ×（1 ± 10%）V，两条地线 GND 均接地。

5. 其他控制线：24～31 引脚

这 8 条控制线的性能将根据 8086 微处理器的最小/最大工作模式控制线 MN/$\overline{\text{MX}}$ 所处的工作状态而定，可参见 2.4.3 中的描述。

2.3　存储器和 I/O 组织

2.3.1　存储器组织

1. 存储器的内部结构及访问方法

8086 微处理器有 20 条地址线，可寻址存储器空间为 1 MB（2^{20}B），地址范围为 0～2^{20}−1（00000H～FFFFFH）。

存储器内部按字节数据进行组织，两个相邻字节称为一个“字”数据。每个字节用一个唯一的地址码进行表示。存放的信息若以字节为单位，将在存储器中按顺序排列存放；若存放的数据为一个字数据时，则将每一个字的低字节存放在低地址中，高字节存放在高地址中，并以低地址作为该字地址；当存放的数据为双字（32位）时，通常这种数据作为指针，其低地址中的低位字是被寻址地址的偏移量，高地址中的高位字是被寻址地址所在段的段基址。

8086微处理器允许字从任何地址开始存放。若一个字从偶地址开始存放，称为规则存放或对准存放，这样存放的字称为规则字或对准字；若一个字是从奇地址开始存放，称非规则存放或非对准存放，这样存放的字称为非规则字或非对准字。

对规则字的存取可在一个总线周期内完成，非规则字的存取则需两个总线周期。

在组成与8086微处理器连接的存储器时，1 MB的存储空间实际上被分成两个512 KB的存储体。固定与8086微处理器低字节数据线$D_7 \sim D_0$相连的称低字节存储体，该存储体中的每个地址均为偶地址。固定与8086微处理器高字节数据线$D_{15} \sim D_8$相连的称为高字节存储体，该存储体中的每个地址均为奇地址。

两个存储体之间采用字节交叉编址方式，如图2-7所示。

对于任何一个存储体，只需19位地址码$A_{19} \sim A_1$就够了，最低位地址码A_0用以区分当前访问哪一个存储体。$A_0=0$表示访问偶地址存储体；$A_0=1$表示访问奇地址存储体。

8086系统设置一个总线高位有效控制信号$\overline{BHE}$与A_0配合，使8086微处理器可以访问两个存储体中的一个字信息。$\overline{BHE}$和A_0的控制作用如表2-6所示。

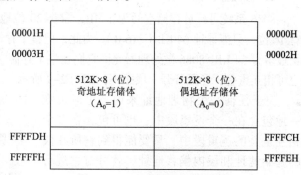

图2-7　8086存储器的分体结构

表2-6　$\overline{BHE}$和A_0的控制作用

$\overline{BHE}$	A_0	操　　作
0	0	同时访问两个存储器，读/写一个对准字信息
0	1	只访问奇地址存储体，读/写高字节信息
1	0	只访问偶地址存储体，读/写低字节信息
1	1	无操作

两个存储体与CPU总线之间的连接如图2-8所示。奇地址存储体的片选端$\overline{SEL}$受控于$\overline{BHE}$信号，偶地址存储体的片选端受控于地址线A_0。

当访问存储器中某个字节数据时，指令中的地址码经变换后得到20位物理地址。

如果是偶地址（$A_0=0$，$\overline{BHE}=1$），可由A_0选定偶地址存储体，$A_{19} \sim A_1$从偶地址存储体中选定某个字节地址，并启动该存储体，读/写该地址中一个字节的信息，通过数据总线低8位传送数据。

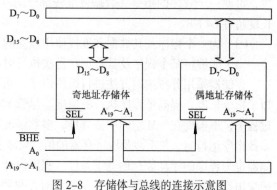

图2-8　存储体与总线的连接示意图

如果是奇地址（$A_0=1$），系统自动产生 $\overline{BHE}=0$，作为奇地址存储体选择信号，与 $A_{19}\sim$ A_1 一起选定奇地址存储体中的某个字节地址，并读/写该地址中一个字节的信息，通过数据总线高 8 位传送数据。

用户需要访问存储体中的某个字数据，即两个字节，分以下两种情况：

（1）用户需访问的是从偶地址开始的一个字数据（即高字节在奇地址中，低字节在偶地址中），可一次访问存储器读/写一个字数据，这时 $A_0=0$，$\overline{BHE}=0$。

（2）用户需访问的是从奇地址开始的一个字数据（即高字节在偶地址中，低字节在奇地址中），这时需访问两次存储器才能读/写这个字数据。第一次访问存储器读/写奇地址中的字节，第二次访问存储器读/写偶地址中的字节。

显然，为了加快程序的运行速度，希望访问存储器的字数据地址为偶地址起始。

2. 存储器分段

8086 系统可寻址存储空间为 1 MB，需要 20 位地址线，而 8086 系统内所有寄存器都只有 16 位，只能寻址 64 KB（2^{16} B）。为此，把整个存储空间分成许多逻辑段，这些逻辑段容量最多为 64 KB。8086 微处理器允许它们在整个存储空间中浮动，各逻辑段之间可紧密相连，也可相互重叠，还可分开一段距离，如图 2-9 所示。

对于任何一个物理地址来说，可以被唯一地包含在一个逻辑段中，也可包含在多个相互重叠的逻辑段中，只要能得到它所在段的起始地址和段内偏移地址，就可对它进行访问。

在 8086 存储空间中，把 16 字节的存储空间称为一节（Paragraph）。为简化操作，一般要求各逻辑段从节的整数边界开始，即尽量保证段起始地址的低 4 位地址码总是为"0"。

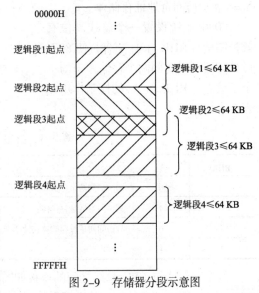

图 2-9　存储器分段示意图

使用段寄存器有以下优点：

（1）虽然各条指令使用的地址只有 16 位（64 KB），但整个 CPU 的存储器寻址范围可达 20 位（1 MB）。

（2）如果使用多个代码段、数据段或堆栈段，可使一个程序的指令、数据或堆栈部分的长度超过 64 KB。

（3）为一个程序及其数据和堆栈使用独立的存储区提供了方便。

（4）能够将某个程序及其数据在每次执行时放入不同的存储区域中。

存储器采用分段编码方法进行组织带来一系列好处。程序中的指令只涉及 16 位地址，缩短了指令长度，提高了程序执行的速度。尽管 8086 的存储器空间多达 1 MB，但在程序执行过程中，不需要在 1 M 空间中去寻址，多数情况下只在一个较小的存储器段中运行。而且大多数指令运行时，并不涉及段寄存器的值，只涉及 16 位偏移量。也正因为如此，分段组织存储器也为程序的浮动装配创造了条件。程序设计者不用为程序装配在何处而去修改指令，统一交由操作系统去管理就可以了。装配时，只要根据内存的情况确定段寄存器 CS、DS、SS

和 ES 的值即可。

注意：能实现浮动装配的程序，其中的指令应与段地址没有关系，在出现转移指令或调用指令时都必须用相对转移或相对调用指令。

存储器分段管理的方法虽然给编程带来一些麻烦，但给模块化程序、多道程序及多用户程序的设计创造了条件。

3. 存储器地址

8086 访问存储器时管理 1 MB 内存空间，其 20 根地址线都有效，访问外设时管理 64 KB 的 I/O 端口空间，仅 16 根地址线有效。

下面对用到的各类地址进行描述：

（1）段地址（Segment Address）：描述要寻址的逻辑段在内存中的起始位置，保存在 16 位的 CS、SS、DS 和 ES 段寄存器中。

（2）偏移地址（Offset Address）：描述要寻址的内存单元距本段段首的偏移量，在编程中常称做"有效地址 EA（Effective Address）"。

（3）逻辑地址（Logic Address）：在程序中使用的地址，由段地址和偏移地址两部分组成。表示形式为"段地址：偏移地址"。

（4）物理地址（Physical Address）：存储器的实际地址，由 CPU 提供的 20 位地址码来表示，是唯一能代表存储空间每个字节单元的地址。

逻辑地址到物理地址的转换由 BIU 中 20 位的地址加法器自动完成，如图 2-10 所示。

物理地址是段地址左移 4 位加偏移地址形成的，其计算公式为：

物理地址=段地址×10H + 偏移地址

访问存储器时，段地址由段寄存器提供。8086 通过 4 个段寄存器来访问不同的段。用程序对段寄存器的内容进行修改，可实现访问所有段。

不同操作使用的段地址和偏移地址的来源不同，表 2-7 给出了各种访问存储器操作所使用的段寄存器和段内偏移地址的来源。

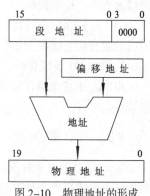

图 2-10　物理地址的形成

表 2-7　各种访问存储器的段地址和偏移地址

类　　型	约定的段寄存器	可指定的段寄存器	偏移地址
取指令	CS	无	IP
堆栈操作	SS	无	SP
串指令（源）	DS	CS、ES、SS	SI
串指令（目的）	ES	无	DI
用 BP 作基址	SS	CS、ES、SS	有效地址 EA
通用数据读/写	DS	CS、ES、SS	有效地址 EA

一般情况下，段寄存器的作用由系统约定，只要在指令中不特别指明采用其他的段寄存

器，就由约定的段寄存器提供段地址。有些操作除了约定的段寄存器外，还可指定其他段寄存器。例如，通用数据存取，除由约定的 DS 给出段基址外，还可指定 CS、SS 和 ES；有些操作只能使用约定的段寄存器，不允许指定其他段寄存器，如取指令只使用 CS。表中的有效地址 EA 是指按寻址方式计算的偏移地址。

例如，若某内存单元处于数据段中，DS 的值为 0830H，偏移地址为 0110H，那么这个单元的物理地址为：0830H×10H + 0110H = 08410H。

4．专用和保留的存储器单元

8086 微处理器是 Intel 公司的产品，Intel 公司为了保证与未来产品的兼容性，规定在存储区的最低地址区和最高地址区保留一些单元供 CPU 的某些特殊功能专用，或为将来开发软件产品和硬件产品而保留。

8086 系统中规定：

（1）00000H～003FFH（共 1 KB）：存放中断向量表，即中断处理服务程序的入口地址。每个中断向量占 4 字节，前 2 字节存放中断处理服务程序入口的偏移地址（IP），后 2 字节存放中断服务程序入口段地址（CS）。因此，1 KB 区域可存放对应于 256 个中断处理服务程序入口地址。当系统启动、引导完成的，这个区域的中断向量就被建立起来。

（2）B0000H～B0FFFH（共 4KB）：单色显示器的视频缓冲区，存放单色显示器当前屏幕显示字符所对应的 ASCII 码及其属性。

（3）B8000H～BBFFFH（共 16KB）：彩色显示器的视频缓冲区，存放彩色显示器当前屏幕像素点所对应的代码。

（4）FFFF0H～FFFFFH（共 16B）：用来存放一条无条件转移指令，使系统在上电或复位时自动跳转到系统的初始化程序。这个区域被包含在系统的 ROM 范围内，在 ROM 中驻留着系统的基本 I/O 系统程序，即 BIOS。

由于专用和保留存储单元的规定，使用 Intel 公司 CPU 的各类微型计算机都具有较好的兼容性。

2.3.2　I/O 端口组织

8086 微处理器和外围设备之间是通过 I/O 接口电路进行联系，以达到相互间传输信息的目的。每个接口电路中都包含一组寄存器，CPU 和外设进行信息交换时，各类信息在接口中存入不同的寄存器，通常称这些寄存器为 I/O 端口。

用来保存 CPU 和外设之间传送的数据且对输入/输出数据起缓冲作用的数据寄存器称为数据端口；用来存放外设或者接口部件本身状态的状态寄存器称为状态端口；用来存放 CPU 发往外设的控制命令的控制寄存器称为控制端口。

每个端口有一个地址与之相对应，该地址称为端口地址。CPU 对外设的输入/输出操作实际上就是对 I/O 接口中各端口的读/写操作。各个端口地址和存储单元地址一样，应具有唯一性。

应该指出，输入/输出操作所用到的地址是对端口而言，而不是针对接口。接口和端口是两个不同的概念，若干个端口加上相应的控制电路才构成接口。

8086 微处理器用地址总线的低 16 位作为对 8 位 I/O 端口的寻址线，所以 8086 可访问的 8 位 I/O 端口有 65 536（2^{16}）个。两个编号相邻的 8 位端口可以组成一个 16 位的端口。一个 8 位的 I/O 设备既可以连接在数据总线的高 8 位上，也可以连接在数据总线的低 8 位上。一般为了使数据总线的负载相平衡，接在高 8 位和低 8 位的设备数目最好相等。

8086 的 I/O 端口有以下两种编址方式：

1. 统一编址

统一编址也称"存储器映射方式"。该编址方式将端口和存储单元统一编址，即把 I/O 端口地址置于 1 MB 的存储器空间中，在整个存储空间划出一部分给外设端口，把它们看作存储器单元对待。CPU 访问存储器的各种寻址方式都可用于寻址端口，访问端口和访问存储器的指令在形式上完全一样。

统一编址的优点是无须专门的 I/O 指令，对端口操作的指令类型多，从而简化了指令系统的设计。不仅可对端口进行数据传送，还可对端口内容进行算术/逻辑运算和移位等操作，端口操作灵活，有比较大的编址空间。缺点是端口占用存储器的地址空间，使存储器容量更加紧张，同时端口指令的长度增加，执行时间较长，端口地址译码器较复杂。

2. 独立编址

独立编址也称"I/O 映射方式"。该方式将端口单独编址构成一个 I/O 空间，不占用存储器地址，故称"独立编址"。CPU 设置了专门的输入和输出指令（IN 和 OUT）来访问端口。

8086 使用 $A_{15} \sim A_0$ 这 16 条地址线作为端口地址线，可访问的 I/O 端口最多可达 64 K 个 8 位端口或 32 K 个 16 位端口。在这种方式下，端口所需的地址线较少，地址译码器较简单，采用专门 I/O 指令，执行时间短，指令长度短，程序编制与阅读较清晰。缺点是输入/输出指令类别少，一般只能进行传送操作。

采用独立编址方式时，CPU 须提供控制信号以区别是寻址内存还是寻址 I/O 端口。8086 微处理器执行访问存储器指令时，引脚 M/$\overline{\text{IO}}$ 信号为高电平，通知外部电路 CPU 访问存储器，当 8086 执行输入/输出指令时，引脚 M/$\overline{\text{IO}}$ 为低电平，表示 CPU 访问 I/O 端口。

2.4 8086 微处理器总线周期和工作方式

8086 微处理器由外部的一片 8284A 时钟信号发生器提供主频为 5 MHz 的时钟信号，在时钟节拍作用下，CPU 一步一步顺序地执行指令，因此，时钟周期用于表述 CPU 指令执行的时间。执行指令的过程中，凡需执行访问存储器和访问 I/O 端口的操作都统一交给 BIU 的外部总线完成，每一次访问都称为一个"总线周期"。若执行操作的是数据输出，称为"写总线周期"；若执行的操作是数据输入，称为"读总线周期"。

2.4.1 8284A 时钟信号发生器

8284A 是 Intel 公司专为 8086 设计的时钟信号发生器，除提供恒定的时钟信号外，还对外界输入的就绪信号 RDY 和复位信号 $\overline{\text{RES}}$ 进行同步。8284A 的引脚特性如图 2-11 所示。

8284A 工作原理：外界就绪信号 RDY 输入 8284A，经时钟下降沿同步后，输出 READY 信号作为 8086 的就绪信号 READY；外界复位信号 $\overline{\text{RES}}$ 输入 8284A，经整形并由时钟下降沿同步后，输出 RESET 信号作为 8086 复位信号 RESET，其宽度不得小于 4 个时钟周期。外界 RDY 和 $\overline{\text{RES}}$ 可在任何时候发

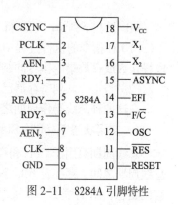

图 2-11 8284A 引脚特性

出，但送至 CPU 的信号都是经时钟同步后的信号。

根据不同振荡源，8284A 有以下两种不同的连接方法：

（1）采用脉冲发生器作为振荡源，这时只需将脉冲发生器输出端和 8284A 的 EFI 端相连即可，同时将 F/$\overline{\text{C}}$ 接为高电平。

（2）采用石英晶体振荡器作为振荡源，这时只需将晶体振荡器连在 8284A 的 X_1 和 X_2 两端，同时将 F/$\overline{\text{C}}$ 接地。

不管用哪种方法，8284A 输出时钟 CLK 的频率均为振荡源频率的 1/3，振荡源频率经 8284A 驱动后由 OSC 端输出，提供给系统使用。

2.4.2 8086 总线周期

8086 与存储器或外围设备的通信通过 20 位分时多路复用地址/数据总线实现。为取出指令或传输数据，CPU 要执行一个总线周期。8086 经外部总线对存储器或 I/O 端口进行一次信息输入或输出的过程称总线操作，执行该操作所需时间称总线周期。由于总线周期全部由 BIU 来完成，所以也把总线周期称为 BIU 总线周期。

8086 总线周期至少由 4 个时钟周期（分别用 T_1、T_2、T_3 和 T_4 表示）组成。时钟周期是 CPU 的基本时间计量单位，由主频决定。例如，8086 主频为 5 MHz，1 个时钟周期是 100 ns。典型的总线周期波形如图 2-12 所示。

在 T_1 状态期间，CPU 将存储地址或 I/O 端口地址置于总线上。若要将数据写入存储器或 I/O 设备，则在 $T_2 \sim T_4$ 这段时间内，要求 CPU 在总线上一直保持要写的数据；若要从存储器或 I/O 设备读入信息，则 CPU 在 $T_3 \sim T_4$ 期间接收由存储器或 I/O 设备置于总线上的信息。T_2 时总线浮空，允许 CPU 有个缓冲时间，把输出地址的写方式转换为输入数据的读方式。可见，$AD_0 \sim AD_{15}$ 和 $A_{16}/S_3 \sim A_{19}/S_6$ 在总线周期的不同状态传送不同的信号，这就是 8086 的分时多路复用地址/数据总线。

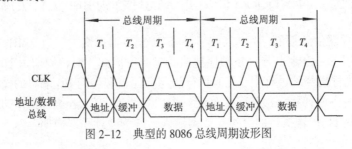

图 2-12 典型的 8086 总线周期波形图

BIU 只在下列情况下执行一个总线周期。

（1）在指令的执行过程中，根据指令的需要，由 EU 请求 BIU 执行一个总线周期。例如，取操作数或存放指令执行的结果等。

（2）当指令队列寄存器已经空出 2 字节，BIU 必须填写指令队列的时候。

在这两种总线操作周期之间就有可能存在着 BIU 不执行任何操作的时钟周期。

1. 空闲状态 T_i（Idle State）

总线周期只用于 CPU 和存储器（或 I/O 端口）之间传送数据和填充指令队列。若在两个总线周期之间，存在着 BIU 不执行任何操作的时钟周期，那么这些不起作用的时钟周期称为空闲状态，用 T_i 表示。系统总线处于空闲状态时可包含 1 个或多个时钟周期。这期间在高 4

位总线上 CPU 仍然输出前一个总线周期的状态信号 $S_3 \sim S_6$；在低 16 位总线上则视前一个总线周期是写周期还是读周期来确定。若前一个总线周期为写周期，CPU 会在总线的低 16 位继续输出数据信息；若前一个总线周期为读周期，CPU 则使总线的低 16 位处于浮空状态。

引起空闲状态有多种情况。例如，8086 把总线主控权交给协处理机的时候；8086 执行一条长指令（如 16 位乘法指令 MUL 或除法指令 DIV）时，BIU 有相当长的一段时间不执行任何操作，其时钟周期处于空闲状态。

2. 等待状态 T_W（Wait State）

8086 微处理器与慢速的存储器和 I/O 接口交换信息时，为防止丢失数据，会由存储器或外设通过 READY 信号线在总线周期的 T_3 和 T_4 之间插入 1 个或多个等待状态 T_W，用来给予必要的时间补偿。在等待状态期间，总线上的信息保持 T_3 状态时的信息不变，其他一些控制信号也都保持不变。包含了 T_1 与 T_W 状态的典型总线周期如图 2-13 所示。

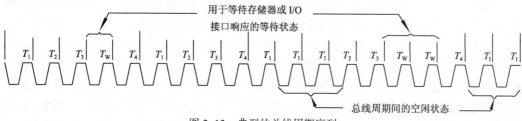

图 2-13　典型的总线周期序列

当存储器或外设完成数据的读/写准备时，便在 READY 线上发出有效信号，CPU 接到此信号后，会自动脱离 T_W 而进入 T_4 状态。

2.4.3　8086 微处理器最小/最大工作方式

通常，系统总线上所挂接的存储器、I/O 接口等部件越多，计算机的功能就越强，规模就越大。为构成不同规模的微型计算机以适应各种各样的应用场合，Intel 公司在设计 8086 微处理器芯片时，规定了可工作在最小和最大两种工作方式下。由第 33 条引脚 MN/$\overline{\text{MX}}$ 控制，MN/$\overline{\text{MX}}$ =1 为最小工作方式；MN/$\overline{\text{MX}}$ =0 为最大工作方式。

1. 最小工作方式

所谓最小工作方式，就是系统中只有 8086 一个微处理器，是一个单微处理器系统。在该系统中，所有的总线控制信号都直接由 8086 CPU 产生，系统中的总线控制逻辑电路被减到最少，适合于较小规模的应用。

系统处于最小方式下，主要由 CPU、时钟发生器、地址锁存器及数据总线收发器组成。由于地址与数据、状态线分时复用，系统中需要地址锁存器。数据线连至内存及外设，负载比较重，需用数据总线收发器作驱动。而控制总线一般负载较轻，所以不需要驱动，可直接从 8086 CPU 引出。

最小工作方式时，8086 微处理器中 8 条控制引脚 24～31 的功能定义如下：

（1）中断响应信号 $\overline{\text{INTA}}$（输出，低电平有效）：用于 CPU 对外设的中断请求作出响应。$\overline{\text{INTA}}$ 信号实际上是两个连续的负脉冲，在每个总线周期的 T_2、T_3 和 T_W 状态下，$\overline{\text{INTA}}$ 为低电平。第 1 个负脉冲通知外设接口，它发出的中断请求已得到允许；第 2 个负脉冲期间，外设接口往数据总线上放中断类型码，从而使 CPU 得到有关此中断请求的详尽信息。

（2）地址锁存信号 ALE（输出，高电平有效）：在任何一个总线周期的时钟周期 T_1 时，ALE 输出高电平，表示当前在地址/数据复用总线上输出的是地址信息，地址锁存器 8282/8283 将 ALE 作为锁存信号，对地址进行锁存。

（3）数据允许信号 $\overline{DEN}$（输出，三态，低电平有效）：$\overline{DEN}$ 作为总线收发控制器 8286/8287 的选通信号，在 CPU 访问存储器或 I/O 端口的总线周期后半段时间内有效，表示 CPU 准备好接收或发送数据，允许数据收发器工作。

（4）数据发送/接收控制信号 DT/$\overline{R}$（输出，三态）：用于使用 8286/8287 作为数据总线收发器时控制其数据传送方向，如 DT/$\overline{R}$ 为高电平则进行数据发送，否则进行数据接收。

（5）存储器/输入输出信号 M/$\overline{IO}$（输出，三态）：表示 CPU 是访问存储器还是访问输入/输出设备，信号接至存储器芯片或 I/O 接口芯片的片选端。高电平时表示 CPU 访问存储器；低电平时表示 CPU 访问 I/O 端口。

（6）控制信号 $\overline{WR}$（输出，低电平有效，三态）：该信号有效时表示 CPU 正在对存储器或 I/O 端口执行写操作。在任何写周期，$\overline{WR}$ 只在 T_2、T_3 和 T_W 有效。

（7）总线保持请求信号 HOLD（输入，高电平有效）：系统中其他总线主控部件（如协处理器、DMA 控制器等）向 CPU 发出的请求占用总线的控制信号。当 CPU 从 HOLD 线上收到请求信号时，如 CPU 允许让出总线，就在当前总线周期完成时，在 T_4 状态使 HLDA 输出高电平作为响应信号，同时使地址/数据总线和控制总线处于浮空状态。总线请求部件收到 HLDA 信号后获得总线控制权，HOLD 和 HLDA 都保持高电平。当请求部件完成对总线的占用后，将把 HOLD 信号变为低电平，CPU 收到该无效信号后也将 HLDA 变为低电平，从而恢复对地址/数据总线和控制总线的占有权。

（8）总线保持响应信号 HLDA（输出，高电平有效）：HLDA 信号有效期间，CPU 让出总线控制权，总线请求部件收到 HLDA 信号后获得总线控制权。这时，CPU 使地址/数据总线与所有具有三态的控制线都处于高阻隔离状态，CPU 处于"保持响应"状态。

2. 最大工作方式

最大工作方式是相对最小工作方式而言的，它主要用在中等或大规模的 8086 系统中。最大方式系统中，总是包含有两个或多个微处理器，是多微处理器系统。其中必有一个主处理器 8086，其他处理器称为协处理器。

与 8086 匹配的协处理器主要有以下两个：

一个是专用于数值运算的处理器 8087，它能实现多种类型的数值操作，比如高精度的整数和浮点运算，还可进行三角函数、对数函数的计算。由于 8087 是用硬件方法来完成这些运算，和用软件方法来实现相比会大幅度地提高系统的数值运算速度。

另一个是专用于输入/输出处理的协处理器 8089，它有一套专用于输入/输出操作的指令系统，直接为输入/输出设备使用，使 8086 不再承担这类工作。它将明显提高主处理器的效率，尤其是在输入/输出频繁出现的系统中。

8086 系统最大方式要用总线控制器对 CPU 发出的控制信号进行变换和组合，以得到对存储器或 I/O 端口的读/写信号和对锁存器及总线收发器的控制信号。

最大工作方式时 CPU 的 24～31 控制引脚的功能重新定义如下：

（1）总线周期状态信号 $\overline{S_2}$、$\overline{S_1}$、$\overline{S_0}$（输出，三态）：表示 CPU 总线周期的操作类型。使用总线控制器 8288 后，CPU 就可对 $\overline{S_2}$、$\overline{S_1}$、$\overline{S_0}$ 状态信息进行译码，产生相应控制信号。

$\overline{S_2}$、$\overline{S_1}$、$\overline{S_0}$ 对应的总线操作和 8288 产生的控制命令如表 2-8 所示。

表 2-8 $\overline{S_2}$、$\overline{S_1}$、$\overline{S_0}$ 与总线操作、8288 控制命令的对应关系

状 态 输 入 $\overline{S_2}$、$\overline{S_1}$、$\overline{S_0}$			CPU 总线操作	8288 控制命令
0	0	0	中断响应	$\overline{INTA}$
0	0	1	读 I/O 端口	$\overline{IORC}$
0	1	0	写 I/O 端口	$\overline{IOWC}$、$\overline{AIOWC}$
0	1	1	暂停	无
1	0	0	取指令周期	$\overline{MRDC}$
1	0	1	读存储器周期	$\overline{MRDC}$
1	1	0	写存储器周期	$\overline{MWTC}$、$\overline{AMWC}$
1	1	1	无源状态	无

（2）指令队列状态信号 QS_1、QS_0（输出）：提供 8086 内部指令队列的状态。在执行当前指令的同时从存储器预先取出后面的指令，并将其放在指令队列中。由 QS_1、QS_0 提供指令队列的状态信息，以便跟踪 8086 内部指令序列。QS_1、QS_0 表示的状态情况如表 2-9 所示。

表 2-9 QS_1、QS_0 与队列状态

QS_1	QS_0	队 列 状 态
0	0	无操作，队列中指令未被取出
0	1	从队列中取出当前指令的第 1 个字节
1	0	指令队列空
1	1	从队列中取出当前指令的第 2 字节以后部分

（3）总线封锁信号 $\overline{LOCK}$（输出，三态）：$\overline{LOCK}$ 为低电平时表示 CPU 要独占总线。为保证 CPU 在一条指令的执行中总线使用权不会被其他主设备打断，可在指令前面加上一个 LOCK 前缀。这条指令执行时就会使 CPU 产生一个 $\overline{LOCK}$ 信号，CPU 封锁其他主控设备使用总线，直到这条指令结束为止。

（4）总线请求/总线请求允许信号 $\overline{RQ}/\overline{GT_1}$、$\overline{RQ}/\overline{GT_0}$（双向）：用于裁决总线使用权，可供 CPU 以外的两个总线主控设备发出使用总线的请求信号，或接收 CPU 对总线请求信号的响应信号。该信号为输入时，表示其他设备向 CPU 发出请求使用总线；该信号为输出时，表示 CPU 对总线请求的响应信号。总线请求信号和允许信号在同一引线上传输，但方向相反。其中 $\overline{RQ}/\overline{GT_0}$ 比 $\overline{RQ}/\overline{GT_1}$ 的优先级要高。

总线请求和允许的操作过程为：另一总线主控设备输送一个脉冲给 8086，表示总线请求，在 CPU 的下一个 T_4 或 T_1 期间，CPU 输出一个脉冲给请求总线的设备，作为总线响应信号；当总线使用完毕后，总线请求主设备输出一个脉冲给 CPU，表示总线请求的结束，每次操作都需要这样的 3 个脉冲。

2.5 8086 微处理器操作时序

一个微型计算机系统为了完成自身的功能，需要执行许多操作。这些操作均在时钟信号

的同步下，按时序一步步地执行，这样就构成了 CPU 的操作时序。

8086 的主要操作如下：

（1）系统复位和启动操作。

（2）总线操作。

（3）暂停操作。

（4）中断响应总线周期操作。

（5）总线保持请求/保持响应操作。

2.5.1 系统复位和启动操作

8086 复位和启动操作由 8284A 时钟发生器向其 RESET 复位引脚输入一个触发信号而执行。8086 要求此复位信号至少维持 4 个时钟周期的高电平。如果是初次加电引起的复位则要求此高电平持续时间不短于 50 μs。当 RESET 信号进入高电平时，8086 就结束现行操作，进入复位状态，直到 RESET 信号变为低电平为止。

在复位状态下，CPU 内部各寄存器被置为初态。复位时，代码段寄存器（CS）和指令指针寄存器（IP）分别被初始化为 FFFFH 和 0000H，所以 8086 复位后重新启动时，便从内存 FFFF0H 处开始执行指令，利用一条无条件转移指令转移到系统程序入口处，这样，系统一旦被启动仍自动进入系统程序，开始正常工作。

复位信号从高电平到低电平的跳变会触发 CPU 内部的一个复位逻辑电路，经过 7 个时钟周期之后，CPU 就完成了启动操作。复位时，由于标志寄存器被清零，其中的中断允许标志 IF 也被清零。这样，从 INTR 端输入的可屏蔽中断就不能被接受。因此，在设计程序时，应在程序中设置一条开放中断的指令 STI，使 IF=1，以开放中断。

8086 的复位操作时序如图 2-14 所示。由图 2-14 可见，当 RESET 信号有效后，再经一个状态将执行下述操作：

把所有具有三态的输出线（包括 $AD_{15}\sim$ AD_0、$A_{19}/S_6\sim A_{16}/S_3$、$\overline{BHE}/S_7$、$M/\overline{IO}$、$DT/\overline{R}$、$\overline{DEN}$、$\overline{WR}$、$\overline{RD}$ 和 $\overline{INTA}$ 等）都置成浮空状态，直到 RESET 回到低电平，结束复位操作为止，还可看到在进入浮空前的半个状态（即时钟周期的低电平期间），这些三态输出线暂为不作用状态；把不具有三态的输出线（包括 ALE、HLDA、$\overline{RQ}/\overline{GT_1}$、$\overline{RQ}/\overline{GT_0}$、$QS_0$ 和 QS_1 等）都置为无效状态。

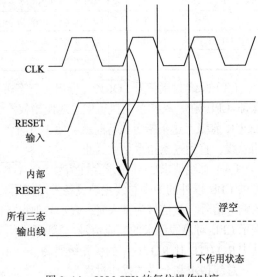

图 2-14　8086 CPU 的复位操作时序

2.5.2 总线操作

8086 CPU 在与存储器或 I/O 端口交换数据，或者装填指令队列时，都需要执行一个总线周期，即进行总线操作。当存储器或 I/O 端口速度较慢时，由等待状态发生器发出 READY=0（未准备就绪）信号，CPU 则在 T_3 之后插入 1 个或多个等待状态 T_W。

总线操作按数据传输方向可分为总线读操作和总线写操作。前者是指CPU从存储器或I/O端口读取数据，后者则是指CPU把数据写入到存储器或I/O端口。

2.5.3 暂停操作

当CPU执行一条暂停指令HLT时，就停止一切操作，进入暂停状态。暂停状态一直保持到发生中断或对系统进行复位时为止。

在暂停状态下，CPU可接收HOLD线上（最小工作方式下）或$\overline{RQ}/GT$线上（最大工作方式下）的保持请求。当保持请求消失后，CPU回到暂停状态。

2.5.4 中断响应总线周期操作

8086有一个简单而灵活的中断系统，可处理256种不同类型的中断，每种中断用一个中断类型码以示区别。256种中断对应中断类型码为0～255，CPU根据中断类型码乘以4，就可得到存放中断服务程序入口地址的指针，又称中断向量。

8086中断分为硬件中断和软件中断两种。硬件中断通过系统外部硬件引起，故又称外部中断，是随机产生的。软件中断是CPU由中断指令INT n（其中n为中断类型码）引起，与外部硬件无关，故又称内部中断。

图2-15所示为8086中断响应的总线周期。此总线响应周期是由外设向CPU的INTR引脚发中断申请而引起的响应周期。

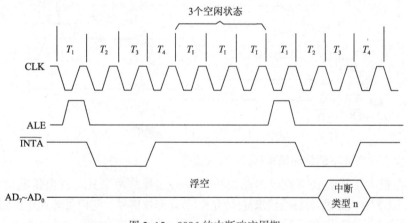

图2-15 8086的中断响应周期

由图2-15可见，中断响应周期要花两个总线周期。如果在前一个总线周期中，CPU接收到外部中断请求INTR，又当中断允许标志IF=1，且正好执行完一条指令时，那么8086会在当前总线周期和下一个总线周期中间产生中断响应周期，CPU从$\overline{INTA}$引脚上向外设端口（一般是向8259A中断控制器）先发一个负脉冲，表明其中断申请已得到允许，然后插入几个空闲状态T_I，再发第二个负脉冲。这两个负脉冲都从每个总线周期的T_2维持到T_4状态的开始。当外设端口的8259A收到第二个负脉冲后，立即就把中断类型码n送到它的数据总线的低8位D_7～D_0上，并通过与之连接的CPU的地址/数据线AD_7～AD_0传给CPU。

在这两个总线周期的其余时间，AD_7～AD_0处于浮空，同时$\overline{BHE}/S_7$和地址/状态线A_{19}/S_6～A_{16}/S_3也处于浮空，$M/\overline{IO}$处于低电平，而ALE引脚在每个总线周期的T_1状态输出一个有效的电平脉冲，作为地址锁存信号。

2.5.5 总线保持请求/保持响应操作

1. 最小工作方式下的总线保持请求/保持响应操作

当一个系统中具有多个总线主模块时，除 CPU 之外的其他总线主模块为获得对总线的控制，需向 CPU 发出总线保持请求信号，CPU 接到此请求信号并同意让出总线时，就向发出该请求的主模块发出响应信号。

8086 在最小工作方式下提供的总线控制联络信号为总线保持请求 HOLD 和总线保持响应信号 HLDA，其操作时序如图 2-16 所示。

由图 2-16 可见，CPU 在每个时钟周期的上升沿对 HOLD 引脚进行检测，若 HOLD 已变为高电平（有效），则在总线周期的 T_4 状态或空闲状态 T_I 之后的下一个状态，由 HLDA 引脚发出响应信号。同时，CPU 将把总线的控制权转让给发出 HOLD 的设备，直到发出 HOLD 信号的设备再将 HOLD 变为低电平（无效）时，CPU 才又收回总线控制权。例如，DMA8237A 芯片就是一种代表外设向 CPU 发要求获得对总线控制权的器件。

当 8086 一旦让出总线控制权，便将所有具有三态的输出线 $AD_{15} \sim AD_0$、$A_{19}/S_6 \sim A_{16}/S_3$、$\overline{RD}$、$\overline{WR}$、$\overline{INTA}$、$M/\overline{IO}$、$\overline{DEN}$ 及 $DT/\overline{R}$ 都置于浮空状态，即 CPU 暂时与总线断开。但这里要注意，输出信号 ALE 是不浮空的。

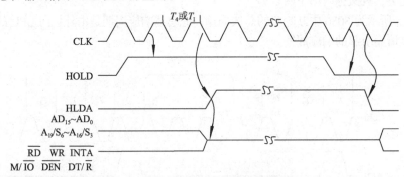

图 2-16 最小工作方式下总线保持请求/保持响应时序

2. 最大工作方式下的总线请求/允许/释放操作

8086 在最大工作方式下提供的总线控制联络信号是两个具有双向传输信号的引脚 $\overline{RQ}/\overline{GT_1}$ 和 $\overline{RQ}/\overline{GT_0}$，称为总线请求/总线允许/总线释放信号，它们可分别连接到两个其他的总线主模块。最大工作方式下，可发出总线请求的总线主模块包括协处理器和 DMA 控制器等。

图 2-17 所示为 8086 在最大工作方式下的总线请求/总线允许/总线释放的操作时序。

由图 2-17 可见，CPU 在每个时钟周期的上升沿对 $\overline{RQ}/\overline{GT}$ 引脚进行检测，当检测到外部向 CPU 送来一个"请求"负脉冲时（宽度为一个时钟周期），则在下一个 T_4 状态或 T_I 状态从同一引脚上由 CPU 向请求总线使用权的主模块回发一个"允许"负脉冲（宽度仍为一个时钟周期），这时全部具有三态的输出线（包括 $AD_{15} \sim AD_0$、$A_{19}/S_6 \sim A_{16}/S_3$、$\overline{RD}$、$\overline{LOCK}$、$\overline{S_2}$、$\overline{S_1}$、$\overline{S_0}$、$\overline{BHE}/S_7$ 等）都进入浮空状态，CPU 暂时与总线断开。

外部主模块得到总线控制权后，可对总线占用一个或几个总线周期，当外部主模块准备释放总线时，又从 $\overline{RQ}/\overline{GT}$ 线上向 CPU 发一个"释放"负脉冲（其宽度仍为一个时钟周期）。CPU 检测到释放脉冲后，于下一个时钟周期收回对总线的控制权。

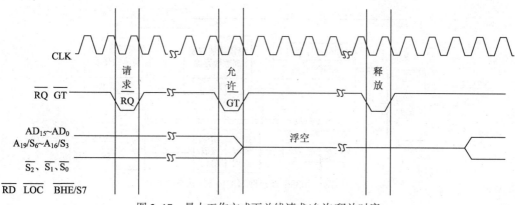

图 2-17　最大工作方式下总线请求/允许/释放时序

概括起来，由 $\overline{RQ}/\overline{GT}$ 线上的 3 个负脉冲（即请求—允许—释放），就构成了最大工作方式下的总线请求/允许/释放操作。3 个脉冲虽都是负的，宽度也都为一个时钟周期，但它们的传输方向并不相同。

2.6　32 位微处理器简介

2.6.1　80386 微处理器

1985 年 10 月，Intel 公司推出 32 位微处理器 80386，芯片内部集成 27.5 万个晶体管，采用 132 引脚陶瓷网格阵列（PGA）封装，具有高可靠性和紧密性。

1. 80386 的主要特性

80386 主要有如下特性：

（1）提供 32 位指令，支持 8 位、16 位和 32 位数据类型，具有 8 个通用 32 位寄存器，ALU 和内部总线的数据通路均为 32 位，具有片内地址转换的高速缓冲存储器（Cache）。

（2）提供 32 位外部总线接口，最大数据传输速率 32 Mbit/s。由于采用了流水线方式，可同高速 DRAM 芯片接口，支持动态总线宽度控制，能动态地切换 32 位/16 位数据总线。

（3）具有片内集成存储器管理部件（MMU），可支持虚拟存储和特权保护，保护机构采用 4 级特权层，可选择片内分页单元。片内具有多任务机构，能快速完成任务的切换。

（4）具有实地址方式、保护方式和虚拟 8086 三种工作方式。实地址方式和虚拟 8086 方式与 8086 相同，保护方式可支持虚拟存储、保护和多任务。

（5）可直接寻址 4 GB（2^{32}）的物理存储空间，虚拟存储空间达 64 TB。存储器采用分段结构，一个段最大可为 4 GB。

（6）通过配用 80287、80387 数值协处理器可支持高速数值处理。

（7）时钟频率为 12.5 MHz、16 MHz、20 MHz、25 MHz 和 33 MHz 等。

2. 80386 的内部结构

80386 微处理器内部结构如图 2-18 所示，由总线接口部件、指令预取部件、指令译码部件、控制部件、数据部件、测试部件、分段部件和分页部件等 8 个功能部件组成。控制部件、数据部件和保护测试部件共同组成执行部件，分段部件和分页部件合在一起称为存储器管理部件。

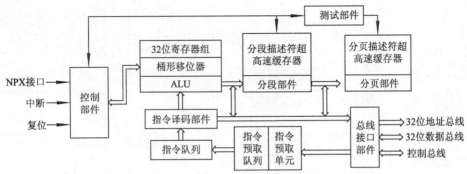

图 2-18　80386 微处理器的内部结构框图

主要部件的功能分析如下：

（1）总线接口部件：提供 CPU 和系统间的高速接口，负责外部总线与内部部件之间的信息交换。此外，还产生一些执行 CPU 总线周期所需要的信号，包括地址、数据、控制信号等，用来与存储器和输入/输出部件通信。

（2）指令预取部件：负责从存储器中取出指令并存放在 16 字节指令队列中。还管理一个线性地址指针和一个段预取界限，这两项内容从分段部件获得，分别作为预取指令指针和检查是否违反分段界限。

（3）指令译码部件：负责对指令进行译码，可完成从指令到微指令的转换，译码后的指令放在译码器指令队列中，供执行部件使用。

（4）执行部件：负责执行指令。其中控制部件用于控制 ROM；译码器给控制部件提供微代码的起始地址，控制部件按此微代码执行相应操作；数据部件包括寄存器组和算术/逻辑部件，负责进行算术/逻辑运算。

（5）存储器管理部件：由分段部件和分页部件组成。分段部件将逻辑地址按执行部件的要求变换成线性地址，实现有效地址的计算；分页部件提供对物理地址空间的管理，将物理地址送给总线接口部件，执行存储器或 I/O 存取操作。

2.6.2　80486 微处理器

1989 年 4 月，Intel 公司推出 80486，采用 1μm CHMOS 工艺，芯片内集成 120 万个晶体管，时钟频率 25～50 MHz。80486 在 80386 原有 6 个部件基础上又新增了高性能浮点运算部件（FPU）和高速缓冲存储器（Cache）两个部件。它把 FPU 和 Cache 集成在芯片内，使运算速度和数据存取速度得到大幅提高。

1. 80486 的主要特性

80486 以提高速度和支持多处理器机构为目标，采用了容易实现多处理器的硬件部件，增加了在禁止其他处理器访问的同时，访问并更改共享存储器的指令。

（1）在 CISC（复杂指令集计算机）技术的基础上，首次采用了 RISC（精简指令集计算机）技术，有效地减少了指令的时钟周期个数。

（2）芯片上集成部件多。包括了 8 KB 的指令和数据高速缓存、浮点运算部件、分页虚拟存储管理和 80387 数值协处理器等多个部件，并且集 Cache 与 CPU 为一体，提高了微处理器的处理速度。

（3）高性能的设计。在以主频 33 MHz 工作时，8 KB 的指令和数据兼用的 Cache 与

106 Mbit/s 的猝发总线传输速率相结合，确保高速的系统处理能力。由于 80486 采用猝发式总线与内存进行高速数据交换，大大加快了微处理器与内存交换数据的速度。

（4）完全的 32 位体系结构。地址和数据总线均为 32 位，寄存器也是 32 位。

（5）增加了多处理器指令，增强了多重处理系统，片上硬件确保了 Cache 的一致性协议，并支持多级超高速缓存结构。

（6）具有机内自测试功能，可广泛地测试片上逻辑电路、超高速缓存和片上分页转换高速缓存。

2. 80486 的基本结构

80486 微处理器的内部结构如图 2-19 所示，包括总线接口、片内 Cache、指令预取、指令译码、控制/保护、整数、浮点运算、分段和分页等 9 个功能部件。80486 将这些部件集成在一块芯片上，除减少主板空间外，还提高了 CPU 的执行速度。

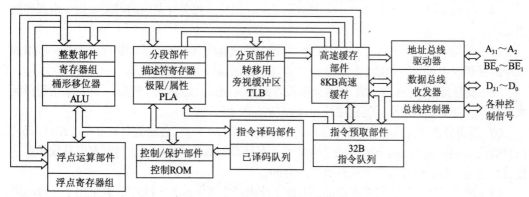

图 2-19　80486 微处理器内部结构

各主要部件的功能分析如下：

（1）浮点运算部件（FPU）：由指令接口、数据接口、运算控制单元、浮点寄存器和浮点运算器组成，可处理一些超越函数和复杂的实数运算，以极高的速度进行单精度或双精度的浮点运算。

（2）总线接口部件：根据优先级的高低协调数据传输、指令预取操作。在内部，它通过 3 个 32 位总线与指令预取部件和 Cache 进行通信；在外部，它产生微处理器总线周期所必需的各种信号。总线接口部件还配备一个暂时存储器，用来暂时存放要写到主存储器中的 4 个 32 位数据，起缓冲器的作用。

（3）指令预取部件：先到 Cache 中去取几条要用的指令，如果在 Cache 中没有找到所需的指令，就到主存储器中去取这几条指令。80486 有 32 字节的指令队列，取出的指令放在指令队列中。

（4）指令部件：把从预取队列中取出的指令转换成控制信号和微代码指令入口。译码的指令存放在指令队列中，一旦控制器发出请求，就将其发送给控制/保护部件。

（5）控制/保护部件：把指令转换成微代码指令，这些微代码指令通过内部总线直接送入各执行部件去执行。负责解释指令译码器收到的控制信号和微代码入口，并根据译码后的指令来指挥整数部件和浮点部件、存储器管理部件等的一切活动。

（6）整数部件：包括 ALU、桶形移位器、寄存器组等部分。负责执行控制器指定的全部算术和逻辑运算，可在一个时钟周期内执行加载、存储、加减、逻辑和移位等单条指令。

（7）存储器管理部件（MMU）：由分段部件和分页部件组成。分段部件将每一个内部逻辑地址转换成线性地址，再由分页部件将线性地址转换成物理地址。

2.6.3 Pentium 系列微处理器

Pentium 系列微处理器从 Pentium、Pentium Pro、Pentium MMX 到 Pentium Ⅱ、Pentium Ⅲ、Pentium 4 等，Intel 公司通过改变 CPU 的工作频率、二级缓存的大小、产品制造工艺等来不断提高微处理器的性能，内部结构和功能也在不断地扩充。

1. Pentium 系列微型计算机的主要特点

（1）高集成度，片内集成 310 万个晶体管。

（2）时钟频率高，从 60 MHz、66 MHz 发展到 500 MHz、700 MHz 和 1 500 MHz。

（3）数据总线带宽增加，内部总线为 32 位，外部数据总线宽度为 64 位。

（4）片内采用分立的指令 Cache 和数据 Cache 结构，可无冲突地同时完成指令预取和数据读/写。

（5）采用 RISC 超标量结构。超标量是指微处理器内具有多条指令执行流水线，以增加每个时钟周期内可执行的指令数，从而使微处理器的运行速度成倍提高。

（6）高性能的浮点运算器。采用全新设计的增强型浮点运算器（FPU），FPU 采用超级流水线技术，使得它的浮点运算速度比 80486DX 要快 3～5 倍。

（7）双重分离式高速缓存。将指令 Cache 与数据 Cache 分离，各自拥有独立的 8 KB Cache，而且数据 Cache 采用回写方式，以适应共享主存储器多机系统的需要，抑制存取总线次数，使其能全速执行，减少等待及传送数据的时间。

（8）增强了错误检测与报告功能。引进了片内功能冗余检测（FRC），并采用了一种能降低出错的六晶体管存储单元。

（9）64 位数据总线。使用 64 位数据总线可大幅度提高数据传输速度。

（10）分支指令预测。处理器内部采用分支预测技术，大大提高了流水线执行效率。

（11）常用指令固化及微代码改进。把一些常用指令（如 MOV、INC、DEC、PUSH 等）改用硬件实现，不再使用微代码操作，使指令执行速度进一步提高。

（12）系统管理方式。具有实地址方式、保护方式、虚拟 8086 方式及具有特色的 SMM（系统管理方式）。与其他高性能微处理器一样，复位时自动进入实地址方式，可通过机器内部装有系统级程序代码的 ROM 来控制，并可从一种方式切换到另一种方式。

（13）软件向上兼容 80386/80486，可在 MS–DOS、Windows OS/2、UNIX 和 Solaris 等操作系统下运行。

2. Pentium 微处理器的内部结构

Pentium 微处理器的主要部件包括总线接口部件、指令高速缓存器、数据高速缓存器、指令预取部件（指令预取缓冲器）与转移目标缓冲器、寄存器组、指令译码部件、具有两条流水线的整数处理部件（U 流水线和 V 流水线）、拥有加乘除运算且具有多用途电路的流水浮点处理部件等。

Pentium 微处理器的内部结构如图 2–20 所示。主要部件功能分析如下：

（1）超标量整数处理部件：超标量是指微处理器具有多条流水线，以增加每个时钟周期可执行的指令数，从而使微处理器的运行速度成倍提高。Pentium 有 U 流水线和 V 流水线两条指令流水线。两条流水线都可执行整数指令，但只有 U 流水线执行浮点指令。因此，能够在每个时钟周期内执行两条整数指令，或在每个时钟周期内执行一条浮点指令。每条流水线都有自己独立的地址生成部件、算术逻辑部件和数据 Cache 接口。每条流水线都采用与 80486 相同的 5 级整数流水线，指令在其中分级执行。

5 级流水线的内容如下：

① 指令预取（IP）：通过一条 256 位的内部总线将指令从指令 Cache 送到预取部件。

② 指令译码（ID）：对取来的指令进行译码分析。

③ 地址生成和取操作数（AG）。

④ 指令执行（IE）：由算术/逻辑运算部件 ALU 执行指令。

⑤ 回写（WB）：将结果写回到合适的寄存器或存储单元中，减少访问主存储器的次数。

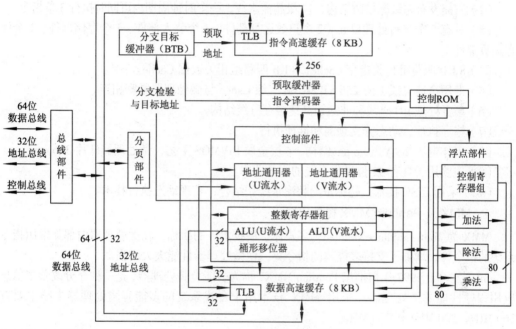

图 2-20　Pentium 微处理器内部结构

（2）超标量流水线浮点处理部件：Pentium 中的浮点操作被高度流水线化，并与整数流水线集成在一起。内部流水线进一步分割成若干个小而快的级段，使指令能在其中以更快的速度通过。每一个超级流水线级段都以数倍于时钟周期的速度运行。

（3）独立的数据和指令 Cache：Pentium 加进了第二个整数 ALU，使得整数单元的潜在处理能力增加了一倍，这同时也要求处理器进行双倍的指令与数据存取。在 Pentium 微处理器中，有两个独立的 8KB 指令 Cache 和 8 KB 数据 Cache，并可扩展到 12 KB。允许两个 Cache 同时存取，使得内部传输效率更高。这两个 Cache 采用双路相关联结构，每路有 128 个高速缓存行，每行可存放 32 字节（256 位）信息，即每路 4 KB。数据 Cache 有两个端口，分别用于 U、V 两条流水线。每一个 Cache 都有一个专用的转换后援缓冲器（TLB），用来把线性地址快速地转换成 Cache 所用的物理地址。

（4）Pentium 的指令集与指令预取：有两个 32 字节的指令预取缓冲器，通过预取缓冲器顺序处理指令地址，直到它取到一条分支指令，此时存放有关分支历史信息的分支目标缓冲器（BTB）将对预取到的分支指令是否导致分支进行预测。

（5）分支预测：Pentium 在指令预取处理中增加了分支预测逻辑，提供 BTB 的小 Cache 来预测程序转移。当产生一次程序转移时，BTB 就将该指令和转移目标地址存起来，BTB 中记录着正在执行的程序内所发生的几次转移，可利用存放在其中的转移记录来预测下一次程序转移。

3．Pentium Pro 微处理器

Pentium Pro 又称为高能奔腾，是 Intel 公司继 Pentium 之后于 1995 年末推出的又一种新型高性能奔腾微处理器。它比 Pentium 增加了 8 条指令，对 x86 处理器向下兼容，采用 387 个引脚 PGA 封装。

Pentium Pro 的主要特点如下：

（1）微处理器集成了 550 万个晶体管，高速缓存器集成了 1 550 万个晶体管。

（2）三路发布超级标量微结构，14 级超流水线，一个时钟周期内可同时执行 3 条指令。

（3）具有 5 个并行处理单元（2 个整数运算部件、1 个装入部件、1 个存储部件、1 个浮点运算部件）。

（4）8 KB 两路组相关指令 Cache，8 KB 四路组相关数据 Cache。

（5）专用全速总线上的 256 KB SRAM 二级 Cache 与微处理器紧密相连。

（6）事务处理 I/O 总线和非封锁高速缓存分级结构。

（7）错序执行，动态分支预测和推理执行。

（8）工作电压 2.9 V，0.6 μm 结构，4 层金属 BiVMOS 工艺，微处理器硅片 306 mm^2。

（9）主要用于具有 32 位操作系统的服务器中。

（10）采用 RISC 技术，超标量与超流水线相结合，实现动态执行技术。

4．MMX 及 Pentium MMX 微处理器

MMX 为 Multi-Media eXtended（多媒体扩展技术）的简称，在微处理器内部除常用指令系统的指令外，增加了支持多媒体的指令集，使微处理器性能大大增强。

Intel 公司于 1997 年初推出 Pentium MMX，称为多能奔腾处理器，是一种充分改善多信息应用程序性能的微处理器。采用 MMX 技术用于台式系统的多能奔腾处理器主频主要有 166 MHz、200 MHz 和 233 MHz。

Pentium MMX 可全面提高计算机的综合性能，主要包括整数运算、浮点运算及多媒体应用三方面。与相同速度的 Pentium 相比，Pentium MMX 性能可提高 60% 以上。芯片内增加了 57 条多媒体指令，加快了运行多媒体和视频应用程序的速度，而且把芯片的高速缓存器加大了一倍，给予了更强的分支预测能力。

5．Pentium Ⅱ 微处理器

1997 年 5 月，Intel 公司推出 Pentium Ⅱ，采用与 Pentium Pro 相同的核心结构，继承了原有 Pentium Pro 处理器优秀的 32 位微处理器性能。同时加快了对段寄存器写操作的速度，增加了对多媒体的支持和对 16 位代码优化的特性，能够同时处理两条 MMX 指令。

Pentium Ⅱ 首次采用单边连接盒的独立接插式标准（Slot1），用一块带金属外壳的印制电路板，不但集成了处理器部件，还包括了 32 KB 的 L1 Cache，并且处理器封装与 512KB～2MB 的 L2 Cache 等置于同一个底座，共 242 个引脚，可直接插入主板的相应插座中。

Pentium Ⅱ 处理器的主要特点如下：

（1）双重独立总线（DIB）体系结构，能同时使用具有纠错功能的 64 位系统总线和具有

可选纠错功能的 64 位 Cache 总线。

（2）多重跳转分支预测。通过多条分支预测程序执行，加快了指令向处理器的流动。

（3）数据流分析。分析并重排指令，使指令以优化的顺序执行，与原始程序顺序无关。

（4）指令推测执行。通过预先查看程序计数器 PC，并执行那些将要执行的指令，提高了程序运行速率。

（5）采用 Intel MMX 技术。包括 57 条增强的 MMX 指令技术，可处理视频、声频及图像数据。

6. Pentium Ⅲ微处理器

1999 年 Intel 推出 Pentium Ⅲ微处理器，总线频率 100/133 MHz，内部核心部分集成 950 万个晶体管，具有单指令多数据（SIMD）浮点运算部件。SIMD 技术使 Pentium Ⅲ微处理器用一条指令就能完成以往需要 4 条指令才能完成的浮点数据运算。芯片体积更小，功耗更低而性能更强。

Pentium Ⅲ的主要特点如下：

（1）主频 450 MHz 以上。

（2）总线频率 100 MHz/133 MHz。

（3）新增加 70 条多媒体指令。

（4）2.0 V 供电，0.25 μm 工艺制造。

（5）32 KB 的 L1 以主频速度工作，512 KB 的 L2 以主频一半速度工作。

Pentium Ⅲ微处理器除时钟频率提高外，它的整体性能也大大提高，如语音处理能力提高 37%，图形图像处理能力提高 64%。其内部还内置了序列号，在连接 Internet 时，可借助该序列号识别上网者的合法身份。增加的 70 条多媒体指令（Streaming SIMD Extensions，SSE）可提高 3D、语音、图形图像、互联网软件运行速度。

7. Pentium 4 微处理器

2000 年 3 月，Intel 公司推出新一代高性能 32 位 Pentium 4 微处理器，采用 NetBurst 新式处理器结构，可更好地处理互联网用户的需求，在数据加密、视频压缩和对等网络等方面的性能都有较大幅度的提高。

Pentium 4 微处理器有以下的主要特征和处理能力：

（1）采用超级流水线技术，使 CPU 指令的运算速度成倍增长，在同一时间内可以执行更多的指令，显著提高了处理器时钟频率以及其他性能。

（2）快速执行引擎使处理器的算术逻辑单元达到了双倍内核频率，可用于频繁处理诸如加、减运算之类的重复任务，实现了更高的执行吞吐量，缩短了等待时间。

（3）执行追踪缓存，用来存储和转移高速处理所需的数据。

（4）高级动态执行，可以使微处理器识别平行模式，并且对要执行的任务区分先后次序，以提高整体性能。

（5）具备 400 MHz 系统总线，可使数据以更快的速度进出微处理器，此总线在 Pentium 4 微处理器和内存控制器之间提供了 3.2 GB/s 的传输速度，具备了响应更迅速的系统性能。

（6）增加 114 条新指令，主要用来增强微处理器在视频和音频等方面的多媒体性。

（7）为用户提供了更加先进的技术，使之能够获得丰富的互联网体验。

Pentium 4 微处理器为因特网、图形处理、数据流视频、语音、3D 和多媒体等多种应用模式提供了强大功能，融合众多先进技术的 Pentium 4 NetBurst 架构带来更逼真的三维环境、更流畅的动画，极大地加速了视频编辑与处理过程。

2.6.4 Pentium 微处理器采用的新技术

Pentium 微处理器的功能、特点、操作模式、采用的新技术等与 80x86 都有较大的不同，为进一步说明其差别，下面简要分析 Pentium 微处理器几种典型的技术。

1. 流水线及超流水线技术

流水线是将一个较复杂的处理过程分成 m 个复杂程度相当、处理时间大致相等的子过程，每个子过程由一个独立的功能部件来完成，处理对象在各子过程连成的线路上连续流动。在同一时间，m 个部件同时进行不同操作，完成对不同子过程的处理。

流水线技术是指为提高微机工作速度而将某些功能部件分离，使大的顺序操作分解为由不同功能部件分别完成、在时间上重叠的子操作。流水线上各部件可并行工作，同时对多条指令进行解释执行，机器的吞吐率将大大提高。

超流水线技术（Hiper Pipelined Technology）通过细化流水、提高主频，使得在一个机器周期内完成一个甚至多个操作，其实质是以时间换取空间。

超级流水线技术是 Pentium 4 处理器所采用的 NetBurst 体系结构的重要组成部分，在芯片内设置多个相互独立的执行单元，使处理器在一个指令周期内能够执行多条指令。增强了分支预测能力，并将流水线恢复到 20 级，更深的流水线使处理器能够更快地排队和执行指令，从而提高了 CPU 的性能、频率和可扩充能力。

2. 指令预取技术

Pentium 微处理器包含 4 个指令预取缓冲器，每两个组成一对，两对之间相互独立，指令预取器从指令 Cache 中取出指令，将它们顺序存放在一组预取缓冲器中，另一组缓冲器则处于空闲状态。

当分支指令被预测会发生转移时，预取器将从转移目标地址开始取出指令，放入第二组空闲的预取缓冲器中。之后，预取器一直使用第二组缓冲器直到另一条分支指令被预测，再切换回第一组缓冲器。在线性地进行取指和执行指令时，预取缓冲器将一对指令送到指令译码器，两条流水线 U 和 V 中分别有一个译码器，预取器将一对指令中的第一条送 U 流水线，第二条送 V 流水线，在第一级译码器中进行指令配对的分析。

3. 超标量技术

超标量计算机是指在处理器内部有多个独立的操作部件，如算术逻辑部件、浮点数加减法部件、乘除法部件，各部件有独立的功能。

实际系统设计中，流水线与超标量两种体系结构经常结合使用，目的在于把模块的内部处理速度推至极限，同时保持良好的性能价格比。

先进的超标量处理器一般都包含有 3 个处理单元：

（1）定点处理单元：由一个或多个整数处理部件组成。

（2）浮点处理单元（FPU）：由浮点加减法部件和浮点乘除法部件等组成。

（3）图形处理单元（GPU）：这是现代处理机中不可缺少的一个部分。

4. 动态分支转移预测技术

在 Pentium 处理器中使用了分支目标缓冲器（Branch Target Buffer，BTB）来预测分支指令。

BTB 实际上是一个能存若干条目的地址存储部件。当一条分支指令导致程序分支时，BTB 就记下这条指令目标地址，并用这条信息预测这一指令再次引起分支时的路径，预先从该处预取。

预测执行技术的基本思想是在取指阶段，在局部范围内预先判断下一条待取指令最有可能的位置，以便取指的分支预测，保证取指部件所取的指令是按照指令代码执行顺序取入，而不是完全按照指令在存储器中的存放顺序取入。

动态分支预测是预测执行的一种具体做法，相对静态分支预测而言。静态分支预测在指令到了译码器进行译码时，利用 BTB 中目标地址信息预测分支指令的目标地址；而动态分支预测的预测发生在译码之前，即对指令缓冲器中尚未进入译码器中的那部分标明每条指令的起始和结尾，并根据 BTB 中的信息进行预测，这样发现分支指令要早。因此，对动态分支预测，一旦预测有误，已进入到流水线中需要清除的指令比静态分支预测时要少，从而提高了 CPU 的运行效率。

动态分支预测技术能够根据近期转移是否成功的历史记录来预测下一次转移的方向，它能够随程序的执行过程动态地改变转移的预测方向。

5. 多处理器计算机

多处理机体系结构由多个独立的处理机通过互联网络连接，每台处理机能够独立执行自己的程序。通过一定形式共享，实现程序和数据的交换和同步。

多处理机属于多指令流多数据流计算机 MIMD，可实现任务、作业级的并行性。目前的多处理机有两种基本结构：一种是共享存储器的多处理机结构；另一种是分布式存储器的多处理器结构，如图 2-21 所示。

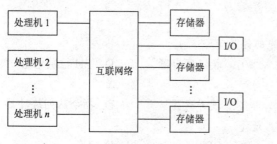

（a）共享存储器的多处理机结构　　（b）分布式存储器的多处理机结构

图 2-21　多处理机系统的两种基本结构示意

对于共享存储器的多处理机，存储器和 I/O 设备是独立的子系统，为系统内的所有处理机共享，任何两台处理机之间可通过访问共享存储器单元实现通信，存储器共享是这种结构的多机系统实现信息交换和同步的最简单方法。

在分布式存储器的多处理系统中，每台处理机有自己的存储器和 I/O 设备，整个存储器被分成多个模块，每个模块与一个处理机紧密相连。处理机之间通过点对点的通信实现信息交换。当处理机访问本地存储器时，不需要通过互联网络就可直接进行。但系统内任意一个处理机仍可通过互联网络访问系统中的任何一个存储器模块。

多处理机系统的主要特征是结构灵活和功能通用，主要用于开发高层次作业及任务级并行性。

本章小结

8086 微处理器从功能结构上划分为执行部件和总线接口部件，这种并行工作方式减少了

CPU 等待取指令的时间，充分利用了总线，提高了 CPU 工作效率，加快了整机运行速度，也降低了 CPU 对存储器存取速度的要求，成为 8086 的突出优点。

8086 的寄存器使用灵活，可供编程使用的有 14 个 16 位寄存器，按用途分为通用寄存器、段寄存器、指针和标志寄存器，各种寄存器的功能和应用场合有其特定的规则，编程处理时要遵循相关约定。

8086 存储器内部分段管理，这种方式有利于程序的设计和指令的执行。8086 将 1 MB 存储空间分为若干个 64 KB 的不同段，由 4 个段寄存器引导，编程使用时要考虑指令的寻址方式和物理地址的计算。要掌握存储器的分段管理、物理地址和逻辑地址的换算及 I/O 端口的编址方式。

8086 有 40 条引脚，不同信号在使用时有各自的特点，信号在不同场合会定义为输入、输出或双向信号，有的信号分别定义为高电平有效或低电平有效，访问内存或 I/O 接口时也有相关控制信号定义。要熟悉 8086 总线操作和时序的工作原理，掌握 8086 系统最大和最小工作模式的特点及应用。

本章最后对 80x86 系列产品做了介绍，方便了解高档微处理器的基本结构和特点。目前，PC 市场占有份额最多的是 Pentium 4 微型计算机，其结构上有较大的改进，不仅增加了数据总线、地址总线的位数，而且采用了指令高速缓存与数据高速缓存分离、分支预测、超标量流水线等许多新技术，增加了支持多媒体的指令集，使微处理器性能大大增强。

思考与练习题

一、选择题

1. 在 EU 中起数据加工与处理作用的功能部件是（　　　）。

    A. ALU   B. 数据暂存器   C. 数据寄存器   D. EU 控制电路

2. 以下不属于 BIU 中的功能部件是（　　　）。

    A. 地址加法器   B. 地址寄存器   C. 段寄存器   D. 指令队列缓冲器

3. 堆栈操作中用于指示栈顶地址的寄存器是（　　　）。

    A. SS   B. SP   C. BP   D. CS

4. 指令指针寄存器 IP 中存放的内容是（　　　）。

    A. 指令   B. 指令地址   C. 操作数   D. 操作数地址

5. 8086 系统可访问的内存空间范围是（　　　）。

    A. 0000H～FFFFH   B. 00000H～FFFFFH

    C. 0～216   D. 0～220

6. 8086 的 I/O 地址空间采用 16 位数寻址时，可访问的端口数容量为（　　　）。

    A. 16K   B. 32K   C. 64K   D. 1M

7. 8086 最大和最小工作方式的主要差别是（　　　）。

    A. 数据总线的位数不同   B. 地址总线的位数不同

    C. I/O 端口数的不同   D. 单处理器与多处理器的不同

二、填空题

1. 8086 的内部结构由_____和_____组成，前者功能是_____，后者功能是_____。

2. 8086 取指令时，会选取_____作为段基值，再加上由_____提供的偏移地址形成 20 位物理地址。

3. 8086 有两种外部中断请求线，分别是_____和_____。

4. 8086 的标志寄存器共有_____个标志位，分为_____个_____标志位 _____和_____个标志位。

5. 8086 为访问 1MB 内存空间，将存储器进行_____管理；其_____地址是唯一的；偏移地址是指_____；逻辑地址常用于_____。

6. 逻辑地址为 1000H:0230H 时，其物理地址是_____，段地址是_____，偏移量是_____。

7. 时钟周期是指_____，总线周期是指_____，总线操作是指_____。

8. 8086 工作在最大方式时 CPU 引脚 MN/$\overline{\text{MX}}$ 应接_____；最大和最小工作方式的应用场合分别是_____。

三、判断题

1. IP 中存放的是正在执行的指令偏移地址。　　　　　　　　　　　　　　（　　　）

2. 从内存单元偶地址开始存放的数据称为规则字。　　　　　　　　　　　（　　　）

3. EU 执行算术和逻辑运算后的结果特征由可由控制标志位反映出来。　　（　　　）

4. 指令执行中插入 T_1 和 T_W 是为了解决 CPU 与外设之间的速度差异。　（　　　）

5. 总线操作中第一个时钟周期通常是取指周期。　　　　　　　　　　　　（　　　）

6. 8086 系统复位后重新启动时从内存地址 FFFF0H 处开始执行。　　　　（　　　）

四、简答题

1. 8086 微处理器中的指令队列起什么作用，其长度是多少字节？

2. 什么是逻辑地址，它由哪两部分组成？8086 的物理地址是如何形成的？

3. 8086 微机系统中存储器为什么要分段，各逻辑段之间的关系如何？

4. I/O 端口有哪两种编址方式，8086 的最大 I/O 寻址空间是多少？

5. 8086 的最大工作模式和最小工作方式的主要区别是什么？它们分别应用在何种场合？

6. 简述实地址方式和虚拟 8086 方式的区别。

7. 简述 Pentium 微处理器的主要特点。

五、分析题

1. 有一个由 10 个字组成的数据区，其起始地址为 1200H:0120H。试写出该数据区的首末存储单元的实际地址。

2. 若一个程序段开始执行之前，(CS)=33A0H，(IP)=0130H，试问该程序段启动执行指令的实际地址是什么？

3. 有两个 16 位的字 31DAH 和 5E7FH，它们在 8086 系统存储器中的地址分别为 00130H 和 00134H，试画出它们的存储示意图。

4. 将字符串 "Good!" 的 ASCII 码依次存入从 01250H 开始的字节单元中，画出它们存放的内存单元示意图。

5. 8086 微处理器读/写总线周期各包含多少个时钟周期？什么情况下需要插入 T_W 等待周期？应插入多少个 T_W，取决于什么因素？什么情况下会出现空闲状态 T_I？

第 3 章

寻址方式与指令系统 «««

本章主要讨论 8086 微处理器采用的指令格式和寻址方式，详细分析 8086 指令系统中各类指令的功能、特点和应用，通过实例来说明指令的使用方法。此外，还讨论了 Pentium 微处理器的内部寄存器和指令格式、新增的寻址方式和专用指令等。本章为后续汇编语言的学习和理解打下坚实基础。

通过本章的学习，读者应掌握 8086 指令系统的寻址方式及地址计算方法；熟悉 8086 微处理器各类指令的特点及其应用；掌握 DOS 和 BIOS 中断调用；理解 Pentium 微处理器新增寄存器、寻址方式和专用指令等。

3.1 指令格式及寻址

3.1.1 指令系统与指令格式

1. 指令与指令系统

计算机在解决计算或处理信息等问题时，需由人们事先把各类问题转换为计算机能识别和执行的操作命令。这种能被计算机执行的各种操作用命令就称为计算机指令。通常一条指令对应一种基本操作，如加减、传送、移位等。指令的执行是在计算机的 CPU 中完成的，每条指令规定的运算及基本操作都是简单、基本的，它和计算机硬件所具备的能力相对应。

计算机所能执行的全部指令的集合称为指令系统。指令系统是计算机硬件和软件之间的桥梁，是汇编语言程序设计的基础，它与微处理器的性能密切相关，性能优越的指令系统可以更快更好地运行各种程序，实现更多的微处理器性能。

计算机中的指令以二进制编码形式存放在存储器中。采用二进制编码形式表示的指令称为机器指令，CPU 可直接识别。由于机器指令比较长，难以记忆和阅读，为此，人们采用一些助记符（指令功能的英文单词缩写）来简化表示机器指令，称为符号指令，也称汇编指令。计算机中汇编指令与机器指令具有一一对应的关系。

不同的 CPU 赋予的指令助记符不同，而且各自的指令系统中包含的操作类型也有所不同。每种 CPU 指令系统的指令都有几十条、上百条之多。

指令系统是计算机系统结构中非常重要的组成部分。从计算机组成层次结构来说，计算机指令有机器指令、伪指令和宏指令之分。

2. 指令格式

计算机通过执行指令来处理各类信息，为了指出信息的来源、操作结果的去向以及所执行的操作，事先要规定好指令格式，每条指令中一般要包含操作码和操作数等字段。

（1）操作码字段：指示计算机所要执行的操作类型，表示计算机要执行的某种指令功能，如传送、运算、移位、跳转等，是指令中必不可少的组成部分。

计算机执行指令时，首先将操作码从指令队列取入执行部件中的控制单元，经指令译码器识别后，产生执行本指令操作所需的时序控制信号，控制计算机完成规定的操作。

（2）操作数字段：表示计算机在操作中所需数据或数据存放位置（称为地址码），或是指向操作数的地址指针及其他有关操作数据的信息。

操作数字段可以有一个、二个或三个，分别称为单地址指令、双地址指令和三地址指令。单地址指令操作只需一个操作数，如加 1 指令 INC AX。大多数运算型指令都需两个操作数，如加法指令 ADD AX, BX 中，AX 为被加数，BX 为加数，运算结果送到 AX 中，因此，AX 称为目的操作数，BX 称为源操作数。对于三地址指令则是在二地址指令的基础上再指定存放运算结果的地址。

在操作数字段中，可以是操作数本身或是操作数地址，也可是操作数地址的计算方法。微机中此字段通常可有一个或两个，前者为单操作数指令，如加 1 指令 INC AX；后者为双操作数指令，如加法指令 ADD AX, BX，是将 BX 的内容与 AX 的内容相加，运算的结果再送到 AX 中，AX 称为目的操作数 dst（Destination），BX 称为源操作数 src（Source）。

8086 的指令格式由 1～6 个字节组成。其中，操作码字段为占 1～2 个字节，操作数字段占 0～4 个字节。每条指令的长度将根据指令的操作功能和操作数的形式而定。

3.1.2 寻址的概念及操作数类别

对于一条指令来说，要解决两个问题：一是要指出进行什么操作，这由指令操作码来表明；二是要指出操作数的来源，这就是操作数的寻址方式。

指令中会指定所需操作数的位置，即给出地址信息，在执行时需要根据这个地址信息找到需要的操作数，寻找操作数的过程称为寻址。寻址方式就是寻找操作数或操作数地址的方式。根据寻址方式可方便地访问各类操作数。

计算机中大多数指令采用一个或两个操作数。根据操作数存放的位置，通常有 3 种表示形式，分别称为立即数、寄存器操作数和存储器操作数。

（1）立即数在指令中，跟随在操作码后，即指令的操作数字段就是操作数本身。

（2）寄存器操作数包含在 CPU 的某个内部寄存器中，这时指令的操作数字段是 CPU 内部寄存器的一个编码。

（3）存储器操作数在内存的数据区中，这时指令的操作数字段包含该操作数所在的内存地址。

📚 3.2 8086 寻址方式及其应用

8086 提供了与操作数有关和与 I/O 端口地址有关的两类寻址方式。其中，与操作数有关的寻址方式共 7 种，分别是立即数寻址、寄存器寻址、直接寻址、寄存器间接寻址、寄存器相对寻址、基址变址寻址和相对基址变址寻址方式；与 I/O 端口地址有关的寻址方式分别是直接端口寻址方式和间接端口寻址方式。

3.2.1 与操作数有关的寻址方式

1. 立即数寻址

立即数寻址的操作数直接存放在给定指令中，紧跟在操作码之后，作为指令的组成部分放在代码段中。

立即数寻址通常用于给寄存器或存储单元赋初值，该数可以是数值型常数，也可以是字符型常数。在指令中只能用在源操作数字段，不能位于目的操作数字段，且因操作数直接从指令中取得，不执行总线周期，所以该寻址方式的显著特点是执行速度快。

立即数可以是 8 位或 16 位二进制数，也可用十进制数或十六进制数表示。例如：

```
MOV  AL,11001010B          ;将二进制数11001010B送AL
MOV  AL,0FH                ;将十六进制数0FH送AL
MOV  AX,1234H              ;将1234H送AX,AH中为12H,AL中为34H
MOV  AL,10                 ;将十进制数10送AL
```

2. 寄存器寻址

寄存器寻址的操作数存放在 CPU 的内部寄存器中，指令中给定寄存器名。该寻址方式下，操作数可位于 8 位或 16 位寄存器中。由于其操作就在 CPU 内部进行，不需访问总线周期，所以，指令执行速度比较快。该方式可用于源操作数，也可用于目的操作数，或者两者都用寄存器寻址方式。

8 位操作数可采用 AH、AL、BH、BL、CH、CL、DH、DL 等寄存器保存；16 位操作数可采用 AX、BX、CX、DX、SI、DI、SP、BP 等寄存器保存。例如：

```
MOV  AL,BL                 ;将BL中的8位源操作数传送到目的操作数AL
MOV  AX,BX                 ;将BX中的16位源操作数传送到目的操作数AX
ADD  AX,BX                 ;执行16位操作数加法运算(AX)←(AX)+(BX)
```

3. 存储器寻址

由于寄存器数量有限，所以程序中的大多数操作数需要从内存中获得。内存的寻址方式有多种，最终都将得到存放操作数的物理地址。

用存储器寻址的指令，其操作数一般位于数据段、堆栈段或附加段的存储器中，指令中给出的是存储器单元的地址或产生存储器单元地址的信息。执行这类指令时，CPU 先根据操作数字段提供的地址信息，由执行部件计算出有效地址（EA），再由总线接口部件根据公式计算出物理地址 PA，执行总线周期访问存储器取得操作数，最后再执行指令规定的基本操作。

注意：采用存储器寻址的指令中只能有一个存储器操作数，或者是源操作数，或者是目的操作数；且指令书写时将存储器操作数放在方括号 [ ] 之中。

8086 指令系统提供了以下 5 种针对存储器的寻址方式。

（1）直接寻址：指令中给出的地址码即为操作数的有效地址，称为直接寻址方式。若操作码所需的操作数存放在存储器中，则指令中需要给出操作数的地址信息。操作数的有效地址（EA）的计算方法和寻址方式有密切联系，物理地址 PA 的计算和操作数的位置有关。

由于 8086 的有效地址为 16 位，所以这种指令的地址码要占 2 个字节，其存储方式要按"字"存放。指令中给出的地址码即为操作数的有效地址（EA），它是一个 8 位或 16 位的位移量数据。

【例3.1】执行指令 MOV AX,[0002H]，其中(DS)=2000H。给定数据段数据存储形式如图3-1所示。

分析：该指令执行时，有效地址 EA=0002H；物理地址 PA=(DS)×10H+EA=20002H。

由于指令中目的操作数是 16 位，因此要取出 20002H 和 20003H 两个单元中的数据，即 20002H 单元中的 30H 送给 AL，20003H 单元中的数据 56H 送给 AH。指令执行后的结果为(AX)=5630H。

8086 指令系统中规定，存储器直接寻址方式如果不加说明，操作数一定在数据段 DS。若操作数在规定段以外的其他段，则必须在地址前加以说明。这种说明称为"段超越前缀"。

偏移地址	数据段	物理地址
0000H	12H	20000H
0001H	23H	20001H
0002H	30H	20002H
0003H	56H	20003H
0004H	0AH	20004H

图 3-1 数据段内容存放示意图

例如指令：MOV AL,ES:[0002H]，源操作数指定存放于附加段 ES 中，物理地址 PA=(ES)×10H+EA。

（2）寄存器间接寻址：这种寻址方式是在指令中给出寄存器，寄存器中的内容为操作数的有效地址。

如果指令中指定的寄存器是 BX、SI 和 DI，操作数以 DS 段寄存器中的内容作为段地址。此时，操作数的物理地址 PA=(DS)×10H +(BX)或(SI)或(DI)。

如果指令中指定的寄存器是 BP，操作数以 SS 段寄存器中的内容作为段地址。此时，操作数的物理地址 PA=(SS)×10H+(BP)。

【例3.2】执行指令 MOV AX,[BX]；给定(DS)=2000H，(BX)=1000H。

分析：该指令执行时，有效地址 EA=(BX)=1000H；物理地址 PA=2000H×10H+1000H=21000H。

该指令从 21000H 单元取出低字节数据，从 21001H 单元取出高字节数据，组合成 1 个字数据后送到寄存器 AX 中。

（3）寄存器相对寻址：这种寻址方式是在指令中给定 1 个基址寄存器（或变址寄存器）和 1 个 8 位或 16 位的相对偏移量，两者之和作为操作数的有效地址。

使用 BX、SI、DI 这 3 个间址寄存器指示的是数据段中的数据，使用 BP 作间址寄存器指示的是堆栈段中的数据。

有效地址：EA=(R)+8 位（或 16 位）偏移量；其中 R 为给定寄存器。

物理地址：PA=(DS)×10H+EA（使用 BX、SI、DI 间址寄存器）
　　　　　 PA=(SS)×10H+EA（使用 BP 作为间址寄存器）

【例 3.3】执行指令 MOV AX,[BX+10H]传送指定地址中的字数据到累加器中，给定(BX)=1200H，(DS)=2000H，(21210H)=21H，(21211H)=43H。

分析：操作数有效地址为 EA=(BX)+10H=1210H；

物理地址为 PA=(DS)×10H+EA=21210H；

指令执行后，(AX)=4321H。

（4）基址变址寻址：这种方式是在指令中给出 1 个基址寄存器和 1 个变址寄存器，两者内容之和作为操作数的有效地址。

基址寄存器可取 BX 或 BP，变址寄存器可取 SI 或 DI，但指令中不能同时出现两个基址寄存器或两个变址寄存器。如果基址寄存器为 BX，则段寄存器使用 DS；如果基址寄存器用 BP，则段寄存器使用 SS。

【例 3.4】给定指令 MOV AX,［BX+SI］；寄存器内容为(DS)=1200H，(BX)=0100H，(SI)=0050H，计算操作数地址并分析指令的执行情况。

分析：给定指令为基址变址寻址方式，其功能是将指定的内存单元内容传送到 AX 中。

操作数的物理地址：PA =(DS)×10H+(BX)+(SI)

$$=1200H \times 10H +0100H+0050H$$

$$=12150H$$

指令的执行结果是将内存 12150H 单元的内容传送到寄存器 AX 中。如果内存 12150H 单元开始保存的是字数据 1122H，则指令的执行完毕结果为(AX)=1122H。指令的操作情况如图 3-2 所示。

（5）相对基址变址寻址：这种寻址方式是在指令中给出 1 个基址寄存器、1 个变址寄存器和 8 位或 16 位的偏移量，三者之和作为操作数的有效地址。

基址寄存器可取 BX 或 BP，变址寄存器可取 SI 或 DI，如果基址寄存器为 BX，则段寄存器使用 DS；基址寄存器用 BP，则段寄存器用 SS。

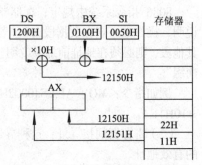

图 3-2　基址变址寻址操作过程分析

操作数的物理地址：PA=(DS)×10H+(BX)+(SI)或(DI)+偏移量

PA=(SS)×10H+(BP)+(SI)或(DI)+偏移量

【例 3.5】已知(DS)=2100H，(BX)=0110H，(DI)=0020H，偏移量=0050H，用相对基址变址寻址方式计算操作数的有效地址和物理地址如下。

分析：操作数的有效地址 EA=(BX)+(DI)+偏移量

$$=0110H+0020H+0050H$$

$$=0180H$$

操作数的物理地址：PA=(DS)×10H+EA

$$=2100H \times 10H +0180H$$

$$=21180H$$

3.2.2　与 I/O 端口地址有关的寻址方式

8086 的 I/O 端口采用独立编址，有 64 K 个字节端口或 32 K 个字端口，采用专门的输入/输出指令 IN/OUT，寻址方式有直接端口寻址和间接端口寻址两种方式。

1. 直接端口寻址

直接端口寻址是在指令中直接给出要访问的端口地址，一般采用 2 位十六进制数表示，也可以用符号表示，可访问的端口范围为 0～255，即最大 256 个，采用 2 位十六进制数表示。例如：

```
IN  AL,25H              ;从地址为 25H 的 I/O 端口中取出字节数据送寄存器 AL
```

OUT 指令和 IN 指令一样，提供字节或字两种使用方式。端口宽度只有 8 位时只能用字节指令。此外，直接端口地址也可以用符号地址表示，如 OUT　PORT,AL。

2. 间接端口寻址

若访问端口的地址数超过 256 个，要采用 I/O 端口间接寻址方式。间接端口寻址把 I/O 端口地址先送到寄存器 DX 中，用 16 位的 DX 作为间接寻址寄存器。可访问的端口数为 0～65 535，即最大为 65 536 个。

例如：

```
MOV DX,285H            ;将端口地址 285H 送到 DX 寄存器
OUT DX,AL              ;将 AL 中的内容输出到 DX 指定的端口
```

3.3 8086 指令系统及其应用

8086 指令系统是 80x86/Pentium 的基本指令集。按功能的不同，可将这些指令分为数据传送类、算术运算类、逻辑运算与移位类、串操作类、控制转移类、处理器控制类和中断类七大类指令。

学习指令系统应注意掌握如下内容：

（1）对指令功能和操作特点的准确理解。

（2）对指令中操作数所采用的寻址方式特点及其应用。

（3）各类指令对标志位的影响。

（4）指令的正确表述和格式上的规定。

3.3.1 数据传送类指令

数据传送类指令是计算机中最基本、最重要也是最常用的一种指令，其功能是把数据、地址或立即数传送到寄存器或存储单元。此类指令除了 SAHF 和 POPF 外均不影响标志寄存器的内容。

按照传送的内容和功能的不同，可将数据传送指令分为 3 组，如表 3-1 所示。其中，dst 表示目的操作数，src 表示源操作数。

表 3-1 数据传送类指令

指令类型	指令格式	指令功能
通用数据传送	MOV dst, src	字节或字传送
	PUSH src	字压入堆栈
	POP dst	字弹出堆栈
	XCHG dst, src	字节或字交换
	XLAT	换码指令
地址传送	LEA dst, src	装入有效地址
	LDS dst, src	装入 DS 寄存器
	LES dst, src	装入 ES 寄存器
标志位传送	LAHF	将 FLAG 低字节装入 AH 寄存器
	SAHF	将 AH 内容装入 FLAG 低字节
	PUSHF	将 FLAG 内容压栈
	POPF	从堆栈中弹出一个字给 FLAG

1. 通用数据传送指令

（1）MOV 传送指令。

指令格式：MOV dst, src

该指令把源操作数 src 传送至目的操作数 dst。指令执行后源操作数内容不变，目的操作数内容与源操作数内容相同。

源操作数可以是通用寄存器、段寄存器、存储器以及立即数；目标操作数可以是通用寄存器、段寄存器（CS 除外）或存储器。各类数据的传送关系如图 3-3 所示。

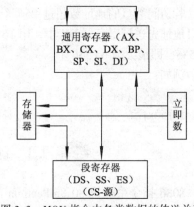

图 3-3　MOV 指令中各类数据的传送关系

【例 3.6】MOV 指令的应用形式分析举例。

分析：

```
MOV  AL, 35H          ;8 位立即数 35H 送 AL
MOV  DX, 1234H        ;16 位立即数 1234H 送 DX
MOV  DL, 'B'          ;字符 B 的 ASCII 码送 DL
MOV  CL, BL           ;8 位寄存器之间传送
MOV  AX, BX           ;16 位寄存器之间传送
MOV  AX, [2100H]      ;存储单元数据送 AX
MOV  [0210H],SI       ;SI 中内容送指定存储单元
MOV  DS, AX           ;AX 中内容送段寄存器 DS
MOV  [SI],DS          ;DS 的内容送 SI 所指单元
MOV  ES, [BX]         ;BX 所指的存储单元内容送 ES
```

使用 MOV 指令时应注意：两个操作数的类型必须一致；代码段寄存器（CS）、指令指针寄存器（IP）及立即数不能作为目标操作数；两个存储单元之间不允许直接传送数据；不能向段寄存器送立即数；两个段寄存器之间不能直接传送数据。

（2）PUSH/POP 堆栈操作指令。

堆栈是存储器中的一个特殊区域，以"先进后出"的方式进行数据操作。8086 的堆栈组织是从高地址向低地址方向生长的。它只有一个出入口，堆栈指针寄存器（SP）始终指向堆栈的栈顶单元。堆栈组织示意如图 3-4 所示。

① 入栈指令。

指令格式：PUSH　src

执行的操作：SP ←(SP)−2；　(SP)←(src)

操作时 SP 的内容首先减 1，操作数的高位字节送入当前 SP 所指示的单元中；然后 SP 中的内容再减 1，操作数的低位字节送入当前 SP 所指示的单元中。src 是入栈的字操作数，除了不允许立即数外，通用寄存器、段寄存器和存储器操作数都能入栈。

【例 3.7】执行指令 PUSH　AX。

分析：若给定(SP)=00F8H，(SS)=2500H，(AX)=5120H，则指令执行后(SP)=00F6H，(250F6H)=5120H。

② 出栈指令。

指令格式：POP dst

执行的操作：dst ←((SP))；　(SP)←(SP)+2

dst 是出栈操作的目的地址，长度必须为 16 位，除了立即数和 CS 段寄存器以外，通用寄存器、段寄存器和存储器都可以作为出栈的目的地址。

操作时首先将 SP 所指的栈顶单元内容送入 dst 低位字节单元，SP 的内容加 1，然后将 SP 所指栈顶单元内容送入 dst 的高位字节单元，SP 的内容再加 1。

【例 3.8】执行指令 POP　BX。

分析：若给定(SS)=2000H，(SP)=0100H，(BX)=78C2H，(20100H)=6B48H，则指令执行后(BX)=6B48H，(SP)=0102H。

（3）XCHG 交换指令。

指令格式：XCHG　opr1,opr2

其中 opr1 和 opr2 表示操作数。

该指令中必须有一个操作数是在寄存器中，可以实现字节数据交换，也可以实现字数据交换。指令执行结果不影响标志位。

【例 3.9】执行指令 XCHG　AX,BX。

分析：该指令将寄存器 AX 内容与 BX 内容互相交换位置。

若给定(AX)=325AH，(BX)=2130H，则指令执行后(AX)=2130H，(BX)=325AH。

2．累加器专用传送指令

累加器 AX 通常作为数据传输的核心，8086 指令系统中的输入/输出指令和换码指令是专门通过累加器来执行的。

（1）IN/ OUT 输入/输出指令。

① 输入指令。

指令格式：IN　Acc,src

Acc 为 8 位或 16 位累加器。例如：

```
IN AL,30H          ;将 30H 端口中数据读入到 AL 中
IN AX,20H          ;将 20H 端口中数据读入到 AL 中，21H 端口中数据读入到 AH 中
```

② 输出指令。

指令格式：OUT　dst,Acc

例如：

```
OUT DX,AL          ;AL 中的内容输出到 DX 所指示的字节端口
```

（2）XLAT 换码指令。

指令格式：XLAT

执行的操作 AL←(BX+AL)

换码指令可将累加器 AL 中的一个值转换为内存表格中的某一个值，再送回 AL 中。XLAT 一般用来实现码制之间的转换，又称为查表转换指令。

3．地址传送指令

（1）LEA 有效地址送寄存器指令。将存储器操作数 src 的有效地址传送到 16 位的通用寄存器。例如：

```
LEA BX,[BP+SI]
```

该指令执行后，将(BP)+(SI)指定的内存单元操作数有效地址送到 BX 中。

（2）LDS 地址指针送寄存器指令。此指令执行的操作是将 src 指示的前 2 个字节单元的内容（16 位地址偏移量）送入指令中指定的通用寄存器中，src+2 所指示的 2 个字节的内容（数据段地址）送入 DS 中。

【例 3.10】执行指令 LDS　BX, ARR[SI]。

分析：若给定 ARR=0010H，(SI)=0020H，(DS)=2000H，(BX)=6AE0H，(20030H)=0080H，(20032H)=4000H，则指令执行后(BX)=0080H，(DS)=4000H。

（3）LES 指针送寄存器指令。指令执行的操作与 LDS 指令大致相似，不同之处是以 ES 代替 DS。

【例 3.11】执行指令 LES　DI,[BX]。

分析：若给定(DS)=2000H，(BX)=0020H，(20020H)=18H，(20021H)=A5H，(20022)=00H，(20023H)=50H，(ES)=4000H，则指令执行后：(DI)=A518H，(ES)=5000H。

该指令将 32 位地址指针的段地址送入 ES 寄存器，偏移地址送入 DI 寄存器。

4．标志寄存器传送指令

标志寄存器传送指令共有 4 条，这些指令都是单字节指令，指令的操作数以隐含形式规定，字节操作数隐含为 AH 寄存器。

（1）LAHF 取标志指令。该指令将标志寄存器 FLAGS 中的 5 个状态标志位 SF、ZF、AF、PF 以及 CF 分别取出传送到累加器 AH 的对应位。

（2）SAHF 置标志位指令。该指令的传送方向与 LAHF 方向相反，FLAGS 寄存器中的 SF、ZF、AF、PF 和 CF 将被修改成 AH 寄存器中对应位的值。

（3）PUSHF 标志压入堆栈指令。该指令先将 SP 减 2，然后将标志寄存器 FLAGS 中的内容压入堆栈中。

（4）POPF 标志弹出堆栈指令。该指令的操作与 PUSHF 指令相反，它将堆栈内容弹出到标志寄存器 FLAGS，然后加 2。

PUSHF 和 POPF 指令可用来保护调用过程以前标志寄存器的值，过程返回后再恢复此标志位，或用来修改标志寄存器中相应标志位的值。

3.3.2　算术运算类指令

8086 的算术运算类指令包括加、减、乘、除 4 种基本运算指令，以及进行 BCD 码十进制数运算的指令。

算术运算指令涉及无符号数和带符号数两种类型的数据。加减运算采取同一套指令，乘除运算有各自不同的指令。

加减法运算在执行过程中有可能产生溢出，对于无符号数，如果加法运算最高位向前产生进位，减法运算最高位向前有借位，则表示出现溢出，用 CF 标志位可检测无符号数是否溢出。对于带符号数，采用补码运算，符号位参加运算，溢出则表示运算结果发生错误，用 OF 标志位可检测带符号数是否溢出。

算术运算指令会影响标志位，其规则如下：

（1）运算结果向前产生进位或借位时，CF=1。

（2）最高位向前进位和次高位向前进位不同时，OF=1。

（3）若运算结果为 0，ZF=1。

（4）若运算结果最高位为 1，SF=1。

（5）若运算结果中有偶数个 1，PF=1。

表 3-2 给出了算术运算指令的名称、助记符和它们对标志位的影响。

表 3-2　算术运算类指令

类　别	指令名称	指令书写格式（助记符）	状　态　标　志					
			OF	SF	ZF	AF	PF	CF
加法	加法（字节/字）	ADD dst,src	¤	¤	¤	¤	¤	¤
加法	带进位加法（字节/字）	ADC dst,src	¤	¤	¤	¤	¤	¤
	加 1（字节/字）	INC dst	¤	¤	¤	¤	¤	—
减法	减法（字节/字）	SUB dst,src	¤	¤	¤	¤	¤	¤
	带借位减法（字节/字）	SBB dst,src	¤	¤	¤	¤	¤	¤
	减 1	DEC dst	¤	¤	¤	¤	¤	—
	取补	NEC dst	¤	¤	¤	¤	¤	¤
	比较	CMP dst,src	¤	¤	¤	¤	¤	¤
	不带符号乘法（字节/字）	MUL src	¤	※	※	※	※	¤
	带符号乘法（字节/字）	IMUL src	¤	※	※	※	※	¤
除法	不带符号除法（字节/字）	DIV src	※	※	※	※	※	※
	带符号除法（字节/字）	IDIV src	※	※	※	※	※	※
	字节扩展	CBW	—	—	—	—	—	—
	字扩展	CWD	—	—	—	—	—	—
十进制调整	非组合 BCD 码的加法调整	AAA	※	※	※	¤	※	¤
	组合 BCD 码的加法调整	DAA	※	¤	¤	¤	¤	¤
	非组合 BCD 码的减法调整	AAS	※	※	※	¤	※	¤
	组合 BCD 码的减法调整	DAS	※	¤	¤	¤	¤	¤
	非组合 BCD 码的乘法调整	AAM	※	¤	¤	※	¤	※
	组合 BCD 码的乘法调整	AAD	※	¤	¤	※	¤	※

注："¤"表示运算结果影响标志位；"—"表示运算结果不影响标志位；"※"表示标志位为任意值。

1．加减法指令及其应用

【例 3.12】分析给定加减法指令的格式及操作功能。

```
ADD  AL,  BL            ;两个寄存器字节数据相加
ADD  AL,  [0210H]       ;内存单元与寄存器字节数据相加
ADD  [SI],AX            ;寄存器与内存单元字数据相加
INC  AL                 ;执行(AL)←(AL)+1
INC  CX                 ;执行(CX)←(CX)+1
SUB  AX,  BX            ;执行(AX)←(AX)-(BX)
SBB  DX,  CX            ;执行(DX)←(DX)-(CX)-CF
DEC  CX                 ;执行(CX)←(CX)-1
```

使用注意事项：

（1）ADD 指令中，两个存储器操作数不能直接相加，段寄存器不能参加运算。还要注意两个操作数的类型保持一致。

（2）INC 指令的操作对象只能为通用寄存器或存储器操作数，不能为立即数，也不能是段寄存器，该指令常用在循环程序中修改指令或用作环计数器。

（3）NEG 求补指令将操作对象中的内容取 2 的补码，相当于将操作对象中的内容按位取反后，末位加 1。

（4）CMP 比较指令与 SUB 指令一样执行减法操作，但该指令不保存结果，即指令执行后，两个操作数的内容不会改变。这条指令是根据操作的结果设置状态标志位，按比较结果使程序产生条件转移。例如：

```
CMP AL,0                        ;AL 和 0 进行比较
JGE NEXT                        ;若 AL≥0 则转到 NEXT 位置执行
```

2. 乘除法指令及其应用

（1）乘法指令包括对无符号数和带符号数相乘的指令。进行乘法运算时，如果两个 8 位数相乘，结果为 16 位；如果两个 16 位数相乘，结果为 32 位。乘法指令中有两个操作数，但指令中只给出乘数，被乘数隐含给出。8 位数相乘时被乘数先放入 AL 中，乘积存放到 AX 中；16 位数相乘时被乘数先放入 AX 寄存器中，乘积放到 DX 和 AX 两个寄存器中，且 DX 中存放高 16 位，AX 中存放低 16 位。例如：

```
MUL AL                          ;完成(AL)×(AL),结果送 AX
MUL BX                          ;完成(AX)×(BX),结果送 DX、AX
```

无符号数乘法指令 "MUL src" 和带符号数乘法指令 "IMUL src" 中，src 可采用寄存器操作数、存储器操作数，但不能使用立即数和段寄存器。

（2）8086 微处理器执行除法时规定：除数长度只能是被除数长度的一半。当被除数为 16 位时，除数应为 8 位；当被除数为 32 位时，除数应为 16 位。

src 为字节数据时：AL ←(AX)/(src)保存商；AH ←(AX)/(src)保存余数。

src 为字数据时：AX ←(DX)(AX)/(src)保存商；X ←(DX)(AX)/(src)保存余数。

DIV 无符号数除法指令的被除数、除数、商和余数全部为无符号数；IDIV 带符号数除法指令的被除数、除数、商和余数均为带符号数，且余数的符号位与被除数相同。

（3）符号扩展指令是指用一个操作数的符号位形成另一个操作数，后一个操作数的各位是全 0（正数）或全 1（负数），其结果是使数据位数加长，但数据大小并没有改变。符号扩展指令的执行不影响标志位。

①CBW 字节转换为字指令：将 AL 中的符号位扩展到 AH 中。若 AL 中的 D_7=0，则(AH)=00H；若 AL 中的 D_7=1，则(AH)=FFH。

②CWD 字转换为双字指令：将 AX 中的符号位扩展到 DX 中。若 AX 中的 D_{15}=0，则(DX)=0000H；若 AX 中的 D_{15}=1，则(DX)=FFFFH。

3. 十进制调整指令

算术运算中如果使用了 BCD 码，其结果要用十进制调整指令进行处理。

（1）DAA 组合十进制数加法调整指令。

指令执行前先执行加法指令（ADD 或 ADC）将两个组合十进制数相加，结果存放在 AL 寄存器中。DAA 指令紧跟在加法指令之后，先对结果进行测试，若结果中的低 4 位是十六进

制数码 A～F，或者 AF=1，则 AL 寄存器内容加 06H；如果 AL 寄存器中高 4 位是十六进制数码 A～F，则 AL 寄存器的内容加 60H。

【例 3.13】执行指令：ADD　AL,BL

　　　　　　　　　　DAA

分析：若给定(AL)=28H，(BL)=69H，ADD 指令执行后，(AL)=91H，AF=1。

执行 DAA 指令，因 AF=1，调整操作 AL←(AL)+06H，则 AL 中的内容为 97H，高 4 位≤09H，不必进行调整。

（2）AAA 非组合十进制数加法调整指令。

指令执行之前先执行 ADD 或 ADC 指令，把两个非组合十进制数相加，将结果存放在 AL 寄存器中，调整后的结果放到 AX 中。AAA 指令的调整原则是，若 AL 的低 4 位＞9，或 AF=1，则 AL←(AL)+06H，CF=AF=1，同时 AH←(AH)+1，AL 的高 4 位为 0。

【例 3.14】执行指令：ADD　AL,BL

　　　　　　　　　　AAA

分析：若给定(AX)=0505H，(BL)=09H。ADD 指令执行后，(AL)=0EH，不是非组合 BCD 码；执行 AAA 指令后，(AX)=0104H，为 14 的非组合 BCD 码。

（3）DAS 组合十进制减法调整指令。

指令执行之前先执行减法指令（SUB 或 SBB 指令）把两个组合十进制数相减，并将结果存放在 AL 寄存器中。DAS 指令的调整方法是，如果 AF=1，或者 AL 寄存器的低 4 位是十六进制数码 A～F，则 AL 寄存器中的内容减 06H，且将 AF 标志位置 1。如果 CF=1，或者 AL 寄存器的高 4 位是十六进制 A～F，则 AL 寄存器中的内容减 60H，并将 CF 标志位置 1。

【例 3.15】执行指令：SUB　AL,AH

　　　　　　　　　　DAS

分析：若给定(AL)=97H，(AH)=39H，SUB 指令执行后，(AL)=5EH，AF=1，AL 中的内容不是组合 BCD 码格式，需进行调整。执行 DAS 指令，完成 AL←(AL)-06H 后，(AL)=58H，CF=0，且 AL 中高 4 位≤09H，不必进行调整。

（4）AAS 非组合十进制数减法调整指令。

指令执行前先执行 SUB 或 SBB 指令把两个非组合十进制数相减，将结果存放在 AL 寄存器中，调整后的结果放到 AX 中。指令执行后，只影响 AF 和 CF 标志位。AAS 指令的调整原则是：若 AL 的低 4 位＞9，或 AF=1，则 AL←(AL)-06H；CF=AF=1；同时 AH←(AH)-1；AL 的高 4 位为 0。

【例 3.16】执行指令：SUB　AL,CL

　　　　　　　　　　AAS

分析：若给定(AX)=0205H，(CL)=08H，SUB 指令执行后，AF=1，CF=1，(AL)=0FDH，AAS 指令执行后，(AX)=0107H。

3.3.3　逻辑运算与移位类指令

8086 指令系统逻辑运算与移位类指令的类别、书写格式和对标志位的影响如表 3-3 所示。

表 3-3　逻辑运算与移位类指令

类　　别	指 令 名 称	指令书写格式 （助记符）	状 态 标 志					
			OF	SF	ZF	AF	PF	CF
逻辑运算	"非"（字节/字）	NOT dst	—	—	—	—	—	—
	"与"（字节/字）	AND dst，src	0	¤	¤	※	¤	0
	"或"（字节/字）	OR dst	0	¤	¤	※	¤	0
	"异或"（字节/字）	XOR dst，src	0	¤	¤	※	¤	0
	"测试"（字节/字）	TEST dst，src	0	¤	¤	※	¤	0
一般移位	逻辑左移（字节/字）	SHL dst，计数值	¤	¤	¤	※	¤	¤
	算术左移（字节/字）	SAL dst，计数值	¤	¤	¤	※	¤	¤
	逻辑右移（字节/字）	SHR dst，计数值	¤	¤	¤	※	¤	¤
	算术右移（字节/字）	SAR dst，计数值	¤	¤	¤	¤	¤	¤
循环移位	循环左移（字节/字）	ROL dst，计数值	¤	—	—	※	—	¤
	循环右移（字节/字）	ROR dst，计数值	¤	—	—	※	—	¤
	带进位循环左移（字节/字）	RCL dst，计数值	¤	—	—	※	—	¤
	带进位循环右移（字节/字）	RCR dst，计数值	¤	—	—	※	—	¤

注：表中"¤"表示运算结果影响标志位；"—"表示运算结果不影响标志位；"※"表示标志位为任意值；"0"表示将标志位置"0"。

1．逻辑运算指令及其应用

逻辑运算指令可对 8 位或 16 位数进行逻辑运算，并且是按位进行操作的。

（1）利用 AND 指令可将操作数中的某些位保持不变，而使其他一些数位清 0，称为屏蔽；利用 OR 指令可将操作数中的某些位保持不变，而使其他一些位置 1。

（2）利用 XOR 指令可将操作数中的某些位保持不变，而使其他一些数位按位取反。

（3）NOT 指令为单操作数指令，对给定的操作数逐位取反，该指令执行后不影响任何标志位。

（4）测试指令 TEST 中的两个操作数执行"与"操作后，结果不回送，只影响状态标志位 PF、SF、ZF，使 CF=0，OF=0，利用该指令，可以在不改变原有操作数的情况下，用来检测某一位或某几位是"0"还是"1"。

【例 3.17】逻辑运算指令使用分析举例。

分析：

```
AND  AL,0FH          ;若(AL)=38H,指令执行后(AL)=08H,屏蔽了高4位
OR   AL,80H          ;若(AL)=25H,指令执行后(AL)=A5H,将位7置1
XOR  AL,CL           ;若(AL)=69H,(CL)=8AH,指令执行后(AL)=E3H,且CF=0,OF=0
NOT  AL              ;若(A)=11110000B,指令执行后(AL)=00001111B
```

2．移位指令及其应用

移位操作类指令可以对字节或字中的各位数据进行算术移位、逻辑移位或循环移位。图 3-5 为各种移位操作的功能示意。其中，C 表示进位标志，M 表示最高位（符号位）。

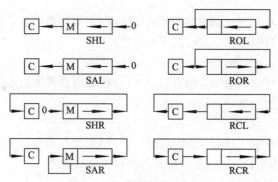

图 3-5 移位操作的功能示意

（1）一般移位指令。

① 逻辑左移指令：SHL dst,1/ CL

指令功能：将 dst 中的二进制位向左移动 1 位或 CL 寄存器中指定的位数。左移 1 位时，操作数的最高位移出到 CF 中，最低位补 0。

其中，dst 可以是通用寄存器或存储器操作数，但不能是立即数和段寄存器。操作数可以是 8 位或 16 位。如果移动的位数超过 1 位，则移位次数应放入 CL 中。

SHL 指令将影响 CF、OF、SF、ZF、PF 标志位。利用左移 1 位操作可实现将无符号操作数乘 2 的运算。

例如：

```
SHL AL,1          ;将 AL 中的内容向左移动 1 位,相当于(AL)×2
MOV CL,4          ;移位次数送 CL
SHL AL,CL         ;将 AL 中的内容向左移动 4 位,空出位补 0
```

② 逻辑右移指令：SHR dst,1/ CL

指令功能：将 dst 中的二进制位向右移动 1 位或 CL 寄存器中指定的位数。右移 1 位时，操作数的最低位移出送到 CF 中，最高位补 0。

SHR 指令将影响 CF、OF、SF、ZF、PF 标志位。利用逻辑右移 1 位操作可实现将无符号操作数除以 2 的运算。

例如：

```
SHR BL,1          ;将 BL 中的内容向右移动 1 位,相当于(BL)/2
```

③ 算术左移指令：SAL dst,1/ CL

指令功能：将 dst 中的二进制位向左移动 1 位或 CL 寄存器中指定的位数。左移 1 位时，操作数的最高位移出送到 CF 中，最低位补 0。

④ 算术右移指令：SAR dst,1/ CL

指令功能：将 dst 中的二进制位向右移动 1 位或 CL 寄存器中指定的位数。右移 1 位时，操作数的最低位移出送到 CF 中，最高位补符号位。

SAR 指令将影响 ZF、SF、PF、OF、CF 标志位。因为执行算术右移操作后，符号位保持不变，所以 OF=0。移出的二进制位送入 CF 中，其他标志位根据结果进行设置。

（2）循环移位指令。有以下 4 种循环移位指令，它们均影响 CF、OF、SF、ZF、PF 标志位。

① 循环左移指令：ROL dst,1/ CL

指令功能：将 dst 中的二进制位向左移动 1 位或 CL 寄存器中指定的位数。左移 1 位时，操作数的最高位移出送到 CF 中，同时送至最低位。

② 循环右移指令：ROR dst,1/ CL

指令功能：将 dst 中的二进制位向右移动 1 位或 CL 寄存器中指定的位数。右移 1 位时，操作数的最低位移出送到 CF 中，同时送至最高位。

③ 带进位的循环左移指令：RCL dst,1/ CL

指令功能：将 dst 中的二进制位向左移动 1 位或 CL 寄存器中指定的位数。左移 1 位时，操作数的最高位移出送到 CF 中，CF 中原有的内容送至最低位。

④ 带进位的循环右移指令：RCR dst,1/ CL

指令功能：将 dst 中的二进制位向右移动 1 位或 CL 寄存器中指定的位数。右移 1 位时，操作数的最低位移出送到 CF 中，CF 中原有的内容送至最高位。

3.3.4 串操作类指令

8086 指令系统中设置了串操作指令，其操作对象是内存中地址连续的字节串或字串。在每次基本操作后，能够自动修改地址指针，为下一次操作做准备。串操作类指令是用一条指令实现对一串字符或数据的操作，指令格式和功能如表 3-4 所示。

表 3-4　串操作指令的格式和功能

指 令 类 型	指 令 格 式	指 令 功 能	使 用 特 点
串传送指令	MOVS dst,src	字串或字节串传送	将 DS 段由 SI 指示存储单元内容送 ES 段由 DI 指示的存储单元，修改 SI 和 DI
	MOVSB	字节串传送	
	MOVSW	字串传送	
串存储指令	STOS dst	字串或字节串存储	把 AL 或 AX 中数据存入由 DI 指示的 ES 段，根据 DF 值及数据类型修改 DI 内容。指令执行前数据预先放到 AL 或 AX 中
	STOSB	字节存储	
	STOSW	字存储	
取串指令	LODS src	取出字串或字节串	把 SI 指示的 DS 段中字节或字传送至 AL 或 AX，根据 DF 值及数据类型调整 SI 中内容
	LODSB	取字节串	
	LODSW	取字串	
串比较指令	CMPS dst,src	字串或字节串比较	完成 2 个字节或字数据相减，结果不回送，只影响标志位，根据 DF 值及数据类型修改 DI 内容。SI 指向被减数，DI 指向减数
	CMPSB	字节串比较	
	CMPSW	字串比较	
串搜索指令	SCAS dst,src	字串或字节串搜索	根据 DF 值及数据类型调整 DI 内容。指令执行前 AL 或 AX 中要设置被搜索的内容，DI 指向被搜索的字符串的首单元
	SCASB	字节串搜索	
	SCASW	字串搜索	
方向标志清除、设置指令	CLD	清除方向标志	使 DF = 0，地址自动增量
	STD	设置方向标志	使 DF = 1，地址自动减量

续表

指 令 类 型	指 令 格 式	指 令 功 能	使 用 特 点
重复操作前缀	REP	一般重复操作前缀	用在 MOVS、STOS、LODS 指令前，重复次数送 CX，每执行一次操作 CX 自动减 1，(CX) = 0 结束
	REPE/REPZ	相等/为零时重复操作前缀	用在 CMPS、SCAS 指令前，每执行一次操作 CX 自动减 1，并判断 ZF 是否为 0，(CX) = 0 或 ZF = 0 时结束
	REPNE/REPNZ	不相等/不为零时重复操作前缀	用在 CMPS、SCAS 指令前，每执行一次操作 CX 自动减 1，并判断 ZF 是否为 1，(CX) = 0 或 ZF = 1 时结束

串操作类指令有以下几个特点：

（1）约定以 DS:SI 寻址源串，以 ES:DI 寻址目标串。源串中 DS 可通过加段超越前缀而改变，而目标串 ES 不能超越。

（2）用方向标志规定操作方向。DF = 0 从低地址向高地址方向处理，地址指针 SI 和 DI 增量，字节操作指针加 1，字操作指针加 2；DF = 1 处理方向相反，地址指针 SI 和 DI 减量，字节操作指针减 1，字操作指针减 2。

（3）在串操作指令前加重复前缀对串数据进行操作时必须用 CX 作为计数器，存放被处理数据串的个数。每执行一次串操作指令 CX 值自动减 1，减为 0 停止串操作。

（4）除串比较指令和串搜索指令外，其余串操作指令不影响标志位。

【例 3.18】将内存 BUF1 开始存储的 100 字节数据传送到 BUF2 开始的存储区中。

分析：可分别采用串传送指令及重复传送指令实现本题要求。

（1）采用串传送指令的程序段如下：

```
    LEA  SI,BUF1          ;源数据区首址送 SI
    LEA  DI,BUF2          ;目标数据区首址送 DI
    MOV  CX,100           ;串长度送 CX
    CLD                   ;清方向标志，按正向传送
NEXT:MOVSB               ;串传送 1 个字节
    DEC  CX               ;计数器减 1
    JNZ  NEXT             ;判断是否传送完毕，没完则继续
DONE:HLT                 ;暂停
```

（2）采用重复传送指令的程序段如下：

```
    LEA  SI,BUF1          ;源数据区首址送 SI
    LEA  DI,UF2           ;目标数据区首址送 DI
    MOV  CX,100           ;串长度送 CX
    CLD                   ;清方向标志，按正向传送
    REP  MOVSB            ;重复传送至（CX）=0 结束
    HLT                   ;暂停
```

【例 3.19】已知在内存中有 2 个字符串 STR1 和 STR2，比较 2 个字符串是否相等，若相等，将 FLAGS 单元置 1，否则置 0。

分析：实现题目指定功能的程序段设计如下。

```
    MOV  FLAG,1           ;标志单元首先置 1
    LEA  SI,STR1          ;SI 指针指向源字符串首单元
```

```
       LEA   DI,STR2                    ;DI 指针指向目标字符串首单元
       MOV   CX,CN                      ;字符串长度送 CX
       CLD                              ;DF 标志位清 0
       CMPSB                            ;按字节进行比较
       JZ    NEXT                       ;字符串相等，转至 NEXT 位置
       MOV   FLAG,0                     ;否则将 FLAGS 单元清 0
NEXT: HLT
```

3.3.5　控制转移类指令

一般情况下，程序是按指令顺序地逐条执行的，但实际上经常需要改变程序的执行流程。控制转移类指令用来改变程序执行的方向，即修改 IP 和 CS 的值。

按转移位置可将转移指令分为段内转移和段间转移。若指令给出改变 IP 中内容的信息，转移的目标位置和转移指令在同一个代码段，则称为段内转移；若指令给出改变 IP 中内容的信息，又给出改变 CS 中内容的信息，转移的目标位置和转移指令不在同一个代码段，则称为段间转移。

根据转移指令的功能，可分为无条件转移指令、条件转移指令、循环控制指令、子程序调用和返回指令等。

1. 无条件转移指令

无条件转移（JMP）指令中作为转移目的地址的操作数，在汇编语言格式中可直接使用符号地址。在汇编之后可得到相应的段地址及偏移量。

JMP 指令控制处理机转移到指定的位置去执行程序，指令中必须给出转移位置的目标地址，通常有以下 5 种形式：

```
JMP SHORT opr                     ;段内直接短转移指令
JMP NEAR PTR opr                  ;段内直接近转移指令
JMP WORD PTR opr                  ;段内间接转移指令
JMP FAR PTR opr                   ;段间直接转移指令
JMP DWORD PTR opr                 ;段间间接转移指令
```

其中，opr 为转移目标地址，可直接使用符号地址（标号）。

属性运算符 SHORT 指示汇编程序将符号地址汇编成 8 位偏移量，指令执行时，转移的目标地址为当前的 IP 值与指令中给定的 8 位偏移量之和。

属性运算符 NEAR PTR 指示汇编程序将符号地址汇编成 16 位偏移量，指令执行时，转移的目标地址为当前的 IP 值与指令中给定的 16 位偏移量之和。

偏移地址紧跟在指令操作码之后，由汇编程序计算得出。

有效地址 EA 的值是由 opr 的寻址方式决定的。若是寄存器寻址，指令中直接给出寄存器号，寄存器中的内容送到 IP 中；若是存储器寻址，按存储器寻址方式计算出有效地址和物理地址，用这个物理地址去读取内存中的数据送给 IP 指针。

【例 3.20】执行段内间接转移指令：JMP WORD PTR[BX]

分析：若给定(IP)=0012H，(BX)=0100H，(DS)=2000H，(20100H)=80H，(20101H)=00H，目标地址为存储器寻址。

有效地址 EA=(BX)=0100H；物理地址 PA=DS×10H+EA=20100H

所以，指令执行后(IP)=0080H。

若是段间直接转移，执行操作：IP←opr 的偏移地址；CS←opr 所在段的段地址。

若是段间间接转移，执行的操作：IP←(EA)；CS←(EA+2)。EA 值由 opr 的寻址方式决定，按寻址方式计算出有效地址和物理地址，用物理地址去读取内存中连续的两个字数据，其中低位字数据送给 IP，高位字数据送给 CS。

【例 3.21】执行段间间接转移指令：JMP DWORD PTR[BX+20H]

分析：若给定(CS)=3000H，(IP)=0012H，(BX)=0100H，(DS)=2000H，(20120H)=A0H，(20121H)=00H，(20122H)=00H，(20123H)=50H

有效地址 EA=(BX)+20H=0120H；物理地址 PA=DS×10H+EA=20120H

指令执行后：(IP)=00A0H，(CS)=5000H。

2．条件转移指令

8086 指令系统的条件转移指令以某些标志位的状态或有关标志位的逻辑运算结果作为依据，以此决定是否转移。这些标志位通常由条件转移指令的上一条指令所设置。条件转移指令将根据这些标志位的状态，判断是否满足对应的测试条件。若满足条件，则转移到指令指定的地方，否则继续执行条件转移指令之后的指令。

此外，还有无符号数比较转移指令和带符号数比较转移指令两类，这两类指令一般在 CMP 指令后使用。

条件转移指令的助记符、指令名称、转移条件等如表 3-5 所示。

表 3-5　条件转移指令

指令助记符	指 令 名 称	转 移 条 件	指令助记符	指 令 名 称	转 移 条 件
JZ/JE	为 0/相等	ZF=1	JC/JB/JNAE	进位/低于/不高于等于	CF=1
JNZ/JNE	不为 0/不相等	ZF=0	JNC/JNB/JAE	无进位/不低于/高于等于	CF=0
JS	符号为负	SF=1	JBE/JNA	低于等于/不高于	CF=1 或 ZF=1
JNS	符号不为负	SF=0	JNBE/JA	不低于等于/高于	CF=0 且 ZF=0
JO	结果溢出	OF=1	JL/JNGE	小于/不大于等于	SF≠OF
JNO	结果无溢出	OF=0	JNL/JGE	不小于/大于等于	SF=OF
JP/JPE	1 的个数为偶数	PF=1	JLE/JNG	小于等于/不大于	ZF≠0 或 ZF=1
JNP/JPO	1 的个数为奇数	PF=0	JNLE/JG	不小于等于/大于	SF=0 且 ZF=0

【例 3.22】已知在内存中有 2 个无符号字节数据 X1 和 X2，比较 2 个数是否相等，若相等，则将 RESULT 单元置 1，否则置 0。

分析：程序段如下。

```
MOV  AL, X1              ;将第一个数取出送至 AL 中
CMP  AL, X2              ;和第二个数进行比较
JZ   NEXT               ;相等则转到 NEXT 位置执行
MOV  RESULT,0           ;否则，将 RESULT 单元置 0
JMP  EXIT               ;然后转到 EXIT 位置
NEXT: MOV  RESULT,1     ;将 RESULT 单元置 1
EXIT: HLT
```

【例 3.23】已知在内存中有 2 个无符号数字节数据 NUM1 和 NUM2，找出其中的最大数送到 MAX 单元。

分析：下面是程序段。

```
        MOV  AL, NUM1          ;将第一个数取出送到 AL 中
        CMP  AL, NUM2          ;和第二个数进行比较
        JA   NEXT             ;第一个数大于第二个数则转到 NEXT 位置
        MOV  AL, NUM2          ;否则，将第二个数取出送到 AL 中
NEXT: MOV  MAX,AL           ;AL 中为最大数,送到 MAX 单元
```

本题若改为带符号数，则程序段应为：

```
        MOV  AL,NUM1          ;将第一个数取出送到 AL 中
        CMP  AL,NUM2          ;和第二个数进行比较
        JG   NEXT             ;第一个数大于第二个数则转到 NEXT 位置
        MOV  AL,NUM2          ;否则，将第二个数取出送到 AL 中
NEXT: MOV  MAX,AL           ;AL 中为最大数,送到 MAX 单元
```

3. 循环控制指令

循环程序是一种常用的程序结构，为加快对循环程序的控制，8086 系统专门设置了一组循环控制指令，如表 3-6 所示，循环计数值在 CX 中。

表 3-6　循环控制指令

指 令 名 称	助 记 符	测 试 条 件
循环	LOOP　目标标号	$CX \leftarrow CX-1$, $CX \neq 0$
等于/结果为 0 循环	LOOPE/LOOPZ　目标标号	$CX \leftarrow CX-1$, ZF=1 且 $CX \neq 0$
不等于/结果不为 0 循环	LOOPNE/LOOPNZ　目标标号	$CX \leftarrow CX-1$, ZF=0 且 $CX \neq 0$
CX 内容为 0 转移	JCXZ　目标标号	CX=0

循环控制指令只是根据结果的标志位状态进行控制操作，指令本身不影响标志位。循环控制指令用于控制程序的循环,其控制转向的目的地址是在以当前指令指针 IP 内容为中心的 $-128 \sim +127$ 范围内，指令采用 CX 作为计数器，每执行一次循环，CX 内容减 1，直到为 0，循环结束。

LOOP 指令是以寄存器 CX 的内容作为计数控制，作 $(CX) \leftarrow (CX)-1$ 的操作，并判断 CX；当 $CX \neq 0$ 时，转移到由操作数指示的目的地址，即 $(IP) \leftarrow (IP)+$ 位移量，进行循环；当 CX=0 时，结束循环。

LOOPZ/LOOPE 指令可完成当 ZF=1 且 $CX \neq 0$ 条件下的循环控制操作。在 LOOPZ 或 LOOPE 所做的控制循环操作过程中，除了进行 $(CX) \leftarrow (CX)-1$ 的操作，还要判断 (CX) 是否为零。此外，还将判断标志位 ZF 的值。

LOOPNZ 或 LOOPNE 指令可完成当 ZF=0 且 $(CX) \neq 0$ 条件下的循环控制操作。其操作过程类似于 LOOPZ 或 LOOPE 指令。

【例 3.24】在内存中有一个具有 CN 个字节的数据串，首单元地址为 DATA-BUF，找出第一个不为 0 的数据的地址并送到 ADDR 单元中。程序段如下：

```
        MOV  SI,OFFSET  DATA-BUF    ;取首单元地址
        MOV  CX,CN                  ;计数器初值
        MOV  AL,0                   ;AL 清零
        DEC  SI                     ;循环初始化
LP: INC  SI                     ;指针增 1
        CMP  AL,[SI]                ;内存中的数据和 AL 中的内容比较
```

```
      LOOPZ  LP                          ;为 0 且未比较到末尾转 LP 位置继续
      JZ     EXIT                        ;否则判断 ZF,若为 1,转 EXIT
      MOV    ADDR,SI                     ;ZF 为 0,SI 中的内容送 ADDR
EXIT: HLT
```

该程序段中循环结束的情况有 2 种：一种是找到了不为 0 的数据，一种是 CN 个数据比较结束后未找到。所以，退出循环后要判断 ZF 是否为 1，ZF=1 说明所有数据都为 0，否则就是找到了不为 0 的数据，并且由 SI 指示其存储地址。

4．子程序调用和返回指令

在程序设计过程中，通常把功能分解为若干个小的模块。每一个小功能模块对应一个过程。在汇编语言中，过程又称为子程序。程序中可由调用程序（称为主程序）调用这些子程序，子程序执行完毕后返回主程序继续执行。

子程序调用分为段内和段间调用。指令格式为：

```
CALL NEAR PTR opr                       ;段内调用
CALL FAR PTR opr                        ;段间调用
RET                                     ;子程序返回
```

其中，opr 为子程序名（即子程序第一条指令的符号地址）。

【例 3.25】在主程序中执行一条段内调用语句。

程序段：

```
MAIN PROC FAR                           ;定义主程序
     MOV AX,DATA                        ;DS 初始化
     MOV DS,AX
        ⋮
     CALL DISPLAY                       ;调用子程序 DISPLAY
        ⋮
DISPLAY PROC NEAR                       ;定义子程序
     PUSH AX                            ;保护现场
     PUSH BX
        ⋮
     RET                                ;子程序返回
```

3.3.6 处理器控制类指令

这类指令主要用于修改状态标志位、控制 CPU 的功能，如使 CPU 暂停、等待、空操作等，如表 3-7 所示。

表 3-7 处理器控制类指令

类　别	操作码（助记符）	名　称
标志操作	STC	进位标志置 1，即 CF=1
	CLC	进位标志置 0，即 CF=0
	CMC	进位标志取反
	STD	方向标志置 1，即 DF=1

续表

类　别	操作码（助记符）	名　称
标志操作	CLD	方向标志置 0，即 DF=0
	STI	中断标志置 1，即 IF=1
	CLI	清除中断标志，即 IF=0
CPU 控制	HLT	停机
CPU 控制	WAIT	等待
	NOP	空操作
	LOCK	封锁总线
	ESC	交权

CPU 控制指令的使用特点分析如下：

（1）HLT 指令使程序暂停执行，这时 CPU 不进行任何操作，当 CPU 发生复位或发生外部中断时，CPU 脱离暂停状态，HLT 指令可用于程序中等待中断。

（2）WAIT 指令在 CPU 测试引脚为高电平（无效）时，使 CPU 进入等待状态。这时，CPU 不做任何操作。当 CPU 测试引脚为低电平（有效）时，CPU 脱离等待状态，继续执行 WAIT 指令后面的指令。

（3）NOP 指令只做空操作，不执行其他任何操作，占用 1 个字节存储单元，空耗 1 个指令执行周期，该指令常用于程序调试，还可以实现软件延时。

（4）LOCK 指令是一个前缀，可以加在任何指令之前，CPU 执行该指令时封锁总线。

（5）ESC 指令将处理器的控制权交给协处理器，如在 8086 系统中可加入浮点运算协处理器 8087，若 8086 微处理器发现是一条浮点指令时，就利用 ESC 指令将浮点指令交给 8087 执行。

3.3.7　中断调用指令

采用中断处理可提高计算机输入/输出的效率，改善计算机的整体性能。中断技术的应用随着计算机技术的发展不断扩展到多道程序、分时操作、实时处理、程序监控和跟踪等领域。

在内部中断中，除单步中断、除法错中断、溢出中断外，还有一种通过专门的中断指令 INT 发生的软件中断。

1．INT 中断指令

指令格式：INT n
其中，n 为中断类型码，是 0～255 的常数。

执行的操作：

（1）堆栈指针 SP 减 2，标志寄存器的内容入栈，然后 TF=0、IF=0，以屏蔽中断。

（2）堆栈指针 SP 再次减 2，CS 寄存器的内容入栈。

（3）用中断类型码 n 乘 4，计算中断向量地址，将向量地址的高位字的内容送入 CS。

（4）堆栈指针 SP 再次减 2，IP 寄存器的内容入栈。将向量地址的低位字的内容送入 IP。

（5）CPU 开始执行中断服务程序。

每执行一条软中断指令，CPU 就会转向一个中断服务程序，在中断服务程序的结束部分执行 IRET 指令返回主程序。

程序员编写程序时，也可把常用的功能程序设计为中断处理程序的形式，用"INT n"指令调用。

【例3.26】若设84H～87H这4个单元中依次存放的内容为02H、34H、C8H、65H，分析中断调用指令INT 21H的功能和操作过程。

分析：该指令调用中断类型号为21H的中断服务程序。

执行时，先将标志寄存器入栈，然后清标志TF、IF，阻止CPU进入单步中断，再保护断点，将断点处下一条指令地址入栈，即CS、IP入栈。

计算向量地址：21H×4=84H，从该地址取出4个字节数据，分别送IP和CS。

接着执行(IP)←3402H，(CS)←65C8H。

最后，CPU将转到逻辑地址为65C8H:3402H的单元去执行中断服务程序。

2. IRET 中断返回指令

指令格式：IRET

当一个中断服务程序执行完毕时，CPU将恢复被中断的现场，返回到引起中断的主程序中。为实现此项功能，指令系统提供了一条专用的中断返回指令IRET。

该指令的执行过程基本上是INT指令的逆过程，具体操作如下：

（1）从栈顶弹出由INT指令保存的返回地址偏移量送IP。

（2）再从新栈顶弹出INT指令保存的返回地址段地址送CS。

（3）再从新栈顶弹出INT指令保存的标志寄存器的值送标志寄存器。

需注意：INT n指令位于主程序中，而IRET指令位于中断服务子程序中。

3. 溢出中断指令 INTO

INTO（Interrupt if Overflow）指令可以写在一条算术运算指令的后面。若算术运算产生溢出，标志OF=1，当INTO指令检测到OF=1则启动一个中断，否则不进行任何操作，顺序执行下一条指令。

INTO的操作类似于INT n，所不同的是该指令相当于型号n=4，故向量地址为4H×4=10H。

3.4 DOS 和 BIOS 中断调用

3.4.1 DOS 功能调用

DOS功能调用可完成对文件、设备、内存的管理。对用户来说，这些功能模块就是几十个独立的中断服务程序，这些程序的入口地址已由系统置入中断向量表中，在汇编语言程序中可用中断指令直接调用。

1. 系统功能调用的方法

要完成DOS系统的功能调用，按如下步骤操作：

（1）将入口参数送到指定寄存器中。

（2）将子程序功能号送入AH寄存器中。

（3）使用"INT 21H"指令转入子程序入口执行相应操作。

2. 常用的几种系统功能调用

（1）AH=01H：带显示的键盘输入。

01 号功能调用是系统扫描键盘并等待键盘输入单个字符，当有键按下时，先检查是否是 Ctrl+Break 键，若是则将字符的键值（ASCII 码）送入 AL 寄存器中，并在屏幕上显示该字符。此调用没有入口参数。

使用格式如下：

```
MOV  AH,01H
INT  21H
```

（2）AH=02H：从显示器上输出单个字符。

02 号功能调用的入口参数：被显示字符的 ASCII 码送入 DL 寄存器。

【例 3.27】在屏幕上显示 "$" 符号。

可采用以下指令序列：

```
MOV  DL,'$'
MOV  AH,02H
INT  21H
```

（3）AH=09H；在显示器上输出字符串。

09 号功能调用是将指定的字符串送显示器显示，字符串事先存放在内存的数据缓冲区中，字符串的首地址送入指定位置，并要求字符串必须以'$'结束。

入口参数：DS:DX 指向缓冲区中字符串的首单元。

（4）AH=0AH：字符串输入到缓冲区。

0A 号功能调用是将键盘输入的字符串写入内存缓冲区中。为了接收字符，首先在内存区中定义一个缓冲区，其中第 1 个字节为缓冲区的字节个数，第 2 个字节用作系统填写实际输入的字符总数，从第 3 个字节开始存放字符串。输入的字符以回车键结束，如果实际输入的字符不足以填满缓冲区，则其余字节补 0；若输入的字符个数大于定义长度，则超出的字符将丢失，并且响铃警告。

【例 3.28】从键盘输入一个字符，并在屏幕上显示输出，以输入字符'$'作为停止操作的标志。

程序段如下：

```
START: MOV AH,01H          ;输入单个字符
       INT 21H
       CMP AL,'$'          ;判断是否是结束标志
       JZ NEXT             ;若是则转 NEXT
       MOV DL,AL
       MOV AH,02H          ;显示输出字符
       INT 21H
       JMP START
NEXT: HLT
```

DOS 系统功能调用的详细内容可参见后续章节及本书学习指导的附录 D。

3.4.2 BIOS 中断调用

IBM PC 系列微机在只读存储器中提供了 BIOS 基本输入/输出系统，它占用系统板上 8 KB 的 ROM 区域，又称 ROM BIOS。

BIOS 为用户程序和系统程序提供主要外设的控制功能，如系统加电自检、引导装入及对键盘、磁盘、磁带、显示器、打印机、异步串行通信口等的控制。计算机系统软件就是利用这些基本的设备驱动程序，完成各种功能操作。

每个功能模块的入口地址都在中断矢量表中，通过中断指令 INT n 可以直接调用。n 是中断类型号，每个类型号 n 对应一种 I/O 设备的中断调用，每个中断调用又以功能号来区分其控制功能。

有关 BIOS 中断调用的类型号、功能、入口参数和出口参数可参见后续章节及本书学习指导的附录 E。

3.5 Pentium 微处理器新增寻址方式和指令

目前，在市场上使用较多的是 Pentium 微处理器，它拥有全新的结构与功能，在指令系统和寻址方式等方面也进行了扩展。下面简要分析 Pentium 微处理器与 8086、80x86 系列芯片在指令及寻址方式等方面中的不同和特点。

3.5.1 Pentium 微处理器的内部寄存器

由于 Pentium 微处理器采用了 32 位指令，其内部寄存器和指令格式与 16 位微处理器不同，主要体现在以下几方面：

（1）指令的操作数可以是 8 位、16 位或 32 位的二进制数。

（2）根据指令的不同，操作数字段可以是 0~3 个。当选用 3 个操作数时，最左边的操作数为目的操作数，右边两个操作数均为源操作数。

（3）在部分不存放结果的单操作数指令中，可以采用立即数作为操作数，且某些指令对操作数的数据类型不是简单地要求一致，而是要有不同的匹配关系。

（4）立即数寻址方式中操作数可以是 32 位的立即数，寄存器寻址方式中操作数可以是 32 位通用寄存器，存储器操作数寻址方式既可采用 16 位的地址寻址方式，也可采用 32 位的扩展地址寻址方式。

（5）16 位微处理器原有的 4 个通用数据寄存器扩展为 32 位，更名为 EAX、EBX、ECX 和 EDX。

（6）原有的 4 个用于内存寻址的通用地址寄存器扩展为 32 位，更名为 ESI、EDI、EBP 和 ESP。

（7）指令指针寄存器扩展为 32 位，更名为 EIP，实地址方式下仍然可以使用它的低 16 位 IP。

（8）在原有 4 个段寄存器基础上增加 2 个新的段寄存器 FS 和 GS，段寄存器长度仍然为 16 位，但是它存放的不再是"段基址"，而是代表这个段编号的 13 位二进制数，称为"段选择字"。

（9）增加了 4 个系统地址寄存器，分别是存放"全局段描述符表"首地址的 GDTR，"局部段描述符表"选择字的 LDTR，"中断描述符表"首地址的 IDTR，"任务段"选择字的"任务寄存器"TR。

（10）标志寄存器扩展为 32 位，更名为 EFLAGS，除了原有的状态、控制标志外，还增加了表示 IO 操作特权级别的 IOPL，表示进入虚拟 8086 方式的 VM 标志等。

（11）新增 5 个 32 位的控制寄存器，命名为 $CR_0 \sim CR_4$，CR_0 寄存器的 PE=1 表示目前系统运行在"保护模式"，PG=1 表示允许进行分页操作。CR_3 寄存器存放"页目录表"的基地址。

（12）新增 8 个用于调试的寄存器 $DR_0 \sim DR_7$，2 个用于测试的寄存器 $TR_6 \sim TR_7$。

3.5.2　Pentium 微处理器的新增寻址方式

Pentium 微处理器与 8086 相比新增加了 3 种寻址方式，分别是比例变址寻址方式、基址加比例变址寻址方式和带位移量的基址加比例变址寻址方式。

1. 比例变址寻址方式

有效地址：EA=[变址寄存器]×比例因子+位移量

该方式下的 EA 是变址寄存器的内容乘以指令中指定的比例因子再加上位移量之和，乘比例因子的操作是在 CPU 内部由硬件完成的。

这种寻址方式与寄存器相对寻址相比增加了比例因子，其优点在于：对于元素大小为 2、4、8 字节的数组，可以在变址寄存器中给出数组元素下标，而由寻址方式控制直接用比例因子把下标转换为变址值。例如：

```
MOV EAX,COUNT[ESI×4]
```

2. 基址加比例变址寻址方式

有效地址：EA=[基址寄存器]+[变址寄存器]×比例因子

该方式下的 EA 是变址寄存器的内容乘以比例因子再加上基址寄存器的内容之和，这种寻址方式与基址变址寻址方式相比增加了比例因子。例如：

```
MOV ECX,[EAX][EDX×8]
```

3. 带位移量的基址加比例变址寻址方式

有效地址：EA=[基址寄存器]+[变址寄存器]×比例因子+位移量

该方式下的 EA 是变址寄存器的内容乘以比例因子，加上基址寄存器的内容，再加上位移量之和，所以有效地址由 4 部分组成。在寻址过程中，变址寄存器内容乘以比例因子的操作也是在 CPU 内部由硬件来完成的。

这种寻址方式比相对基址变址寻址方式增加了比例因子，便于对元素为 2、4、8 字节的二维数组的处理。例如：

```
MOV EAX,TABLE[EBP][EDI×4]
```

在对操作数进行寻址时要注意以下几点：

（1）Pentium 微处理器在实地址方式下，一个段的最大长度仍然为 64 KB，段基址是 16 的倍数，用段寄存器存放段基址。

（2）Pentium 有 6 个段寄存器，在寻址内存操作数时，指令给出的内存操作数的地址均为有效地址。

（3）内存操作数有效地址可由 1 个 32 位基址寄存器、1 个可乘上比例因子 1、2、4、8 的 32 位变址寄存器和 1 个不超过 32 位的常数偏移量组成。

（4）32 位寻址情况下，8 个 32 位通用寄存器均可作基址寄存器，其中 ESP、EBP 以 SS 为默认段寄存器，其余 6 个通用寄存器均以 DS 为默认段寄存器。

（5）基址字段、变址字段、偏移量字段可任意省略其一或其二。

（6）比例因子要与变址字段联合使用，如省略了变址字段则比例因子不能独立存在。

3.5.3 Pentium 系列微处理器专用指令

Pentium 系列处理器的指令集向上兼容，它保留了 8086 和 80x86 微处理器系列的所有指令，因此，所有早期的软件可直接在 Pentium 机上运行。

从微处理器的指令系统中可以看出，自 1985 年 Intel 公司推出 32 位微处理器 80386 以来，始终使用着几乎一样的指令系统，只是每提高一代便追加很少几条指令。Pentium 微处理器的指令集与 80486 相比变化不大，其主要特色是拥有能使系统程序员实现多路处理 Cache 一致性协议的新指令，以及 1 条 8 字节比较交换指令和一条微处理器识别指令。

Pentium 处理器指令集中新增加了以下 3 条专用指令。

1. 比较和交换 8 字节数据指令 CMPXCHG8B

指令格式：`CMPXCHG8B opr1,opr2`

该指令执行 64 位数据的比较和交换操作。执行时将存放在 opr1（64 位存储器）中的目的操作数与累加器 EDX:EAX 的内容进行比较，如果相等，则 ZF=1，并将源操作数 opr2（规定为 EDX:EAX）的内容送入 opr1；否则 ZF=0，并将 opr1 送到相应的累加器。例如：

```
CMPXCHG8B mem,ECX:EBX
```

指令执行后，如果 EDX:EAX=[mem]，则 ECX:EBX→[mem]，ZF=1；否则[mem]→EDX:EAX 且 ZF=0

2. CPU 标识指令 CPUID

指令格式：`CPUID`

该指令执行后可以将有关 Pentium 处理器的型号和特点等系列信息返回到 EAX 中。在执行 CPUID 指令前，EAX 寄存器必须设置为 0 或 1，根据 EAX 中设置值的不同，软件会得到不同的标志信息。

3. 读时间标记计数器指令 RDTSC

指令格式：`RDTSC`

在 Pentium 处理器有一个片内 64 位计数器，称为时间标记计数器 TSC。计数器的值在每个时钟周期都自动加 1，执行 RDTSC 指令可以读出计数器 TSC 中的值，并送入寄存器 EDX:EAX 中，EDX 保存 64 位计数器中的高 32 位，EAX 保存低 32 位。

一些应用软件需要确定某个事件已执行了多少个时钟周期，在执行该事件之前和之后分别读出时钟标志计数器的值，计算两次值的差就可得出时钟周期数。

3.5.4 Pentium 系列微处理器控制指令

Pentium 处理器指令集中新增加了 3 条控制指令。

1. 读专用模式寄存器指令 RDMSR

RDMSR 指令使软件可访问专用模式寄存器的内容，执行指令时在访问的模式专用寄存器与寄存器组 EDX:EAX 之间进行 64 位的读操作。

2. 写专用模式寄存器指令 WRMSR

WRMSR 指令执行时在访问的专用模式寄存器与寄存器组 EDX:EAX 之间进行 64 位的写操作。

Pentium 处理器有两个专用模式寄存器，即机器地址检查寄存器（MCA）和机器类型检查寄存器（MCT）。

如果要访问机器地址检查寄存器 MCA，指令执行前需将 ECX 置为 0；而为了访问机器类型检查寄存器 MCT，需要将 ECX 置为 1。

3. 恢复系统管理模式指令 RSM

Pentium 处理器有一种称为系统管理模式（SMM）的操作模式，这种模式主要用于执行系统电源管理功能。外部硬件的中断请求使系统进入 SMM 模式，执行 RSM 指令后返回原来的实模式或保护模式。

本章小结

微处理器指令按照操作数的设置可分为隐含操作数指令、单操作数指令和双操作数指令 3 种；按操作数的存放位置有立即数、寄存器操作数、存储器操作数和 I/O 端口操作数 4 种类型。需要频繁访问的数据可放在寄存器中，这样可保证程序的执行速度，批量数据的处理大多使用存储器操作数。

在指令中寻找操作数有效地址的方式称寻址方式，寻址的目的是为了得到操作数。8086 系统有立即数寻址、寄存器寻址、直接寻址、寄存器间接寻址、寄存器相对寻址、基址变址寻址、相对基址变址寻址等 7 种基本寻址方式。I/O 端口寻址方式有直接端口寻址和间接端口寻址两种。学习时要弄清各类寻址方式的区别和特点，结合存储器分段，重点掌握和理解存储器寻址方式中有效地址和物理地址的计算方法。

指令系统是汇编语言程序设计的基础。8086 指令系统按功能可分为数据传送类、算术运算类、逻辑运算类、串操作类、控制转移类、处理器控制类、中断类等指令。实际应用中要正确理解和运用各种指令格式、功能和注意事项。

中断是系统不可缺少的部分。用汇编语言设计程序时可直接调用已定义好的功能。根据这些功能实现的层次不同，分别对应 DOS 系统功能调用和 BIOS 中断调用。在数据的输入/输出过程中，更多地使用 DOS 系统功能调用。

本章还介绍了 Pentium 微处理器的新增指令和寻址方式，以供读者在实际应用中参考。

思考与练习题

一、选择题

1. 寄存器间接寻址方式中，要寻找的操作数位于（　　　）中。

    A. 通用寄存器　　　　B. 内存单元　　　　C. 段寄存器　　　　D. 堆栈

2. 下列指令中正确的是（　　　）。

    A. MOV　AL, BX　　　　　　　　　　B. MOV　CS, AX

    C. MOV　AL, CL　　　　　　　　　　D. MOV　[BX], [SI]

3. 下列指令中错误的是（　　　）。

    A. MOV　AX, 1234H　　　　　　　　B. INC　BX

    C. SRL　AX, 2　　　　　　　　　　D. PUSH　DX

4. 设（SP）=1010H，执行 POP　AX 后，SP 中的内容为（　　　　　）。

A. 1011H   B. 1012H   C. 100EH   D. 100FH

5. 给定（AL）=80H，（CL）=02H，指令 SHR AL，CL 执行后的结果是（ ）。

  A.（AL）=40H   B.（AL）=20H   C.（AL）=C0H   D.（AL）=E0H

6. 将 AX 清零并使 CF 位清零，下面指令错误的是（   ）。

  A. SUB AX，BX   B. XOR AX，AX

  C. MOV AX，0   D. AND AX，0000H

二、填空题

1. 计算机指令通常由_____和_____两部分组成；指令对数据操作时，按照数据的存放位置可分为_____。

2. 寻址的含义是指_____；8086 指令系统的寻址方式按照大类可分为_____；其中寻址速度最快的是_____。

3. 指令 MOV AX，ES:[BX+0100H] 中，源操作数位于_____；读取的是_____段的存储单元内容。

4. 堆栈是一个特殊的_____，其操作是以_____为单位按照_____原则来处理；采用_____来指向栈顶地址，入栈时地址变化为_____。

5. I/O 端口的寻址有_____两种方式；采用 8 位数时，可访问的端口地址为_____；采用 16 位数时，可访问的端口地址为_____。

三、分析计算题

1. 指出下列指令中源操作数和目的操作数的寻址方式。

```
（1）MOV AX,100H          （2）MOV CX,AX
（3）ADD [SI],1000        （4）SUB BX,[SI+100]
（5）MOV [BX+300],AX      （6）AND BP,[DI]
```

2. 分析下列指令的正误，对错误指令说明出错误原因并加以改正。

```
（1）MOV [1200],23H       （2）MOV 1020H,CX
（3）MOV [1000H],[2000H]  （4）MOV IP,000H
（5）PUSH AL              （6）OUT CX,AL
（7）IN AL,[80H]          （8）MOV CL,3300H
```

3. 给定 (DS)=2000H，(BX)=0100H，(SI)=0002H，(20100H)=12H，(20101H)=34H，(20102H)=56H，(20103H)=78H，(21200H)=2AH，(21201H)=4CH，(21202H)=B7H，(21203H)=65H。

试分析下列指令执行后，AX 寄存器中的内容。

```
（1）MOV AX,1200H         （2）MOV AX,BX
（3）MOV AX,[1200H]       （4）MOV AX,[BX]
（5）MOV AX,1100H[BX]     （6）MOV AX,[BX+SI]
（7）MOV AX,[1100H+BX+SI]
```

4. 已知(AX)=75A4H，CF=1，分别写出下列指令执行后的结果：

```
（1）ADD AX,08FFH         （2）INC AX
（3）SUB AX,4455H         （4）AND AX,0FFFH
（5）OR AX,0101H          （6）SAR AX,1
（7）ROR AX,1             （8）ADC AX,5
```

5. 给定(SS)=8000H，(SP)=2000H，(AX)=7A6CH，(DX)=3158H。执行下列程序段，画出每条指令执行后寄存器的内容和堆栈存储内容的变化情况。

```
PUSH AX
PUSH DX
POP BX
POP CX
```

6. 试分析下面程序段执行完后，BX 寄存器的内容。

```
MOV BX,1030H
MOV CL,3
SHL BX,CL
DEC BX
```

四、设计题

1. 现有两个双倍精度字数据1234FEDCH和11238765H，分别放在数据段中从1000H和2000H开始的存储单元中，低位在前，高位在后。要求两数相加之后所得的和放在从 1000H 开始的内存单元中，设计该程序段。

2. 设 AX、BX 中保存有带符号数，CX、DX 中保存无符号数，请写出实现以下功能的指令或程序段。

   （1）若(CX)<(DX)，则转移到 NEXT1。

   （2）若(AX)>(BX)，则转移到 NEXT2。

   （3）若(CX)=0，则转移到 NEXT3。

   （4）若 AX 中内容为负，则转移到 NEXT4。

3. 设堆栈寄存器（SS）=2250H，堆栈指示器（SP）=0140H，若在堆栈中存入 5 个字数据，则 SS、SP 的内容各是多少？如果又取出 2 个字数据，SS、SP 的内容又各是多少？

汇编语言及程序设计 ≪≪≪

第4章

本章主要介绍汇编语言的基本表达以及汇编语言程序设计的步骤和方法；概述汇编语言中常用的伪指令；通过实例说明程序组成结构；重点讨论顺序、分支、循环和子程序的设计方法以及高级汇编技术的应用。

通过本章的学习，读者应建立起汇编语言程序设计的整体思路并掌握设计方法，灵活运用指令系统和伪指令进行程序设计。在熟悉相关程序结构和功能的基础上，不断提高汇编语言程序设计的技巧，为后期开发应用打下良好基础。

4.1 汇编语言简述

4.1.1 汇编语言及语句格式

1. 汇编语言和汇编程序

汇编语言是一种面向 CPU 指令系统的程序设计语言，它采用指令助记符来表示操作码和操作数，用符号地址表示操作数地址。

用汇编语言编写的程序能够利用硬件系统的特性，直接对位、字节、字寄存器、存储单元、I/O 端口等进行处理，同时也能直接使用 CPU 指令系统及其提供的各种寻址方式编制出高质量的程序。这种程序占用内存空间少，执行速度快。

采用汇编语言编写的源程序输入计算机后，要将其翻译成目标程序后才能执行，这个翻译过程称为汇编，完成汇编任务的程序称为汇编程序。

汇编程序是将汇编语言源程序翻译成机器能够识别和执行的目标程序的一种系统程序。它能够根据用户的要求自动分配存储区域，包括程序区、数据区、暂存区等；自动把各种进制数转换成二进制数，把字符转换成 ASCII 码，计算表达式的值等；自动对源程序进行检查，给出错误信息等。具有这些基本功能的汇编程序一般称为基本汇编（Assembler，ASM）。

包含全部基本汇编（ASM）的功能，并且还增加了伪指令、宏指令、结构、记录等高级汇编语言功能的汇编程序称为宏汇编（MacroAssembler，MASM）。目前 PC 中大多采用宏汇编程序。

MASM 以汇编语言源程序文件作为输入，经汇编后产生目标程序文件和源程序列表文件。目标程序文件经连接定位后由计算机执行；源程序列表文件将列出源程序和目标程序的机器语言代码及符号表。符号表是汇编程序所提供的一种诊断手段，它包括程序中所用的所有符号和名字，以及这些符号和名字所指定的地址。如果程序出错，可以较容易地从这个符号表中检查出错误。在编写汇编源程序时要严格遵守汇编语言程序的书写规范，避免出现语法和逻辑结构上的错误。

汇编语言程序转换成为计算机可运行程序的过程如图 4-1 所示。

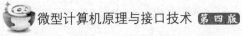

图 4-1　汇编语言程序的执行过程

2. 汇编语言语句格式

汇编语言的语句基本由 4 个字段组成：［名字］　操作符　［操作数］　［；注释］
其中，带方括号的部分表示任选项。

（1）名字字段：名字是一个符号，表示本条语句的符号地址。名字可以是标号和变量，它是由字母打头的字符串。在汇编语言程序中，指令语句的名字之后要用冒号"："，而伪指令语句中名字之后不要加冒号"："。

标号和变量具备以下 3 种属性：

① 段属性：该属性定义了标号和变量的段起始地址，其值必须在一个段寄存器中。标号的段是它所出现的对应代码段，由 CS 指示；变量的段通常由 DS 或者 ES 指示。

② 偏移属性：该属性表示标号和变量相距段起始地址的字节数，该数是一个 16 位无符号二进制数。

③ 类型属性：该属性对于标号而言，用于指出该标号是在本段内引用还是在其他段中引用，标号的类型有 NEAR（段内引用）和 FAR（段间引用）；对于变量，其类型属性说明变量有几个字节长度，这一属性由定义变量的伪指令确定。

（2）操作符字段：操作符可以是机器指令、伪指令和宏指令的助记符。

机器指令是 CPU 指令系统中的指令，汇编程序将其翻译成对应的机器码；伪指令则不能翻译成对应的机器码，它只是在汇编过程中完成相应的控制操作，又称为汇编控制指令；宏指令是有限的一组指令（机器指令、伪指令）定义的代号，汇编时将根据其定义展开成相应的指令。

（3）操作数字段：它是操作符的操作对象。当有 2 个或 2 个以上的操作数时，各操作数之间用逗号隔开。操作数一般有常数、寄存器、标号、变量和表达式等几种形式。

① 常数：常数是没有属性的纯数，其值在汇编时已确定，程序运行过程中不会发生变化。8086 宏汇编中允许有二进制、八进制、十进制、十六进制常数和字符串常数。在指令中，常数通常称为立即数，它只能用作源操作数，不能作为目标操作数。它的允许取值范围由指令中的目标操作数的形式自动确定。

② 存储器操作数：包括标号和变量。可作为源操作数，也可作为目标操作数，但不能同时充当源操作数和目标操作数。标号是可执行的指令性语句符号地址，可作为转移指令的转向目标操作数。变量是指存放在某些存储单元中的数据，这些数据在程序运行期间是可改变的。变量通过标识符来引用，可作为存储器访问指令的源操作数和目标操作数。

③表达式：由常数、寄存器、标号、变量与一些运算符组合而成，一般有数字表达式和地址表达式两种。

（4）注释字段：以"；"开头的说明部分，是语句的非执行部分，可根据需要来写。一般情况下，注释用来说明一段程序或若干条语句的功能，以增加程序的可读性。

4.1.2　汇编语言标识符、表达式和运算符

1. 标识符

汇编语言语句格式第一个字段是名字字段，可以是标号或变量，这两者又称为标识符。
标号和变量可用 LABLE 和 EQU 伪指令来定义，相同的标号或变量的定义在同一程序中

只能允许出现一次。

2. 表达式和运算符

在表达式中，运算符充当着重要的角色。8086 宏汇编有算术运算符、逻辑运算符、关系运算符、分析运算符和综合运算符共 5 种，如表 4-1 所示。

表 4-1　8086 汇编语言中的运算符

算术运算符	逻辑运算符	关系运算符	分析运算符	综合运算符
+（加法）	AND（与）	EQ（相等）	SEG（求段基值）	PTR
−（减法）	OR（或）	NE（不相等）	OFFSET（求偏移量）	段属性前缀
×（乘法）	XOR（异或）	LT（小于）	TYPE（求变量类型）	THIS
/（除法）	NOT（非）	GT（大于）	LENGTH（求变量长度）	SHORT
MOD（求余）		LE（小于或等于）	SIZE（求字节数）	HIGH
SHL（左移）		GE（大于或等于）		LOW
SHR（右移）				

各类运算符的作用分析如下：

（1）算术运算符用于完成算术运算，其中加、减、乘、除运算都是整数运算，结果也是整数。除法运算得到的是商的整数部分。求余运算是指两数整除后所得到的余数。

（2）逻辑运算符的作用是对操作数进行按位操作。它与指令系统中的逻辑运算指令不同，运算后产生一个逻辑运算值，供给指令操作数使用，它不影响标志位。其中，NOT（非）是单操作数运算符，其他 3 个逻辑运算符为双操作数运算符。

（3）关系运算符都是双操作数运算符，它的运算对象只能是两个性质相同的项目。关系运算的结果只能是关系成立或不成立两种情况。关系成立时运算结果为 1，否则为 0。

（4）分析运算符是对存储器地址进行运算的。它可将存储器地址的段、偏移量和类型 3 个重要属性分离出来，返回到所在位置做操作数使用，故又称为数值返回运算符。

分析运算符的相关功能如下：

① SEG 运算符可得到一个标号或变量的段基址。

② OFFSET 运算符可得到一个标号或变量的偏移量。

③ TYPE 运算符可加在变量、结构或标号的前面，所求出的是这些存储器操作数的类型部分。

④ LENGTH 运算符放在数组变量的前面，可求出该数组中所包含的变量或结构的个数。

⑤ SIZE 运算符在变量已经用重复操作符 DUP 加以说明后，可得到分配给该变量的字节总数。如果未用 DUP 加以说明，则得到的结果是 TYPE 运算的结果。

（5）综合运算符用来建立和临时改变变量或标号的类型及存储器操作数的存储单元类型，而忽略当前的属性，故又称属性修改运算符。

综合运算符的相关功能如下：

① PTR 运算符用来指定或修改存储器操作数的类型，但它本身并不实际分配存储器。

② 段属性前缀用于需要进行段超越寻址的场合。

③ SHORT 运算符用来修饰 JMP 指令中跳转地址的属性，指出跳转地址是在下一条指令地址的−128～+127 个字节范围之内。

④ THIS 运算符和 PTR 运算符一样，用来建立一个特殊类型的存储器地址操作数，而不实际为它分配新的存储单元。用 THIS 建立的存储器地址操作数的段和偏移量部分与目前所能分配的下一个存储单元的段和偏移量相同，但类型由 THIS 指定。

⑤ HIGH 和 LOW 称为字节分离运算符，它们将一个 16 位的数或表达式的高字节和低字节分离出来。

【例 4.1】PTR 运算符应用举例。

分析：

```
VAR1  DB  30H,40H
VAR2  DW  2050H
    ...
MOV  AX,WORD PTR VAR1
MOV  BL,BYTE PTR VAR2
```

此例中，VAR1 为字节变量，对应 VAR1 存储单元保存的数据为 30H，对应 VAR1+1 存储单元保存的数据为 40H；VAR2 为字变量，对应 VAR2 存储单元保存的数据为 2050H。

在传送指令中，从字节变量 VAR1 存储单元和 VAR1+1 存储单元中取出一个字数据，赋给字寄存器 AX；从字变量 VAR2 存储单元中取出一个字节数据，赋给字节寄存器 BL。则有

```
(AX)=4030H,(BL)=50H
```

【例 4.2】对同一个数据区，要求既可以字节为单位，又可以字为单位进行存取。

分析：

```
AREA1 EQU THIS WORD
AREA2 DB 100 DUP(?)
```

此例中，AREA1 和 AREA2 实际上代表同一个数据区，共有 100 个字节，但 AREA1 的类型为 WORD，而 AREA2 的类型为 BYTE。

将算术运算符、逻辑运算符、关系运算符和分析运算符及综合运算符和常数、寄存器名、标号、变量一起组成表达式，放在语句的操作数字段中。

3. 运算符的优先级别

汇编过程中，汇编程序先计算表达式的值，然后再翻译指令。在计算表达式的值时，如果一个表达式同时具有多个运算符，则按以下规则进行运算：

（1）优先级高的先运算，优先级低的后运算。

（2）优先级相同时，按表达式中从左到右的顺序运算。

（3）括号可以提高运算的优先级，括号内的运算总是在相邻的运算之前进行。

各类运算符从高到低的优先级排列顺序如表 4-2 所示。

表 4-2　各类运算符的优先级别

优先级别	运算符
1	LENGTH、SIZE、WIDTH、MASK、()、[]、<>
2	.（结构变量名后面的运算符）
3	:（段超越运算符）
4	PTR、OFFSET、SEG、TYPE、THIS

续表

优 先 级 别	运 算 符
5	HIGH、LOW
6	+、-（一元运算符）
7	*、/、MOD、SHL、SHR
8	+、-（二元运算符）
9	EQ、NE、LT、LE、GT、GE
10	NOT
11	AND
12	OR、XOR
13	SHORT

4.1.3 汇编语言源程序结构

为便于分析汇编语言源程序的结构和特点，先看下面给出的一个完整的汇编语言源程序应用实例。

【例4.3】要求从内存中存放的 10 个无符号字节整数数组中找出最小数，将其值保存在 AL 寄存器中。

源程序：

```
DATA    SEGMENT                                    ;定义数据段
        BUF  DB  23H,16H,08H,20H,64H,8AH,91H,35H,2DH,0FFH   ;初始化数据
        CN   EQU $-BUF
DATA    ENDS
STACK   SEGMENT                                    ;定义堆栈段
        STA  DB  10 DUP(?)
        TOP  EQU $-STA
STACK   ENDS
CODE    SEGMENT                                    ;定义代码段
        ASSUME CS:CODE,DS:DATA,SS:STACK
START:  MOV  AX,DATA                               ;汇编开始
        MOV  DS,AX                                 ;初始化 DS
        MOV  BX,OFFSET BUF                         ;取数据区偏移地址
        MOV  CX,CN                                 ;设定数据个数
        DEC  CX
        MOV  AL,[BX]                               ;取第一个数
        INC  BX                                    ;地址加 1
LP:     CMP  AL,[BX]                               ;两数比较
        JBE  NEXT                                  ;若(AL)<[BX],转 NEXT
        MOV  AL,[BX]                               ;将较小数存入 AL 中
NEXT:   INC  BX                                    ;地址加 1
        DEC  CX                                    ;计数器减 1
        JNZ  LP                                    ;非 0 转 LP
        MOV  AH,4CH                                ;返回 DOS
        INT  21H
```

```
CODE     ENDS
         END START                                          ;汇编结束
```

从本例可看出，汇编语言源程序是分段结构形式。一个汇编语言源程序由若干个逻辑段组成，每个逻辑段以 SEGMENT 语句开始，以 ENDS 语句结束。整个源程序以 END 语句结束。每个逻辑段内有若干条语句，一个汇编源程序是由完成某种特定操作功能的语句组成的。

通常，一个汇编语言源程序由数据段、堆栈段和代码段 3 个逻辑段组成。

（1）数据段用来在内存中建立一个适当容量的工作区，以存放常数、变量等程序需要对其进行操作的数据。

（2）堆栈段用来在内存中建立一个适当的堆栈区，以便在中断处理、子程序调用时使用。堆栈段一般设定几十字节至几千字节。若太小可能导致程序执行中的堆栈溢出错误。

（3）代码段包括了许多以符号表示的指令，其内容就是程序要执行的指令。作为一个汇编源程序的主模块，下面几部分是不可缺少的：

① 必须用 ASSUME 伪指令告诉汇编程序，某一段地址应该放入哪一个段寄存器。这样对源程序模块进行汇编时，才能确定段中各项的偏移量。

② DOS 的装入程序在执行时，将把 CS 初始化为正确的代码段地址，把 SS 初始化为正确的堆栈段地址，在源程序中不需要再对它们进行初始化。因为装入程序已经将 DS 寄存器留作他用，这是为了保证程序段在执行过程中数据段地址的正确性，所以在源程序中应该有以下两条指令，对 DS 进行初始化。

```
MOV AX,DATA
MOV DS,AX
```

指令中的 DATA 为用户设定的数据段段名。

③ 在 DOS 环境下，通常采用 DOS 中断功能调用的 4CH 使汇编语言返回 DOS，即采用如下两条指令：

```
MOV AH,4CH
INT 21H
```

如果不是主模块，这两条指令可以不用。

由于 8086 的 1 MB 存储空间是分段管理的，汇编语言源程序存放在存储器中，无论是取指令码还是存取操作数，都要访问内存。因此，汇编语言源程序的编写必须遵照存储器分段管理的规定，分段进行编写。

4.2　汇编语言常用伪指令

CPU 指令系统中提供的指令在运行时由 CPU 执行，每条指令对应 CPU 的一种特定的操作，如传送、加减法等，经汇编以后，每条 CPU 指令产生一一对应的目标代码。

伪指令是用来对相关语句进行定义和说明的，如定义数据、分配存储区、定义段及定义过程等。在汇编过程中由汇编程序进行处理，它不产生目标代码，所以又称伪操作。

宏汇编程序 MASM 提供了约几十种伪指令，根据伪指令的功能，可分为数据定义、符号定义、段定义、过程定义、宏处理、模块定义与连接、处理器方式、条件、列表、其他伪指令等若干类。

下面介绍一些常用伪指令的格式和功能。

4.2.1 数据定义伪指令

数据定义伪指令用来定义一个变量的类型，并将所需要的数据放入指定的存储单元中，可以只给变量分配存储单元，而不赋予特定的值。

1. 数据定义伪指令格式

数据定义伪指令的一般格式：[变量名]　伪指令　操作数 [,操作数,…][;注释]

方括号中的变量名为任意选项，它代表所定义的第一个单元的地址。变量名后面不要跟冒号"："。伪指令后面的操作数可以不止一个，如果有多个操作数时，相互之间应该用逗号"，"分开，注释项也是任选的。

有以下 5 种数据定义类型：

[变量名]	DB	表达式	;定义字节
[变量名]	DW	表达式	;定义字
[变量名]	DD	表达式	;定义双字
[变量名]	DQ	表达式	;定义 8 个字节
[变量名]	DT	表达式	;定义 10 个字节

这里的表达式是赋给变量的初始值，可以有一个，也可以有多个，给变量赋初值时，如果使用字符串，则字符串必须放在单引号中。

数据定义伪指令后面的操作数可以是常数、表达式或字符串，但每项操作数的值不能超过由伪指令所定义的数据类型限定的范围。例如，DB 伪指令定义数据的类型为字节，则其范围应该是无符号数 0～255，带符号数-128～+127。

给变量赋初值时，如果使用字符串，则字符串必须放在单引号中。另外，超过 2 个字符的字符串只能用 DB 伪指令定义。

【例4.4】在给定的数据段中，分析数据定义伪指令的使用和存储单元的初始化。

```
DATA  SEGMENT                 ;定义数据段
    B1 DB 10 H,30H            ;存入 2 个字节数据
    B2 DB 2×3+5               ;存入表达式的值
    S1 DB 'GOOD! '            ;存入 5 个字符的 ASCII 码
    W1 DW 1000H,2030H         ;存入 2 个字数据
    W2 DD 12345678H           ;存入双字
    S2 DB 'AB'                ;按字节数据存入两个字符的 ASCII 码
    S3 DW 'AB'                ;按字数据存入 2 个字符的 ASCII 码
DATA ENDS                     ;数据段结束
```

在数据定义的第 1、2 条指令中分别将常数和表达式的值赋予一个字节变量；第 3 条指令的操作数是包含 5 个字符的字符串；第 4、5 条指令分别给字变量和双字变量赋初值；在第 6、7 条指令中要注意 DB 和 DW 的区别，虽然操作数均为"AB"两个字符，但存入变量的内容各不相同。

除常数、表达式和字符串外，问号"？"也可作为数据定义伪指令的操作数，此时仅给变量保留相应的存储单元，而不赋予变量某个确定的初值。

2. 重复操作符 DUP

当同样的操作数重复多次时，可采用重复操作符 DUP 来表示。

使用格式：n DUP(初值[,初值,…])

圆括号中为重复的内容，n 为重复次数。如果用 n DUP(?)作为数据定义伪指令的唯一操作数，则汇编程序产生一个相应的数据区，但不赋予任何初始值。此外，重复操作符 DUP 可以嵌套。

【例4.5】在如下所示的数据段中，分析重复操作符 DUP 的使用和存储单元的初始化。

```
DATA SEGMENT                        ;定义数据段
    BUF1 DB ?                       ;分配字节变量存储单元,不赋初值
    BUF2 DB 8  DUP(0)               ;分配字节变量存储单元,赋初值为0
    BUF3 DW 5  DUP(?)               ;分配字变量存储单元,不赋初值
    BUF4 DW 10 DUP(0,1,?)           ;分配字变量存储单元,对其初始化
    BUF5 DB 50 DUP(2,2 DUP(4),6)    ;分配字节变量存储单元,对其初始化
DATA ENDS                           ;数据段结束
```

分析：数据段中的第 2 条指令给字节变量 BUF2 分配 8 个存储单元，并赋初值为 0；第 3 条指令给字变量 BUF3 分配 5 个字单元，即 10 个存储单元，不预先赋初值；第 4 条指令给字变量 BUF4 分配初始数据为 0、1、? 且重复次数为 10 的存储空间，共占 30 字节；第 5 条指令给字节变量 BUF5 定义为一个数据区，其中包含重复 50 次的内容：2、4、4、6，共占 200 字节。

4.2.2　符号定义伪指令

符号定义伪指令的用途是给一个符号重新命名，或定义新的类型属性等。这些符号可以包括汇编语言的变量名、标号名、过程名、寄存器名及指令助记符等。

常用的符号定义伪指令有 EQU、=、LABLE。

1. EQU 伪指令

EQU 伪指令的作用是将表达式的值赋予一个名字，可以用这个名字来代替给定表达式。表达式可以是一个常数、变量、寄存器名、指令助记符、数值表达式或地址表达式等。

【例4.6】分析 EQU 伪指令的作用。

分析：

```
COUNT    EQU  100                  ;COUNT 代替常数100
VAL      EQU  ASCII-TABLE          ;VAL 代替变量 ASCII-TABLE
SUM      EQU  30+25                ;SUM 代替数值表达式
ADR      EQU  ES:[BP+DI+10]        ;ADR 代替地址表达式 ES:[BP+DI+10]
C        EQU  CX                   ;C 代替寄存器 CX
M        EQU  MOV                  ;M 代替指令助记符 MOV
```

需要注意的是，一个符号一经 EQU 伪指令赋值后，在整个程序中，不允许再对同一符号重新赋值。

2. =（等号）伪指令

"="伪指令的功能与 EQU 基本相同，主要区别在于它可以对同一个名字重复定义。

例如：

```
COUNT  EQU  10                     ;正确,COUNT 代替常数10
COUNT  EQU  10+20                  ;错误,COUNT 不能再次定义
COUNT=10                           ;正确,COUNT 代替常数10
COUNT=10+20                        ;正确,COUNT 可以重复定义
```

3. LABLE 伪指令

LABLE 伪指令的用途是在原来标号或变量的基础上定义一个类型不同的新标号或变量。变量类型可以是 BYTE、WORD、DWORD，标号类型可以是 NEAR、FAR。

利用 LABLE 伪指令可以使同一个数据区兼有 BYTE 和 WORD 两种属性，程序中可根据不同的需要分别以字节为单位，或以字为单位存取其中数据。

【例 4.7】用 LABLE 伪指令定义变量和标号。

分析：

```
VAL1 LABLE BYTE                    ;VAL1 是字节型变量
VAL2 DW 20 DUP(?)                  ;VAL2 是字型变量
```

VAL1 和 VAL2 变量的存储地址相同，但类型不同。

```
NEXT1: LABLE  FAR                  ;NEXT1 为 FAR 型标号
NEXT2: MOV AX,1200H                ;NEXT2 为 NEAR 型标号
       ...
       JMP  NEXT2                  ;段内转移
       JMP  NEXT1                  ;段间转移
```

4.2.3 段定义伪指令

段定义伪指令的用途是在汇编语言程序中定义逻辑段，用它来指定段的名称和范围，并指明段的定位类型、组合类型及类别。

常用的段定义伪指令有：

1. SEGMENT/ENDS 伪指令

使用格式：

```
段名  SEGMENT [定位类型]  [组合类型]  ['类别']
           ...（段内语句系列）
段名  ENDS
```

SEGMENT 伪指令用于定义一个逻辑段，给逻辑段赋予一个段名，并以后面的任选项规定该逻辑段的其他特性。SEGMENT 伪指令位于一个逻辑段的开始，ENDS 伪指令则表示一个逻辑段的结束。这两个伪操作总是成对出现，缺一不可，两者前面的段名必须一致。

SEGMENT 伪指令后面有 3 个任选项，三者顺序必须符合格式中的规定。这些任选项是给汇编程序和连接程序的命令，告诉汇编程序和连接程序如何确定解决边界、如何组合几个不同的段等。

（1）定位类型。定位类型选项告诉汇编程序如何确定逻辑段的边界在存储器中的位置，用来规定对段起始边界的要求。有以下 4 种定位类型：

① BYTE：表示逻辑段从字节的边界开始，即可以从任何地址开始。此时本段的起始地址紧接在前一个段的后面。

② WORD：表示逻辑段从字的边界开始。2 个字节为 1 个字，此时本段的起始地址最低一位必须是 0，即从偶地址开始。

③ PARA：表示逻辑段从一个节的边界开始。通常 16 个字节称为 1 个节，故本段的起始地址最低 4 位必须为 0，应为 ××××0H。

④ PAGE：表示逻辑段从页边界开始，通常 256 字节称为 1 页。故本段的起始地址最低 8 位必须为 0，应为×××00H。

如果省略定位类型任选项，则默认值为 PARA。

（2）组合类型。SEGMENT 伪指令的第 2 个任选项是组合类型，它告诉汇编程序，当装入存储器时各个逻辑段如何进行组合。共有以下 6 种组合类型：

① NONE：表示本段与其他逻辑段不发生关系，每段都有自己的基地址。这是任选项默认的组合类型。

② PUBLIC：连接时，对于不同程序模块中的逻辑段，只要具有相同的类别名，就把这些段顺序连接成为一个逻辑段装入内存。

③ STACK：组合类型为 STACK 时，其含义与 PUBLIC 基本一样，即不同程序中的逻辑段，如果类别名相同，则顺序连接成为一个逻辑段。不过组合类型 STACK 仅限于作为堆栈区域的逻辑段使用。

④ COMMON：连接时，对于不同程序中的逻辑段，如果具有相同的类别名，则都从同一个地址开始装入，因而各个逻辑段将发生重叠。最后，连接以后的段的长度等于原来的逻辑段的长度，重叠部分的内容是最后一个逻辑段的内容。

⑤ MEMORY：几个逻辑段连接时，连接程序将把本段定位在被连接在一起的其他所有段之上，如果被连接的逻辑段中有多个段的组合类型都是 MEMORY，则汇编程序只将首先遇到的段作为 MEMORY 段，而其余的段均当作 COMMON 段来处理。

⑥ AT 表达式：这种组合类型表示本逻辑段根据表达式求值的结果定位段基址。例如，AT 5800H，表示本段的段基址为 5800H，偏移地址为 0000H，则本段从存储器的物理地址 58000H 开始装入。

（3）类别。SEGMENT 伪指令的第 3 个任意选项是类别，类别必须放在单引号内。类别的作用是在连接时决定各逻辑段的装入顺序。当几个程序模块进行连接时，其中具有相同类别名的逻辑段被装入连续的内存区，类别名相同的逻辑段，按出现的先后顺序排列。没有类别名的逻辑段，与其他无类别名的逻辑段一起连续装入内存。

2．ASSUME 伪指令

使用格式：`ASSUME  段寄存器名:段名[,段寄存器名:段名[,…]]`

ASSUME 伪指令告诉汇编程序，将某一个段寄存器设置为某一个逻辑段的段址，即明确指出源程序中的逻辑段与物理段之间的关系，当汇编程序汇编一个逻辑段时，可利用相应的段寄存器寻址该逻辑段中的指令或数据。

4.2.4　过程定义伪指令

在程序设计中，经常将一些重复出现的语句组定义为子程序，又称为过程，可以采用CALL指令来调用。

1．过程定义伪指令 PROC/ENDP

使用格式：

```
过程名    PROC   [NEAR]/FAR
      …(语句系列)
           RET
      …(语句系列)
过程名    ENDP
```

其中,PROC 伪指令定义一个过程,赋予过程一个名字,并指出该过程的类型属性为 NEAR 或 FAR。如果没有特别指明类型,则认为过程的类型是 NEAR。伪指令 ENDP 标志过程的结束。上述两个伪指令前面的过程名必须一致。

2．过程调用及返回

当一个程序段被定义为过程后,程序中其他地方就可以用 CALL 指令来调用这个过程。调用一个过程的格式为:

```
CALL 过程名
```

过程名实质上是过程入口的符号地址,它和标号一样,也有段属性、偏移量属性、类型属性。过程的类型属性可以是 NEAR 或者 FAR。

一般来说,被定义为过程的程序段中应该有返回指令 RET,但不一定是最后一条指令,也可以有不止一条 RET 指令。执行 RET 指令后,控制返回到原来调用指令的下一条指令。过程的定义和调用均可以嵌套。

4.2.5 结构定义伪指令

结构就是相互关联的一组数据的某种组合形式。使用结构,需要进行以下几方面工作:

1．结构的定义

用伪指令 STRUC 和 ENDS 把相关数据定义语句组合起来,便构成一个完整的结构。使用格式:

```
结构名    STRUC
    （数据定义语句序列）
结构名    ENDS
```

【例4.8】用结构制作一张学生成绩表,学生的信息包括姓名、学号、各门课成绩。

分析:

```
STUDENT   STRUC
    NAME1       DB  'WANG'
    NUMBER      DB  ?
    ENGLISH     DB  ?
    MATHS       DB  ?
    COMPUTER    DB  ?
STUDENT   ENDS
```

此例中,STUDENT 称为结构名,数据定义语句序列中的变量名叫作结构字段名。

2．结构的预置

结构的定义完成以后,就如同在某些高级语言中完成了某些数据类型的定义,在汇编语言中,结构这个数据类型是通过结构变量来使用的。

对结构进行预置的格式:结构变量名　结构名　(字段值表)

其中:

（1）结构名是结构定义使用的名字。

（2）结构变量名是程序中具体使用的变量,它与具体的存储空间及数据相联系,程序中可直接引用它。

（3）字段值表用来给结构变量赋初值,表中各字段的排列顺序及类型应该与结构定义时一致，各字段之间以逗号分开。

通过结构预置语句，可以对结构中某些字段进行初始化。但通过预置进行结构变量的初始化有一定的限制和规定：在结构定义中具有一项数据的字段才能通过预置来代替初始定义的值，而用 DUP 定义的字段或一个字段后有多个数据项的字段，则不能在预置时修改其定义时的值。

【例4.9】结构定义中的结构变量初值的预置。

分析：

```
DATA   STRUC
    A1   DB   30H                    ;简单元素,可以修改
    A2   DB   10H,20H                ;多重元素,不能修改
    A3   DW   ?                      ;简单元素,可以修改
    A4   DB   'ABCD'                 ;可用同长度的字符串修改
    A5   DW   10 DUP(?)              ;多重元素,不能修改
DATA ENDS
```

若有些字段的内容采用定义时的初值，则在预置语句中这些字段的位置仅写一个逗号即可。若所有的字段都如此，则仅写一对尖括号即可。

【例4.10】对前面定义的 STUDENT 结构，采用结构变量来代表学生的信息。

分析：设有 3 个学生，则有

```
S1 STUDENT <'ZHANG',11,87,90,89>
S2 STUDENT <'WANG',12,68,83,71>
32 STUDENT <'LI',13,92,86,95>
```

这样，就在存储器中为 3 个学生建立了成绩档案，把他们的姓名、学号及 3 门课成绩都放在了指定的位置。

3. 结构的引用

程序中引用结构变量，和其他变量一样，可直接写结构变量名。若要引用结构变量中的某一字段，则采用形式：

结构变量名·结构字段名

或者，先将结构变量的起始地址的偏移量送到某个地址寄存器，然后再用：

[地址寄存器]·结构字段名

例如，若要引用结构变量 S1 中的 ENGLISH 字段，以下两种用法都是正确的。

（1）MOV AL, S1·ENGLISH

（2）MOV BX, OFFSET S1

   　　MOV AL, [BX]·ENGLISH

4.2.6　模块定义与连接伪指令

编写规模较大的汇编语言源程序时，可将整个程序划分为几个独立的源程序，称为模块。然后将各模块分别进行汇编，生成各自的目标程序，最后将它们连接成为一个完整的可执行程序。为了进行模块之间连接和实现相互的符号访问，以便进行变量传送，通常使用以下几个伪指令。

（1）NAME 伪指令：用于给源程序汇编以后得到的目标程序指定一个模块名，连接时需要使用这个目标程序的模块名。

（2）END 伪指令：表示源程序到此结束，指示汇编程序停止汇编，对于 END 后面的语句可以不予理会。

（3）PUBLIC 伪指令：说明本模块中的某些符号是公共的，即这些符号可以提供给将被连接在一起的其他模块使用。

（4）EXTRN 伪指令：说明本模块中所用的某些符号是外部的，即这些符号在将被连接在一起的其他模块中定义，在定义这些符号的模块中还必须用 PUBLIC 伪指令加以说明。

4.2.7　程序计数器$和 ORG 伪指令

1．程序计数器$

字符"$"在宏汇编中具有特殊意义，称为程序计数器。汇编程序处理段定义的过程中，每遇到一个新的段段，就在段表中填入该段段，同时为该段设置一个初值为 0 的位置计数器。然后对该段进行汇编，对申请分配存储器的语句及产生目标代码的语句，都将其占用的存储器字节数累加在该段的位置计数器中。

随着汇编的进行，位置计数器值不断变化，字符"$"便是表示位置计数器当前值，它可在数值表达式中使用。在程序中"$"出现在表达式里，其值为程序下一个所能分配的存储单元的偏移地址。

2．ORG 伪指令

ORG 是起始位置设定伪指令，用来指出源程序或数据块的起点。段内存储器的分配是从 0 开始依次顺序分配的。因此，位置计数器的值是从 0 开始递增累计的。但在程序设计中，若需要将存储单元分配在指定位置，而不是从位置计数器的当前值开始，便可以使用 ORG 语句，利用 ORG 伪指令可以改变位置计数器的值。

【例 4.11】已知数据段中 VAR1 的偏移量为 2，占 3 个字节，初始数据为 20H、30H、40H；VAR2 的偏移量为 8，占 2 个字节，初始数据为 5678H。VAR1 和 VAR2 之间有 3 个字节的距离，采用 ORG 完成数据段存储器的分配。

分析：

```
DATA SEGMENT
    ORG 2                    ;预置 VAR1 的偏移量为 2
    VAR1 DB 20H,30H,40H      ;VAR1 的初始数据
    ORG $＋3                 ;预置 VAR2 的偏移量为 8
    VAR2 DW 5678H            ;VAR2 的初始数据
DATA ENDS
```

4.3　汇编语言程序上机过程

4.3.1　汇编语言的工作环境

1．硬件环境

8086 汇编语言程序对机器硬件要求不高，一般多在 PC 及其兼容机上运行，要求计算机具有一些基本配置就可以。

2．软件环境

软件环境指支持汇编语言程序运行和帮助建立汇编语言源程序的一些软件，主要包括

以下几种：

（1）DOS 操作系统：汇编语言程序的建立和运行都是在 DOS 操作系统的支持下进行的。

（2）编辑程序：用来输入和建立汇编语言源程序的一种通用的系统软件，通常源程序的修改也在编辑状态进行。

（3）汇编程序：有基本汇编 ASM.EXE 和宏汇编 MASM.EXE 两种。基本汇编不支持宏操作，因此，一般选用宏汇编 MASM.EXE。

（4）连接程序：汇编语言使用的连接程序是 LINK.EXE。

（5）调试程序：作为一种辅助工具，帮助编程者进行程序的调试，通常用动态调试程序 DEBUG.COM，其相关内容可参见学习指导。

4.3.2 汇编语言上机操作步骤

一般情况下，在计算机上运行汇编语言程序的步骤如下：

（1）用编辑程序（EDIT.COM）建立扩展名为.ASM 的汇编语言源程序文件。

（2）用汇编程序（MASM.EXE）将源程序文件汇编成用机器码表示的目标程序文件，扩展名为.OBJ。

（3）若在汇编过程中出现错误，可根据错误的信息提示（错误位置、错误类型、错误说明等），用编辑软件重新调入源程序进行修改。

汇编错误分警告错误（Warning Errors）和严重错误（Severe Errors）两种。警告错误指一般性错误，严重错误指无法进行正确汇编的错误。可对错误进行分析，找出原因，然后调用屏幕编辑程序加以修改，修改后再重新汇编，一直到汇编无错为止。所有错误都修改完毕后汇编生成目标文件，扩展名为.OBJ。

（4）汇编无误时采用连接程序（LINK.EXE）把目标文件转化成可执行文件，扩展名为.EXE。

（5）生成可执行文件后，在 DOS 命令状态下直接输入文件名执行该文件，也可采用调试程序 DEBUG.COM 进行相应处理。

上述操作流程如图 4-2 所示。

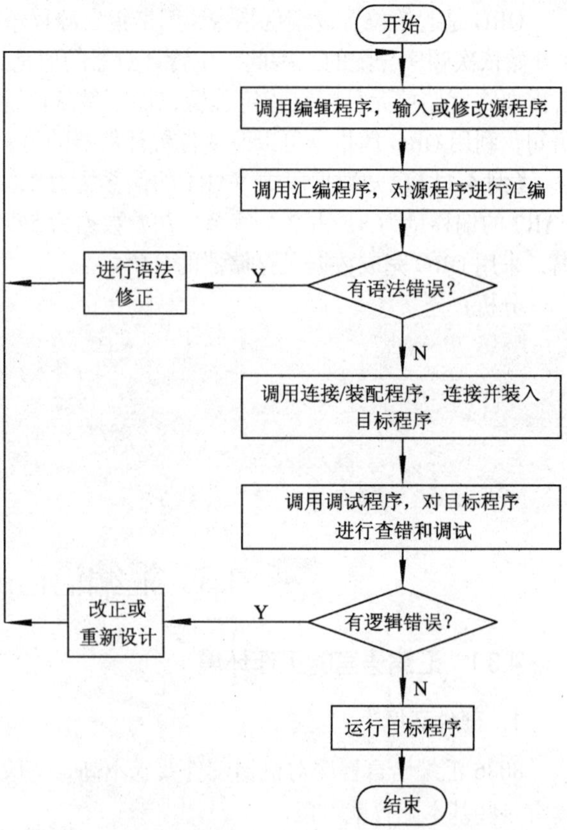

图 4-2 汇编语言源程序的建立、汇编和调试运行流程

4.4 汇编语言程序设计

4.4.1 程序设计基本步骤及程序结构

1. 程序设计基本步骤

用汇编语言设计程序，一般按下述步骤进行：

（1）分析问题，抽象出数学模型：其目的就是求得问题一个确切的理解，明确问题的环境限制，弄清已知条件、原始数据、输入信息、对运算精度的要求、对处理速度的要求，以及最后应获得的结果。

（2）确定算法或解题思想：所谓算法就是确定解决问题的方法和步骤。一类问题可以同时存在几种算法，评价算法好坏的指标是程序执行的时间和占用存储器的空间，设计该算法和编写程序所投入的人力，理解该算法的难易程度，以及可扩充性和可适应性等。

（3）绘制流程图：流程图是一种用特定的图形符号加上简单的文字说明来表示数据处理过程的步骤。它指出了计算机执行操作的逻辑次序，表达简洁、清晰，设计者可以从流程图上直接了解系统执行任务的全部过程及各部分之间的关系，便于排除设计错误。

（4）存储空间和工作单元初始化：8086 存储器结构要求存储空间分段使用，因此要分别定义数据段、堆栈段、代码段及附加段。工作单元可以设置在数据段和附加段中的某些存储单元中，也可以设置在 CPU 内部的数据寄存器中。

（5）程序编制：应严格按规定的语法规则书写，程序结构尽可能简单、层次清楚，合理分配寄存器的用途，选择常用、简单、直接、占用内存少、运行速度快的指令序列；采用结构化程序设计方法；尽量提高源程序的可读性和可维护性，必要时提供注释。

（6）静态检查：查看程序是否具备所要求的功能，选用的指令是否合适，程序的语法和格式上是否有错误，指令中引用的语句标号名称和变量名是否定义正确，程序执行流程是否符合算法等。静态检查可以及时发现问题，及时进行修改。

（7）动态调试：汇编程序可以检查源程序中的语法错误，可按指出的语法错误修改程序，直至无误，再利用 DEBUG 调试工具检查程序运行以后是否能达到预期的结果。

总之，程序结构清晰、可读性强、占用存储空间少、运行速度快是每一个编程人员追求的目标。为了做到这一点，不仅要理解指令的基本功能，而且要多读、多写、多上机调试各种程序，通过实践不断总结经验，加深对汇编语言的语句和程序设计方法的理解，逐步掌握各种程序设计方法和技巧。

2. 程序基本结构

程序一般可以由顺序结构、分支结构和循环结构组合而成。每一个结构只有一个入口和一个出口，3 种结构的任意组合和嵌套就构成了结构化的程序。

（1）顺序结构：按照语句的先后次序执行一系列的顺序操作，如图 4-3（a）所示。

（2）分支结构：也叫条件选择结构，根据不同情况做出判断和选择，以便执行不同的程序段。分支结构可分为双分支结构和多分支结构，如图 4-3（b）和图 4-3（c）所示。

（3）循环结构：循环实际上是分支结构的一种扩展，循环是否继续依靠条件判断语句来决定。按照条件判断的位置，可把循环分为"当型循环"和"直到型循环"，如图 4-3（d）和图 4-3（e）所示。

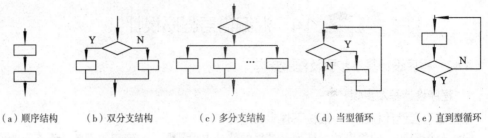

（a）顺序结构　　　（b）双分支结构　　　　（c）多分支结构　　　　（d）当型循环　　　（e）直到型循环

图4-3　程序的基本结构

4.4.2　顺序结构程序设计

顺序结构程序从执行开始到最后一条指令为止，指令指针IP中的内容呈线性增加。从流程图上看，顺序结构的程序只有一个起始框，一个或几个执行框和一个终止框。这种程序的设计方法简单，只要遵照算法步骤依次写出相应指令即可。进行顺序结构程序设计时，主要考虑的是如何选择简单有效的算法以及如何设定存储单元和工作单元。

下面通过实例来分析顺序结构程序的设计过程。

【例4.12】已知 X 和 Y 是数据段中的两个无符号字节数据，要求完成表达式 $Z=(X^2+Y^2)/2$ 的计算，编写该程序。

分析：程序数据段中涉及 2 个字节变量 X、Y 和 1 个字变量 Z，数据量比较小，只定义数据段和代码段。可在内存中开辟 3 个变量的存储空间，然后调用相应指令实现规定的运算处理，最后将结果送回到指定单元。

源程序：

```
DATA     SEGMENT                      ;数据段定义
         X  DB  15                    ;初始化变量
         Y  DB  34
         Z  DW  ?
DATA     ENDS
CODE     SEGMENT                      ;代码段定义
         ASSUME  CS:CODE,DS:DATA
START:   MOV  AX,DATA                 ;初始化数据段
         MOV  DS,AX
         MOV  AL,X                    ;X 中的内容送 AL
         MUL  X                       ;计算 X*X
         MOV  BX,AX                   ;X*X 的乘积送 BX
         MOV  AL,Y                    ;Y 中的内容送 AL
         MUL  Y                       ;计算 Y*Y
         ADD  AX,BX                   ;计算 X2+Y2
         SHR  AX,1                    ;用逻辑右移指令实现除 2
         MOV  Z,AX                    ;结果送内存 Z 单元
         MOV  AH,4CH                  ;返回 DOS
         INT  21H
CODE     ENDS
         END  START                   ;汇编结束
```

【例4.13】已知在内存中从 TABLE 单元起存放 0～100 的平方值。在 X 单元中有一个待查数据，用查表的方法求出 X 的平方值送到 Y 单元中。

分析：本题在指定内存空间开辟一片数据区，将 100 以内的自然数平方值设定好，通过对给定数据的计算，找到存放该数平方值的位置，从内存中将其值取出送 Y 单元。

源程序：

```
DATA      SEGMENT                      ;数据段定义
          TABLE DW 0,1,4,9,16,25...    ;按字数据初始化 0~100 的平方值
          X DB 4                       ;给定待查字节数据
          Y DW ?                       ;设定保存平方值的字变量
DATA      ENDS
CODE      SEGMENT
          ASSUME DS:DATA,CS:CODE
START:    MOV AX,DATA                  ;初始化 DS
          MOV DS,AX
          MOV BX,OFFSET TABLE          ;BX 指向数据区首单元
          MOV AL,X                     ;将 X 中内容取出送 AL
          MOV AH,0                     ;将 X 中的字节数据扩展成字数据
          SHL AX,1                     ;逻辑左移指令，计算 X*2
          ADD BX,AX                    ;BX 指向要查找的位置
          MOV DL,[BX]                  ;取出要查找的数据低位字节
          MOV DH,[BX+1]                ;取出要查找的数据高位字节
          MOV Y,DX                     ;结果保存到 Y 单元中
          MOV AH,4CH                   ;返回 DOS
          INT 21H
CODE      ENDS
          END START                    ;汇编结束
```

4.4.3 分支结构程序设计

分支结构程序有双分支结构和多分支结构两种形式。程序中要明确需判断的条件，采用何种条件转移语句，条件成立的分支和条件不成立的分支要完成哪些操作等。下面通过实例加以分析。

【例 4.14】已知内存中有一个字节单元 X，存放有带符号数据，要求计算出它的绝对值后，放入 RESULT 单元中。

分析：根据数学中绝对值的概念可知，一个正数的绝对值是它本身，而一个负数的绝对值是它的相反数；要计算一个数的相反数，需要完成减法运算，即用 0 减去这个数，可以采用指令系统中的求补指令 NEG 处理。该程序的处理流程如图 4-4 所示。

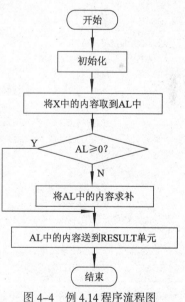

图 4-4 例 4.14 程序流程图

源程序：

```
DATA      SEGMENT
          X DB -25              ;定义一个负数变量
          RESULT  DB ?          ;定义结果保存单元
DATA      ENDS
CODE      SEGMENT
          ASSUME DS: DATA,CS: CODE
```

```
START:    MOV  AX,DATA          ;初始化DS
          MOV  DS,AX
          MOV  AL,X             ;将数据X取到AL中
          TEST AL,80H           ;测试AL的正负
          JZ NEXT               ;符号为正，则转NEXT
          NEG AL                ;否则，对AL求补运算
NEXT:     MOV  RESULT,AL        ;将结果送指定单元
          MOV  AH,4CH           ;返回DOS
          INT  21H
CODE      ENDS
          END START            ;汇编结束
```

【例4.15】编写程序，完成下面的分段函数计算（X为带符号字节数据）。

$$Y = \begin{cases} 1 & (X>0) \\ 0 & (X=0) \\ -1 & (X<0) \end{cases}$$

分析：这是1个3路分支的程序设计，X为内存中的一个带符号数，首先判断其正负，若为负，−1作为函数值；若为正，再判断是否为0，如果为0，函数返回值为0，否则返回值为1。该程序的处理流程如图4-5所示。

源程序：

```
DATA      SEGMENT
          X  DB  -25
          Y  DB  ?
DATA      ENDS
CODE      SEGMENT
          ASSUME
CS:CODE,DS:DATA
START:    MOV  AX,DATA      ;初始化DS
          MOV  DS,AX
          MOV  AL,X         ;将X取到AL中
          CMP  AL,0         ;AL和0比较
          JGE  BIG          ;结果≥0,转BIG
          MOV  BL,-1        ;否则-1送BL
          JMP  EXIT         ;无条件转结束
BIG:      JE   EE
          ;若AL=0转EE
          MOV  BL,1
          ;否则1送BL
          JMP  EXIT
          ;无条件转结束
EE:       MOV  BL,0
          ;0送BL
EXIT:     MOV  Y,BL
          ;BL中内容送Y单元
          MOV  AH,4CH
          INT  21H
CODE      ENDS
          END  START    ;汇编结束
```

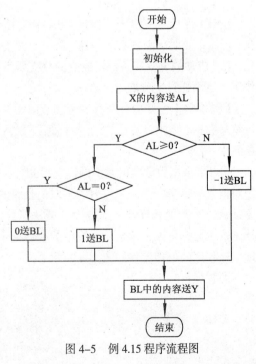

图4-5 例4.15程序流程图

【例4.16】已知在内存数据区中有X、Y、Z三个带符号字节数据，要求将其中的最大数

找出来，并保存在指定的 MAX 内存单元。

分析：该题目要求在内存中预置 3 个带符号字节数据，采用比较指令和条件转移指令将其中的最大数找出，将最终结果送指定的 MAX 单元。设计程序时要注意带符号数比较大小时应选择合适的条件转移指令。

源程序：

```
DATA  SEGMENT                          ;数据段定义
      X   DB  25                       ;X 为字节数据，初始值 25
      Y   DB  87                       ;Y 为字节数据，初始值 87
      Z   DB  -20                      ;Z 为字节数据，初始值-20
      MAX DB  ?                        ;MAX 保存最终结果
DATA  ENDS
CODE  SEGMENT
      ASSUME  DS:DATA,CS:CODE
START:MOV    AX,  DATA                 ;初始化 DS
      MOV    DS,  AX
      MOV    AL,  X                    ;取 X 值到 AL 中
      CMP    AL,  Y                    ;X 和 Y 比较
      JG     NEXT                      ;若 X>Y 转 NEXT
      MOV    AL,  Y                    ;否则，取 Y 值到 AL 中
      CMP    AL,  Z                    ;Y 和 Z 比较
      JG     EXIT                      ;若 Y>Z 转 EXIT
      MOV    AL,  Z                    ;否则，取 Z 值到 AL 中
      JMP    EXIT                      ;无条件转 EXIT
NEXT: CMP    AL,  Z                    ;X 和 Z 比较
      JG     EXIT                      ;若 X>Z 转 EXIT
      MOV    AL,  Z                    ;否则，取 Z 到 AL 中
EXIT: MOV    MAX, AL                   ;将 AL 中内容送 MAX 单元
      MOV    AH,  4CH                  ;返回 DOS
      INT    21H
CODE  ENDS
      END    START                     ;汇编结束
```

【例 4.17】要求设计一个程序，统计在内存 W 单元给定的无符号字变量中有多少个二进制 "1"，将统计结果送内存 N 单元保存。

分析：要统计内存 W 单元保存的无符号字变量中有多少个二进制 "1"，可以将该数据送寄存器 AX 中，通过移位指令将 AX 中的每一位依次移入进位标志 CF 中，若 CF=1 则计数器 CL 的值加 1，这样就可以统计出 AX 中 1 的个数。

源程序：

```
DATA    SEGMENT
        W DW 00FFH                     ;定义字数据
        N DB ?                         ;定义结果保存单元
DATA    ENDS
CODE    SEGMENT
        ASSUME CS:CODE,DS:DATA
START:  MOV AX, DATA                   ;初始化 DS
        MOV DS, AX
        MOV CL, 0                      ;计数器清零
        MOV AX, W                      ;取数到 AX
   AA:  AND AX, AX                     ;逻辑与，判 AX=0？
        JZ CC                          ;结果为 0 转 CC
```

```
                SHL  AX, 1              ;逻辑左移 1 位
                JNC  BB                ;无进位转 BB
                INC  CL                ;有"1"则计数
        BB:     JMP  AA                ;无条件转 AA
        CC:     MOV  N, CL             ;结果送 N 单元
                MOV  AH, 4CH           ;返回 DOS
                INT  21H
    CODE   ENDS
                END START              ;汇编结束
```

4.4.4 循环结构程序设计

1. 循环结构程序的基本组成

循环结构程序是经常用到的，主要由以下 4 部分组成：

（1）初始化部分：在进入循环程序之前，要进行循环程序的初始状态的设置，包括循环计数器初始化、地址指针初始化、存放运算结果的寄存器或内存单元的初始化。

（2）循环体：完成循环工作的主要部分，使用循环程序的目的就是要重复执行这段操作。不同的程序要解决的问题不同，因此循环体的具体内容也有所不同。

（3）参数修改部分：为保证每次循环的正常执行，相关信息（如计数器的值、操作数的地址指针等）要发生有规律的变化，为下一次循环做准备。

（4）循环控制部分：循环程序设计的关键。每个循环程序必须选择一个恰当的循环控制条件来控制循环的运行和结束。有时循环次数是已知的，可使用计数器来控制；有时循环次数是未知的，应根据具体情况设置控制循环结束的条件。

常见的循环结构有两种：一种是先执行循环体，然后判断循环是否继续进行；另一种是先判断是否符合循环条件，符合则执行循环体，否则退出循环。如果循环次数是已知的，则可以采用计数控制的方法；如果循环次数预先是不确定的，可以通过测试某些条件是否成立来实现对循环的控制。

2. 单循环结构程序设计

【例 4.18】编制程序求 1～50 之间的自然数中的奇数累加和，结果送到 RESULT 单元中。

分析：该题属于循环次数已知，即将自然数 50 以内的 25 个奇数进行累加和计算，可采用递增计数法来实现求累加和。

源程序：

```
DATA    SEGMENT
            RESULT  DW  ?              ;定义结果保存单元
            CN    EQU 25               ;定义计数次数变量
DATA    ENDS
CODE    SEGMENT
            ASSUME  DS:DATA,CS:CODE
START:  MOV  AX,DATA                   ;初始化 DS
            MOV  DS,AX
            MOV  AX,0                  ;循环初始化
            MOV  CX,CN
            MOV  BX,1
NEXT:   ADD  AX,BX                     ;求累加和
```

```
                ADD   BX,2                      ;(BX)←(BX)+2
                LOOP  NEXT                       ;(CX)-1≠0转NEXT
                MOV   RESULT,AX                  ;计算完毕,保存结果
                MOV   AH,4CH
                INT   21H
      CODE      ENDS
                END   START                      ;汇编结束
```

【例4.19】 编制程序完成求 1+2+3+…+N 的累加和，直到累加和超过 1000 为止。统计被累加的自然数的个数送入 CN 单元，累加和送入 SUM 单元。

分析：该题的循环次数预先并不确定，只能按照循环过程中的某个特定条件来决定循环是否继续执行。可通过测试条件累加和超过 1000 为止是否成立来实现对循环的控制。该程序的处理流程如图 4-6 所示。

源程序：

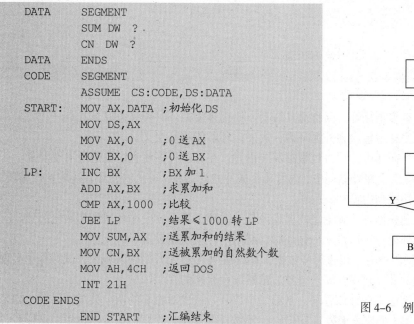

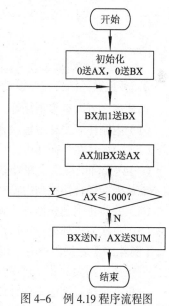

图 4-6 例 4.19 程序流程图

```
      DATA      SEGMENT
                SUM DW ?.
                CN  DW ?
      DATA      ENDS
      CODE      SEGMENT
                ASSUME CS:CODE,DS:DATA
      START:    MOV AX,DATA    ;初始化DS
                MOV DS,AX
                MOV AX,0        ;0送AX
                MOV BX,0        ;0送BX
      LP:       INC BX          ;BX加1
                ADD AX,BX       ;求累加和
                CMP AX,1000     ;比较
                JBE LP          ;结果≤1000转LP
                MOV SUM,AX      ;送累加和的结果
                MOV CN,BX       ;送被累加的自然数个数
                MOV AH,4CH      ;返回DOS
                INT 21H
      CODE ENDS
                END START       ;汇编结束
```

【例4.20】 在内存数据段中有一个数据存储区，该存储区中存有 10 个无符号字节数据，要求编写程序从 10 个数据中找出最大数和最小数并送指定内存单元。

分析：该题要求实现数据的查找和转存，应合理确定查找特定数据使用的指令，选择合适的算法从内存中查找数据，并确定操作过程中使用的数据地址指针。

源程序：

```
      DATA      SEGMENT
                BUF DB  10,23,2,28,100,10,37,1,45,67    ;设定10个原始数据
                DB  6 DUP(?)              ;预置存储单元
                MAX DB ?                  ;预留保存最大值单元
                MIN DB ?                  ;预留保存最小值单元
      DATA      ENDS
      CODE      SEGMENT
                ASSUME DS:DATA,CS:CODE
      START:    MOV AX,DATA
```

```
              MOV   DS,AX
              MOV   SI,0                      ;内存单元地址指针清0
              MOV   CX,10                     ;设计数初始值
              MOV   AH,BUF[SI]                ;取第一个数分别保存到 AH、AL
              MOV   AL,BUF[SI]
              DEC   CX                        ;计数器减1
   LP:        INC   SI                        ;地址加1
              CMP   AH,BUF[SI]                ;两数比较
              JAE   BIG                       ;大于转 BIG
              MOV   AH,BUF[SI]                ;否则,保存较大值至 AH
   BIG:       CMP   AL,BUF[SI]                ;两数比较
              JBE   NEXT                      ;小于转 NEXT
              MOV   AL,BUF[SI]                ;否则,保存较小值至 AL
   NEXT:      LOOP  LP                        ;(CX)-1≠0 转 LP
              MOV   MAX,AH                    ;保存最大数至内存单元
              MOV   MIN,AL                    ;保存最小数至内存单元
              MOV   AH,4CH                    ;返回 DOS
              INT   21H
   CODE       ENDS
              END   START                    ;汇编结束
```

3. 多重循环结构程序设计

循环程序可以有多重循环,又称循环嵌套。使用多重循环时要注意以下几点:

（1）内循环应完整地包含在外循环内,内外循环不能相互交叉。

（2）内循环在外循环中的位置可根据需要设置,在分析程序流程时要避免出现混乱。

（3）内循环既可嵌套在外循环中,也可几个循环并列存在。可从内循环直接跳到外循环,但不能从外循环直接跳到内循环。

（4）要防止出现死循环。无论是内循环还是外循环,都不要使循环回到初始化部分。

（5）每次完成外循环再次进入内循环时,初始条件须重新设置。

【例 4.21】数据段中有一组带符号数据,存放在从 A 单元开始的区域中,试编程序实现将它们按从小到大的顺序排序。要求排序后依然放在原来的存储区中。

分析:采用冒泡法来设计该程序。从第一个数开始依次对相邻的两个数进行比较,如果次序符合要求（即第 i 个数小于第 i+1 个数）,不做任何操作;否则两数交换位置。这样经过第一轮的两两比较（N-1 次）,最大数放到最后。第二轮对前 N-1 个数做上面的工作,则把次大数放到了倒数第二个单元……依此类推,做 N-1 轮同样操作就完成了从小到大排序。

该算法要用双重循环实现。外循环次数为 N-1 次,内循环次数分别为 N-1 次、N-2 次、N-3 次、……、2 次、1 次。内循环的循环次数和外循环的计数器值有关,即等于外循环计数器的值。

源程序:

```
   DATA       SEGMENT
              A    DB  23,-15,34,67,-19,0,-12,89,120,55
              CN   EQU $-A
   DATA       ENDS
   CODE       SEGMENT
              ASSUME  CS:CODE,DS:DATA
   START:     MOV   AX,DATA
              MOV   DS,AX                     ;初始化 DS
```

```
              MOV    CX,CN-1              ;外循环次数送计数器 CX
LP1:          MOV    SI,0                 ;数组起始下标 0 送 SI
              PUSH   CX                   ;外循环计数器入栈
LP2:          MOV    AL,A[SI]             ;A[SI]取出送 AL
              CMP    AL,A[SI+1]           ;A[SI]和 A[SI+1]比较
              JLE    NEXT                 ;小于或等于转 NEXT
              XCHG   AL,A[SI+1]           ;否则,A[SI]和 A[SI+1]交换
              MOV    A[SI],AL
NEXT:         INC    SI                   ;数组下标加 1
              LOOP   LP2                  ;CX-1 不为 0 转 LP2
              POP    CX                   ;否则,退出内循环,将 CX 出栈
              LOOP   LP1                  ;CX-1 不为 0 转 LP1
              MOV    AH,4CH               ;返回 DOS
              INT    21H
CODE          ENDS
              END   START                ;汇编结束
```

4.4.5 子程序设计

在程序设计中,常把多处用到的同一个程序段或者具有一定功能的程序段单独存放在某一存储区域中,需要执行的时候,使用调用指令转到这段程序来执行,执行完再返回原来的程序,这个程序段称为子程序。

调用子程序的程序段称为主程序。主程序中调用指令的下一条指令的地址称为返回地址,有时也称为断点。

1. 主-子程序调用及功能分析

下面通过一段程序实例,来说明子程序的基本结构和主-子程序之间的调用关系。

【例4.22】设计一个子程序,完成统计一组字数据中的正数和 0 的个数。

源程序:

```
DATA SEGMENT
  ARR    DW  -123,456,67,0,-34,-90,89,67,0,256
  CN     EQU ($-ARR)/2
  ZER    DW  ?
  PLUS   DW  ?
DATA ENDS
CODE SEGMENT
  ASSUME  DS:DATA,CS:CODE
START:    MOV AX,  DATA
          MOV DS,  AX                    ;初始化 DS
          MOV SI,  OFFSET ARR            ;数组首地址送 SI
          MOV CX,  CN                    ;数组元素个数送 CX
          CALL PZN                       ;调用近过程 PZN
          MOV ZER, BX                    ;0 的个数送 ZER
          MOV PLUS,AX                    ;正数的个数送 PLUS
          MOV AH,  4CH
          INT 21H                        ;返回 DOS
      ;子程序名: PZN
      ;子程序功能: 统计一组字数据中的正数和 0 的个数
      ;入口参数: 数组首地址在 SI 中,数组个数在 CX 中
      ;出口参数: 正数个数在 AX 中,0 的个数在 BX 中
      ;使用寄存器: AX、BX、CX、DX、SI 及 PSW
```

```
        PZN   PROC  NEAR
              PUSH  SI
              PUSH  DX
              PUSH  CX                          ;保护现场
              XOR   AX, AX
              XOR   BX, BX                       ;计数单元清 0
        PZN0:MOV   DX, [SI]                      ;取一个数组元素送 DX
              CMP   DX, 0                         ;DX 中内容和 0 比较
              JL    PZN1                          ;小于 0 转 PZN1
              JZ    ZN                            ;等于 0 转 ZN
              INC   AX                            ;否则,为正数,AX 中内容加 1
              JMP   PZN1                          ;转 PZN1
        ZN:   INC   BX                            ;为 0,BX 中内容加 1
        PZN1:ADD   SI, 2                          ;数组指针加 2 调整
              LOOP  PZN0                          ;循环控制
              POP   CX
              POP   DX
              POP   SI                            ;恢复现场
              RET                                 ;返回主程序
        PZN   ENDP                                ;子程序定义结束
    CODE ENDS                                     ;代码段结束
          END   START                             ;汇编结束
```

从本例可看出子程序的基本结构包括以下几部分:

（1）子程序说明：用来说明子程序的名称、功能、入口参数、出口参数、占用工作单元的情况，明确该子程序的功能和调用方法。

（2）现场保护及恢复：由于汇编语言所处理的对象主要是 CPU 寄存器或内存单元，主程序在调用子程序时已经占用一定的寄存器，子程序执行时又要用到这些寄存器，执行完毕返回主程序后，为保证主程序按原有的状态继续正常执行，需要对这些寄存器的内容加以保护，这就是保护现场；子程序执行完毕后再恢复这些被保护的寄存器的内容，称为恢复现场。现场保护及恢复通常采用堆栈操作。

（3）子程序体：这一部分内容用来实现相应的子程序功能。

（4）子程序返回：子程序返回语句 RET 和主程序中调用语句 CALL 一一对应，才能正确实现子程序的调用和返回。返回指令用来恢复被中断位置的地址。

2．子程序的参数传递

主程序在调用子程序之前，必须把需要加工处理的数据传递给子程序，这些被加工处理的数据称为输入参数；当子程序执行完毕返回主程序时，应把本次加工处理的结果传递给主程序，这些结果称为输出参数。主程序向子程序传递输入参数及子程序向主程序传递输出参数称为主程序和子程序间的参数传递。

汇编语言中实现参数传递的方法主要有寄存器传递、堆栈传递和存储器传递 3 种。

（1）寄存器传递：该方式适合于需要传递的参数较少的情况，是在调用子程序之前，把参数放到规定的寄存器中，由这些寄存器将参数带入子程序中，执行子程序结束后的结果也放到规定的寄存器中带回主程序。

（2）堆栈传递：通过堆栈这个临时存储区来实现参数传递，主程序将入口参数压入堆栈，子程序从堆栈中取出参数；子程序将出口参数压入堆栈，主程序从堆栈中取出参数。在编译程序处理参数传递及汇编语言与高级语言混合编程时经常采用。

（3）存储器传递：若调用程序和子程序在同一个程序模块内，采用存储器传递参数是最简单的方法。通常在数据段内定义出要传送的数据变量，也称为数据缓冲区，子程序对这些定义的变量直接访问即可。

4.4.6 DOS 调用程序设计

DOS（Disk Operating System）是 PC 上重要的操作系统。DOS 功能调用程序入口地址已由系统置入中断向量表中，编写汇编语言程序可用 INT 中断指令直接调用 DOS 功能。

【例 4.23】将键盘输入的小写字母连续转换为大写字母并在屏幕上输出。要求小写字母与大写字母大之间用"-"号间隔，每输出一行要换行到下一行再次输出。

分析：本例要求从键盘输入数据，可采用 DOS 的 01H 功能调用，程序内要判断接收的是否是小写字母，即需判断所输入字符是否在'a'和'z'范围内，是则进行转换，否则不予转换。转换后将要显示字符的 ASCII 码放在 DL 中，通过 02H 功能调用输出。为保证输出格式，每行显示完毕后加入回车换行功能。本例没有使用内存数据区，故只设计代码段指令。

源程序：

```
        CODE    SEGMENT
                ASSUME CS:CODE
        START:MOV    AH,01H           ;采用 DOS 调用 01H 功能，从键盘输入字符
                INT    21H
                MOV    BL,AL            ;保存在 BL 中
                MOV    DL,'-'           ;送'-'号到 DL
                MOV    AH,02H           ;显示字符'-'
                INT    21H
                MOV    AL,BL            ;取回键盘输入字符
                CMP    AL,'a'           ;AL 与字符'a'比较
                JB     EXIT             ;小于'a'转 NEXT
                CMP    AL,'z'           ;AL 与字符'z'比较
                JA     EXIT             ;大于'z'转 NEXT
                SUB    AL,20H           ;减法处理，大小写字母 ASCII 码间相差 20H
                MOV    DL,AL            ;转换后字符的 ASCII 码送 DL
                MOV    AH,02H           ;DOS 调用 02H 功能，显示结果
                INT    21H
                MOV    DL,0AH           ;调换行 ASCII 码 0AH
                MOV    AH,02H           ;输出换行
                INT    21H
                MOV    DL,0DH           ;调回车的 ASCII 码 0DH
                MOV    AH,02H           ;输出回车
                INT    21H
                JMP    START                    ;无条件转 START
        EXIT:   MOV    AH,4CH           ;返回 DOS
                INT    21H
        CODE    ENDS
                END    START
```

【例 4.24】从键盘输入 10 个字符，然后以与输入相反的顺序将这 10 个字符输出到屏幕上，设计该程序。

分析：本题采用堆栈处理，用 INT 21H 指令中的 01H 功能实现键盘输入 10 个字符并依次压入堆栈，再用 02H 功能实现屏幕输出，将 10 个数据按照"后进先出"的规则从堆栈区

域依次输出到屏幕上。

源程序：

```
STACK SEGMENT PARA STACK 'STACK'              ;定义堆栈区
     DW 10 DUP(?)
STACK ENDS
CODE SEGMENT
     ASSUME CS:CODE,SS:STACK
START:MOV  CX,10                              ;设定计数器初值，10个字符
     MOV  SP,20                               ;设置堆栈指针，在堆栈区域占20个单元
  LP1:MOV  AH,01H                             ;从键盘输入单个字符
     INT  21H
     MOV  AH,0                                ;清AH
     PUSH AX                                  ;保护现场（AL）
     LOOP LP1                                 ;（CX）-1不为0转LP1
     MOV  CX,10                               ;重新设定初始值
LP2:POP DX                                    ;恢复现场（DL）
     MOV  AH,02H                              ;输出单个字符
     INT  21H
     LOOP LP2                                 ;（CX）-1不为0转LP2
     MOV  AH,4CH                              ;返回DOS
     INT  21H
CODE ENDS
     END START                               ;汇编结束
```

【例4.25】在屏幕上给出"输入一个字符串"的提示信息，要求从键盘输入相应字符串，并在屏幕上显示输出。

源程序：

```
DATA  SEGMENT
   STR  DB  'please input a string :$';定义字符串
   BUF  DB  20
   DB  ?
   DB  20 DUP(?)
   CRLF DB  0AH,0DH,'$'                       ;回车及换行的ASCII码
DATA  ENDS
STACK  SEGMENT STACK                          ;定义堆栈区
   DB  20 DUP(?)
STACK  ENDS
CODE  SEGMENT
     ASSUME  DS:DATA,SS:STACK,CS:CODE
START:MOV  AX,DATA
     MOV  DS,AX
     LEA  DX,STR                             ;取字符串首地址
     MOV  AH,09H                             ;DOS调用显示字符串
     INT  21H
     MOV  AH,0AH                             ;DOS调用输入字符串
     LEA  DX,BUF                             ;取内存预留字符串首地址
     INT  21H
     LEA  DX,CRLF                            ;调回车及换行
     MOV  AH,09H
     INT  21H
     MOV  CL,BUF+1                           ;取初始数据
     LEA  SI,BUF+2                           ;取地址
```

```
NEXT: MOV   DL,[SI]                ;取单个字符到 DL
      MOV   AH,02H                 ;输出单个字符
      INT   21H
      INC   SI                     ;地址加 1
      DEC   CL                     ;数据个数减 1
      JNZ   NEXT                   ;非 0 转 NEXT
      MOV   AH,4CH
      INT   21H
CODE  ENDS
      END   START
```

4.5 高级汇编技术

在 MASM 宏汇编软件平台上，可以进行更高一层的程序设计，使程序的功能更强，技巧更灵活，为解决复杂问题及程序设计提供了强大的支撑。常用的有宏汇编、重复汇编、条件汇编等高级汇编技术。

4.5.1 宏指令与宏汇编

"宏"是程序中一段具有独立功能的代码，汇编语言宏指令代表着一段源程序。宏指令具有接收参量的能力，功能灵活，对于较短且传送参量较多的功能段采用宏汇编更加合理。

1. 宏定义

宏的概念与过程很相似，采用一个宏名来代替源程序中经常用到的一个程序模块。

语句格式：

```
宏名   MACRO   [形式参数表]       ;宏定义
       ...                        ;宏体
       ENDM                       ;宏定义结束
```

宏定义中，宏名必须是唯一的，它代表所定义的宏体内容，在后面源程序中可通过其来调用宏；MACRO 是宏定义符，ENDM 是宏定义结束符，二者之间的部分为宏体；形参表用来向宏体传送参数，宏调用时要代入实参。

注意： MACRO 必须与 ENDM 成对出现，MACRO 标识宏定义开始，ENDM 标识宏定义结束。宏体是一组有独立功能的程序代码，可包含指令语句、伪指令语句和另一个宏指令（称为宏嵌套）。形参表是可选项，要用逗号分隔一个或多个形参，选用形参时所定义的宏称为带参数的宏，宏也可不带参数；宏定义必须放在第一条调用它的指令之前，通常都放在程序的开头。

2. 宏调用与宏展开

宏一经定义，就像为指令系统增加新的指令一样，在程序中可通过宏名对它进行任意调用。经定义的宏指令在源程序中调用称为宏调用。

宏调用格式：宏指令名 [实参 1，实参 2，…，实参 n]

注意： 宏指令名必须先定义后调用；汇编时实参替换宏定义中相应位置形参；宏展开得到的实参代替形参形成的语句应该是有效的，否则汇编时将出错。

宏汇编程序遇到宏调用时，就用相应的宏体代替宏指令并产生目标代码，称为宏展开。

【例 4.26】 为实现 ASCII 码与 BCD 码之间相互转换，可把寄存器 AL 中的内容左移或右

移4位。定义一条实现将AL中的内容左移4位的宏指令并进行调用。

源程序：

```
SHIFT  MACRO                    ;宏指令名为 SHIFT
    MOV    CL,    4             ;计数器 CL 赋初值 4
    SAL    AL,    CL            ;对 AL 中的内容算术左移 4 次
ENDM                           ;宏定义结束
    MOV    AL,    20H           ;对 AL 赋初值
    ADD    AL,    25H           ;进行加法处理
    SHIFT                      ;宏调用
    MOV    [BX],  AL           ;结果保存在内存单元
```

这样，程序中凡要使AL中的内容左移4位，就可用宏指令SHIFT来代替。

上述宏指令只能使AL中的内容左移4位。若每次要移位的次数不同，或要使不同寄存器移位，可在宏定义中引入变量。汇编时，宏汇编程序对每条宏指令语句进行宏展开，用实参替代形参，对原有宏体目标代码作相应改变。

【例 4.27】定义带参数的宏定义和宏调用，对给定寄存器的内容进行移位操作，以满足不同移位次数要求。

分析：若取一个参数，设移位次数为CN，宏定义如下：

```
SHIFT    MACRO   CN
         MOV  CL,CN
         SHL  AX,CL
         ENDM
```

宏调用时提供具体的实参，如移位4次：

```
         SHIFT   4
```

若取两个参数，设定寄存器R和移位次数CN，宏定义如下：

```
SHIFT    MACRO   CN,R
         MOV    CL,CN
         SHL    R,CL
         ENDM
```

宏调用时提供具体的移位次数和寄存器名，可对任一个寄存器实现指定的左移次数。例如：

```
    SHIFT    4, AL        ;对 AL 寄存器移位 4 次
    SHIFT    4, BX        ;对 BX 寄存器移位 4 次
    SHIFT    8, AX        ;对 AX 寄存器移位 8 次
```

MASM宏汇编程序在每一条由宏展开产生的指令前冠以数字"1"，汇编上面宏指令时，分别产生以下指令语句：

```
    1 MOV    CL, 4
    1 SAL    AL, CL
    1 MOV    CL, 4
    1 SAL    BX, CL
    1 MOV    CL, 8
    1 SAL    AX, CL
```

形参不仅可出现在操作数部分，也可出现在操作码部分。

【例 4.28】用宏指令定义操作码。

源程序：

```
SHIFT   MACRO   X, Y, Z
        MOV     CL, X
        S&Z     Y, CL
 ENDM
```

本例中操作码部分 S&Z，形参 Z 代替操作码中的一部分。若 Z 与 S 之间没有分隔，则此处的 Z 就不被看作形参，调用时也不被实参所代替，要定义它为形参必须在其前面加上符号"&"，即 S&Z 中的 Z 才被看作是形参。

如有以下调用：

```
SHIFT   4, AL, AL
SHIFT   6, BX, AR
SHIFT   8, SI, HR
```

在汇编这些宏指令时，分别产生以下指令语句。

```
1 MOV   CL, 4
1 SAL   AL, CL
1 MOV   CL, 4
1 SAR   BX, CL
1 MOV   CL, 8
1 SHR   AX, CL
```

3. 宏和子程序的比较

宏和子程序都可用来简化源程序，并可多次对它们进行调用，从而使程序结构简洁清晰。对于那些需重复使用的程序模块，可用子程序也可用宏来实现。

宏和子程序的主要区别：

（1）宏操作可直接传递和接收参数，不需通过堆栈等其他媒介来进行，因此编程比较容易；子程序不能直接带参数，子程序之间需要传递参数时，必须通过堆栈、寄存器或存储器来进行，相对于宏而言，子程序编程要复杂一些。

（2）宏调用只能简化源程序的书写，缩短源程序长度，并没有缩短目标代码的长度，汇编程序处理宏指令时把宏体插到宏调用处，目标程序占用内存空间并不因宏操作而减少；子程序调用能缩短目标程序长度，因为子程序在源程序目标代码中只有一段，无论主程序调用多少次，除增加 CALL 和 RET 指令的代码外，并不增加子程序段代码。

（3）引入宏操作并不会在执行目标代码时增加额外的时间开销；相反，子程序调用由于需要保护和恢复现场及断点，会延长目标程序的执行时间。

所以，当要代替的程序段较短，速度是主要矛盾时，通常采用宏指令；当要代替的程序段较长，节省存储空间是主要矛盾时，通常采用子程序。

4.5.2 重复汇编

汇编语言程序设计中，如果经常要连续地重复相同或几乎完全相同的代码序列，为简化程序，提高执行速度，可使用重复伪指令。

1. 重复伪指令

宏汇编语言提供以下重复伪指令：

（1）REPT/ENDM：定重复伪指令，REPT 和 ENDM 两者之间的内容是要重复汇编的部分，汇编次数由表达式的值表示。

（2）IRP/ENDM：不定重复伪指令，可重复执行所包含的语句，重复次数由参数表中的参数个数决定。

（3）IRPC/ENDM：不定重复字符伪指令，可重复执行相应的语句，重复次数等于字符串中字符的个数。

2．重复伪指令应用分析

【例4.29】使用不同的重复伪指令定义10个数据，将数据0、1、2、…、9分配给10个连续的字节单元。

分析：可采用以下3种方法实现：

第1种方法，使用定重复伪指令REPT。

```
    COUNT = 0
    REPT 10
        DB  COUNT
        COUNT = COUNT+1
    ENDM
```

第2种方法，使用不定重复伪指令IRP。

```
    IRP X , <0, 1, 2, 3, 4, 5, 6, 7, 8, 9>
        DB  X
    ENDM
```

第3种方法，使用不定重复字符伪指令IRPC。

```
    IRPC  X, 0123456789
        DB  X
    ENDM
```

以上3种方法具有同样的功能，汇编后产生的代码如下：

```
    1  DB    0
    1  DB    1
    1  DB    2
    1  DB    3
    1  DB    4
    1  DB    5
    1  DB    6
    1  DB    7
    1  DB    8
    1  DB    9
```

【例4.30】要求多次将AX、BX、CX、DX等4个寄存器的内容压入堆栈，采用宏定义和不定重复汇编伪指令编写程序。

源程序：

```
PUSHR  MACRO
        IRP  REG, 〈AX,BX,CX,DX〉
        PUSH  REG
        ENDM
ENDM
```

汇编后有以下结果：

```
    1  PUSH  AX
    1  PUSH  BX
    1  PUSH  CX
    1  PUSH  DX
```

【例4.31】对累加器AX中的内容分别完成×2、×8、×64的运算，结果分别保存在内存单元。采用移位功能的宏定义及宏调用来实现。

源程序：

```
DATA SEGMENT
      A1   DW  ?                  ;开辟3个内存字数据单元，保存运算结果
      A2   DW  ?
      A3   DW  ?
DATA ENDS
  SHIFT  MACRO  CN                ;定义宏指令SHIFT
         MOV CL,CN                ;保存移位次数到AL
         SHL AX,CL                ;对AX的内容逻辑左移CN次
         ENDM
CODE SEGMENT
         ASSUME CS:CODE,DS:DATA
  START:MOV AX,DATA               ;初始化DS
         MOV DS,AX
         MOV AX,2                 ;AX赋初值
         SHIFT 1                  ;宏调用移位1次，完成×2运算
         MOV A1,AX                ;结果保存在A1单元
         SHIFT 2                  ;宏调用移位2次，完成×8运算
         MOV A2,AX                ;结果保存在A2单元
         SHIFT 3                  ;宏调用移位3次，完成×64运算
         MOV A3,AX                ;结果保存在A3单元
         MOV AH,4CH               ;返回DOS
         INT 21H
  CODE ENDS
         END START
```

4.5.3 条件汇编

条件汇编是指汇编程序根据某条件对部分源程序有选择地进行汇编。条件汇编语句是一种说明性语句，其功能由汇编系统实现。一般情况下，使用条件汇编语句可使一个源文件产生几个不同的源程序，它们可有不同的功能。条件汇编语句通常在宏定义中使用。

1. 条件汇编伪指令

条件伪操作的一般格式：

```
IF 〈表达式〉
    [语句序列1]
[ELSE]
    [语句序列2]
ENDIF
```

式中的表达式是条件，满足条件则汇编后面语句序列1，否则不汇编；表达式值为零时不满足条件，表达式值非零时满足条件；ELSE命令可对另一语句序列2进行汇编。

说明："条件"为IF伪指令说明符的一部分，ELSE伪指令及其后面的语句序列2是可选部分，表示条件为假（不满足）时的情况。整个条件汇编最后必须用ENDIF伪指令来结束。语句序列1和语句序列2中的语句是任意的，也可为条件汇编语句。

表4-3所示为五组条件汇编指令的含义、格式及功能。该五组条件汇编指令均可选用ELSE，以便汇编条件为假时执行语句序列2，但一个IF语句只能有一个ELSE与之对应。

表 4-3 五组条件汇编指令的格式与功能

序号	指令含义	使用格式	操作功能
1	是否为 0	IF 表达式	表达式值非 0，则条件为真，执行语句序列 1
		IFE 表达式	表达式值为 0，则条件为真，执行语句序列 1
2	扫描是否为 1	IF1	汇编处于第一次扫描时条件为真
		IF2	汇编处于第二次扫描时条件为真
3	符号是否有定义	IFDEF 符号	符号已被定义或已由 EXTRN 伪指令说明，则条件为真
		IFNDEF 符号	符号未被定义或未由 EXTRN 伪指令说明，则条件为真
4	是否为空	IFB <参数>	参数为空则条件为真（尖括号不能省略）
		IFNB <参数>	参数不为空则条件为真（尖括号不能省略）
5	字符串比较	IFIDN <字符串 1>,<字符串 2>	字符串 1 与字符串 2 相同，则条件为真
		IFDEF <字符串 1>,<字符串 2>	字符串 1 与字符串 2 不相同，则条件为真

2. 条件汇编伪指令应用分析

【例 4.32】将键盘输入单个字符及屏幕显示输出单个字符的 DOS 功能调用放在一个宏定义中，通过判断参数为 0 还是非 0 来选择是执行输入还是输出字符。所编制的程序中含有条件汇编的语句。

源程序：

```
INOUT    MACRO  X              ;定义宏指令名为 INOUT
         IF X                  ;条件判断
         MOV AH, 02H           ;条件成立,输出单个字符
         INT 21H
         ELSE                  ;条件不成立,输入单个字符
         MOV AH, 01H
         INT 21H
         ENDIF                 ;条件汇编结束
ENDM                           ;宏定义结束
```

当宏调用为 INOUT 0 时，表明传递给参数 X 的值为 0，此时 IF X 的条件为假，因此汇编程序只汇编 ELSE 与 ENDIF 之间的语句，这样，对该宏调用来说，实际上是执行下面的两条指令：

```
         MOV AH, 01H
         INT 21H
```

当宏调用为 INOUT 1 时，实际上执行下面两条指令：

```
         MOV AH, 02H
         INT 21H
```

【例 4.33】用条件汇编编写一宏定义，能完成多种 DOS 系统功能调用。

源程序：

```
DOSYS    MACRO  N, BUF         ;定义宏指令 DOSYS
         IFE N                 ;是否为 0 条件汇编指令
         EXITM                 ;退出宏体
         ENDIF                 ;条件汇编结束
         IFDEF BUF             ;字符串比较条件汇编指令
         LEA DX, BUF
         MOV AH, N
         INT 21H
```

```
                ELSE
                MOV AH, N
                INT 21H
                ENDIF                    ;条件汇编结束
        ENDM
        DATA SEGMENT                     ;定义数据段
                MSG  DB 'INPUT  STRING: $'
                BUF  DB 81, 0, 80 DUP (0)
        DATA    ENDS
        STACK   SEGMENT  STACK           ;定义堆栈段
                DB  200  DUP (0)
        STACK   ENDS
        CODE    SEGMENT                  ;定义代码段
                ASSUME  DS:DATA, CS:CODE, SS:STACK
        BEGIN:  MOV AX, DATA
                MOV DS, AX
                DOSYS 09H, MSG           ;调用宏指令 DOSYS, 输出字符串
                DOSYS 0AH, BUF           ;调用宏指令 DOSYS, 输入字符串
                DOSYS 4CH                ;调用宏指令 DOSYS, 返回 DOS
        CODE    ENDS
                END  START
```

以上 3 条宏指令展开后的语句为：

```
         :
         :
1  LEA      DX, MSG
1  MOV      AH, 09H
1  INT      21H
1  LEA      DX, BUF
1  MOV      AH, 0AH
1  INT      21H
1  MOV      AH, 4CH
1  INT      21H
         :
         :
```

本 章 小 结

　　汇编语言是面向机器的程序设计语言，使用指令助记符、符号地址及标号编制程序，具有执行速度快、面向硬件等特点，在过程控制、软件开发等应用中得到广泛使用。

　　汇编语言源程序采用分段结构，每个段都定义了相关工作环境和任务，应正确运用语句格式来书写程序段。宏汇编中有不同的伪指令，具有各种辅组功能，为汇编程序设计提供了帮助。通过上机操作可熟悉编辑程序、汇编程序、连接程序和调试程序等软件工具的使用，掌握源程序的建立、汇编、连接、运行、调试等技能。

　　汇编语言源程序可采用顺序、分支、循环、子程序等基本结构组合而成。顺序结构按照语句实现的先后次序执行一系列操作，用于比较简单、直观、按顺序操作的场合；分支结构采用条件转移指令，是程序设计中常用结构之一，编写分支程序可利用比较指令或其他影响状态标志的指令提供测试条件，根据条件决定程序走向；循环结构可实现需要重复执行的操作，由初始化、循环处理、循环参数修改和循环控制部分 4 部分组成，实际应用中，循环结

构可简化程序的设计，提高程序的效率，故在大多数场合都会使用；子程序可缩短程序的目标代码长度，节省存储空间，但需进行现场保护和恢复，会影响程序的执行速度。主–子程序之间需要传递参数，常用方法有寄存器传递、堆栈传递和存储器传递。

DOS 功能调用是为用户提供的常用子程序，可在程序中直接调用。主要功能包括设备管理（如键盘、显示器、打印机、磁盘等的管理）、文件管理和目录操作、其他管理（如内存、时间、日期）等。给用户编程带来很大方便。BIOS 是一组固化在微机主板 ROM 芯片上的子程序，主要功能包括驱动系统中所配置的常用外设（如显示器、键盘、打印机、磁盘驱动器、通信接口等）、开机自检、引导装入，提供时间、内存容量及设备配置情况等参数。

宏指令具有接收参量的能力，功能灵活，对于较短且传送参量较多的功能段采用宏汇编更加合理。使用时要先进行宏定义，然后再宏调用和宏展开。汇编程序设计中，如果要连续重复相同的代码序列可采用重复伪指令，能够达到简化程序，提高执行速度的作用。条件汇编是指汇编程序根据某种特定条件对部分源程序有选择地进行汇编。使用条件汇编语句可使一个源文件产生几个不同的源程序，有不同的功能。采用高级汇编技术能减少程序员的工作量，减少程序出错的可能性。

熟悉各种程序的结构和编程技巧对汇编语言程序设计有着积极的促进作用。

思考与练习题

一、选择题

1. 汇编语言程序中可执行的指令位于（　　）中。

    A. 数据段　　　　　　B. 堆栈段　　　　　　C. 代码段　　　　　　D. 附加数据段

2. 以下内容不是标号和变量属性的是（　　）。

    A. 段属性　　　　　　B. 地址属性　　　　　　C. 偏移属性　　　　　　D. 类型属性

3. DOS 功能调用中采用屏幕显示单个字符，其值保存在（　　）寄存器。

    A. AL　　　　　　B. AH　　　　　　C. DL　　　　　　D. DH

4. DOS 功能调用中，从键盘读取一个字符并回显的是（　　）。

    A. 01H　　　　　　B. 02H　　　　　　C. 09H　　　　　　D. 0AH

5. 循环程序设计中，要考虑的核心问题是（　　）。

    A. 循环的控制　　　　　　　　　　　B. 选择循环结构

    C. 设置循环参数初始值　　　　　　　D. 修改循环控制参数

6. 对于宏指令和子程序，下列说法不正确的是（　　）。

    A. 宏指令不能简化目标程序　　　　　　B. 子程序可以简化目标程序，但执行时间长

    C. 子程序在执行过程中由 CPU 处理　　　D. 宏指令在执行时要保护和恢复现场

二、填空题

1. 汇编语言是一种面向_____的程序设计语言，采用_____表示操作码和操作数，用_____表示操作数地址。

2. 汇编语言的语句可由_____ 4部分组成；其中_____是必须具备的。

3. 机器指令是指_____，在运行时由_____执行；伪指令是指_____，在汇编过程中由_____进行处理；宏指令是指_____，通常用于_____场合。

4. 子程序的基本结构包括_____等几个部分；子程序的参数传递有_____等方法。

5. DOS 功能调用可完成对_____的管理；BIOS 的主要功能是_____。

6. 给定以下程序段，在每条指令的右边写出指令的含义和操作功能，指出该程序段完成的功能及运行结果。

```
    MOV  AX, 0          ;
    MOV  BX, 1          ;
    MOV  CX, 5          ;
LP: ADD  AX, BX         ;
    ADD  BX, 2          ;
    LOOP LP             ;
    HLT                 ;
```

（1）该程序段完成的功能是_____。

（2）程序运行后：（AX）=_____；（BX）=_____；（CX）=_____。

三、判断题

1. 伪指令是在汇编中用于管理和控制计算机相关功能的指令。 （　　）

2. 程序中的"$"可指向下一个所能分配存储单元的偏移地址。 （　　）

3. 宏指令的引入是为了增加汇编程序的功能。 （　　）

4. 多重循环的内循环要完整地包含在外循环中，可嵌套和并列。 （　　）

5. 子程序结构缩短了程序的长度，节省了程序的存储空间。 （　　）

四、简答题

1. 完整的汇编源程序应该由哪些逻辑段组成？各逻辑段的主要作用是什么？

2. 简述在机器上建立、编辑、汇编、连接、运行、调试汇编语言源程序的过程和步骤。

3. 什么是伪指令？程序中经常使用的伪指令有哪些？简述其主要功能。

4. 什么是宏指令？宏指令在程序中如何被调用？

5. 子程序与宏指令在程序的使用中有何共性及不同特点？

五、程序设计题

1. 给定两个内存单元 A、B，其中预置了两个字数据，要求将其求和处理，结果放入 RESULT 单元。

2. 编程序完成计算 S=(A+B)/2-2(A AND B)。

3. 编写程序，计算下面函数的值。

$$S=\begin{cases} 2X & (X<0) \\ 3X & (0 \leqslant X \leqslant 10) \\ 4X & (X>10) \end{cases}$$

4. 从键盘输入一系列字符，以回车符结束，编程统计其中非数字字符的个数。

5. 通过键盘连续输入 10 个小写字母，将其转换为大写字母后，结果保存在内存指定区域，然后再利用屏幕显示将 10 个大写字母输出，试编程实现该功能。

6. 在数据段中有一个字节数组，编程统计其中正数的个数放入 A 单元保存，统计负数的个数放入 B 单元保存。

7. 已知内存某区域中存放若干个杂乱无序的无符号字节数据，要求按照从大到小的顺序将其找出，并保存在指定的内存区域，试编写相应程序。

8. 定义一条宏指令，完成将一位十六进制数转换为 ASCII 码的操作，编程实现该功能。

第 5 章

总线技术 ≪≪≪

总线是微型计算机系统的重要组成部分，是系统中传递各类信息的通道，也是微型计算机系统中各模块间的物理接口，它负责在 CPU 和其他部件之间进行信息的传递。总线的性能好坏直接影响到微型计算机系统的工作效率、可靠性、可扩展性、可维护性等多项性能。

本章从总线基本概念入手，分析常用系统总线、局部总线和外围设备总线，阐述各类总线的特点和功能。

通过本章的学习，读者应理解总线的基本概念；熟悉微机总线的组成结构；掌握常用系统总线、局部总线、外围设备总线的结构和引脚特性，并侧重其应用。

5.1 概　　述

5.1.1 总线的概念

总线是微型计算机系统中多个部件之间公用的一组连线，是系统中各部件信息交换的公共通道，由它构成芯片、插件或系统之间的标准信息通路。

微型计算机采用总线技术的目的是为了简化硬、软件的系统设计。在硬件方面，设计者只需按总线规范设计插件板，保证它们具有互换性与通用性，支持系统的性能及系列产品的开发；在软件方面，接插件的硬件结构带来了软件设计的模块化。

用标准总线连接的计算机系统结构简单清晰，便于扩充与更新。PC 系统级的 I/O 接口主要建立在扩展槽基础上，不管是系统基本配置的外设接口，如打印机、显示器、串行通信接口等，还是用户自己开发的接口，都必须装配成插板的形式，插入 I/O 扩展槽与主机系统板连接，然后外设再与自己的接口板连接，在此基础上外设才能实现与主机交换信息的目的。

扩展槽上的所有引线称为系统总线，它与主 CPU 的引脚不同，且在所有扩展槽上总线引线接点的排列是相同的，这就为系统功能的扩展和接口的标准提供了有利条件。

微型计算机总线一般分为内部总线、系统总线和外部总线。内部总线是计算机内部各外围芯片与处理器之间的总线，用于芯片一级的互连；系统总线是计算机中各插件板与系统板之间的总线，用于插件板一级的互连；外部总线是计算机和外围设备之间的总线，计算机作为一种设备通过该总线和其他设备进行信息与数据交换，用于设备一级的互连。

从广义上说，计算机通信方式可分为并行通信和串行通信，相应的通信总线被称为并行总线和串行总线。并行通信速度快、实时性好，但由于占用的端口线多，不适合小型化产品；串行通信速率虽低，但在数据通信吞吐量不是很大的微型计算机系统电路中更加方便灵活，串行通信一般分为异步和同步两种通信模式。

随着微电子技术和计算机技术的发展，总线技术也在不断地发展和完善，使得计算机总线技术种类繁多，应用广泛，各具特色。

5.1.2 总线的结构

微机总线按照其应用特点,有以下 3 种组成结构形式:

1. 单总线结构

单总线结构是将 CPU、主存、I/O 设备等都挂在一组总线上,允许 I/O 之间、I/O 与主存之间直接交换信息,如图 5-1 所示。

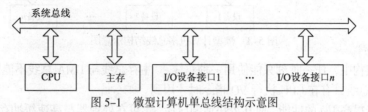

图 5-1 微型计算机单总线结构示意图

该结构的特点是当 I/O 与主存交换信息时,原则上不影响 CPU 工作,CPU 可继续处理不访问主存或 I/O 的操作,使 CPU 工作效率有所提高。但因为只有一组总线,当某一时刻各部件都要占用时会出现争夺总线使用权的现象。单总线结构多数为微型机或小型机所采用。

在数据传输需求量和传输速度要求不太高的情况下,为克服总线瓶颈问题,可采用增加总线宽度和提高传输速率来解决。但当总线上的设备如高速视频显示器、网络传输接口等,其数据量很大且传输速度要求相当高时,单总线结构就无法满足系统的工作需要。因此,为解决 CPU、主存与 I/O 设备之间传输速率的不匹配,实现 CPU 与其他设备相对同步,需要采用双总线或多总线结构。

2. 双总线结构

双总线结构的特点是将速度较低的 I/O 设备从单总线上分离出来,形成存储总线与 I/O 总线分开的结构,如图 5-2 所示。

双总线结构中,存储总线用来连接 CPU 和主存,I/O 总线用来建立 CPU 和各 I/O 设备之间交换信息的通道。各种 I/O 设备通过接口挂到 I/O 总线上。该结构在 I/O 设备与主存交换信息时仍然要占用 CPU,因此,会影响 CPU 的工作效率。

图 5-2 中的通道是一个具有特殊功能的处理器,CPU 将一部分功能下放给通道,使其对 I/O 设备具有统一管理的功能,以完成外围设备与主存之间的数据传送,系统的吞吐能力可以相当大。这种结构大多用于大、中型计算机系统。

如果将速率不同的 I/O 设备进行分类,然后将它们连接在不同的通道上,那么计算机系统的利用率将会更高,由此发展成多总线结构。

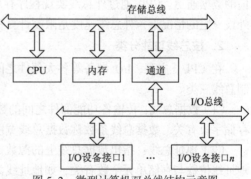

图 5-2 微型计算机双总线结构示意图

3. 多总线结构

若微型计算机系统中采用了 DMA 控制器可形成三总线结构,其中主存总线用于 CPU 与主存之间的信息传输;I/O 总线供 CPU 与各类 I/O 设备之间的信息传递;DMA 总线用于高速外设(如磁盘等)与主存之间直接交换信息,如图 5-3 所示。

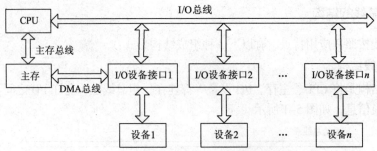

图 5-3 微型计算机多总线结构示意图

三总线结构中，任一时刻只能使用一种总线。 主存总线与 DMA 总线不能同时对主存进行存取，I/O 总线只有在 CPU 执行 I/O 指令时才用到。

为进一步提高 I/O 的性能，使其更快地响应命令，可在处理器与高速缓冲存储器（Cache）之间设一条局部总线，它将 CPU 与 Cache 或与更多的局部设备连接，形成四总线结构。Cache 控制机构不仅将 Cache 连到局部总线上，而且还直接连到系统总线上，这样 Cache 就可通过系统总线与主存传输信息，而且 I/O 与主存间的传输不必通过 CPU。还可用一条扩展总线将高速局域网、图形工作站、小型计算机接口（SCSI）、调制解调器（Modem）及串行接口等连接起来，通过这些接口可与各类 I/O 设备相连，可支持多种 I/O 设备。

5.1.3　总线的分类

总线是计算机各部件之间传送数据、地址和控制信息的公共通道。按照其位置、功能、结构等有如下分类方法：

1．按位置分类

（1）内总线：指在 CPU 内部各寄存器、算术逻辑部件（ALU）、控制部件及内部高速缓存之间传输数据所用的总线，即芯片总线，主要用于芯片级的互连。内总线对 CPU 来讲就是其引脚信号，内部寄存器、运算器、控制器之间的连接采用内总线实现。

（2）外总线：也称通信总线，是 CPU 与内存（RAM、ROM）和 I/O 设备接口之间进行通信的数据通道。CPU 通过外总线实现程序存取命令以及与内存/外设的数据交换。在 CPU 与外设一定的情况下，外总线速度是限制计算机整体性能的最大因数。

2．按总线功能分类

在 CPU、主存、I/O 设备等各大部件之间的信息传输线可分为数据总线、地址总线和控制总线三类。

（1）数据总线：传输各功能部件之间的数据信息，是双向传输总线，其位数与机器字长、存储字长有关。数据总线条数称数据总线宽度，是衡量系统性能的一个重要参数。

（2）地址总线：指出数据总线上的源数据或目的数据在主存单元的地址，为单向传输。地址线位数与存储单元个数有关，如地址线为 20 根，则对应存储单元容量为 $2^{20} = 1MB$。

（3）控制总线：用来发出各种控制信号或接收外围设备状态信号，包括控制命令、信号交换联络线及总线访问控制线等。

3．按总线层次结构分类

（1）CPU 总线：系统中速度最快的总线，包括 CPU 芯片的地址线、数据线和控制线等，其作用是连接 CPU 和内部各控制芯片之间的信息。

（2）存储器总线：包括存储器的地址线、数据线和控制线，实现存储器内部或 CPU 与主存之间的信息传递。

（3）系统总线：用来与 I/O 扩展槽上的各种扩展卡相连，实现系统与扩展插件板之间的信息传递，目前这类总线已基本实现标准化。

（4）局部总线：系统总线和 CPU 总线之间的一级总线，提供 CPU 和主板器件之间以及 CPU 到高速外设之间的快速信息通道。

（5）外围设备总线：微机与微机之间或微机与外设之间进行通信的总线，主要用于设备级的互连，其种类比较多，通常与特定的设备有关。

图 5-4 所示为常见的微型计算机总线层次典型结构。

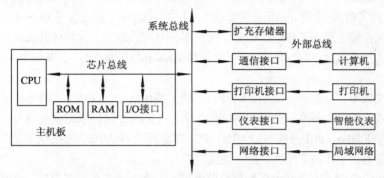

图 5-4　微型计算机总线层次结构示意图

5.1.4　总线性能及总线标准

为使微型计算机应用系统朝模块化、标准化的方向发展，通常要求总线结构应符合标准化模式。标准总线具有简化系统设计、简化系统结构、易于系统扩展、便于系统更新以及便于系统调试和维修等特点。

1．总线的特性

（1）机械特性：总线在机械方式上的一些性能，如插头与插座使用标准、几何尺寸、形状、引脚个数及排列顺序、接头处的可靠接触等。

（2）电气特性：总线的每一根传输线上信号的传递方向和有效电平范围。通常规定由 CPU 发出的信号叫输出信号，送入 CPU 的信号叫输入信号。总线电平定义与 TTL 相符。例如，RS-232C（串行总线接口标准）电气特性规定低电平表示逻辑"1"，并要求电平低于-3 V；用高电平表示逻辑"0"，并要求高电平高于+3 V，额定信号电平为-10 V 和+10 V。

（3）功能特性：总线中每根传输线的功能，如地址总线用来传递地址信号，数据总线传递数据信号，控制总线发出控制信号等。

（4）时间特性：总线中任一根线在什么时间内有效。每条总线上各种信号互相存在着一种操作时序的关系，一般用信号时序图来描述。

2．总线标准

随着计算机技术的发展，总线技术也在不断地发展与完善，已经出现一系列的标准化总线，为微型计算机系统在各领域的普及和应用起到积极的推动作用。

总线标准可视为计算机系统与各模块、模块与模块之间一个互连的标准界面。这个界面对两端的模块都是透明的，即界面的任一方只需根据总线标准的要求完成自身一面接口的功能要求，而无须了解对方接口与总线的连接要求。因此，按总线标准设计的接口可视为通用接口。

标准总线不仅在电气上规定了各种信号的标准电平、负载能力和定时关系，在结构上也规定了插件的尺寸规格和引脚定义，各模块可实现标准连接。

目前总线标准有两类：一类是 IEEE（美国电气和电子工程师学会）标准委员会定义与解释的标准，如 IEEE-488 总线和 RS-232C 串行接口标准等；另一类是因广泛应用而被大家接受与公认的标准，如 S-100 总线、IBM PC 总线、ISA 总线、EISA 总线、PCI 总线等。

3．总线的性能指标

（1）总线宽度：可同时传送的二进制数据位数，位数越多，一次传输的信息就越多。例如，EISA 总线宽度为 16 位，PCI 总线宽度为 32 位，PCI-2 总线宽度达到 64 位。

（2）数据传输速率：又称总线带宽，指在单位时间内总线上可传送的数据总量，用每秒最大传送数据量来衡量。数据传输速率=总线频率×（总线宽度/8 位），单位为 MB/s（兆字节/秒）。

（3）总线频率：总线有一个基本时钟，总线上其他信号都以这个时钟为基准，该时钟的频率也是总线工作最高频率。时钟频率越高，单位时间内传输的数据量就越大。例如，EISA 总线时钟频率 8 MHz，PCI 总线 33.3 MHz，PCI-2 总线达 66 MHz。总线频率是总线工作速度的一个重要参数，工作频率越高，传送速度越快。

（4）时钟同步/异步：总线上的数据与时钟同步工作的总线称同步总线，与时钟不同步工作的总线称为异步总线。

（5）总线复用：通常地址总线与数据总线在物理上是分开的两种总线。地址总线传输地址码，数据总线传输数据信息。为提高总线的利用率和优化设计，将地址总线和数据总线共用一条物理线路，只是某一时刻该总线传输地址信号，另一时刻传输数据信号或命令信号，称为总线的多路复用。

（6）总线控制方式：包括并发工作、自动配置、仲裁方式、逻辑方式、计数方式等。

（7）其他指标：如总线的负载能力等。

5.1.5　总线传输和控制

1．总线传输的 4 个阶段

（1）总线请求和仲裁阶段：主模块向总线仲裁机构提出总线使用申请，总线仲裁机构决定使用总线的主模块。

（2）寻址阶段：拥有总线使用权的主模块发出本次要访问的从模块的地址及有关命令，该从模块被选中并启动。

（3）数据传送阶段：主模块和从模块间进行双（单）向数据传送。

（4）结束阶段：主模块、从模块均撤出总线。

2．总线传输控制方式

（1）同步传输方式：以数据块为传输单位，每个数据块的头部和尾部都要附加一个特殊字符或比特序列，标记一个数据块的开始和结束，一般还要附加一个校验序列（如 16 位或 32 位 CRC 校验码），以便对数据块进行差错控制。

同步传输须严格地规定它们的时间关系同时并行地传递二进制编码，其特点是速度快，但每一位要一条传送线，成本高，不宜远距离通信。

（2）异步传输方式：发送字符时，所发送字符之间的时间间隔可任意，须在每一个字符的开始和结束地方加上标志（开始位和停止位），以便使接收端能够正确地将每一个字符接收下来。

异步传输把二进制编码信息按位分时串行传送，只需一条或两条传送线，其特点是通信设备简单、成本低，但速度比同步方式慢，总线频带窄且传输周期长，适合远距离通信。

5.2 系 统 总 线

5.2.1 概述

系统总线是微机主板上微处理器和外围设备之间进行通信时所采用的数据通道，可以支持各种端口、处理器、RAM 和其他部件。例如，当采用键盘或鼠标输入数据时，数据经过系统总线进入 RAM，然后再进入 CPU 进行相应处理。

为使总线具有可扩展性，通常采用开放系统总线的方式，在主板上预留一些扩展插槽来提供系统总线，新硬件设备通过插在扩展槽上被装备到计算机中，实现与主板上其他部件之间的数据通信。

系统总线从性能上可分为低端总线和高端总线。

（1）低端总线：一般支持 8 位、16 位的微处理器，主要功能是进行 I/O 处理，总线信号依赖微处理器芯片，有的总线实际上就是微处理器引脚的延伸，如 ISA 总线等。

（2）高端总线：可支持 32 位、64 位微处理器，提高了数据传输速率和处理能力，对微处理器的依赖性减小，同时具备良好的兼容性，支持高速缓存 Cache，支持多微处理器，可自动配置等特点，如 PCI 总线等。

表 5-1 所示为一些常见微型计算机总线性能比较，从中可了解到各种系统总线和局部总线的总体状况。

表 5-1　常见的微型计算机总线性能比较

总线类型	通用机型	总线宽度/bit	总线工作速率/MHz	最大传输速率/（MB/s）
PC/XT	8086	8	4	4
ISA	80286、386、486 系列	16	8	16
EISA	80286、386、586 系列	32	8.33	33.3
STD	V20、V40、IBM 系列	8	2	2
MCA	IBM PC、工作站	32	8	33
PCI	Pentium 系列 PC	32、64	33	132、264
AGP	Pentium 系列 PC	64	66 以上	264 以上

5.2.2 ISA 总线

IBM PC/XT 微机采用的 XT 总线成为许多应用系统设计的标准总线，它定义 62 个总线信号，带宽 8 位。在 XT 总线系统中，CPU 不仅要处理数据和指令，还要管理扩展总线。

IBM PC/AT 微机采用 AT 总线，它使用 16 位技术支持更宽的地址总线和数据总线，保留了原有 XT 总线的全部 62 个信号，并扩展了 36 个信号，形成 62 引脚大插槽附加 36 引脚小插槽的特殊结构。

IBM 公司推出 PC/XT 和 PC/AT 个人计算机后，IEEE 在 1987 年定义了 ISA（Industry Standard Architecture，工业标准体系结构）总线，将 PC/XT 总线定义为 8 位 ISA，将 PC/AT 总线定义为 16 位 ISA。

ISA 总线具有以下特点：

（1）支持 8 位、16 位数据操作，为早期的微型计算机提供了良好的兼容性。

（2）将 PC/AT 总线和 PC/XT 总线运行速度提升至 8 MHz，还可提供最大为 8 MB/s 的数据传输速率。

（3）强调 I/O 处理能力，提供 1 KB 的 I/O 空间、15 级硬件中断、7 级 DMA 通道、8 个设备的负载能力。

（4）总线中地址、数据线采用非多路复用形式，使系统的扩展设计更为简便。

ISA 是一种多主控设备总线，除主 CPU 外，DMA 控制器、DRAM 刷新控制器、带处理器的智能卡都可成为 ISA 的主控设备。由于 IBM PC 广泛流行，可供选择的 ISA 插件卡品种较多，这有利于用户根据需要快速构成相应的微机应用系统。

1．8 位 ISA 总线

8 位 ISA 总线也称 PC 总线。它支持 8 位数据传输和 10 位寻址空间，其特点是把 CPU 视为总线的唯一总控设备，其余外围设备均为从属设备。

8 位 ISA 总线是一种开放式结构总线，总线母板上有 8 个系统插槽，用于 I/O 设备和 PC 连接。该总线具有价格低、可靠性好、使用灵活等特点，且对插板兼容性好。最初 ISA 总线产品主要用于办公自动化，随着使用的推广，其产品很快扩大到实验室及工业环境下的数据采集和控制。

ISA 总线的接口卡和插槽外观如图 5-5 所示。

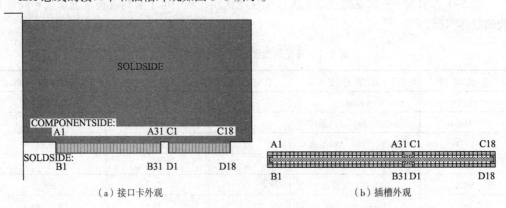

（a）接口卡外观　　　　　　　　　　　　（b）插槽外观

图 5-5　ISA 总线结构

ISA 总线引脚总共有 62 条。通过一个 31 脚分为 A、B 两面的连接插槽来实现，其中，A 面为元件面，B 面为焊接面。符合 ISA 总线标准的接插件可以方便地插入，以便对微型计算机系统进行功能扩展。其总线引脚信号定义如表 5-2 所示。

表 5-2 8 位 ISA 总线引脚信号定义

元 件 面			焊 接 面		
引 脚 号	信 号 名 称	功 能 说 明	引 脚 号	信 号 名 称	功 能 说 明
A_1	$\overline{I/OCHCK}$	I/O 校验	B_1	GND	地线
A_2	D_7		B_2	RESET DRV	复位驱动信号
A_3	D_6		B_3	+5V	电源线
A_4	D_5		B_4	IRQ$_2$	中断请求信号
A_5	D_4	双向数据信号	B_5	-5V	电源线
A_6	D_3		B_6	DRQ$_2$	DMA 通道 2 请求信号
A_7	D_2		B_7	-12V	电源线
A_8	D_1		B_8	$\overline{CARDSLCTD}$	插件板选中信号
A_9	D_0		B_9	+12V	电源线
A_{10}	I/O CHRDY	I/O 就绪信号	B_{10}	GND	地线
A_{11}	AEN	地址允许信号	B_{11}	$\overline{MEMW}$	存储器写信号
A_{12}	A_{19}		B_{12}	$\overline{MEMR}$	存储器读信号
A_{13}	A_{18}		B_{13}	$\overline{IOW}$	I/O 接口写信号
A_{14}	A_{17}		B_{14}	$\overline{IOR}$	I/O 接口读信号
A_{15}	A_{16}	双向地址信号	B_{15}	$\overline{DACK_3}$	DMA 通道 3 响应信号
A_{16}	A_{15}		B_{16}	DRQ$_3$	DMA 通道 3 请求信号
A_{17}	A_{14}		B_{17}	$\overline{DACK_1}$	DMA 通道 1 响应信号
A_{18}	A_{13}		B_{18}	DRQ$_1$	DMA 通道 1 请求信号
A_{19}	A_{12}		B_{19}	$\overline{DACK_0}$	DMA 通道 0 响应信号
A_{20}	A_{11}		B_{20}	CLK	系统时钟信号
A_{21}	A_{10}		B_{21}	IRQ$_7$	
A_{22}	A_9		B_{22}	IRQ$_6$	
A_{23}	A_8		B_{23}	IRQ$_5$	中断请求输入信号
A_{24}	A_7		B_{24}	IRQ$_4$	
A_{25}	A_6		B_{25}	IRQ$_3$	
A_{26}	A_5		B_{26}	$\overline{DACK_2}$	DMA 通道 2 响应信号
A_{27}	A_4		B_{27}	T/C	计数结束信号
A_{28}	A_3		B_{28}	ALE	地址锁存允许信号
A_{29}	A_2		B_{29}	+5V	电源线
A_{30}	A_1		B_{30}	OSC	晶体振荡脉冲信号
A_{31}	A_0		B_{31}	GND	地线

8 位 ISA 总线引脚信号具有 20 条地址线、8 条数据线、若干控制信号线、电源、接地等接口信号线，下面分别进行说明。

（1）地址线 $A_{19} \sim A_0$（20 条）：地址总线为双向传输，指出内存地址或 I/O 接口地址。在系统总线周期中由 CPU 驱动，在 DMA 周期中由 DMA 控制器驱动，用地址允许信号 AEN 确定。存储器寻址时，20 条地址线可访问 1 MB 存储空间，I/O 端口寻址时，用 16 条地址线 A_{15}～A_0 可访问 64 K 个端口地址，此时 A_{19}～A_{16} 无效。

（2）数据线 D_7～D_0（8 条）：双向传输，用于在 CPU、存储器及 I/O 端口之间传输数据信息及指令操作码，采用相应的控制线进行数据选通。

（3）控制线（21 条）：

- AEN：地址允许信号，输出，高电平有效，由 DMA 控制器 8237A 发出。AEN=1 时表示切断 CPU 的控制，由 DMA 控制器行使总线控制权；AEN=0 时表示正在进行 CPU 总线周期控制，由 CPU 行使总线控制权。
- ALE：地址锁存允许信号，输出，高电平有效，由总线控制器 8288 提供，以便把地址和数据分离。该信号可将地址/状态总线上送来的数据作为地址码进行锁存，进行 DMA 操作时 ALE 为低电平。
- $\overline{MEMR}$：存储器读信号，输出，低电平有效，用于请求从存储器读取数据。该信号由总线控制器 8288 或 DMA 控制器 8237A 驱动。
- $\overline{MEMW}$：存储器写信号，输出，低电平有效。将来自数据总线的数据写入存储器，信号由总线控制器驱动。
- $\overline{IOR}$：I/O 端口读信号，输出，低电平有效。指明当前总线周期是一个 I/O 端口读周期，地址总线上地址是一个 I/O 端口地址，被寻址端口的数据送数据总线由 CPU 读取。此信号由总线控制器 8288 产生，DMA 操作时由 DMA 控制器 8237A 产生。
- $\overline{IOW}$：I/O 端口写信号，输出，低电平有效。该信号由 CPU 或 DMA 控制器提供，由总线控制器驱动后送总线。其作用是把数据总线上的数据写入所选中的 I/O 端口中。
- IRQ_7～IRQ_2：6 级中断请求信号，输入，高电平有效。I/O 设备发出，通知 CPU 要求中断服务，由 8259A 接收，按优先级进行排队，优先级最高者将被响应，其中 IRQ_2 优先级最高，依次降低，IRQ_7 优先级最低。
- DRQ_3～DRQ_1：3 条 DMA 请求信号，输入，高电平有效，是 I/O 端口用来申请 DMA 周期的，这 3 个信号由申请 DMA 服务的 I/O 设备发到 DMA 控制器 8237。其优先权由高到低依次为 DRQ_1、DRQ_2、DRQ_3。
- $\overline{DACK_3}$～$\overline{DACK_0}$：4 条 DMA 响应信号，低电平有效。由 DMA 控制器送往 I/O 外设接口，用来响应外设的 DMA 请求或者实现对动态 RAM 的刷新。
- T/C：计数结束信号，高电平有效。由 DMA 控制器发出，表示 DMA 的某一通道到达计数终点，该信号用来结束数据块的传送。
- RESET DRV：复位驱动信号，高电平有效。在加电或单击复位按钮时，对接到总线上的电路和接口设备进行复位。

（4）状态线（2 条）：

- I/OCHCK：I/O 通道奇偶校验输入信号，低电平有效。由插入扩展槽的存储器卡或 I/O 卡发出，用来向 CPU 提供关于 I/O 通道上的设备或存储器的奇偶校验信息。当其为低电平时，表明奇偶校验有错，会对微处理器产生不可屏蔽中断（NMI）。
- I/O CHRDY：I/O 通道准备就绪信号，高电平有效。由扩展槽中的存储器卡或 I/O 卡发出。该信号主要用来解决慢速的外设与快速 CPU 或 DMA 控制器之间的矛盾。

（5）辅助线、电源和地线（11 条）：

- OSC：晶体振荡脉冲信号，振荡周期为 70 ns，主振频率为 14.318 MHz。

- CLK：系统时钟信号，由 OSC 三分频得到，周期为 210 ns，频率为 4.77 MHz，用于总线周期同步。
- CARDSLCTD：插件板选中信号，只用于 PC/XT 主板上第 8 个扩展槽中的插件板。该信号向 CPU 表明插件板已被选中，可以进行读取数据的操作。
- 电源线：有 ±5 V、±12 V 电源，其中 +5 V 电源线 2 条，其余电源线各 1 条。
- 地线 GND：有 3 条地线。

2. 16 位 ISA 总线

PC/AT 总线在 PC/XT 62 引脚总线基础上增加了一个 36 引脚插槽，形成前 62 引脚和后 36 引脚的两个插座，构成 16 位 ISA 总线。可利用前 62 引脚的插座插入与 PC/XT 总线兼容的 8 位接口电路卡，也可利用整个插座插入 16 位接口电路卡。

16 位 ISA 总线新增加的 36 引脚插槽信号扩展了 8 位数据线、7 位地址线、存储器和 I/O 设备的读/写控制线、中断和 DMA 控制线、电源和地线等。

新插槽中引脚信号分 C（元件面）和 D（焊接面）两列，信号名称和功能如表 5-3 所示。

表 5-3　16 位 ISA 总线新增加的 36 条引脚信号

元件面			焊接面		
引　脚　号	信号名称	功能说明	引　脚　号	信号名称	功能说明
C_1	$\overline{SBHE}$	高字节允许	D_1	$\overline{MEMCS16}$	存储器 16 位片选
C_2	LA_{23}		D_2	$\overline{IOCS16}$	接口 16 位片选
C_3	LA_{22}		D_3	IRQ_{10}	
C_4	LA_{21}		D_4	IRQ_{11}	
C_5	LA_{20}	高位地址	D_5	IRQ_{12}	中断请求信号
C_6	LA_{19}		D_6	IRQ_{14}	
C_7	LA_{18}		D_7	IRQ_{15}	
C_8	LA_{17}		D_8	$\overline{BACK_0}$	
C_9	$\overline{MEMR}$	存储器读信号	D_9	$\overline{DRQ_0}$	
C_{10}	$\overline{MEMW}$	存储器写信号	D_{10}	$\overline{BACK_5}$	
C_{11}	SD_8		D_{11}	DRQ_5	DMA 请求与响应信号
C_{12}	SD_9		D_{12}	$\overline{BACK_6}$	
C_{13}	SD_{10}		D_{13}	DRQ_6	
C_{14}	SD_{11}	数据总线高字节信号	D_{14}	$\overline{BACK_7}$	
C_{15}	SD_{12}		D_{15}	DRQ_7	
C_{16}	SD_{13}		D_{16}	+5V	+5V 电源信号
C_{17}	SD_{14}		D_{17}	MASTER	主控信号
C_{18}	SD_{15}		D_{18}	GND	接地

新增加的 36 条引脚信号功能分析如下：

（1）$LA_{23} \sim LA_{17}$ 地址线（7 条）：为提高速度新增加不用锁存的 7 条高位地址线，其中 4 条高位地址线 $LA_{23} \sim LA_{20}$ 使原来的 1 MB 寻址范围扩大到 16 MB。

（2）$SD_8 \sim SD_{15}$ 数据线（8 条）：新增加的高 8 位双向数据线。

（3）$\overline{\text{SBHE}}$ 数据总线高字节允许信号：该信号与其他地址信号一起，实现对高字节、低字节或一个字的操作。

（4）$IRQ_{10}\sim IRQ_{15}$ 中断请求信号：新增的中断请求输入信号。IRQ_{13} 指定给数据协处理器使用。PC/AT 总线上增加了外部中断数量，主板上由两块 8259A 级联实现中断优先级控制。优先级别低的 8259A 中断请求接主中断控制器 IRQ_2 上，这样 PC/XT 总线定义的 IRQ_2 引脚在 PC/AT 总线中就变成了 IRQ_9。另外，IRQ_8 接定时器 8254 用于产生定时中断。

（5）DMA 传送控制信号线：采用两块 DMA 控制器级联使用，主控级 DRQ_0 接从属级请求信号 HRQ，形成 $DRQ_0\sim DRQ_7$ 中间没有 DRQ_4 的 7 级 DMA 优先级。除原 PC/XT 机总线上的 DMA 请求信号以外，其余的 DRQ_0、$DRQ_5\sim DRQ_7$ 均定义在 36 引脚插槽上，与此相对应的 DMA 控制器提供的响应信号 $DACK_0$、$DACK_5\sim DACK_7$ 也定义在该插槽上。

MASTER 是增加的主控信号，利用该信号可使总线插件板上设备变为总线主控器，用来控制总线上的各种操作。

（6）读/写信号控制线：PC/AT 总线上定义了新的 $\overline{\text{MEMR}}$ 和 $\overline{\text{MEMW}}$，它们与前面 8 位 ISA 总线上的读写控制线不同，可在整个 16 MB 范围内寻址。

① $\overline{\text{MEMCS}_6}$ 是存储器的 16 位片选信号。如果总线上某一存储器卡要传送 16 位数据，则须产生一个有效的低电平信号，该信号加到系统板上，通知主板实现 16 位数据传送。此信号由 $LA_{23}\sim LA_{17}$ 高位地址译码产生，利用三态门或集电极开路门进行驱动。

② $\overline{\text{IOCS}_{16}}$ 是 I/O 端口的 16 位片选信号。由接口地址译码信号产生，低电平有效，用来通知主板进行 16 位接口数据传送。

3. ISA 总线的体系结构

用 ISA 总线构成的微机系统中，当内存速度较快时，通常采用将内存移出 ISA 总线并转移到专用内存总线上，其体系结构如图 5-6 所示。

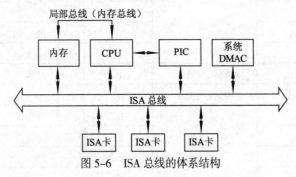

图 5-6　ISA 总线的体系结构

图 5-6 中，DRAM 通过内存总线与 CPU 进行高速信息交换。ISA 总线以扩展插槽形式对外开放，磁盘控制器、显示卡、声卡、打印机等接口卡均可插在 8/16 位 ISA 总线插槽上，实现 ISA 支持的各种外设与 CPU 的通信。

5.3　局部总线

为满足一些高传输速率扩展卡的需要，从系统总线中分离出了局部总线。局部总线具有较快的传输速率，可保证系统总线的性能，目前已得到广泛地应用。下面简要介绍常用的 PCI 总线和 AGP 总线。

5.3.1 PCI 总线

1．PCI 总线概述

PCI（Peripheral Component Interconnect，外围设备互连）总线是目前最常用的局部总线，是专门为 Pentium 系列芯片设计的。

PCI 总线在 CPU 和外设间提供了一条独立的数据通道，使得要求高速数据传送的图形、SCSI、视频、音频、通信设备等都能直接与 CPU 取得联系。

PCI V2.0 版本支持 32/64 位数据总线，总线时钟 25～33 MHz，数据传输速率 132～264 MB/s。PCI V2.1 版本支持 64 位数据总线，总线速度 66 MHz，最大数据传输速率 528 MB/s。PCI Express 传输速率可达每秒 8 GB。

鉴于众多的优势，PCI 总线成为计算机主要内部总线连接标准，它不但被用在台式机、笔记本式计算机以及服务器平台上，也延伸到网络设备的内部连接设计中。

2．PCI 总线的特点

（1）采用数据和地址线复用结构，减少了总线引脚数，节约线路空间，降低设计成本。

（2）提供 5 V 和 3.3 V 两种工作信号环境，可在两种环境中根据需要进行转换，扩大了适用范围。

（3）对 32 位与 64 位总线的使用是透明的，允许 32 位与 64 位器件相互协作。

（4）允许 PCI 局部总线扩展卡和元件进行自动配置，提供即插即用能力。

（5）PCI 总线独立于处理器，其工作频率与 CPU 时钟无关，可支持多机系统。

（6）PCI 总线具有良好的兼容性，支持 ISA、MCA、SCSI、IDE 等多种总线，同时还预留了发展空间。

3．PCI 总线信号的定义

PCI 局部总线插槽外观如图 5-7 所示。

图 5-7　PCI 局部总线插槽外观

PCI 总线规定了两种 PCI 扩展卡及连接器：一种称为长卡，提供 64 位接口，插槽两边共定义了 188 个引脚；另一种是短卡，提供 32 位接口，插槽两边共定义了 124 个引脚。除去电源、地、未定义引脚之外，其余信号按功能分类列于图 5-8 中。

PCI 总线各引脚信号的名称和功能简介如下：

- AD_0～AD_{63}：双向三态信号，地址与数据多路复用信号线。
- $C/\overline{BE}_0$～$C/\overline{BE}_7$：双向三态信号，总线命令和字节允许多路复用信号线。
- $\overline{FRAME}$：双向三态信号，低电平有效，为帧周期信号。由当前主设备驱动，表示一次访问的开始和持续时间。
- $\overline{IRDY}$：双向三态信号，低电平有效，为主设备准备好信号。表示发起本次传输的设备能够完成一个数据周期。
- $\overline{TRDY}$：双向三态信号，低电平有效，为从设备准备好信号。表示从设备已做好完成当前数据传输的准备。

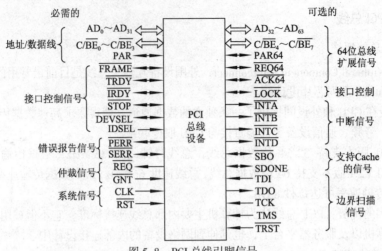

图 5-8　PCI 总线引脚信号

- $\overline{STOP}$：双向三态信号，低电平有效，为停止数据传输信号。表示从设备要求主设备中止当前的数据传送。
- $\overline{LOCK}$：双向三态信号，低电平有效，为锁定信号。表示驱动它的设备所进行的操作可能需要多个传输才能完成。
- IDSEL：输入信号，为初始化设备选择信号。在参数配置读/写期间，用作片选信号。
- $\overline{DEVSEL}$：双向三态信号，低电平有效，为设备选择信号。表示驱动它的设备已成为当前访问的从设备。
- $\overline{REQ}$：低电平有效的三态信号，为总线占用请求信号。表示驱动它的设备要求使用总线。
- $\overline{GNT}$：低电平有效的三态信号，为总线占用允许信号。表示要求使用总线的请求已被获准。
- $\overline{PERR}$：双向三态信号，低电平有效，数据奇偶校验错误报告信号。
- $\overline{SERR}$：低电平有效的漏极开路信号，系统错误报告信号。
- $\overline{INTA}$、$\overline{INTB}$、$\overline{INTC}$、$\overline{INTD}$：低电平有效的漏极开路信号，实现中断请求。其中后 3 个信号只能用于多功能设备。
- $\overline{SBO}$：低电平有效的输入/输出信号，为试探返回信号。
- SDONE：高电平有效的输入/输出信号，为监听完成信号。
- $\overline{REQ64}$：双向三态信号，低电平有效，64 位传输请求信号。
- $\overline{ACK64}$：双向三态信号，低电平有效，64 位传输响应信号。
- PAR64：高电平有效的双向三态信号，为奇偶双字节校验信号。
- $\overline{RST}$：低电平有效的输入信号，为复位信号。
- CLK：输入信号，为系统时钟信号。

4．PCI 总线的系统结构

PCI 局部总线与 Pentium 机内部总线组合构成了多总线系统结构，典型的 PCI 系统如图 5-9 所示。

PCI 总线允许在一个总线中插入 32 个物理部件，每个物理部件可含有最多 8 个不同的功能部件，在一条 PCI 总线上最多有 255 个可寻址功能部件。

PCI 系统中，处理器与 RAM 位于主机总线上，具有 64 位数据通道和更宽及更高的运行速度。指令和数据在 CPU 和 RAM 之间快速流动，数据被交给 PCI 总线。PCI 负责将数据交给 PCI 扩展卡或设备。若需要也可将数据导向 ISA、EISA、MCA 等总线或控制器。

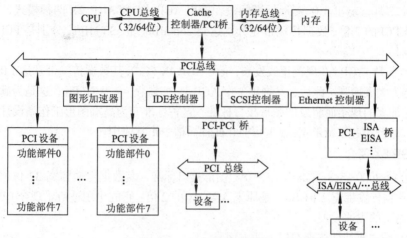

图 5-9　PCI 总线系统结构

驱动 PCI 总线的全部控制由 PCI 桥实现。PCI 桥实际是总线控制器，实现主机总线与 PCI 总线的适配偶合，它在与主机总线接口中引入 FIFO 缓冲器，使 PCI 总线上的部件可与 CPU 并发工作。

PCI 桥主要功能如下：

（1）提供一个低延迟访问通路，使处理器能直接访问通过它映射于存储器或 I/O 空间的 PCI 设备。

（2）提供能使 PCI 主设备直接访问主存储器的高速通路。

（3）提供数据缓冲功能，可使 CPU 与 PCI 总线上的设备并行工作而不必相互等待。

（4）可使 PCI 总线操作与 CPU 总线分开，实现 PCI 总线的全部驱动控制。

5.3.2　AGP 总线

1. AGP 总线特点

AGP（Accelerated Graphics Port，图形加速接口）总线是以 66 MHz PCI Revision 2.1 规范为基础，由 Intel 公司开发的高速图形接口局部总线标准，主要目的是为了解决高速视频或高品质画面的显示。

AGP 总线是对 PCI 总线的扩展和增强，但 AGP 接口只能为图形设备独占，不具有一般总线的共享特性。采用 AGP 接口允许显示数据直接取自系统主存储器，而无须先预取至视频存储器中，避免了经过 PCI 总线而造成的系统瓶颈，增加了 3D 图形数据的传输速度，而且系统主存可以与视频芯片共享。

AGP 总线的主要特点如下：

（1）具有双重驱动技术，允许在一个总线周期内传输两次数据。

（2）在总线上可实现地址/数据多路复用，把 32 位的数据总线给图形加速器使用。

（3）通过内存请求流水线技术对各种内存请求进行排队来减少延迟，一个典型的排队可处理 12 个以上的请求，大大加快了数据传输的速度。

（4）把图形接口绕行到 AGP 通道上，解决了 PCI 带宽问题，使 PCI 有更多的能力负责其他数据传输。

1996 年 7 月，AGP 1.0 图形标准问世，推出 AGP 1X 和 AGP 2X 两种模式，工作频率 66 MHz，是 PCI 的 2 倍，数据传输带宽分别达到 266 MB/s 和 533 MB/s，分别是 PCI 133 MB/s 的 2 倍和 4 倍。

1998 年 5 月，AGP 2.0 规范正式发布，推出 AGP 4X 模式，其数据传输带宽达 1.066 Gbit/s，数据传输能力大大增强。此后，又推出一个 AGP 4X 加强版——AGP Pro，这是为满足显示设备功耗日益加大的现实而研发的图形接口标准，这种标准专为高端图形工作站设计，完全兼容 AGP 4X 规范，使得 AGP 4X 显卡可插在此种插槽中正常使用。

2. AGP 8X 简介

Intel 公司 2000 年 8 月推出 AGP 8X 图形接口标准。其数据传输频宽 32 位，总线频率 533 MHz，数据传输带宽 2.1 GB/s，是原来 AGP 4X 的 2 倍。它的出现适应了现今 CPU 和 GPU （图形工作站）的飞速发展。

AGP 8X 的主要特性体现在以下两方面：

（1）减少操作延时：大的数据在通过 PCI 接口时由于带宽不够而经常会出现处理延时现象。在 AGP 8X 标准中针对此问题专门做了优化处理，加入了数据同步传输设计。在处理大的数据时就可边处理边预先读取，从而有效减少了数据塞车现象，使系统的性能得以全面发挥，而不会在数据读取上浪费太多的资源。

（2）支持多接口：AGP 采用点对点接口设计，这也是为什么主板上只有一个 AGP 插槽的原因。AGP 8X 推出后，这种局面得以改变，因为 AGP 8X 中加入了一种新的设计——输出端数桥接（Fan-Out Bridge）技术，它使系统中安装多个 AGP 8X 设备成为可能。每个 AGP 8X 端口配置一个桥接模块，这些模块通过逻辑主 PCI 总线并且通过统一出口同芯片组中的控制模块通信，每个模块可通过次级 PCI 总线（AGP 8X 总线）链接至少两个 AGP 8X 设备，不过两个 AGP 8X 设备之间无法进行点对点传输。

几种 PCI、AGP 标准主要参数的比较如表 5-4 所示。

表 5-4   几种 PCI、AGP 标准主要参数的比较

性 能 选 项	PCI 2.2	AGP 1X	AGP 2X	AGP 4X	AGP 8X
数据宽度	32 位	32 位	32 位	32 位	32 位
工作频率	33 MHz	66 MHz	66 MHz	66 MHz	533 MHz
传输速率	133 MB/s	266 MB/s	533 MB/s	1.06 GB/s	2.1 GB/s

5.4 外围设备总线

5.4.1 USB 通用串行总线

1. USB 总线的特点

USB（Universal Serial Bus，通用串行总线）是一种支持即插即用的新型串行接口，其总线数据传输速率可达 4 Mbit/s～12 Mbit/s。USB 工业标准是对 PC 现有体系结构的扩充，为计算机各模块间的通信提供了共享的通道，解决了一些慢速 I/O 设备的操作需要，计算机通过

USB 连接的外设越来越多，如鼠标、键盘、显示器、打印机、移动硬盘、扫描仪、数码照相机、音频系统等。

USB 总线具有以下主要特点：

（1）使用简单，易于操作：向所有的 USB 设备提供了单一的标准化的连接方式。支持即插即用（Plag and Play，PNP），当插入 USB 设备时，计算机设备检测该外设并通过加载相关的驱动程序对该设备进行配置。支持热插拔，即在不关机的情况下可安全地插上和断开 USB 设备。热插拔能力体现了 USB 的安全、可靠和智能。在软件方面，为 USB 设计的驱动程序和应用软件可自动启动，无须用户干预。

（2）速度快：快速性能是 USB 技术的突出特点之一。USB V2.0 规范提供 480 Mbit/s 的数据传输速率，可适应各种不同类型的外设。

（3）支持多设备连接：USB 接口支持多个不同设备的串行连接，一个 USB 接口理论上可连接 127 个 USB 设备。连接方式也十分灵活，既可使用串行连接，也可用集线器（Hub）把多个设备连接在一起，再同 PC 的 USB 口相接。在 USB 方式下，所有的外设都在机箱外连接，不必打开机箱。

（4）独立供电：USB 直接连接的设备可通过 USB 电缆供电，USB 传输线中的两条电源线可提供 5 V 电源供 USB 设备使用。USB 传输线能够提供 100 mA 的电流，而带电源的 USB Hub 使得每个接口可提供 500 mA 的电流。

2. 数据传输类型

为适应各种不同类型外设的要求，USB 规范中规定了以下 4 种不同的数据传输方式：

（1）控制（Control）传输：双向传输，传输的是被 USB 系统软件进行查询、配置和给 USB 设备发送的通用命令。该方式用在主计算机和 USB 外设之间的端点（End Point）传输，数据量较小且实效性要求不高。

（2）同步（Isochronous）传输：提供确定的带宽和时间间隔，用来连接需要连续传输的外围设备，对数据的正确性要求不高，但对时间较为敏感。例如，对执行即时通话的网络电话，使用同步传输方式是很好的选择。

（3）中断（Interrupt）传输：用于定时查询设备是否有中断数据要传输。主要应用在少量、分散、不可预测数据的传输方式中，如键盘、操作杆和鼠标就属于此类型。

（4）批量（Bulk）传输：用在大量传输和接收数据上，没有带宽和时间间隔的要求，保证传输数据正确无误，但对数据的实效性要求不高。适合于传输非常慢和大量被延迟的数据，在传输中的优先级很低，如打印机、数码照相机和扫描仪属于此类型。

3. USB 总线的拓扑结构

USB 设备和 USB 主机通过 USB 总线相连。USB 的物理连接是一个星形结构，Hub 位于每个星形结构的中心，每一段都是主机和某个集线器，或某一功能设备之间一个点到点的连接，也可是一个集线器与另一个集线器或功能模块之间点到点的连接。

USB 总线的拓扑结构如图 5-10 所示。

（1）USB 主机：整个 USB 系统中只允许有一个主机。主机系统的 USB 接口称为 USB 主控制器。这里 USB 主控制器可以是硬件、固件或软件的联合体。而根集线器是集成在主机系统中的，它可以提供一个或更多的接入端口。

（2）USB 设备：USB 设备是 USB 协议的具体实现，主要包括集线器和功能部件。集线器

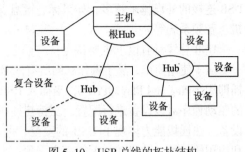

提供用以访问 USB 总线的更多的接入点。功能部件向系统提供特定的功能，如 ISDN 连接设备、鼠标、显示器等。

图 5-10　USB 总线的拓扑结构

4．USB 系统构成

USB 规范将 USB 分为 5 部分，即控制器、控制器驱动程序、USB 芯片驱动程序、USB 设备及针对不同 USB 设备的驱动程序。

各部分的主要功能如下。

（1）控制器：负责执行由控制器驱动程序发出的命令。

（2）控制器驱动程序：在控制器与 USB 设备之间建立通信信道。

（3）USB 芯片驱动程序：提供对 USB 的支持。

（4）USB 设备：包括与 PC 相连的 USB Hub 及设备。Hub 带有连接其他外围设备的 USB 端口，设备是连接在计算机上用来完成特定功能并符合 USB 规范的具体设备，如鼠标和键盘等。

（5）USB 设备驱动程序：用来驱动 USB 设备的程序。通常由操作系统或 USB 设备制造提供。

5．USB 总线特性

（1）电气特性：USB 总线通过一条四芯电缆传送电源和数据，电缆以点到点方式在设备之间连接。USB 接口的 4 条连接线分别是 V_{BUS}、GND、D_+ 和 D_-。

V_{BUS} 和 GND 用来向设备提供电源。在源端，V_{BUS} 通常为 +5V。USB 主机和 USB 设备中通常包含电源管理部件。

D_+ 和 D_- 是发送和接收数据的半双工差分信号线，时钟信号也被编码在这对数据线中传输。每个分组中都包含同步字段，以便接收端能够同步于比特时钟。

（2）机械特性：USB 连接器分为 A 系列和 B 系列两种。A 系列用于和主机连接，B 系列用于和 USB 设备的连接。这两种连接器有不同的结构，不会造成误接。

USB 连接器的排列如表 5-5 所示。

表 5-5　USB 连接器引脚排列

端 口 号	信　号	典型电缆颜色	端 口 号	信　号	典型电缆颜色
1	V_{BUS}	红色	4	GND	黑色
2	D_-	白色	外皮	屏蔽	管线
3	D_+	绿色			

6．USB 总线协议

USB 总线由主机控制器控制所有的数据传输，大多数传输包含 3 个 USB 分组。

（1）主机控制器先发出一个"令牌分组"，指明传输类型和方向、USB 设备地址及终点编号。USB 设备对相应地址字段进行译码，选中被寻址的设备。

（2）若本次传输的源端能够提供数据，那么它将发出数据分组；否则，它将发出一个指示分组，指明它没有数据可以传输。

（3）一般情况下，目的端将回送一个握手分组指明本次传输是否成功。

主机和设备间的数据传输关系称为管道（Pipe），每个管道有一组相应的数据带宽、传输服务类型及设备特性等参数。每台 USB 设备可有多个管道，各管道中的数据传输相互独立。USB 包含流（Stream）和消息（Message）两种管道，前者没有格式，后者按照 USB 定义的数据格式传输。

7. USB 设备的接入和应用

（1）操作系统对 USB 的支持：支持 USB 的操作系统应满足以下 3 个要求。

① 一个设备连接到 USB 或从 USB 中撤除时能自动检测出来。

② 与新连接的设备通信，可找到如何与它们通信的方法。

③ 提供软件驱动与计算机 USB 硬件以及访问 USB 外设的应用程序通信。

（2）主机对 USB 的支持：使用 USB 设备须激活主机板 BIOS 中的 USB 功能。

（3）USB 设备的热插拔：USB 总线协议支持热插拔功能，在 Windows 运行过程中可接入任何符合 USB 规范的 USB 设备。当接入一个 USB 设备后，操作系统会自动检测到该硬件设备，如果设备首次接入这个系统，则 Windows 还需要定位驱动。

（4）USB 设备的应用：USB 已经在 PC 多种外设上得到应用，如扫描仪、数码照相机、数码摄像机、音频系统、显示器、输入设备等。

对于便携式微型计算机来说，使用 USB 接口意义更加重大，通用 USB 接口不仅使便携式微型计算机对外的连接变得方便，还可使生产厂商不再需要为不同配件在主板上安置不同的接口，促进更高主频的处理器迅速应用在移动计算机中。

5.4.2　IEEE 1394 总线

IEEE 1394 是一种新型高速串行总线。应用范围主要是带宽要求超过 100 kbit/s 的硬盘和视频外设，它可以把计算机与外围设备（如硬盘、光驱、打印机、扫描仪以及各种家电等）非常简单地连接在一起。

IEEE 1394 的原型是运行在 Apple Mac 计算机上的 Fire Wire（火线），由 IEEE 采用并且重新进行了规范。它定义了数据的传输协议及连接系统，可用较低的成本达到较高的性能，以增强计算机与各类外设的连接能力。

IEEE 1394 标准是一种基于数据传输包的协议标准，它既可以用于内部总线传输，又可以用于设备间的线缆连接。

1. IEEE 1394 的特点及系统结构

IEEE 1394 具有以下显著特点：

（1）采用基于内存的地址编码，具有高速传输能力。总线采用 64 位地址，将资源看作寄存器和内存单元，可按照 CPU 与内存传输速率进行读/写操作，具有高速传输能力。IEEE 1394 总线数据传输速率最高 400 Mbit/s，能很好地满足实时图像数据传输，适用于各种高速设备。

（2）采用同步和异步两种数据传输模式。同步传输具有固定带宽、比特间隔及起始时间，数据传输是在通信双方事先建立好的专有带宽上进行，该方式适合传送语音及视频信号，可完成对外设进行实时高速数据采集的任务；异步传输是在总线处于空闲时才得以实施，接收方通过向发送方返回确认应答包来保证数据传输的可靠性。

（3）实现即插即用并支持热插拔。用户通过菊花链、树形等拓扑结构灵活连接各类设备。热插拔技术极大简化了主机与外设的连接与初始化操作，只需接好连线，各设备结点自动进行总线初始化及识别，之后就可进行高速数据采集和设备测试，取消连接也同样方便。

（4）采用"级联"方式连接各外围设备。IEEE 1394 在一个端口上最多可连接 63 个设备，设备间采用树形或菊花链结构。设备间电缆最大长度 4.5 m，采用树形结构时可达 16 层，从主机到最末端外设总长达 72 m。

（5）能够向被连接的设备提供电源。IEEE 1394 的连接电缆（Cable）共有 6 条芯线。其中，2 条线为电源线，可向被连接的设备提供电源。其他 4 条线被包装成两对双绞线，用来传输信号。电源电压范围是 8～40 V 直流电压，最大电流 1.5 A。像数码照相机等一些低功耗设备可从总线电缆内部取得动力，而不必为每一台设备配置独立供电系统。由于 IEEE 1394 能够向设备提供电源，即使设备断电或者出现故障也不影响整个网络的运转。

（6）采用对等结构（Peer to Peer）。任何两个支持 IEEE 1394 的设备可直接连接，不需要通过计算机控制，如在计算机关闭情况下，仍可将 DVD 播放机与数字电视机连接，直接播放光盘节目。

上述特点使 IEEE 1394 广泛地应用于多媒体声卡、图像和视频产品、打印机、扫描仪的图像处理等方面，尤其是磁盘阵列、数码照相机、显示器和数字录像机等。

IEEE 1394 系统结构如图 5-11 所示。

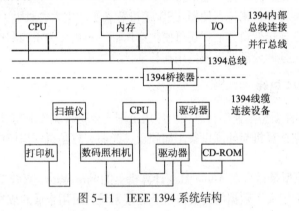

图 5-11　IEEE 1394 系统结构

2．IEEE 1394 的寻址

用 IEEE 1394 连接的设备采用内存编址方法，各设备如同内存中存储单元一样。设备地址 64 位宽，占用 10 位作为网络 ID 号，6 位用做结点号，48 位用作内部编址。可得到总共 64 个结点，每个结点上有 1 023 个网络 ID 号，每个 ID 号又具有 281 TB（太字节）的内存编址。

内存编址显然优于通道编址，它可把设备资源当作寄存器或内存，因而可进行处理器到内存的直接传输。每一个总线段称一个结点，可对结点分别编址、复位和校验，许多结点在物理上形成一个模块，多个端口又可集中在一个结点上。

3．IEEE 1394 协议

IEEE 1394 协议是一种基于数据包的数据传输协议，该协议中实现了 OSI 七层协议的三层（物理层、链路层和传输层）。串行总线的管理层将 3 个层次连接起来，如图 5-12 所示。各层次的功能分析如下：

（1）传输层：对异步传输协议的读/写和锁定提供支持，写命令从发送端读出数据到接收端，读命令则向发送端返回数据，锁定命令综合了写和读的功能，它在发送和接收端间建立一条通道，并完成接收端应完成的动作。

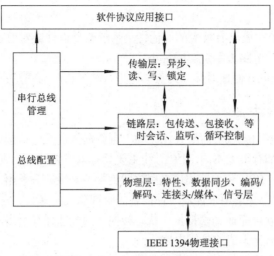

图 5-12 IEEE1394 串行总线协议图

（2）链路层：为异步传输和等时传输两种类型的包数据提供包传送功能。异步传输是一种传统的传输方式，而等时传输则按预定速率提供稳定的数据通道，这对时间要求严格的多媒体数据的及时传送非常重要。

（3）物理层：将链路层的逻辑信号根据不同的串行总线介质转换成相应的电信号，同时用来确保一次只有一个结点可发送数据。物理层也为串行总线定义了机械接口特性，实际上，物理层在两种环境下有所不同，其一是指电缆环境下的物理层，其二是指底板环境下的物理层。

串行总线管理单元可按时间仲裁最优化的形式实现对串行总线的配置，保证总线上所有的设备供电充足，确定循环传送的主设备，赋予等时传送时设备的 ID 通道号及简单的错误信息。

5.5 I^2C 总线

5.5.1 I^2C 总线简介

I^2C（Inter Integrated-Circuit）总线是由 Philips 公司推出的一种芯片间的串行通信总线，广泛应用于单片机系统中，大大改变了单片机系统结构性能，给单片机的应用开发带来如下好处。

（1）最大限度地简化结构。二线制的 I^2C 总线使各电路单元间只需最简单的连接，而且总线接口都已集成在器件中，不需另加总线接口电路。电路的简化省去了电路板上的大量走线，减少电路板面积，提高可靠性，降低成本。

（2）实现电路系统的模块化、标准化设计。I^2C 总线上各单元电路除个别中断引线外，相互之间没有其他连线，用户常用的单元电路基本上与系统电路无关，故极易形成用户自己的标准化、模块化设计。

（3）标准 I^2C 总线模块的组合开发方式大大缩短了新品种的开发周期。

（4）I^2C 总线各结点具有独立的电气特性，各结点单元电路能在相互不受影响及系统供电情况下接入或撤除。

（5）I²C 总线系统构成具有极大的灵活性。系统改型设计或对已加工好的电路板需扩展功能时，对原有设计及电路板系统影响最小。

（6）I²C 总线系统可方便地对某一结点电路进行故障诊断与跟踪，有极好的可维护性。

5.5.2 I²C 总线特性

I²C 总线的串行数据传送与一般 UART 的串行数据传送无论从接口电气特性、传送状态管理及程序编制特点都有很大不同。I²C 总线主要具有以下特性：

（1）二线传输。在 CPU 和被控集成电路之间连接两条线，一条用来传输控制信息的双向串行数据总线（SDA），一条用来传输时钟信息的时钟总线（SCL）。采用 I²C 总线的系统，CPU 只要用两个接口就可完成如模拟量、状态转换、频段选择等诸多功能的控制，可省掉微处理器的许多引脚，简化集成块外围电路。

（2）系统中有多个主器件时，这些器件都可做总线的主控制器。I²C 总线工作时任何一个主器件都可成为主控制器，多机竞争时的时钟同步与总线仲裁都由硬件与标准软件模块自动完成，无须用户介入。

（3）I²C 总线传输时采用状态码管理方法。对应总线数据传输时任何一种状态，在状态寄存器中会出现相应状态码，并且会自动进入状态处理程序中进行处理，用户只需将 Philips 公司提供的标准状态处理程序装入存储器即可。

（4）系统中所有外围器件及模块采用器件地址和引脚地址的编址方法。主控制器对任何结点的寻址采用纯软件寻址方法，避免了片选线的连接。系统中若有地址编码冲突，可通过改变地址引脚的电平设置来解决。

（5）所有带 I²C 接口的外围器件都具有应答功能。片内有多个单元地址时，数据读/写时都有地址自动加 1 功能。这样，在 I²C 总线对某一器件读/写多个字节时很容易实现自动操作，即准备好读/写入口条件后，只需启动 I²C 总线就可自动完成 N 个字节的读/写操作。

（6）I²C 总线电气接口有严格的规范。在硬件结构上，任何一个具有 I²C 总线接口的外围器件，不论其功能差别有多大，都具有相同的电气接口，各结点的电源都可以单独供电，并可在系统带电情况下接入或撤出。

5.5.3 I²C 总线工作原理

1. 数据传输方式

I²C 总线上的器件之间通过串行数据线（SDA）和串行时钟线（SCL）连接并传送信息。每个器件由唯一的地址连接到总线上，可根据地址来识别器件。发送器和接收器在进行数据传送时可作为主器件，也可作为从器件。主器件用于启动总线上传送数据并产生时钟以开放传送，此时，任何被寻址的器件均被认为是从器件。总线上主和从、发送和接收的关系不是永久的，仅取决于此时数据传送的方向。I²C 总线上的控制完全由竞争的主器件送出的地址和数据决定。

送到 SDA 线上的每个字节必须为 8 位，每次传送的字节数不限，但每个字节后面必须跟一个响应位。标准模式下总线传输速率为 100 kbit/s，快速模式下总线传输速率为 400 kbit/s，高速模式下的总线传输速率可达 3.4 Mbit/s。

数据传送时先传最高位，如果接收器件不能接收下一个字节（如正在处理内部中断），则可使时钟保持低电平，迫使主器件处于中断等待状态。当从器件准备好接收下一个数据字节时，则释放 SCL 线后继续传送。数据传送过程中必须确认数据，认可位对应于主器件的一个时钟，在此时钟内发送器件释放 SDA 线，而接收器件须将 SDA 线拉成低电平，使 SDA 在该时钟高电平期间为稳定的低电平。通常被寻址的接收器件必须在收到每个字节后做出响应，若从器件正在处理一个实时事件不能接收时，从器件必须使 SDA 保持高电平，此时，主器件产生一个结束信号使传送异常结束。

图 5-13 说明了一个完整的数据在 I^2C 总线上的传送过程。

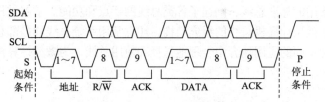

图 5-13　I^2C 总线上数据传送示意图

2. I^2C 总线的寻址约定

为了消除 I^2C 总线系统中主控器与被控器的地址选择线，最大限度地简化总线连接线，I^2C 总线采用了独特的寻址约定，规定起始信号后的第一个字节为寻址字节，用来寻址被控器件，并规定数据的传送方向。

I^2C 总线标准中，寻址字节由被控器的 7 位地址位（占据 $D_7 \sim D_1$ 位）和 1 位方向位（D_0 位）组成。方向位为"0"时表示主控器将数据写入被控器，为"1"时则表示主控器从被控器读取数据。

主控器发送起始信号后，立即发送寻址字节，这时，总线上所有器件都将寻址字节中的 7 位地址与自己器件地址相比较。如果两者相同，则该器件认为被主控器寻址，并根据读、写位确定是被控发送器还是被控接收器。

I^2C 总线系统中，主器件（单片机）作为被控器时，其 7 位从地址在 I^2C 总线地址寄存器中约定为纯软件地址。而非单片机类型的外围器件地址完全由器件类型与引脚电平给定，即器件的 7 位地址由器件编号地址（高 4 位 $D_6 \sim D_3$）和引脚地址（低 3 位 $D_2 \sim D_0$）组成。I^2C 总线上同一编号地址器件最大允许接入数量取决于可利用的地址引脚数。

Philips 公司推出的 I^2C 总线器件，除带有 I^2C 总线的单片机、常用的通用外围器件外，在家电产品、电讯、电视、音像产品中已发展了成套的 I^2C 总线器件，I^2C 总线系统得到了广泛的应用。

本 章 小 结

微型计算机系统采用总线结构，总线是系统的重要组成部分，它传递着 CPU 和其他部件之间的各类信息，以实现数据传输，使微型计算机系统具有组态灵活、易于扩展等优点。总线性能的好坏直接影响到微型计算机系统的整体工作性能。

目前，应用广泛的微型计算机总线都实现了标准化，便于在连接各个部件时遵守共同的总线规范。在应用时只需根据总线标准的要求来实现和完成接口的功能，形成了一种通用的总线接口技术。

微型计算机系统中的总线可分为芯片总线、系统总线、局部总线、外围设备总线等类别。芯片总线用于 CPU、存储器、I/O 接口等芯片之间的信息传送，有地址总线、数据总线和控制总线；系统总线是微型计算机系统内连接各插件板的总线，用于模板之间的连接，如 8/16 位 ISA；局部总线是一种专门提供给高速 I/O 设备的总线，具有较高时钟频率和传输速率，常用的有 PCI、AGP 总线等；外围设备总线用于微机系统之间或微机与外围设备、仪器仪表之间的通信，这种总线的数据传输可以并行或串行处理，数据传输速率低于系统内部的总线，如 USB、IEEE 1394、I^2C 等。

本章分析了常用的标准总线，阐述了各类总线的特点和功能。学习过程中，要理解总线的基本概念，熟悉微型计算机总线的组成结构，注意常用系统总线和局部总线的内部结构及引脚特性，在各种不同的应用场合中合理地选择和使用总线，为微型计算机的开发和应用奠定坚实基础。

思考与练习题

一、选择题

1. 微机中地址总线的作用是（　　　）。

    A. 选择存储单元　　　　　　　　　　B. 选择信息传输的设备

    C. 指定存储单元和 I/O 接口电路地址　　D. 确定操作对象

2. 微机中使用总线结构便于增减外设，同时可以（　　　）。

    A. 减少信息传输量　　　　　　　　　B. 提高信息传输量

    C. 减少信息传输线条数　　　　　　　D. 增加信息传输线条数

3. 可将微处理器、内存储器及 I/O 接口连接起来的总线是（　　　）。

    A. 芯片总线　　　　B. 外设总线　　　　C. 系统总线　　　　D. 局部总线

4. CPU 与计算机的高速外设进行信息传输采用的总线是（　　　）。

    A. 芯片总线　　　　　　　　　　　　B. 系统总线

    C. 局部总线　　　　　　　　　　　　D. 外围设备总线

5. 要求传送 64 位数据信息，应选用的总线是（　　　）。

    A. ISA　　　　B. I^2C　　　　C. PCI　　　　D. AGP

6. 以下不属于 USB 主要特点的是（　　　）。

    A. 可以热插拔　　　B. 数据传输快速　　　C. 携带方便　　　D. 可并行处理

二、填空题

1. 总线是微机系统中_____一组连线，是系统中各个部件_____公共通道，由它构成_____标准信息通路。

2. 微机总线一般分为_____三类。用于插件板一级互连的是_____；用于设备一级互连的是_____。

3. 总线宽度是指_____；数据传输速率是指_____。

4. AGP 总线是一种_____；主要用于_____场合。

5. USB 总线是一种_____接口；其主要特点是_____。

6. IEEE 1394 是一种_____总线，主要应用于_____。

三、简答题

1. 在微型机系统中采用标准总线的好处有哪些？

2. PCI 总线有哪些主要特点，PCI 总线结构与 ISA 总线结构有什么地方不同？

3. 什么是 AGP 总线？它有哪些主要特点，应用在什么场合？

4. USB 接口有什么特点？USB 的数据传送有哪几种方式？

5. IEEE 1394 与 USB 两种串行总线各有什么区别？

6. 简述 I^{2}C 总线的特点和工作原理。

7. 讨论在开发和使用微机应用系统时应怎样合理地选择总线，需要注意哪些地方。

第 6 章

存储器系统 ‹‹‹

本章主要介绍半导体存储器的基础知识，包括微机系统中常用存储器的分类、性能指标及层次结构；半导体存储器的基本结构、工作原理及与 CPU 的连接等内容；最后介绍了微机系统中的辅助存储器和新型存储器技术。

通过本章的学习，读者应熟悉存储器的分类和层次结构，掌握常用的 RAM 和 ROM 基本结构、原理和特点；灵活运用存储器与 CPU 进行连接和扩展；了解新型存储器技术的特性，并侧重其应用。

6.1 存储器概述

存储器是现代微机系统中用于保存信息的记忆设备，是微机系统非常重要的组成部分。微机系统中，只要能保存二进制数据的都可称为存储器，可以是没有实物形式的具有存储功能的电路，如 RAM、FIFO 等，也可以是具有实物形式的存储设备，如内存条、SD 卡、TF卡等。

存储器用来存储 CPU 要执行的程序、各种数据和处理结果，是计算机中各种数据和信息的存储和交流中心，其主要功能是存储程序和各种 数据，并能在计算机运行过程中高速、自动地完成程序或数据的存取。

按照"数字计算机之父"冯·诺依曼提出的思想，计算机"必须具有长期记忆程序、数据、中间结果及最终运算结果的能力"。所以，存储器在采用冯·诺依曼体系结构的计算机中起着重要的作用。计算机中全部信息，包括输入的原始数据、计算机程序、中间运行结果和最终运行结果都保存在存储器中。它根据控制器指定的位置存入和取出信息。正是因为有了CPU 和存储器，才使计算机可以自动连续地进行工作。在执行程序时，CPU 自动连续地从存储器中取出指令并执行指令规定的操作，这期间不可避免地要执行访问存储器的操作，并把处理结果存储在存储器中。

6.1.1 存储器分类

1. 按存储介质分类

存储介质是指存储二进制信息的物理载体，采用具有两种稳定状态的物理器件来存储信息，这些器件也称记忆元件。计算机中采用"0"和"1"的二进制来表示数据，记忆元件两种稳定状态分别表示"0"和"1"，存储器的存取速度取决于这两种物理状态的改变速度。日常，使用的十进制数必须转换成等值的二进制数才能存入存储器中，计算机中处理的各种字符，例如英文字母、运算符号等，也要转换成二进制代码才能存储和操作。

能够存储一位二进制信息的最小物理基体叫一个存储基元（Cell），由若干个存储基元（一般为 8 个）可组成一个存储单元，由许多存储单元可构成一个存储体（或称存储矩阵），存储体与存储器控制电路相配合就可构成存储器。

目前，使用的存储介质主要有半导体电路、磁性材料和光学材料。

（1）以半导体电路为存储介质的存储器称为半导体存储器。按照制造工艺把半导体存储器分为双极型和 MOS 型等。

（2）以磁性材料为存储介质的存储器称为磁表面存储器，如硬盘、磁带存储器等。

（3）以光学材料为存储介质的存储器称为光表面存储器，如光盘。

2. 按读/写功能分类

存储器按读/写功能分为只读存储器和随机存取存储器。

（1）只读存储器（Read Only Memory，ROM）：若存储器所存储的内容不能改变，即只能读出不能写入，称这种存储器为只读存储器。一般用来存放微机的系统管理程序、监控程序等，还可存放各种常数、函数表等。

（2）随机存储器（Random Access Memory，RAM）：若存储器所存储的内容可随机读写，称为随机存储器，又称读写存储器。它主要用来存放各种输入、输出数据及中间结果，并可与外存储器交换信息以及作为堆栈使用。

3. 按作用分类

根据存储器在微机系统中所起作用分主存储器（又称内存储器，简称内存）、辅助存储器（又称外存储器，简称外存）和高速缓冲存储器（Cache）等。

（1）主存储器：存放当前正在运行的程序和数据。CPU 通过指令可直接访问主存储器，因此，要求主存的读/写速度一定要快，要和 CPU 的处理速度相匹配。其特点是读/写速度快，容量相对于辅助存储器可以小一些。现代微机大多采用半导体存储器作为主存储器。

（2）辅助存储器：用来存储 CPU 当前操作暂时用不到的程序或数据，它存储的信息在 CPU 需要时可通过接口电路成批输入到主存储器后供 CPU 处理，CPU 不能直接对辅存进行读/写操作。其特点是存储容量大，价格便宜，所存储的信息断电后不会丢失，但读/写速度较慢。现代微机常使用 U 盘、硬盘和光盘作为辅助存储器，存放系统程序、大型数据文件及数据库等。

（3）高速缓冲存储器：计算机系统中的一个高速小容量存储器，位于 CPU 和内存之间。现代微机中，为提高计算机的处理速度，利用高速缓存来暂存 CPU 正在使用的指令和数据，可以加快信息传递的速度。目前，高速缓存主要由高速静态 RAM 组成。

6.1.2 存储器常用性能指标

1. 存储容量

存储器可以存储的二进制信息总量称为存储容量。存储容量越大，意味着所能存储的二进制信息越多。存储器由许多存储单元组成，其位数称为存储单元的长度。

$$存储容量=存储器单元数×每单元二进制位数$$

存储容量通常以字节（8 位二进制数）为单位，用 B（Byte）表示。例如，一个存储器有4096 个单元，每个单元可存放 8 位二进制信息，则存储容量为 $4096×8$，也就是 4096 B。

大容量存储器用千字节（KB）、兆字节（MB）、吉字节（GB）、太字节（TB）等表示。

其换算关系为：$1\text{ KB}=2^{10}\text{ B}=1\ 024\text{ B}$ $1\text{ MB}=2^{20}\text{ B}=1\ 024\text{ KB}$

$$1\text{ GB}=2^{30}\text{ B}=1\ 024\text{ MB} \qquad 1\text{ TB}=2^{40}\text{ B}=1\ 024\text{ GB}$$

2. 存取速度

存储器的存取速度可用存取时间和存取周期来衡量。

（1）存取时间：指启动一次存储器读/写操作到完成该操作所用的时间，又称读写时间。

（2）存取周期：指连续两次独立的存储器读/写操作的最小时间间隔。由于在每一次读/写操作后，都要有一段时间用于存储器内部线路的恢复动作，故存取周期要略大于存取时间。当 CPU 采用同步时序控制方式时，对存储器读/写操作的时间安排，应不小于读取和写入周期中的最大值，这个值也就确定了存储器总线传输时的最高速率。

存取速度的度量单位通常采用 ns。目前，高速存储器的存取速度已小于 20 ns。存取时间越小，存取速度就越快。

3. 价格

存储器价格常用每位价格来衡量，即存储容量除以存储器总价格来计算。一般来说，主存储器价格较高，辅助存储器价格则低得多。

衡量存储器性能的其他指标还有体积、重量、品质等，用户在设计和选用存储器时要综合考虑这些因素，根据实际需要全面衡量，尽量提高性能价格比。

4. 可靠性

可靠性是存储器对电磁场及温度等变化的抗干扰性。半导体存储器由于采用大规模集成电路结构，因此可靠性高，平均无故障时间为几千小时以上。

微型计算机要正确运行，必须要求存储器系统具有很高的可靠性。

5. 功耗

功耗指每个存储单元所消耗的功率，单位为 μW/单元，也有的用每块芯片总功率来表示功率，单位为 mW/芯片。

存储器价格正比于存储容量，反比于存取速度。一般来说，速度较快的存储器，其价格也较高，容量也不可能太大。因此，容量、速度、价格 3 个指标之间是相互制约的。

衡量存储器性能的其他指标还有体积、重量、品质等，用户在设计和选用存储器时还要综合考虑这些因素，要根据实际需要全面衡量，尽可能满足主要要求并兼顾其他，尽量提高性能价格比。

6.1.3 存储系统层次结构

现代微机系统对存储器的基本要求是容量大、速度快和价格低，但这 3 个指标之间是相互矛盾、相互制约的，速度较快的存储器，往往价格较高，而且容量也不可能太大。

为解决存储器的容量、速度、价格三者之间的矛盾，人们除了不断研制新的存储器件，改进存储性能外，还要从存储系统结构上研究更加合理的结构模式，形成存储系统的多级层次结构。把不同存储容量、存取速度和价格的存储器按层次结构组成多层存储器，并通过管理软件和辅助硬件有机组合成统一的整体，使所存放的程序和数据按层次分布在各种存储器中。

目前，计算机存储系统通常采用三级层次结构，由高速缓冲存储器 Cache、主存储器和辅助存储器组成，如图 6-1 所示。

图 6-1 的存储系统多级层次结构由上向下分为 3 级，其容量逐渐增大，速度和价格则逐级降低。整个结构又可看成两个层次：分别是"主存-辅存层次"和"Cache-主存层次"。系

统中每一种存储器都不再是孤立的存储器，而是一个有机的整体。它们在辅助硬件和操作系统的管理下，可把"主存-辅存层次"作为一个存储整体，形成的可寻址存储空间比主存储器空间大得多。由于辅存容量大，价格低，使得存储系统的整体平均价格降低。而 Cache 的存取速度可和 CPU 的工作速度相媲美，故"Cache-主存层次"可缩小主存和 CPU 之间的速度差距，从整体上提高存储器系统的存取速度。尽管 Cache 成本高，但由于容量较小，故不会使存储系统的整体价格增加很多。

综上所述，一个科学合理的存储系统应该由各种不同类型的存储器构成，该系统是一个具有多级层次结构的存储系统，既有与 CPU 相近的速度，又有极大的容量，而价格又是合理的。可见，采用多级层次结构的存储器系统可有效解决存储器的容量、速度和价格之间的矛盾。

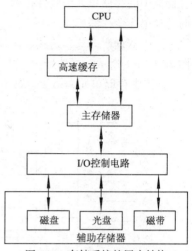

图 6-1 存储系统的层次结构

6.2 半导体存储器

6.2.1 概述

现代微机的主存储器普遍采用半导体存储器，其特点是容量大、存取速度快、体积小、功耗低、集成度高、价格便宜。

半导体存储器按存取方式分为随机存储器（RAM）和只读存储器（ROM）两大类，如图 6-2 所示。

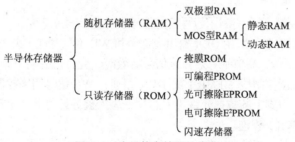

图 6-2 半导体存储器的分类

半导体存储器一般由地址译码器、存储矩阵、读/写控制逻辑和输入/输出控制电路等部分组成，其结构如图 6-3 所示。

1. 地址译码器

地址译码器接收 CPU 发出的地址信号，产生地址译码信号，以便选中存储矩阵中的某个存储单元。存储矩阵中基本存储电路的编址方式有单译码与双译码两种。

（1）单译码方式：适用于小容量存储器，

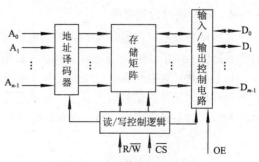

图 6-3 半导体存储器的结构

存储器中的存储单元呈线性排列，如图 6-4（a）所示。当地址信号线 $A_5 \sim A_0$ 输入为 000101B 时选择第 5 个存储单元。

（2）双译码方式：适用于容量较大的存储器。地址线分为列线和行线两组分别译码，如图 6-4（b）所示。当地址信号线 $A_5 \sim A_0$ 输入为 001010B 时，行译码产生为 2，列译码产生为 1，选中存储单元为第 2 行第 1 列的存储单元。

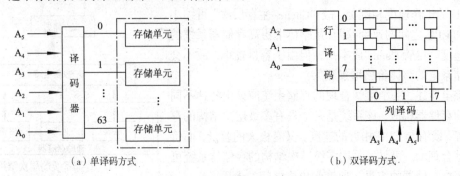

（a）单译码方式　　　　　　　　　　　（b）双译码方式

图 6-4　存储器地址译码电路

2. 存储矩阵

存储矩阵是能够存储二进制信息的基本存储单元的集合。为便于信息的读/写，这些基本存储单元都按照一定的方式进行编址，从而配置成存储矩阵。

存储矩阵中每个具有唯一地址的基本存储单元可存储一位或多位二进制数。芯片的存储容量就是芯片的存储单元数与每个单元存储位数的乘积。例如，SRAM 芯片 2114 有 10 根地址线和 4 根数据线，即 10 根地址线意味着有 1 024（2^{10}）个基本存储单元，4 根数据线意味着每个基本存储单元的存储位数为 4，所以该芯片的存储容量为 1 024×4 位。

3. 读/写控制逻辑

存储器的读/写控制逻辑一般用读/写控制信号和片选信号来表示。

存储芯片的读/写控制一般用 OE（输出允许）和 $\overline{WE}$（写允许）来表示。芯片被选中后，OE 信号用来控制读操作，高电平有效。该信号有效时，允许芯片将寻址单元内的数据输出。该控制端一般与系统读控制线 MEMR（或 RD）相连；$\overline{WE}$ 信号用来控制写操作，低电平有效。该信号有效时，引脚上的数据允许进入芯片，写入被寻址单元。该控制端一般与系统写控制线 MEMW（或 WR）相连。

存储芯片片选信号一般用 $\overline{CS}$ 表示，该信号有效时可对存储芯片进行读/写操作，无效时芯片脱离总线。存储芯片片选信号一般与系统高位地址相连。

4. 输入/输出控制电路

半导体存储器的数据输入/输出控制电路多为三态双向缓冲器结构，以便系统中各存储芯片的数据输入/输出端能方便地挂接到系统数据总线上。对存储器芯片写入操作时，片选信号及写信号有效，数据从系统总线经三态双向缓冲器传送至存储器中相应存储单元。存储芯片进行读操作时，片选信号输出有效，写信号无效（读/写控制信号为读状态），数据从存储矩阵中相应存储单元中读出，经三态双向缓冲器传送至系统总线。

6.2.2 随机存储器（RAM）

随机是指通过指令可随机地对每个存储单元进行访问，根据程序要求随时读/写，与存储单元地址的顺序无关。

随机存储器根据存储原理分为静态 RAM（SRAM）和动态 RAM（DRAM）。静态 RAM 状态稳定，存放的信息在不停电的情况下能长时间保留。动态 RAM 电路简单，集成度高，但其保存的信息即使在不掉电的情况下隔一定时间后也会自动消失，因此，要定时进行刷新。

1. 静态 RAM

（1）基本存储电路。静态 RAM 的基本存储电路通常由 6 个 MOS 管组成双稳态触发器来构成，如图 6-5 所示。

该电路中 T_1、T_2 为工作管，T_3、T_4 分别为 T_1、T_2 的负载管，由 T_1～T_4 构成的双稳态触发器具有两个稳定状态，可存储一位二进制信息。当 T_1 截止时，A 点为高电平，即 A=1，使 T_2 导通，于是 B=0，而 B=0 又保证了 T_1 可靠截止，这是一个稳定状态 A=1，B=0；反之，当 T_1 导通时，A=0，使 T_2 截止，此时 B 点为高电平，B=1，它又保证 T_1 可靠导通，这也是一种稳定状态 B=1，A=0。因此，可用 T_1 管的两种状态来表示"1"或"0"。T_1 截止 T_2 导通的状态为"1"状态，T_1 导通 T_2 截止的状态为"0"状态。显然，仅能保持这两个稳定状态还不够，还要对状态进行控制，两个状态之间要能够转换。T_5、T_6 管作为两个控制门，起两个开关的作用。

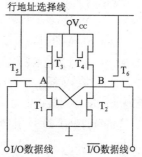

图 6-5　静态 RAM 基本存储电路

基本存储电路工作过程：存储单元被选中时，行地址选择线为高电平，门控管 T_5、T_6 导通，触发器与 I/O 线（位线）接通，即 A 点与 I/O 线接通，B 点与 $\overline{\text{I/O}}$ 接通。

① 写入时：写入数据从 I/O 线和 $\overline{\text{I/O}}$ 线进入。若写入"1"，使 I/O 线为 1（高电平），$\overline{\text{I/O}}$ 为 0（低电平），通过 T_5、T_6 管与 A、B 点相连，即 A=1，B=0，从而使 T_1 截止，T_2 导通。当写入信号和地址译码信号消失后，T_5、T_6 截止，该状态仍能保持。若写入"0"，使 I/O 线为 0，$\overline{\text{I/O}}$ 为 1，使 T_1 导通，T_2 截止。只要不断电，这个状态会一直保持下去，除非再重新写入一个新的数据。

② 读出时：先通过地址译码使行地址选择线为高电平，T_5、T_6 导通，A 点状态被送到 I/O 线上，B 点状态被送到 $\overline{\text{I/O}}$ 线上，这样就读取原来存储的信息。信息读出后，原来存储内容仍然保持不变，故这种读出是一种非破坏性读出。

静态 RAM 的主要优点是工作稳定，不需外加刷新电路，可简化外部电路设计。缺点是由于 SRAM 基本存储电路中所含晶体管较多，故集成度较低。另外，由 T_1、T_2 管组成的双稳态触发器总有一个管子处于导通状态，会持续地消耗功率，从而使静态 RAM 的功耗较大。

（2）静态 RAM 的结构。静态 RAM 内部由很多基本存储电路排成存储阵列，再加上地址译码电路和读/写控制电路可构成随机存储器，其地址译码方式往往采用双译码方式。下面以 4 行 4 列基本存储电路构成 16×1 SRAM 为例来说明 SRAM 的结构。

图 6-6 所示为 16 个存储单元、每个存储单元仅有 1 个二进制位的存储器。它由 16 个基本存储电路，行、列地址译码电路，4 套列开关管和读/写控制电路组成。

该存储器的控制信号主要有两个：一个是片选信号 $\overline{\text{CS}}$，低电平有效。$\overline{\text{CS}}$ 有效时，该存储芯片被选中，这时才能进行读/写操作；另一个是写允许信号 $\overline{WE}$ ，规定低电平时存储器进行写操作，高电平时存储器进行读操作。

当给定地址码后，如 $A_3A_2A_1A_0=0000$ ，则 A_1A_0 经行地址译码使第 0 行线为高电平，A_3A_2 经列地址译码电路使第 0 列线为高电平，于是 0 号基本存储电路被选中，在 $\overline{CS}$ 有效的情况下，再根据读/写控制信号 $\overline{WE}$ ，就可以对 0 号基本存储电路进行相应的读写操作。

（3）静态 RAM 芯片 Intel 6116。

常用的典型静态 RAM 芯片有 Intel 6116、6264、62128、62256 等。

Intel 6116 的引脚及功能框图如图 6-7 所示。6116 芯片容量为 2 KB，有 2 048 个存储单元，需 11 根地址线，7 根用于行地址译码，4 根用于列译码地址，每条列线控制 8 位，从而形成 128×128 存储阵列。

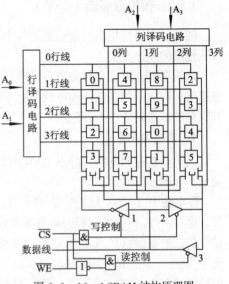

图 6-6　16×1 SRAM 结构原理图

Intel 6l16 有 24 条引脚，其中控制信号主要有 3 条：片选信号 $\overline{CS}$ 、输出允许 $\overline{OE}$ 和读/写控制 $\overline{WE}$ 。

Intel 6116 的工作过程如下：

① 读出时，地址线 $A_{10} \sim A_0$ 输入地址信号到行、列地址译码器，经译码后选中一个存储单元，由 $\overline{CS}$ 、$\overline{OE}$ 、$\overline{WE}$ 构成读/写逻辑，此时 $\overline{CS}$ 、$\overline{OE}$ 为低电平，$\overline{WE}$ 为高电平，打开右面的 8 个三态门，被选中单元的 8 位数据经 I/O 电路和三态门送到 $D_7 \sim D_0$ 输出。

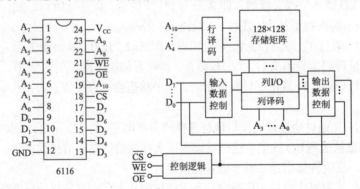

图 6-7　Intel 6116 的引脚及功能框图

② 写入时，选中某一存储单元的方法和读出相同，但这时 $\overline{CS}$ 、$\overline{WE}$ 为低电平，$\overline{OE}$ 为高电平，打开左面的 8 个三态门，从 $D_7 \sim D_0$ 输入的数据经三态门和输入数据控制电路送到 I/O 电路，从而写到选中的存储单元中。

③ 没有读/写操作时，片选信号 $\overline{CS}$ 为高电平，芯片没有选中，处于无效状态。输入、输出三态门呈高阻态，存储器与系统总线脱离。

其他 SRAM 的结构与 Intel 6116 相似，只是地址线不同而已。它们与同样容量的 EPROM 芯片引脚相互兼容，从而使接口电路的连线更为方便。

2. 动态 RAM

（1）基本存储电路。动态 RAM 基本存储电路可采用单管、三管和四管电路，其中单管电路如图 6-8 所示，由一只 MOS 管和一个电容 C 组成。单管电路由于集成度高，功耗低，应用越来越多。

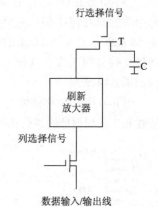

图 6-8 单管动态基本存储电路

由图 6-8 可见，DRAM 依靠电容 C 是否存储电荷来记忆信息 "1" 和 "0"。当电容 C 存储电荷时为逻辑状态 "1"，不存储电荷时为逻辑状态 "0"。但由于任何电容都存在 "漏电" 现象，即存储在电容上的电荷会随着时间自动流失。因此，当电容 C 存储了电荷，记忆信息 "1" 时，过段时间由于电容的放电过程会导致电荷流失，就会由 "1" 变 "0"，记忆的信息也就丢失。解决的办法就是 "刷新"，即每隔一定时间（一般为 2 ms）就要对电容进行充电，进行读出和再写入操作—— "刷新"，使原来存储的电荷得到及时补充，保持信息 "1" 不丢失，而原来处于电平 "0" 的电容仍保持 "0"。

① 没有读/写操作时，行选择信号处于低电平，MOS 管 T 截止，电容 C 与外围电路断开，不能进行充、放电，将保持原状态不变。

② 读操作时，根据行地址译码，行选择信号为高电平，使本行所有的基本存储电路中的管子 T 导通，连在每一列上的刷新放大器读取对应的存储电容上的电压值。刷新放大器将此电压值转换为对应的逻辑电平 "0" 或 "1"，又重写到存储电容上，而列地址译码产生列选择信号，所选中那一列的基本存储电路受到驱动，完成信息的读取操作。

③ 写操作时，行选择信号为高电平，选中该行，电容上存储的信息送到刷新放大器，刷新放大器又对这些电容立即进行写操作。由于刷新时列选择信号总为 "0"，因此电容上信息不可能被送到数据总线上。

（2）动态 RAM 的刷新。动态 RAM 需要不断刷新，以保持存储的信息不丢失。但伴随外界温度的变化，电容的放电速度也会发生变化，尤其温度升高时，电容的放电速度会加快。所以，两次刷新的间隔时间是随温度而变化的，一般为 1~100 ms。

尽管进行一次读/写操作也可认为是对选中行进行刷新操作，但由于读/写操作的随机性，并不能保证在 2 ms 内对 DRAM 的所有行都能遍访一次，所以需要专门安排存储器刷新周期，以便系统地完成对 DRAM 的刷新。

专门安排的存储器刷新操作不同于存储器读/写操作，主要表现在以下几点：

① 刷新地址通常由刷新地址计数器产生，而不是由地址总线提供。

② DRAM 基本存储电路可按行同时刷新，刷新时只需要行地址，不需要列地址。

③ 刷新操作时存储器芯片数据线呈高阻状态，即片内数据线与外部数据线完全隔离。

实际存储系统中，DRAM 刷新有两种解决方法：一是用专门的 DRAM 刷新控制器实现刷新控制，如 Intel 8203 就是专门支持 2117、2118 和 2164 等 DRAM 芯片的 DRAM 刷新控制器；二是在每个 DRAM 芯片上集成刷新控制电路，使存储器件自身完成刷新，这种器件叫综合型 DRAM。它除了内部有刷新动作外，对用户来说，工作起来就和 SRAM 一样。例如，Intel 2186/2187 就是 8K×8 的综合型 DRAM。

DRAM 的缺点是需要刷新逻辑电路，且刷新操作时不能进行正常读/写操作。但 DRAM 与 SRAM 相比具有集成度高、功耗低、价格便宜等优点，在大容量存储器中普遍采用。

（3）动态 RAM 芯片 Intel 2164A。该芯片容量为 64K×l 位，片内有 65 536 个存储单元，每个单元只存储 1 位二进制数据，用 8 片 2164A 能构成 64 KB 存储器。若想在芯片内寻址 64 K 单元必须用 16 条地址线。为减少地址线引脚数目，DRAM 地址线采用行地址线和列地址线分时工作，这样 DRAM 对外部只需引出 8 条地址线即可。Intel 2164A 的内部结构如图 6-9 所示。

图 6-9 中 64K 存储体由 4 个 128×128 存储矩阵组成，每个 128×128 存储矩阵由 7 条行地址线和 7 条列地址线进行选择，在芯片内部经地址译码后可分别选择 128 行和 128 列。

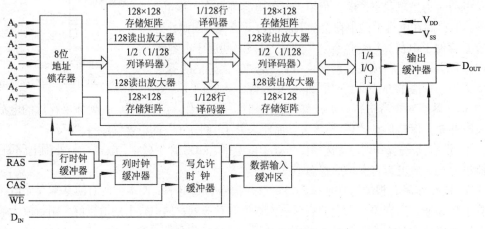

图 6-9　Intel 2164A 的内部结构

Intel 2164A 芯片内部有地址锁存器，利用多路开关由行地址选通信号 $\overline{\text{RAS}}$ 把先送来的 8 位地址送行地址锁存器；由随后出现的列地址选通信号 $\overline{\text{CAS}}$ 把后送来的 8 位地址送列地址锁存器。这 8 条地址线也用于刷新（刷新时地址计数，逐行刷新，2 ms 内全部刷新一次）。

锁存在行地址锁存器中的 7 位行地址同时加到 4 个存储矩阵上，在每个存储矩阵中都选中一行，共有 512 个存储电路可被选中，它们存放的信息被选通至 512 个读出放大器，经鉴别后锁存或重写。

锁存在列地址锁存器中的 7 位列地址，在每个存储矩阵中选中一列，经过 4 选 l 的 I/O 门控电路选中一个单元，可对该单元进行读/写操作。

Intel 2164A 数据的读出和写入是分开的，由 $\overline{\text{WE}}$ 信号控制读/写。当 $\overline{\text{WE}}$ 为高电平时读出，即所选中单元的内容经过三态输出缓冲器在 D_{OUT} 引脚读出。而当 $\overline{\text{WE}}$ 为低电平时实现写入，D_{IN} 引脚上的信号经输入三态缓冲器对选中单元进行写入。2164A 没有片选信号，实际上用行选通 $\overline{\text{RAS}}$、列选通 $\overline{\text{CAS}}$ 信号作为片选信号。

（4）高集成度 DRAM。微型计算机的内存主要是由 DRAM 来构成，容量通常为 32 MB、64 MB、128 MB 或更大。由于微型计算机内存容量需求越来越大，因此要求配置的动态 RAM 的集成度也越来越高，容量为 4M×1、8M×1 以及更高集成度的存储器芯片已大量使用。通常，把这些芯片放在内存条 SIMM（Single Inline Memory Module）上，用户只需把内存条插到系统板提供的内存条插槽上即可使用。另外，还有 1M×8 的内存条，HYM58100 就是用 8 片 1M×1 的芯片构成。随着半导体技术的发展，内存条的容量不断提高，速度也越来越快，而价格越来越低。

作为主存储器的 DRAM 存储器问世以来，存储器制造技术也不断在提高，先后出现了

FP（FastPage）RAM、EDO DRAM、BEDO DRAM、SDRAM、RDRAM、Rambus DRAM、SGRAM、WRAM、DDR DRAM 和 CDRAM 等多种存储器，主要技术向高集成度、高速度、高性能方向发展。

① FP DRAM：又称快页内存，是传统 DRAM 的改进型产品，在 Intel 286、386 时代很流行。其主要特点是采用了不同于早期 DRAM 的列地址读出方式，以 30 针的 FP DRAM 为例，每秒刷新率可以达到几百次，在当时是非常惊人的，从而提高了内存的传输速率。但由于 FP DRAM 使用了同一电路来存取数据的方式，因此也带来一些弊端，例如 FP DRAM 在存取时间上会有一定的时间间隔，而且在 FP DRAM 中，由于存储地址空间是按页排列的，因此当访问到某一页面后，再切换到另一页面会占用额外的时钟周期。

② SDRAM：又称 SD 内存，尤其当 PC 进入 Pentium 计算机时代后，SDRAM 就开始为大家所熟悉了。SD（Synchronous Dynamic）RAM 也称为"同步动态内存"，都是 168 线，带宽为 64 bit，工作电源为+3.3 V，最快速度可达 6 ns。其工作原理是将 RAM 与 CPU 以相同的时钟频率进行控制，使 RAM 和 CPU 的外频同步，彻底取消等待时间，所以它的数据传输速率比 EDO RAM 至少快了 13%。采用 64 bit 的数据宽度，所以只需一根内存条就可以安装使用。对 SDRAM 的支持是从 Intel 的 VX 控制芯片组开始的，该芯片组集成了许多新的功能，其中包括支持 168 针的 SDRAM，在 VX 主板中，一般可以看到有 4 根可插 72 针内存的 SIMM 内存插槽，此外还有一根可插 168 针的 DIMM（Double Inline Memory Module）插槽，这就说明 VX 控制芯片是支持 SDRAM 的。不过 VX 控制芯片是 Intel 公司的过渡性产品，真正完美支持 SDRAM 的是 Intel 后来发布的 TX 控制芯片，此时的主板上 SIMM 插槽已缩减至 1 个，甚至没有了，而 DIMM 插槽通常有 2～3 个。

③ CDRAM（Cached DRAM）又称高速缓冲 DRAM，即带高速缓冲的 DRAM，实际上是把 SRAM 和 DRAM 结合在一起。这是日本三菱电气公司开发的专有技术，通过在 DRAM 芯片上集成一定数量的高速 SRAM 作为高速缓冲存储器和同步控制接口来提高存储器的性能。这种芯片使用+3.3 V 电源，低压 TTL 输入/输出电平。CDRAM 比普通 DRAM 加外置 Cache 的价格低，主要用在无外置 Cache 的低档便携式微机系统中。

④ DDR（Double-Date-Rate）DRAM 也称作双速率 DRAM，这种改进型的 DRAM 和 SDRAM 是基本一样的，不同之处在于它可以在一个时钟内利用时钟脉冲的上升沿和下降沿传输数据，即一个时钟读写两次数据，这样就使得数据传输速度加倍，不需提高工作频率就能成倍提高 DRAM 的速度，而且制造成本并不高。此技术还可应用于 SDRAM 和 SGRAM，使得实际带宽增加了 2 倍。就实际功能来看，在 100 MHz 下 DDR DRAM 的理论带宽可以达到 1.66 GB/s，在 133 MHz 下可达 2.1 GB/s，200 MHz 下可达 3.2 GB/s，速度足够快，而且拥有成本优势。这一技术使得高性能计算机系统称为可能。在很多高端的显卡上，也配备了高速 DDR DRAM 来提高带宽，这可以大幅度提高 3D 加速卡的像素渲染能力。所以，在目前的微型计算机系统中被广泛采用，在高速 PC、高性能图形适配器和服务器中有着很好的应用前景。

6.2.3 只读存储器（ROM）

只读存储器（ROM）内部存储的信息一般是不能改变的，即在使用时只能读出，不能写入。故一般用来存放固定程序，如系统监控程序、管理程序、BIOS 程序等。只要一接通电源，这些程序就自动地运行。

ROM 的特点是非易失性，所存储的信息可以长久保存，不会丢失，不受电源的影响。

按存储单元结构和生产工艺的不同，只读存储器 ROM 可分为掩膜 ROM、可编程 ROM、光可擦除可编程 ROM、电可擦除可编程 E^2PROM 几种。

1. 掩膜 ROM

掩膜 ROM 存储的信息是在制造过程中写入的。生产厂家在制造时采用光刻掩膜技术将程序置入其中。掩膜 ROM 制成后，存储的信息就不能再改写了，用户在使用时只能进行读操作。

图 6-10 为一个简单的 4×4 位 MOS 管掩膜 ROM，采用单译码结构，两位地址线 A_1、A_0 经地址译码器译码后有 4 种状态输出，分别对应 4 条行选择线，每一条行选择线对应 1 个单元，每个单元有 4 个二进位，有 4 条列选择线（也称位线）输出。若在位线上加读出控制逻辑，4 条位线就可连到外部数据线上。

图 6-10 中，行和列的交叉点上有的跨接管子，有的则没有跨接。这是在制造时根据用户提供的程序对芯片图形（掩膜）进行二次光刻形成的，由存储单元内容所决定。如某位存储的信息为 0，则在该位制作一个跨接管；如某位存储的信息为 1，则该位不制作跨接管。

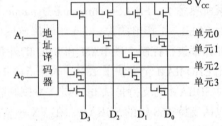

图 6-10　掩膜 ROM 示意图

若地址线 $A_1A_0=00$，则选中单元 0，即字线 0 为高电平，若有管子与其相连（如位线 2 和位线 0），其相应 MOS 管导通，位线输出为 0，而位线 1 和位线 3 没有管子与字线相连，则输出为 1，故 $D_3D_2D_1D_0=1010$。

2. 可编程 ROM（PROM）

掩膜 ROM 只能由生产厂家把要存储的信息通过掩膜光刻工艺写入到 ROM 中，这会给用户带来极大的不便。为方便用户根据自己的需要来决定 ROM 中所存储的信息，即由用户自己把程序或数据写入到 ROM 里，于是出现了可编程只读存储器（Programmable ROM，PROM）。这种 ROM 一般由晶体管阵列组成，由用户在使用前一次性写入信息，写入后只能读出，不能修改，断电后也不会存储的信息也不会消失。

典型的熔丝式 PROM 常采用二极管或晶体管作为基本存储电路，如图 6-11 所示。晶体管的集电极接 V_{CC}，基极连接字选线（行线），发射极通过一个熔丝与位线（列线）相连。

读操作时，选中单元的字选线为高电平。若熔丝完好，可在位线得到输出电流，表示该位存储信息"1"；若熔丝已断开，则该位得不到输出电流，表示该位存储信息"0"。

PROM 在出厂时，晶体管阵列熔丝均为完好状态，每个存储单元都为高电平"1"。用户写入信息时，可在 V_{CC} 端加高于正常工作电平的"写入电平"，通过编程地址使选中的行线为该电平。若某位写"0"，写入逻辑使相应位线呈低电平，

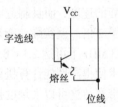

图 6-11　熔丝式 PROM 存储电路

较大的电流使该位熔丝烧断，即存入"0"；若某位写"1"，相应位线呈高电平，使熔丝保持原状，即存入"1"。显然，熔丝一旦烧断就不能再复原，这一过程是不可逆的，刻录以后不能再做任何修改。因此，用户对这种 PROM 只能进行一次编程。

PROM 电路和工艺比掩膜 ROM 复杂，又具有可编程逻辑，所以价格较贵。

3. 可擦除可编程 ROM（EPROM）

在实际应用中，用户的程序可能需要经常修改，PROM 由于其信息只能写入一次而受到限制。因此，能重复使用的可擦除可编程只读存储器（Erasable PROM，EPROM）被广泛应用。

EPROM 由以色列工程师 Dov Frohman 发明，是一种断电后仍能保留信息的计算机储存芯片，其中的信息可长久保持，即是非易失性的。当存储的程序和数据需要变更时，利用擦除器可将其所存储信息擦除，使各单元内容复原为 FFH，再根据需要用一个比正常工作电压更高一些的 EPROM 编程器实现编程 EPROM 编程器（也称烧写器）对其编程。因此，这种芯片可反复使用。

通常 EPROM 存储电路是利用浮栅 MOS 管构成的，又称 FAMOS 管（即浮栅雪崩注入 MOS 管），其结构如图 6-12 所示。该电路和普通 P 沟道增强型 MOS 管相似，只是它的栅极没有引出端，而被绝缘层所包围，即处于浮空状态，故称为"浮栅"。

在原始状态，栅极上没有电荷，该管没有导通沟道，D 和 S 是不导通的，管子处于截止状态。如果将源极和衬底接地，在衬底和漏极形成的 PN 结上加一个约 24 V 的反向电压，首先在漏极引起雪崩击穿，产生许多高能量的电子。这些高能电子比较容易越过绝缘薄层进入浮栅，使浮栅带上负电荷，等效于栅极上加负电压。注入浮栅的电子数量由所加电压脉冲的幅度和宽度来控制。如果注入的电子足够多，这些负电子在硅表

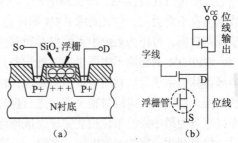

图 6-12　浮栅 MOS EPROM 存储电路

面上感应出一个连接源、漏极的反型层，使源、漏极之间形成一层正电荷的导电沟道，管子呈导通状态。

当外加电压取消后，积累在浮栅上的电子没有放电回路，因而在室温和无光照的条件下可长期地保存在浮栅中。将一个浮栅管和 MOS 管串起来组成如图 6-12（b）所示的存储单元电路。通常以浮栅是否积存电荷来区别管子存储内容是"0"还是"1"。若浮栅无积存电荷，则源、漏极是不导通的。当行选线选中该存储单元时，列线输出高电平，即读出信息"1"；若在浮栅中注入了电子，则 MOS 管就有导电沟道存在。当承受正偏压时，源、漏极导通，可在列线得到低电平，即读出信息"0"。EPROM 在出厂时，未经过编程，浮栅中没有积存电荷，位线上总是"1"，即存储内容为 FFH。

EPROM 芯片的编程过程实际就是对某些单元写入"0"的过程，也就是向浮栅注入电子的过程。采用的方法是：在 MOS 管的漏极施加一个高电压，使漏极附近的 PN 结击穿，在短时间内形成一个较大的电流，大部分热电子获得能量后将穿过绝缘层，注入浮栅。

一旦编程完成后，只能用强紫外线照射来擦除，由于紫外线光子能量较高，从而可使浮栅中的电子获得能量，形成光电流从浮栅流入基片，使浮栅恢复初态。

EPROM 芯片该芯片上方有一个石英玻璃接口，如图 6-13 所示。通过封装顶部能看见硅片的透明窗口，这个窗口就是用来进行紫外线擦除。只要将芯片放入一个靠近紫外线灯管的小盒中，一般照射 20 min，读出各单元内容均为 FFH，则说明该 EPROM 已擦除干净。也可以将 EPROM 的玻璃窗对准阳光直射一段时间

图 6-13　EPROM 芯片示例

实现信息擦除。擦除后的 EPROM 可再写入新的信息。

EPROM 出厂时未经过编程，位线上总是"1"，即存储内容为 FFH。编程时用电信号将有关位由"1"改写为"0"即可实现编程。EPROM 芯片在写入信息后，要以不透光的贴纸或胶布把窗口封住，以免受到周围的紫外线照射而使存储的数据信息受损。

EPROM 的优点是一块芯片可多次反复使用，但在实际应用中往往只要改写几个字节的内容，需要以字节为单位擦写，并不需要对所有存储信息进行重新写入，这种情况下也必须将 EPROM 芯片从电路板上取下，在专用紫外线擦除器中擦掉重写，因此操作起来比较麻烦，对于实际使用很不方便，而且一块芯片经多次插拔之后，可能会使其外部管脚损坏。另外，EPROM 可擦除重写的次数也是有限的，不可能无限次地擦除使用。

4. 电可擦除可编程 ROM（E^2PROM）

E^2PROM 是近年来广泛应用的一种可用电擦除和编程的只读存储器，主要特点是能在应用系统中进行在线读/写，即在加电方式下实现芯片的擦除和重新写入，在断电情况下保存的数据信息不会丢失，它既能像 RAM 那样随机地改写，又能像 ROM 那样在掉电情况下非易失地保存数据，可作为系统中可靠保存数据的存储器。

E^2PROM 的擦除不需要借助其他设备，是通过电压信号作用来实现擦除和编程，不需从微型计算机系统取出就能实现信息修改，彻底摆脱了 EPROM 需要使用专用擦除器和编程器的束缚。E^2PROM 可以对整个芯片进行操作，实现全部擦除，也可以对单个地址进行操作，即以字节为最小修改单位独立完成完成擦除，而不必将信息全部擦除。E^2PROM 在写入数据时，仍要利用一定的编程电压，此时，只需用厂商提供的专用刷新程序就可以轻而易举地改写内容。因此，它属于双电压芯片。借助于 E^2PROM 芯片的双电压特性，可以使 BIOS 具有良好的防病毒功能，在升级时，把跳线开关打至 on 的位置，即给芯片加上相应的编程电压，就可以方便地升级；平时使用时，则把跳线开关打至 off 的位置，防止 CIH 类的病毒对 BIOS 芯片的非法修改。所以，至今仍有不少主板采用 E^2PROM 作为 BIOS 芯片。

E^2PROM 主要有两类产品：一种是采用并行方式传送数据，如 Intel 2864（8K×8 位），这类芯片具有较高的传输速率；另一种是采用串行方式传送数据，如 AT24C16（2K×8 位），这类芯片只用少数几个引脚来传送地址和数据，使芯片的引脚数、体积和功耗大为减少。通常情况下，并行 E^2PROM 芯片可存放程序又可存放数据，串行 E^2PROM 芯片只能存放数据。

E^2PROM 与 EPROM 相比具有价格低、擦除简单等优点，可在线进行频繁地反复编程，擦写次数可达 10 万次以上，一般具有字节擦除和整体擦除两种方式，完成一个字节的擦写大约需要 10 ms。其数据擦除仅用+5 V 电源即可，写入数据时不需要高电压，也无须编程脉冲配合，使用非常方便。但由于每个存储单元有两只晶体管，因此开发大容量 E^2PROM 比较困难。

由于 E^2PROM 兼有 RAM 和 ROM 的双重优点，所以在计算机系统中使用 E^2PROM 后，可使整机的系统应用变得方便灵活，一般用于即插即用（Plug & Play）。

6.3 存储器扩展与寻址

存储器是微机的基本组成部分之一，计算机对存储器的要求不仅有存取速度的要求，而且还有存储器容量和字长的要求。现在各个厂家为用户提供了许多不同容量、不同速度、不同功能、不同字长的存储器芯片，但用户对存储器的要求是多方面的，单个存储器芯片在容量和字长两方面是有限的，显然仅靠单个存储器芯片是不能满足计算机对存储器的要求，因此要组成一个大容量定字长的存储器模块，通常需要几片或几十片存储器，采用一定的连接方式，进行位扩展、字扩展、字位扩展才能满足需要。

6.3.1 位扩展

如果存储器芯片的数据线位数不能满足系统要求，就需要进行位扩展。例如，系统采用 2114 芯片组成一个 1024×8 位的 RAM，而每个 2114 芯片是 1K×4 位，即有 10 根地址线和 4 根数据线。每个 2114 芯片的 10 根地址线正好满足整个存储系统存储单元数量的要求，但因为 2114 芯片只有 4 根数据线，不能满足存储器位数要求，要进行位扩展，扩展示意图如图 6-14 所示。

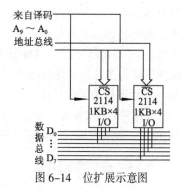

图 6-14　位扩展示意图

由于每一片上的数据为 4 位，需要两个 2114 芯片才能形成 8 位数据。其中一片与数据总线低 4 位 $D_0 \sim D_3$ 相连，另一片接到数据总线高 4 位 $D_4 \sim D_7$，两片共同构成一个字节。

注意：这两个芯片的片选端 $\overline{CS}$ 应该连接在一起。

6.3.2 字扩展

如果存储器芯片的数据位数可满足系统要求，但存储容量不够，则需要进行字扩展。例如，系统需要 64K×8 的存储器，而用户只有 16K×8 的存储器芯片，则可以用 4 个 16K×8 芯片通过字扩展组成 64K×8 的存储器来满足系统要求，字扩展示意图如图 6-15 所示。

图 6-15 中，4 个芯片的数据端与数据总线 $D_0 \sim D_7$ 相连，地址总线 $A_0 \sim A_{13}$ 直接以并联方式连接到各芯片上。为保证在任何时候只有一块芯片被选中，可利用高位地址 A_{14}、A_{15} 经译码器输出作为各个芯片的片选信号。例如，高位地址 A_{14}、A_{15} 为 00 时，2/4 译码器输出为 0，最左边芯片被选中，其地址范围 0000H～3FFFH。如果 A_{14}、A_{15} 为 11，2/4 译码器输出为 3，选中最右边芯片，其地址范围 C000H～FFFFH，依此类推，即可确定其他芯片的地址。

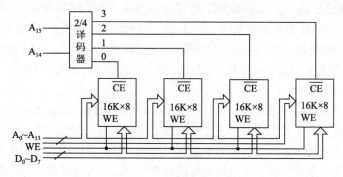

图 6-15　字扩展示意图

6.3.3 字位扩展

如果存储器芯片的存储单元数和数据线位数都不能满足存储器的要求，则要进行字位扩展。若系统要求组成 2K×8 位的 RAM，可采用 4 片 2114（1K×4 位）进行字位同时扩展来满足存储器要求，字位扩展示意图如图 6-16 所示。

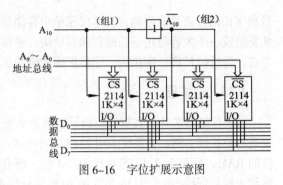

图 6-16 字位扩展示意图

图 6-16 中，4 个 2114 芯片分成 2 组，每组分别形成 1K×8 位存储容量，即进行位扩展，若组成 2K×8 位存储容量，还要进行字扩展。由于寻址 2 KB 的 RAM 共需要 11 根地址线，除每个芯片的地址线直接与地址总线 A_0～A_9 相连作为组内寻址，还需要一根地址线 A_{10} 作为组间寻址。

同组芯片的 $\overline{CS}$ 端并接后，分别与地址总线的 A_{10} 或 $\overline{A_{10}}$ 相连。显然，组 1 是存储体的前 1K 单元，地址范围为 000H～3FFH，组 2 是存储体的后 1K 单元，地址范围为 400H～7FFH。

6.3.4 存储器的寻址

为保证 CPU 能正确寻址存储器的所有存储单元，应解决好存储器地址译码问题。存储器的寻址要解决 2 个问题，一是要选择出操作单元所在的存储器芯片，称之为"片选"或"片间寻址"；二是要在已选中的芯片内部选择的某个特定单元，这称为"字选"或"片内寻址"。通常将 CPU 高位地址线用作片选，低位地址线用作字选。"字选"是将存储器芯片的地址线与系统地址总线中从低位开始的相应各线一一相连即可。"片选"一般有两种方法，即线选法和译码法，其中译码法又分为全译码法和部分译码法两种。将微机系统产生的片选信号送至存储器芯片的片选引脚即可。

1. 线选法

在一些比较简单的微机系统中，由于存储容量不大，存储器芯片数也不多，可将存储器芯片的地址线与系统地址总线的低位一一对应相连，便可完成对片内某个存储单元的地址选择，即实现"字选"。将"字选"后剩余系统地址总线高位中的某一根地址线作为片选信号，每个存储芯片只用一根地址线选通。

例如：某存储器由 2 片存储器芯片组成，其中 1 片为 RAM，容量为 1K×8，对应 10 根地址线，8 根数据线；另一片为 EPROM，容量为 4K×8，对应 12 根地址线，8 根数据线。则存储器构成时可将 RAM 芯片的地址线 A_0～A_9 分别与系统地址总线的低 10 位 A_0～A_9 相连，将 EPROM 芯片的地址线 A_0～A_{11} 分别与系统地址总线的低 12 位 A_0～A_{11} 相连。然后，将剩余的高位地址总线 A_{12}～A_{15} 中的 2 根 A_{12}、A_{13} 作为片选线，分别与 RAM 芯片和 EPROM 芯片的片选信号 $\overline{CE}$ 相连即可。

线选法的优点是连接简便易行，无须外加专门的译码电路，在存储容量较小的系统设计中经常采用此方法；缺点是由于每个芯片的片选信号需占用一根地址线，也就占用了一部分地址空间，会造成地址不连续，大量的地址空间浪费，CPU 寻址能力的利用率太低，并且会与其他芯片出现地址重叠，使一个地址码可能选中两个以上的存储单元，给存储器操作带来很多不便。

2. 全译码法

这种方法是将存储器芯片的全部地址线与系统地址总线的低位线一一对应相连，便可完成对片内某个存储单元的地址选择。剩余的高位地址总线全部参加译码，经地址译码器译码输出作为各芯片的片选信号。

显然，全译码法可提供对全部存储空间的寻址能力，解决了线选法浪费地址空间、地址重叠及地址不连续等问题。若系统有 n 根地址总线，则提供的地址空间可达 2^n 个。即使不需要全部存储空间，也可采用全译码法，多余的译码输出留作将来扩展使用。缺点是线路结构复杂，增加了成本。

3. 局部译码法

如不要求提供 CPU 可直接寻址的全部存储单元，用线选法地址线又不够用时，为简化地址译码逻辑，可采用局部译码法。

该方法只对部分高位地址总线进行译码，产生片选信号，剩余高位线或空或直接用作其他存储芯片的片选控制信号。所以，它是介于全译码法和线选法之间的一种寻址方法。

如某存储体只需 16 KB 存储容量，若采用 2 KB 存储芯片构成，则需要 8 片。这时可采用局部译码法，即用 $A_{15} \sim A_{13}$ 作译码，通过 3-8 译码器译码输出作为 8 个存储芯片的片选信号，A_{11}、A_{12} 空着，$A_{10} \sim A_0$ 作为存储芯片的片内地址线。

6.4 存储器与 CPU 的连接

在微型计算机系统中，存储器与 CPU 的连接主要是指存储器的数据线、地址线、控制线与 CPU 的数据总线、地址总线、控制总线之间如何连接。CPU 对存储器的读/写操作首先是向其地址线发出地址，然后向控制线发出读/写控制信号，最后在数据线上传送数据信息。每一个存储器芯片的数据线、地址线和控制线都必须和 CPU 建立正确的连接，才能完成正确的读写操作。

6.4.1 连接时注意问题

1. CPU 总线的负载能力

在小型系统中，由于现在的存储器多由 MOS 管构成，直流负载较小，CPU 总线的负载能力可直接驱动存储器系统，所以 CPU 可直接与存储器相连。而在较大型的系统中，当 CPU 和大容量标准 ROM、RAM 一起使用或扩展成一个多插件系统时，总线上挂接的器件太多，超过 CPU 的负载能力，就必须在总线上增加缓冲器或总线驱动器，增加 CPU 总线的驱动能力，然后再与存储器相连。一般情况下，地址总线需接入单向驱动器 74LS244，数据总线需要接入双向驱动器 74LS245 等。

2. 存储器与 CPU 之间的速度匹配

CPU 取指周期和对存储器读/写操作都有固定时序，由此决定了对存储器存取速度的要求。具体来说，CPU 对存储器读操作时，CPU 发出地址和读命令后，存储器必须在限定时间内给出有效数据。而当 CPU 对存储器写操作时，存储器必须在写脉冲规定的时间内将数据写入指定存储单元，否则就无法保证迅速准确地传送数据。因此，当存储器速度跟不上 CPU 时序时，系统应考虑插入等待周期 T_W，以解决存储器与 CPU 之间速度匹配问题。例如，8086 主频为 5 MHz，1 个时钟周期为 200 ns，CPU 和存储器交换数据或从存储器取出指令至少需要 1 个总线周期，而总线周期一般由 4 个状态组成。如果存储器速度较慢，CPU 就会根据存储器送来的"未准备好"信号（Ready 信号无效），在 T_3 状态后插入等待状态 T_W，从而延长总线周期。

3. 存储器的组织、地址分配和译码

在存储器与 CPU 连接前，首先要确定存储器容量大小，并确定选择何种存储器芯片来构成存储器。组成存储器系统时，往往要选择若干存储器芯片才能满足内存容量的要求。这些存储器芯片如何同 CPU 有效地连接并能有效寻址，就存在一个存储器地址分配问题。此外，内存又分为 ROM 区和 RAM 区，而 RAM 区又分为系统区和用户区，进行地址分配时一定要将 ROM 和 RAM 分区域安排。

存储容量和存储器芯片确定后，就要将所选择芯片与确定的地址空间联系起来，即将芯片中的存储单元与实际地址一一对应，这样才能通过寻址对存储单元进行读/写操作。CPU 的地址输出线是有限的，不可能寻址到每一个存储单元，需要地址译码器按一定规则译码成某些芯片的片选信号和地址输入信号，被选中的芯片就是 CPU 要寻址的芯片。

6.4.2 典型微处理器与存储器的连接

1. 8086 与 ROM 的连接

ROM、PROM 或 EPROM 芯片可和 8086 系统总线连接，但是要注意 2716、2732、2764 一类的 EPROM 芯片，它们是以字节宽度输出的。因此，要用两片这样的存储芯片，才能存储 8086 的 16 位指令字。

2732 是 $4K \times 8$ 位的 EPROM 芯片，两片 2732 可以构成 4K 字（8K 字节）的存储器系统，用来作为存放指令代码的程序存储器。2732 与 8086 CPU 连接示意如图 6-17 所示。

上面一片 2732 代表高 8 位存储体，下面一片 2732 代表低 8 位存储体。为寻址 4K 字存储单元共需 12 条地址线（$A_{12} \sim A_1$）两片 2732 EPROM 在总线上并行寻址。其余 8086 高位地址线（$A_{19} \sim A_{13}$）用来译码产生芯片选择信号 $\overline{CS}$。两片 2732 $\overline{CE}$ 端连到同一个芯片选择信号。

图 6-17 中，地址线 $A_{12} \sim A_1$ 作为 4K 字 EPROM 片内寻址，其余 7 根地址线（$A_{19} \sim A_{13}$）经译码器可输出 128 个片选信号线。若这 128 个片选信号线全部用上，则可寻址 $128 \times 8\,KB$（1 MB）存储器，即为全译码方式。全译码不浪费存储器地址空间，各芯片间地址可连续且不致因考虑不周而使地址重复。当译码地址未用满时，可留作系统扩展。

另外，注意 M/$\overline{IO}$ 信号线在这里的作用，它可确保只有当 CPU 要求与存储器交换数据时才会选中存储器系统。当 8086 存储器系统较小时，可采用局部译码方式。局部译码方式只使用有限的高位地址线进行译码。显然，局部译码方式可节省译码器，但比全译码方式的地址空间要小。

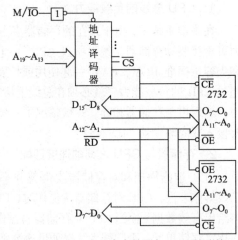

图 6-17　4K 字程序存储器与 8086 的连接

2. 8086 与 SRAM 的连接

当微型计算机系统的存储器容量较小时（例如少于 16K 字时），宜采用 SRAM 芯片而不

宜采用 DRAM 芯片。因为大多数 DRAM 芯片是位片式，如 $16K \times 1$ 位或 $64K \times 1$ 位。DRAM 芯片要求动态刷新支持电路，这种附加的支持电路反而增加了存储器的成本。

图6-18给出了一个 2 KB 的最小模式静态 RAM 存储器系统。存储器芯片选用 2142 SRAM，存储器系统工作在 8086 最小模式系统中。由于 2142 静态 RAM 是以 $1K \times 4$ 位组织的，所以必须用 4 片 2142 经过字位扩展连接成 2 KB 的数据存储器，每两片 2142 组成一个 $1K \times 8$ 位的存储体。上面两片用作低 8 位 RAM 存储体，它们的 I/O 引线和数据总线 $D_7 \sim D_0$ 相连，代表了偶地址字节数据；下面两片 2142 用作高 8 位存储体，其 I/O 引线和数据总线 $D_{15} \sim D_8$ 相连，代表了奇地址字节数据。

地址总线 $A_{10} \sim A_1$ 并行地连接到 4 片 2142 的地址输入引线，用来实现片内寻址。CPU 引脚的高位地址 $A_{19} \sim A_{11}$ 和 M/$\overline{\text{IO}}$（高电平）经译码器译码产生 CS_2 片选信号。要实现对这 2 KB 存储单元的访问，高位地址部分必须使 CS_2 片选信号为高电平。

$\overline{\text{WR}}$ 信号（低电平）用来通知存储芯片在写总线周期时数据总线上的数据已经有效。$\overline{\text{WR}}$ 并行地加到 4 片 2142 的 $\overline{\text{WE}}$ 输入引线上，使 2142 从总线上取数据并写入所选中的存储单元。

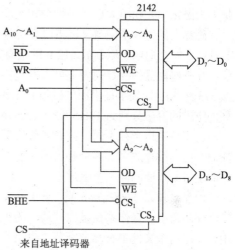

图 6-18　最小模式静态 RAM 存储器

8086 输出的 $\overline{\text{RD}}$ 信号送到 2142 的 OD 输入线上。OD 是禁止输出的缩写。高电平 OD 禁止 2142 输出数据，低电平 OD 则允许 2142 输出数据到总线上。$\overline{\text{RD}}$ 信号为低电平时，允许 2142 在读总线周期时向数据总线输出数据。

A_0 和 $\overline{\text{BHE}}$ 信号的不同组合能确保同时选中奇、偶地址体或其中之一，从而实现在数据总线传送一个字或一个字节的目的。

8086 最大模式系统中的存储器系统类似于上面描述的最小模式系统。关键的区别是在最大模式系统中，用 8288 总线控制器代替 8086 产生存储器读/写等控制信号。此外，系统中用 8286 总线收发器来缓冲数据总线。8288 的 DT/$\overline{\text{R}}$ 和 DEN 输出信号分别用作 8286 的 T 和 $\overline{\text{OE}}$ 信号，用来在读／写总线周期时选择收发器的传送方向和允许数据传送。

6.5　辅助存储器

辅助存储器存放当前暂时不用的程序或数据，需要时再成批地调入主存。它属于外围设备，因此又称为外存储器。常用辅助存储器主要有磁表面存储器和光存储器两类，如硬盘、光盘存储器等。其中，磁表面存储器是计算机系统中最主要的外存设备，特点是存储容量大，易于脱机保存，价格低廉。

6.5.1　硬盘存储器

硬盘是微型计算机最主要的存储器件，属于磁表面存储器。以厚度为 $1 \sim 2$ mm 的非磁性的铝合金材料或玻璃基片作为盘基，在表面涂抹一层磁性材料作为记录介质。磁层可采用电涂工艺制成，此时磁粉呈不连续的颗粒存在，也可用电镀、化学镀或溅射等方法制成。

当磁盘旋转时，磁头若保持在一个位置上，则每个磁头都会在硬盘的每个盘面上划出许多由外向里的同心圆轨迹，这些圆形轨迹就称为"磁道"。通过磁化磁道可存储信息。最外边的是 0 号磁道。这些磁道用肉眼是根本看不到的，因为它们仅是盘面上以特殊方式磁化了的一些磁化区，磁盘上的信息便是沿着这样的轨道存放的。相邻磁道之间并不是紧挨着的，这是因为磁化单元相隔太近时磁性会相互产生影响，同时也为读/写磁头带来困难。

磁盘上的每一个磁道又以 512 B 为单位进行等分，分为若干个弧段，这些弧段就构成了"扇区"。每个扇区可以存放 512 B 的信息，磁盘驱动器在向磁盘读/写数据时，要以扇区为单位。在一些硬盘的参数列表上可以看到描述每个磁道的扇区数，它通常有一个范围标识，例如 373～746，这表示最里面的磁道有 373 个扇区，而最外圈的磁道有 746 个扇区，因此可以算出磁道的容量分别为 186.5 KB（190976 B）到 373 KB（381952 B）。

由于各磁道半径不同，因此各磁道存储密度也不一样。不同盘面上同一磁道构成一个圆柱面，可连续存放多于一个磁道的信息，即一次写入信息超过一个磁道时，可继续写入同一柱面上另一盘面的同一个磁道上。

硬盘盘片以 3 600 r/min 或 7 200 r/min 的速度旋转，通过悬浮在盘片上的磁头进行读/写操作。在磁盘上，操作系统是以"簇"为单位文件分配磁盘空间的。每个簇只能由一个文件占用，即使这个文件中有几个字节，也决不允许两个以上的文件共用一个簇，否则会造成数据混乱。这种以簇为最小分配单位的机制，使硬盘对数据的管理变得相对容易，但也造成了磁盘空间的浪费，尤其是小文件数目较多的情况下，一个上千兆的大硬盘，其浪费的磁盘空间可达上百兆字节。

1. 硬盘分类

硬盘有机械硬盘（HDD 盘）、固态硬盘（SSD 盘）、混合硬盘（HHD 盘）等几种。机械硬盘采用磁性碟片来存储，固态硬盘采用闪存颗粒来存储，混合硬盘是一种基于传统机械硬盘诞生出来的新硬盘，相当于把磁性硬盘和闪存集成到一起。绝大多数硬盘都是机械硬盘，被永久性地密封固定在硬盘驱动器中。

现代硬盘一般采用多磁头技术，该技术是通过在同一碟片或多个碟片上增加多个磁头，这些磁头可以同时读/写来为硬盘提速，多用于服务器和数据库中心。根据磁头和盘片的不同结构和功能，硬盘可分为固定磁头磁盘机、活动磁头固定盘片磁盘机和活动磁头可换盘片磁盘机等。

（1）固定磁头磁盘机：盘片的每一条磁道上方安装一个磁头，以完成对该磁道读/写操作。这种磁盘机结构简单，可靠性高，由于几乎不需要寻道时间，故存取速度极快。但所需磁头数量多，由于磁头机械尺寸的限制使磁道密度受到影响，因此总存储容量不大，适合于快速存取的专用机械系统。

（2）活动磁头固定盘片磁盘机：每个盘面上只安装一个或两个磁头，存取数据时磁头可沿盘面径向移动到各个磁道完成读/写操作，磁头与盘面不接触且随气流浮动，称为浮动磁头。这种磁盘机可大大减少磁头数量，有效地提高磁道密度，存储容量明显增大。新型的固定盘式磁盘机一般采用温彻斯特技术，称为温彻斯特磁盘，简称"温盘"。这种磁盘机的盘片组也是由一个盘片或多个盘片组成，固定在主轴上，不可拆卸。

（3）活动磁头可换盘片磁盘机：不但磁头可移动，而且盘片也由一片或多片磁盘构成盘盒或盘组形式，用户可方便地将它们从磁盘机上卸下或装上。一旦盘片上装满信息，可卸下供长期保存，使脱机容量不受限制，成为名副其实的"海量存储器"。这种磁盘可在兼容的磁盘存储器间交换数据，具有脱机保存、存储容量大的优点。为达到可靠交换数据的目的，磁盘的道密度要适当降低，从而使可换磁盘记录密度的提高受到限制。

2．温彻斯特技术

温彻斯特磁盘由 IBM 公司在美国加州坎贝尔市温彻斯特大街的研究所研制成功，故称作"温彻斯特技术"。该技术将硬盘盘片、读/写磁头、小车、导轨、主轴及控制电路等组装在一起，制成一个密封式不可拆卸的整体。具有防尘性能好、工作可靠，对使用环境要求不高的突出优点，是磁盘技术向高密度、大容量、高可靠性发展的产物。

温彻斯特技术的主要特点如下：

（1）密封的头—盘组合体（HAD 组合件）：由于盘片和磁头的关系固定，每一磁头读出的就是它自己写入的数据，这样就免去了换盘时磁头调整问题，也使磁道允许公差要求放宽，提高了道密度。再加上密封结构使得硬盘防尘效果好，也提高了可靠性。

（2）轻浮力的接触/浮动式磁头：启动和停机时磁头接触盘面，盘片开始转动后，高速旋转使盘片上形成一个气垫，磁头在盘面上平稳浮起，浮动高度为 0.5 μm。运转时的不接触使磁头和盘片寿命都大大提高，而启停时的接触又省去了磁头进出盘面的精密控制机构。

（3）盘片表面润滑剂：为在接触式启停过程中减少盘面被磁头擦伤的机会，在盘片表面涂有薄薄一层润滑剂。

以上特点给磁盘机带来的好处是容量更大，存取速度更快，可靠性更高，寿命更长，制造成本更低。

3．硬盘驱动器

硬盘驱动器（HDD）又称磁盘机，是独立于主机之外的一个完整装置，用来完成对硬盘的读/写工作。下面以活动磁头可换盘片磁盘机为例介绍硬盘驱动器的基本结构及工作原理。

基本结构由以下 5 部分组成：

（1）主轴系统：包括主轴电动机、主轴部件、盘片和控制电路等。其作用主要是安装并固定盘片和盘盒，驱动它们以额定转速稳定旋转。

（2）数据转换系统：包括磁头、磁头选择电路、读/写电路、索引、区标电路等。其作用是接收主机通过接口送来的数据并写入到盘片上，或从盘片上读出信息并送到接口电路。

（3）磁头驱动和定位系统：包括磁头驱动和磁头定位两部分。磁头驱动由音圈电动机（或步进电动机）和运载部件（也称磁头小车）组成。在磁盘存取数据时，磁头小车的运动驱动磁头进入指定磁道的中心位置并精确地跟踪该磁道。

（4）空气净化系统：包括风机、空气过滤器、印刷电动机及其控制电路。其作用是防尘和冷却，往盆腔内送入干净的、冷却的空气，并清洁盘面。

（5）接口电路：完成硬盘驱动器和硬盘控制器之间的数据传输，由接收门电路和发送门电路组成。

硬盘驱动器的工作原理：写入时，由控制器送来要写入的数据，通过接口送到写入电路，磁头选择电路选择要写入的磁头，磁头驱动和定位系统把该磁头定位在要写入的磁道的位置，然后数据就可以写入到选定的盘面、磁道和扇区上；读出时，由磁头选择电路选定磁头，磁头驱动和定位系统使之定位在要读出的磁道位置，然后由该磁头读出相应扇区的信息，通过读电路将读出信息进行放大、滤波、鉴零、整形后，再送到接口电路。

4. 硬盘控制器

硬盘控制器是主机与硬盘驱动器之间的接口，其作用是接受主机发送的命令和数据，并转换成驱动器的控制命令和驱动器可以接受的数据格式，以控制驱动器的读/写操作。

硬盘控制器组成如图 6-19 所示。

（1）I/O 接口电路：用来和主机连接，实现控制器和主机之间的信息传送，包括主机对控制器的寄存器读/写，对 ROM 芯片的直接寻址等。

（2）智能控制器：包括一个 CPU 芯片、一个 DMA 芯片和一个专用的硬盘控制器芯片。智能控制器主要用来实现对温盘的智能控制和信号的传送、处理等。

（3）状态和控制电路：指智能控制器的外围电路，通过它们监测温盘的状态并发出控制信号。

（4）读/写控制电路：可控制主机对温盘的数据读/写操作。

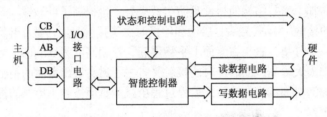

图 6-19　硬盘控制器组成示意图

5. 硬盘驱动器接口

目前使用较多的硬盘驱动器接口有 IDE、EIDE、SCSI、SATA 接口等。

（1）IDE 接口：IDE（Integrated Drive Electronics）集成驱动器电子部件的最大特点是把控制器集成到驱动器内，在硬盘适配器中不再有独立的控制器部分。由于把控制器和驱动器电路集成在一起，可消除驱动器和控制器间数据丢失问题，使数据传输十分可靠。这就可使每磁道扇区数提高到 30 以上，从而增大可访问容量。

IDE 接口中，除了对 AT 总线上的信号做必要控制外，基本上是原封不动地送往硬盘驱动器。因此，IDE 实际上是系统级接口，有时也称其为 ATA 接口（AT 嵌入式接口）。

（2）EIDE 接口：EIDE 接口是西部数码开发的，即增强型 IDE 接口，较 IDE 接口有了很大改进。Pentium 系列微机主板上就配有 EIDE 接口，用户不必再买单独的适配卡。

EIDE 有以下显著优点：

① 许更大存储容量。EIDE 标准支持的每个硬盘最高容量可达 8.4 GB。

② 允许连接更多的外设。EIDE 接口提供主插座和辅插座两个插座，每个插座又可连接主、从两个设备，故 EIDE 标准允许一个系统连接 4 个 EIDE 设备。主插座通常与高速局部总线相连，供硬盘使用。辅插座与 ISA 总线相连，供 CD-ROM 驱动器使用。

③ 支持多种外设。EIDE 支持符合 ATAPI 标准的 CD-ROM 驱动器和磁带驱动器。

④ 具有更高的数据传输速率。IDE 驱动器最大突发数据传输速率只有 3 Mbit/s，而 EIDE 支持的数据传输速率可达 11.1 Mbit/s。

（3）SCSI 接口：SCSI（Small Computer System Interface）接口是 Novell 公司生产的小型计算机系统接口。SCSI 接口可提供大量、快速的数据传输，支持更多数量和更多类型的外围设备，使其能广泛应用于工作站和高档微机系统中。SCSI 接口不仅适用于硬盘，而且也适用于扫描仪、CD-ROM 驱动器及打印机等设备的连接。

SCSI 接口的特点如下：

① 可同时连接 7 个外设。

② 可以 8 位、16 位或 32 位的形式进行数据传输。

③ 可以连接的硬盘驱动器容量可达 100 GB，数据传输速率达 10～160 MB/s。

④ 成本较 IDE 和 EIDE 接口高很多。若用 SCSI 接口的设备必须和 SCSI 接口卡配合使用，SCSI 接口卡也比 IDE 和 EIDE 接口贵很多。

⑤ SCSI 接口是智能化的，可彼此通信而不增加 CPU 的负担。SCSI 设备在数据传输过程中起主动作用，并能在 SCSI 总线内部具体执行，直至完成再通知 CPU。

（4）SATA 接口：SATA 是 Serial ATA 的缩写，即串行 ATA，由于采用串行方式传输数据而得名，主要用作主板和大容量存储设备（如硬盘及光盘驱动器）之间的数据传输。2000 年 11 月由 Serial ATA Working Group 团体所制定，这是一种完全不同于 IDE 接口的新型硬盘接口类型，已经完全取代 IDE 接口的旧式硬盘。

SATA 接口与以往的传统接口相比其最大的区别在于数据传输速率更高，而且由于 SATA 总线使用嵌入式时钟信号，具备了更强的纠错能力，在于能对传输指令（不仅仅是数据）进行检查，如果发现错误会自动矫正，这在很大程度上提高了数据传输的可靠性。SATA 接口还具有结构简单、支持热插拔等优点，由于采用较细的排线，有利于机箱内部的空气流通，加强了散热，进一步增加了整个平台的稳定性。

与并行 ATA 相比，SATA 具有比较大的优势：

① SATA 接口以连续串行的方式传送数据，可以在较少的位宽下使用较高的工作频率来提高数据传输的带宽。

② SATA 接口一次只传送 1 位数据，这样能减少 SATA 接口的针脚数目，使连接电缆数目变少，效率也会更高。实际上，SATA 接口仅用 4 个针脚就能完成所有的工作，分别用于连接电缆、连接地线、发送数据和接收数据，同时这样的架构还能降低系统能耗和减小系统复杂性。

③ SATA 的起点更高、发展潜力更大，SATA 1.0 定义的数据传输速率可达 150 MB/s，这比并行 ATA（即 ATA/133）所能达到的 133 MB/s 的最高数据传输速率还高，SATA 2.0 的数据传输速率可达 300 MB/s，SATA 3.0 可达 600 MB/s 的数据传输速率。

6. 硬盘的基本参数

（1）容量：容量是硬盘存储器最主要的参数。硬盘的容量多以兆字节（MB）、千兆字节（GB）或百万兆字节（TB）为单位。但硬盘生产厂商通常使用的是 GB（1 GB=1 000 MB），因此在 BIOS 中或在格式化硬盘时看到的容量会比厂家的标称值要小。用户购买硬盘时硬盘容量标识为 500 GB，但实际容量都比 500 GB 要小，原因在于厂家是按 1 MB=1 000 KB 来换算的。

硬盘的容量指标还包括硬盘的单碟容量。所谓单碟容量是指硬盘单个盘片的容量，单碟容量越大，单位成本越低，平均访问时间也越短。一般情况下硬盘容量越大，单位字节的价格就越便宜，但是超出主流容量的硬盘略微例外。

（2）转速：转速（Rotational Speed 或 Spindle speed）是硬盘内电动机主轴的旋转速度，也就是硬盘盘片在一分钟内所能完成的最大转数。转速快慢是标识硬盘档次的重要参数之一，是决定硬盘内部传输速率的关键因素之一。硬盘主轴马达带动盘片高速旋转，产生浮力使磁头飘浮在盘片上方。要将所要存取资料的扇区带到磁头下方，转速越快，则等待时间也就越短。因此，转速在很大程度上决定了硬盘的速度。硬盘的转速越快，硬盘寻找文件的速度也就越快，相对的硬盘的传输速度也就得到了提高。硬盘转速以每分钟多少转来表示，单位表示为转/每分钟（r/min）数值越大，内部传输速率就越快，访问时间就越短，硬盘的整体性能也就越好。

家用普通硬盘的转速一般有 5 400 r/min、7 200 r/min 几种高转速硬盘也是台式机用户的首选；而对于笔记本用户则是 4 200 r/min、5 400 r/min 为主，虽然已经有公司发布了 10 000 r/min 的笔记本硬盘，但在市场中还较为少见；服务器用户对硬盘性能要求最高，服务器中使用的 SCSI 硬盘转速基本都采用 10 000 r/min，甚至还有 15 000 r/min 的，性能要超出家用产品很多。较高的转速可缩短硬盘的平均寻道时间和实际读/写时间，但随着硬盘转速的不断提高也带来了温度升高、电动机主轴磨损加大、工作噪声增大等负面影响。

（3）平均访问时间：平均访问时间（Average Access Time）是指磁头从起始位置到到达目标磁道位置，并且从目标磁道上找到要读/写的数据扇区所需的时间。体现了硬盘的读写速度，它包括硬盘的寻道时间和等待时间，即平均访问时间=平均寻道时间+平均等待时间。

硬盘的平均寻道时间（Average Seek Time）是指硬盘的磁头移动到盘面指定磁道所需的时间。这个时间越小越好，硬盘的平均寻道时间通常在 8～12 ms 之间，而 SCSI 硬盘则应小于或等于 8 ms。

硬盘的等待时间又叫潜伏期（Latency），是指磁头已处于要访问的磁道，等待所要访问的扇区旋转至磁头下方的时间。平均等待时间为盘片旋转一周所需的时间的一半，一般应在 4 ms 以下。

（4）传输速率：数据传输速率（Data Transfer Rate）是指硬盘读/写数据的速度，单位为兆字节每秒（MB/s）。硬盘数据传输速率又包括了内部数据传输速率和外部数据传输速率。

内部传输速率也称持续传输速率，它反映了硬盘缓冲区未用时的性能。内部传输速率主要依赖于硬盘的旋转速度。

外部传输速率也称突发数据传输速率或接口传输速率，它标称的是系统总线与硬盘缓冲区之间的数据传输速率，外部数据传输速率与硬盘接口类型和硬盘缓存的大小有关。

（5）缓存：缓存（Cache Memory）是硬盘控制器上的一块内存芯片，具有极快的存取速度，它是硬盘内部存储和外部接口之间的缓冲器。硬盘的内部数据传输速率和外部传输速率不同，缓存可以在其中起到一个缓冲的作用。缓存的大小与速度是直接关系到硬盘的传输速率的重要因素，能够大幅度地提高硬盘整体性能。当硬盘存取零碎数据时需要不断地在硬盘与内存之间交换数据，有大缓存，则可以将那些零碎数据暂存在缓存中，减小外系统的负荷，也提高了数据的传输速率。

6.5.2 光盘存储器

1. 概述

光盘存储器是 20 世纪 90 年代发展起来的不同于磁性载体的光学存储介质光盘，用聚焦的氢离子激光束处理记录介质的方法存储和再生信息，又称激光光盘。60 年代初发明了激光，随后就开始了高密度光学数据存储的研究工作。应用激光在某种介质上写入信息，然后再利用激光读出信息的技术称为光存储技术。如果光存储使用的介质是磁性材料，亦即利用激光在磁记录介质上存储信息，就称为磁光存储。70 年代研究出半导体激光器，解决了光源问题，又解决了读出微小信息位的光学伺服系统等关键技术问题，使光存储技术达到了实用化水平。

光盘存储器是利用激光能量可以高度集中的特点，以光学方式进行信息读/写。用于记录数据信息的薄层涂覆在基体上构成记录介质。

光盘存储器记录信息时使用功率较强的激光光源，聚焦成小于 1 μm 的光点照射到介质表面上，根据写入的信息来调制光点的强弱，使介质表面的微小区域温度升高，产生微小凹凸或其他几何变形，即改变表面的光反射性质。在从光盘中读出信息时，利用光盘驱动器中功率较小的激光光源照射，根据反射光强弱的变化经信号处理即可读出数据。因此，一般的光盘在写入信息时是一次性的，永久保存在盘片上。

光盘存储器应用激光在某种介质上写入信息，然后再利用激光读出信息的技术称为光存储技术。记录薄层有非磁性材料和磁性材料两种，前者构成光盘介质，后者构成磁光盘介质。如果光盘存储器使用的介质是磁性材料，即利用激光在磁记录介质上存储信息，就称为磁光存储。

光盘具有大容量、高速度、耐用且盘片易于更换的特点，与硬盘相比光盘更容易携带。

2. 光盘存储器的种类

常用光盘从读/写方式上分类主要有以下几种：

（1）只读型光盘（CD-ROM）：一次成型产品，由一种称为"母盘"的原始盘压制而成，一张母盘可压制数千张光盘。这种光盘盘片上的信息由生产厂家一次制成，用户只能读取其上数据或程序，不能写入修改。

CD-ROM 在娱乐界主要用于电视唱片和数字音频唱片，可获得高质量图像和高保真音乐。在计算机领域里主要用于检索文献数据库或其他数据库，也可用于计算机辅助教学。光盘存储容量一般为 650～760 MB，可存放约 70 min 的动态声像。

（2）DVD：1996 年底推出的新一代光盘标准，它使得基于计算机的数字视盘驱动器能从单个盘片上读取 4.7～17.7 GB 的数据量。其显著特点是数据可直接通过接口进行读取，具有多种物理格式、多种存储格式，采用通用盘格式向前、向后兼容。

DVD 是数字时代新的存储媒体，但在 DVD 的开发研制初期是作为 LD 和 VCD 的替代产品，以新一代视频光盘的身份出现的。因此，当时的 DVD 是 Digital Video Disc（数字视频光盘）的英文缩写，至今许多人仍这样认为，把 DVD 叫作数字视频光盘。

事实上，从 1995 年 9 月，索尼/飞利浦和东芝/时代华纳两大 DVD 开发集团达成 DVD 统一标准后，DVD 的内涵已经有了很大的变化，它已成了数字通用光盘即 Digital Versatile Disc 的英文缩写。"通用"含义表明了 DVD 用途的多元化，它不仅可用于影视、娱乐，还可用于多媒体计算机等领域。

虽然 DVD 盘片的外观和尺寸与现在广泛使用的 CD 盘片没有什么区别，直径均为 12 mm，厚度均为 1.2 mm，DVD 影碟机也能播放 CD 和 VCD，但 DVD 盘片与 CD 盘片的结构是不同的。DVD 盘片由两张厚度 0.6 mm 的基片黏合而成，这样可有利于减少盘片的翘曲程度，还可以制成双面盘来提高记录容量，而现在的 CD 盘片均为单面盘。

（3）只写一次型光盘（WORM）：用专门的写入设备——光盘刻录机刻制而成。这种光盘可由用户写入信息，写入后可多次读出，但只能写一次，而且信息写入后不能修改。主要用于计算机系统中的文件存档或写入信息不需修改的情况。

（4）可擦写型光盘：其与CD-ROM、WORM的本质区别是光盘可以像磁盘一样重复读写，是很有发展前途的光盘存储器。它对于存储在光盘上的信息，可以根据操作者的需要而自由更改、读出、复制、删除等。例如，MO光盘、PD光盘、CD—RW光盘均属于此类，当然，这种光盘和光驱的价格也比较昂贵。

3．光盘驱动器

（1）读/写原理：光盘存储器是利用激光束在记录表面上存储信息的。在光盘存储器中，信息的写入和读出都是由能够将激光束汇聚成直径为微米级的圆形光斑的光学头（又称光头或激光头）来完成，根据激光束及反射光的强弱不同，可以完成信息的读/写。它的读/写装置与光盘片的距离可比磁存储器磁头与盘片的距离大些，是非接触型读/写性质的存储器。

光盘的读/写原理有形变、相变和MO存储等。

① 形变：对于只读型和只写一次型光盘，写入时，将激光束聚焦成直径为小于1 μm的微小光点，以其热作用融化盘表面上的光存储介质薄膜，在薄膜上形成凹坑。有凹坑的位置表示记录了"1"，没有凹坑的位置表示"0"。

读出时，在读出光束的照射下，在有凹坑处和无凹坑处反射的光强是不同的。利用这种差别，可以读出二进制信息。由于读出光束的功率只有写入光束功率的1/10，因此不会融出新的凹坑。

② 相变：有些光存储介质在激光照射下，晶体结构会发生变化。利用介质处于晶态和非晶态区域内反射特性不同，而记录和读取信息的技术，称之为"相变可重写技术"。

③ 磁光（MO）存储：利用激光在磁性薄膜上产生热磁效应来记录信息，称为磁光存储，应用于可擦写光盘上。

（2）基本组成：光盘驱动器以光盘为载体读取信息，光盘数据存放在连续的螺旋形轨道上。当激光束扫描光盘的轨道时，利用光学反射原理，通过相应的传感器将光学信号转换成数字信息，再由主机将光盘内容读出。

一般情况下，光盘驱动器应能完成光盘旋转电动机、光学头径向寻址电动机和光学头自动聚焦、自动跟踪的伺服控制，以及完成写入数据的编码、读出数据的解码、检错纠错和时序控制等的通道控制。根据上述要求，光盘驱动器一般由光学头、主轴电动机、步进电动机、光驱伺服定位系统、微控制器组成，如图6-20所示。

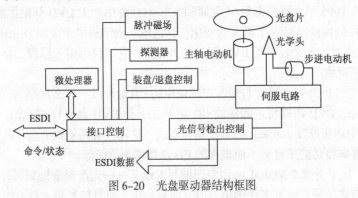

图6-20　光盘驱动器结构框图

（1）光学头：由发射激光的激光二极管和聚焦透镜组成。

（2）主轴电动机：带动光盘盘片旋转的执行机构。

（3）步进电动机：受控于伺服系统，执行寻找数据道命令。

（4）光驱伺服定位系统：由伺服电路和光信号检出控制电路组成。伺服电路由聚焦电路、寻道跟踪伺服驱动电路、直流电动机伺服驱动电路组成。光信号检出控制电路包括对光学信号的锁相、滤波、整形、放大、数据编码、缓冲等。

（5）微控制器：由微处理器、接口控制电路组成，保证寻道过程中各信号的精确度。

光盘驱动器由于具有容量大、密度高、介质寿命长、能够进行非接触读/写和高速随机存取等一系列优点而得到迅速发展。

6.6　新型存储器技术

现代微机中 CPU 的速度提高非常快，导致快速 CPU 常常要等待慢速的主存，而且程序规模越来越大，只依靠主存已远远不能满足需要。为解决 CPU 与主存之间的速度匹配和存储容量问题，人们采用了许多新型的存储器技术来弥补两者在速度和容量方面的差距，其中常用的有多体交叉存储器、高速缓冲存储器（Cache）、虚拟存储器和闪速存储器等。

6.6.1　多体交叉存储器

多体交叉存储器是由多个独立的、容量相同的存储模块构成的多体模块存储器，是从改进主存的结构和工作方式入手，设法提高其吞吐率，使主存速度与 CPU 速度相匹配。

目前，大多数主存都采用 MOS 存储器，其存取时间约为 70～300 ns，比 CPU 速度要低一个数量级。当主存以单一存取控制方式工作时，CPU 每次访问主存，只能读出或写入一个信息，在访问过程中，CPU 大部分时间处于等待状态，效率很低。

多体交叉存储器的设计思想是在物理上将主存分成多个模块，每个存储模块都有相同的容量和存储速度，各模块都有各自独立的地址寄存器、数据寄存器、地址译码器、驱动电路和读/写控制电路等，每个模块都是一个完整的存储器。因此，CPU 能同时或分时访问各个存储模块，任何时候都允许对多个模块进行读/写操作，每个模块各自以等同的方式与 CPU 传递信息，既能并行工作，又能交叉工作。若多体交叉存储器由 n 个模块构成，则存储器的存取速度可提高 n 倍，从而提高整个存储系统的平均访问速度。

多体交叉存储器的访问模式如下：

（1）同时访问：所有模块同时启动一次存储周期，每个模块对各自的数据寄存器并行地进行读/写操作。

（2）交叉访问：多个模块按一定的顺序轮流启动各自的存储周期，每个模块各自独立进行读/写操作。

多体交叉存储器实际上是把整个主存地址空间划分为多个同样大小的地址分空间。为了提高主存的数据传输率，可以采用交叉编址的方案，即利用主存地址的低 K 位来选择模块（可确定 2^K 个模块），高 m 位用来指定模块中的存储单元，这样连续的几个地址就位于相邻的几个模块中，而不是在同一个模块中，故称为"多体交叉编址"。CPU 要访问主存的几个连续地址时，可使这几个模块同时工作，整个主存的平均利用率得到提高。

多体交叉存储器按选择不同存储模块所用地址位是高位地址还是低位地址，可分为高位交叉编址多体存储器和低位交叉编址多体存储器。对于高位交叉编址多体存储器来说程序和数据是按存储模块分别存放，一个存满后再存下一个存储模块，程序和数据可以分别存取，高位地址经译码器译码后用于作为存储模块的片选信号；低位交叉编址多体存储器的程序和数据连续存放在相邻的存储模块中，程序和数据一般同时存取，采用低位地址经译码器译码后用于作为存储模块的片选信号，可加大存储带宽。

在多总线结构的计算机中，采用多体交叉存储器是提高系统速度和吞吐率的有效方法。

6.6.2 高速缓冲存储器（Cache）

由于 CPU 处理指令和数据的速度比从主存读取指令和数据的速度快，因此，主存储器读取速度成为整个系统速度的"瓶颈"。在多级存储系统中，为解决 CPU 和主存之间的速度匹配问题，除采用多体交叉存储等技术外，更有效的一种方法是采用 Cache 来提升整个存储系统的存取速度。Cache 的存取速度与 CPU 工作速度相当，比主存快数倍，容量较小，位于 CPU 和主存之间。

Cache 中存放的是 CPU 频繁使用的指令和数据，是主存中部分信息的副本。当程序运行时，微型计算机系统自动把要执行的程序和数据从主存调入 Cache，这样 CPU 只要访问 Cache 就可取得所需信息，只有当 CPU 所需信息不在 Cache 时才去访问主存。CPU 在主存中取得所需信息的同时不断用新的信息更新 Cache 的内容，就可使 CPU 大部分信息访问操作在 Cache 中进行，以减少对慢速主存的访问次数。

Cache 的全部功能由硬件实现，大多采用双极性 SRAM 构成，由于双极性 SRAM 的存取速度与 CPU 工作速度处于同一个数量级，所以 Cache 存取速度非常快。而且对程序员来说 Cache 是"透明"的，即程序员不需要明确知道 Cache 的存在，只需要面对一个既有 Cache 速度，又有主存容量的存储系统。CPU 不仅和 Cache 相连，而且和主存之间也要保持通路。

Cache 可提高 CPU 访问存储器时的存取速度，减少处理器的等待时间，对提高整个处理器的性能将起到非常重要的作用。

1．工作原理

对大量典型程序运行情况的分析结果表明，在一个较短的时间间隔内，由程序产生的地址往往集中在存储器逻辑地址空间很小范围内。指令地址的分布本来就是连续的，再加上循环程序段和子程序段要重复执行多次，对这些地址的访问就自然地具有时间上集中分布的倾向。数据分布的这种集中倾向不如指令明显，但对数组的存储和访问以及工作单元的选择都可使存储器地址相对集中。这种对局部范围的存储器地址频繁访问，而对此范围以外的地址则访问甚少的现象，称为"程序访问的局部性原理"。

根据该原理可在主存和 CPU 寄存器之间设置一个高速但容量相对较小的存储器 Cache，把正在执行的指令地址附近的一小部分指令或数据，即当前最活跃的程序或数据从主存成批调入 Cache，供 CPU 在一段时间内随时使用，就能大大减少 CPU 访问主存的次数，从而加速程序的运行。微机系统正是依据此原理不断将与当前指令集相关联的后继指令集从内存读到 Cache，然后再高速传输到 CPU，从而达到速度匹配。

CPU 对存储器进行数据请求时首先访问 Cache。当 CPU 要访问的数据在 Cache 中时，称为"命中"。此时，CPU 可直接对 Cache 进行读/写操作。由于 Cache 与 CPU 速度相匹配，因此不需要插入等待周期即可实现同步操作。

读操作时，CPU 可直接从 Cache 中读取数据。写操作时，Cache 和主存中相应两个单元的内容都需要改变，以便保持数据的一致性。有两种处理办法：一种是 Cache 单元和主存中相应单元同时被修改，称为"直通存储法"。另一种是只修改 Cache 单元内容，同时用一个标志位作为标志，当有标志位的信息块从 Cache 中移去时再修改相应主存单元，把修改信息一次写回主存，称为"写回法"。显然直通存储法比较简单，但对于需多次修改的单元来说，可能导致不必要的主存复写工作。

由于局部性原理不能保证所请求的数据都在 Cache 中，所以存在一个"命中率"的问题，即 CPU 在任一时刻从 Cache 中可靠获取数据的几率。命中率越高，从 Cache 中正确获取数据的可能性就越大。

当 CPU 要访问的数据不在 Cache 中时，称为"未命中"。此时，CPU 直接对主存进行操作。读操作时，把主存中相应信息块送 Cache，同时把所需数据送 CPU，不必等待整个块都装入 Cache，这种方法称为"直通取数"。写操作时，将信息直接写入内存。

Cache 和主存的存储区域均划分成块（Block），两者之间以块为单位交换信息。Cache 中的内容是在读/写过程中逐步调入的，是主存中部分内容的副本。信息块调往 Cache 时的存放地址与它在主存时的不可能一致，两种地址间有一定对应关系，这种对应关系称为地址映像函数。将主存地址变换成 Cache 地址的变换过程一般是通过硬件地址变换机构按所采用的地址映像函数自动完成的。

Cache 存储容量比主存容量小得多，但不能太小，太小会使命中率太低；也没有必要过大，过大不仅会增加成本，且当容量超过一定值后，命中率随容量增加将不会有明显增长。只要 Cache 空间与主存空间在一定范围内保持适当比例的映射关系，Cache 命中率还是相当高的。一般规定 Cache 与内存的空间比为 4:1000，即 128 KB Cache 可映射 32 MB 内存；256 KB Cache 可映射 64 MB 内存。在这种情况下，命中率都在 90% 以上。至于没有命中的数据，CPU 可以直接从内存获取。获取的同时也把它写入 Cache，以备下次访问。

2. Cache 的基本结构

Cache 通常由相连存储器实现。相连存储器的每一个存储块都具有额外的存储信息，称为标签（Tag）。访问相连存储器时，将地址和每一个标签同时进行比较，对标签相同的存储块进行访问。

Cache 的 3 种基本结构如下：

（1）全相连 Cache：存储的块与块之间，以及存储顺序或保存的存储器地址之间没有直接关系。可访问很多的子程序、堆栈和段，而它们位于主存储器的不同部位。因此，Cache 保存着很多互不相关的数据块，Cache 必须对每个块和块自身的地址加以存储。当请求数据时，Cache 控制器要把请求地址同所有地址加以比较，进行确认。这种结构的主要优点是能够在给定时间内去存储主存储器中的不同的块，命中率高；缺点是每一次请求数据同 Cache 中的地址进行比较需要相当的时间，速度较慢。

（2）直接映像 Cache：由于每个主存储器的块在 Cache 中仅存在一个位置，因而把地址比较次数减少为一次。其做法是，为 Cache 中的每个块位置分配一个索引字段，用 Tag 字段区分存放在 Cache 位置上不同的块。直接映像把主存储器分成若干页，主存储器每一页与 Cache 存储器大小相同，匹配的主存储器偏移量可直接映像为 Cache 偏移量。Cache 的 Tag 存储器（偏移量）保存着主存储器的页地址（页号）。这种方法优于全相连 Cache，能进行快速查找，缺点是当主存储器组之间做频繁调用时，Cache 控制器必须做多次转换。

（3）组相连 Cache：介于全相连 Cache 和直接映像 Cache 之间。使用几组直接映像的块，对于某一个给定的索引号可允许有几个块位置，因而可以增加命中率和系统效率。

3. 替换算法

当新的主存页需要调入 Cache 而它的可用位置又被占用时，就产生了替换算法问题。一个好的替换算法首先要看访问 Cache 的命中率如何，其次要看是否容易实现。替换算法的目标是使 Cache 获得最高的命中率，就是让 Cache 中总是保持着使用频率高的数据，从而使 CPU 访问 Cache 的成功率最高。

替换算法主要有以下 3 个：

（1）随机替换算法：该算法是最简单的替换算法。当需要找替换的信息块时，用随机数发生器产生一个随机数，即为被替换的块号。这种算法完全不反映程序的局部性特点，没有考虑信息块的历史情况和使用情况，命中率很低。

（2）先进先出（FIFO）：该算法是把最早进入 Cache 的信息块替换掉。为实现这种算法，需要在地址变换表中设置一个历史位，每当有一个新块调入 Cache 时，就将已进入 Cache 的所有信息块的历史位加 1。当需要替换时，只要挑选历史位中数值最大的信息块作为被替换块即可。这种算法也比较简单，也容易实现，但这种方法只考虑历史情况，并不合理，没有反映出信息的使用频率情况，所以其命中率也并不高，因为有些信息块虽然调入较早，但可能经常要用，使用频率高，很可能马上就要用。

（3）近期最少使用（LRU）算法：该算法是把最近使用最少的信息块替换掉，要求随时记录 Cache 中各信息块的使用情况。为反映每个信息块的使用情况，要为每个信息块设置一个计数器，以便确定哪个信息块是近期最少使用的。LRU 算法也可用堆栈来实现，也称为堆栈型算法。当所设堆栈已满，又有一个信息块要求调入 Cache 时，先检查堆栈中是否已经有这个信息块。如果有，则将该信息块从堆栈中取出压入堆栈栈顶；如没有，则将该信息块直接压入栈顶。原来在栈底上的信息块就成为被替换的信息块而被压出堆栈，这样就保证任何时候栈顶上的信息块总是刚被访问过的块，而栈底上的块总是最近没有被访问过的块。这种算法可获得较高的命中率。但由于近期使用少的未必是将来使用最少的，所以这种算法的命中率比 FIFO 算法有所提高，但并非最理想。

当然，为了进一步提高 CPU 访问 Cache 的命中率，可以采用适当加大 Cache 容量，改善程序和数据结构，加强预测判断，设计更好的优化替换算法等措施。

6.6.3 虚拟存储器

为满足现代微机系统对存储容量的要求，可以采用虚拟存储器技术。虚拟存储器及其管理技术是现代微机系统的重要特征之一，它将外存资源与内存资源进行统一管理，解决了用较小容量的内存运行大容量软件的问题。容量要求很大的存储系统仅仅采用单一结构的存储器是无法满足要求的，至少需要两种存储器：主存储器和辅助存储器。使用速度较快、容量不大的半导体存储器作为主存储器，而用容量极大、价格较便宜的磁带、磁盘、光盘等作为辅助存储器。

CPU 只能执行已装入主存的那一部分程序块，所以把 CPU 当前正在运行的程序和数据放在主存中，把暂时不用的程序和数据放在辅存中。程序执行过程中，不断把位于辅存中的将要处理的信息调入主存，处理完毕的信息不断调出主存。与此同时，为了提高主存的空间利用率，还应及时释放已不使用的信息所占用的空间，以便装入其他有用的信息。这样，随着程序的运行，各种信息就会在主存与辅存之间不断地调入/调出。

这个工作由微型计算机系统自动调度完成，无须用户参与，所以程序员面对的是一个既有主存速度，又有辅存容量的存储器整体，编程时可直接使用辅存容量的地址空间，而不必考虑主存的容量限制，这就是"虚拟存储器"技术。之所以称为"虚拟"，是因为这样的主存并不是真实存在的。

1. 虚拟存储器的概念

虚拟存储器（Virtual Memory）以程序访问的局部性原理为基础，建立在主存-辅存存储体系结构上，同时还有辅助软硬件来对主存与辅存之间的数据交换进行控制，采用虚拟存储器技术可以较好地解决存储系统的容量问题。

虚拟存储器是为了扩大容量，把辅存当作主存使用，它将主存和辅存的地址空间统一编址，形成一个庞大的存储空间。程序运行时，用户可间接访问辅存中的信息，可使用与访问主存同样的寻址方式，所需的程序和数据由辅助软硬件自动调入主存。

在一个虚拟存储系统中，展现在 CPU 面前的存储器容量并不是实存容量加上辅存容量，而是一个比实存大得多的虚存空间，它与实存和辅存空间的容量无关，取决于机器所能提供的虚存地址码的长度。例如，某计算机系统中，存储器按字节编址，可提供的虚存地址码长48 位，能提供的虚存空间为 2^{48} B=256 TB。

在虚拟存储器中要注意如下 3 个概念：

（1）虚拟地址空间：又称为虚存地址空间，该空间是应用程序员用来编写程序的地址空间，与此相对应的地址称为虚拟地址或逻辑地址。

（2）主存（内存）地址空间：又称为实存地址空间，该空间是存储、运行程序的空间，其相应的地址称为主存物理地址或实地址。

（3）辅存（外存）地址空间：也就是磁盘存储器的地址空间，是用来存放程序的空间，相应的地址称为辅存地址或磁盘地址。

不难看出，主存-辅存层次的虚拟存储和 Cache-主存层次有很多相似之处，但主存-Cache 体系和主存-辅存体系还有如下差别：

（1）主存-Cache 体系的目的是满足程序对速度的要求，而主存-辅存体系是为了满足容量的要求。所以前者容量小，Cache 每次传送信息块是定长的，只有几十字节，读/写速度快；而后一种体系容量大，传送数据块的长度长，虚拟存储器信息块划分有分页、分段等，长度可以很大，达几百或几千字节，读/写速度相对较慢。

（2）在主存-Cache 体系中，CPU 可以直接访问 Cache 和主存；而在主存-辅存体系结构中，CPU 不可以直接访问辅存。

（3）为了保证速度，主存-Cache 体系的存取信息过程、地址变换和替换策略全部采用硬件来实现，对程序员是透明的；而主存-辅存体系基本上由辅助软件（操作系统的存储管理软件）和硬件相结合进行信息块的划分和程序的调度，所以需要设计存储管理软件来实现这些功能。

2. 虚拟存储器的工作原理

虚拟存储器在 CPU 执行程序时，允许将程序的一部分调入主存，其他部分保留在辅存。即由操作系统的存储管理软件先将当前要执行的程序段（如主程序）从辅存调入主存，暂时不执行的程序段（如子程序）仍保留在辅存。当需要执行存放在辅存的某个程序段时，由 CPU

执行某种程序调度算法将它们调入主存。

由于虚存地址空间比主存地址空间大得多，就必须根据某种规则把按逻辑地址编写的程序装入到主存储器中，并将逻辑地址转换成对应的主存物理地址，程序才能运行，这一过程称为地址转换。CPU以逻辑地址访问主存，由辅助硬件和软件确定逻辑地址和物理地址的对应关系，判断这个逻辑地址指示的存储单元内容是否已装入主存。若在主存，CPU就直接执行该程序或数据；若不在主存，系统存储管理软件和辅助硬件就会把访问单元所在的程序块从辅存调入主存，并把逻辑地址转换成实地址。

虚拟存储器由硬件和软件（操作系统）自动实现对存储信息的调度和管理，其工作原理示意图如图6-21所示。

当应用程序访问虚拟存储器时，必须给出逻辑地址(虚拟地址)。首先进行内部地址转换(过程①)，如果要访问的数据在主存中，即内部地址转换成功，则根据转换所得到的物理地址访问主存储器（过程②）；如果内部地址转换失败，则要根据逻辑地址进行外部地址转换（过程③），得到辅存地址。与此同时，还需检查主存中是否有空闲区（过程③），如果没有，就要根据替换算法，把主存中暂时不用的某块数据通过I/O机构调出，送往辅存（过程④），再把由过程③得到的辅存地址中的块通过I/O机构送往主存（过程⑤）；如果主存中有空闲区域，则直接把辅存中有关的块通过I/O机构送往主存(过程⑤)。

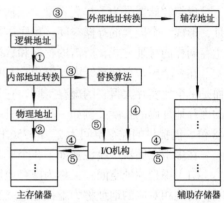

图6-21 虚拟存储器的工作原理示意图

块是主存与辅存之间数据传送的基本单位。根据对虚拟存储器不同的管理方式，块可以具体化为页、段和段页3种形式，在80486中就可相应地形成页式虚拟存储器、段式虚拟存储器和段页式虚拟存储器。

3. 页式虚拟存储器

以页为信息传送单位的虚拟存储器叫作"页式虚拟存储器"。页式虚拟存储器中，将主存空间和辅存空间分别等分为大小固定的若干页。页的大小随机器而异，通常都取2^n个字节，如2^{10}（1KB）、2^{11}（2KB）等。这种划分是一种逻辑划分，可由管理软件任意指定。因此，页的起始地址都落在低位地址为零的地址上。

虚存空间中所划分的页称为"虚页"，主存空间中所划分的页称为"实页"。为了区别这些页，每个页按顺序指定一个页号，页面由0开始顺序编号，即0页、1页、2页……分别称为虚页号和实页号。

例如，若主存空间为8 KB，辅存空间为16 KB，页的大小为1 KB，则主存空间可分为8个实页，其页号为0～7；辅存空间可分为16个虚页，其页号为0～15。当程序运行时，以"页"为单位进行地址映射，即操作系统以页为单位把逻辑页从辅存调入主存，存放在物理页面上，供CPU执行。在分页存储管理机制中，把逻辑页对应的逻辑地址称为线性地址。

虚拟地址由页号（页表索引）和页内地址（偏移地址）两部分组成，其中高位字段为虚页号，低位字段为页内地址；物理地址分成实页号和页内地址两部分，页内地址的长度由页面大小决定，实页号的长度取决于主存的容量。因为虚存和实存页面大小一致，所以信息由虚页向实页调入时以页为单位，页边界对齐，页内地址无须修改就可直接使用。因此，虚–实地址的转换主要是虚页号向实页号的转换，这个转换关系由页表给出。

在分页存储管理中，需要解决的关键问题是：选择哪一个物理页存放调入的逻辑页？如何将线性地址转换为物理地址？

为实现地址变换，要建立一张虚地址页号与实地址页号的对照表，记录程序的虚页面调入主存时被安排在主存中的位置，这张表称为"页表"。页表是存储管理软件根据主存运行情况自动建立的，保存在主存中，存放页的若干信息，如页号、容量、是否装入主存、存放在主存的哪一个页面上等。因为虚存空间比实存空间大得多，故虚页号要比实页号的长度长。

虚拟存储模式中，每一个程序都有一个自己独立的虚存空间。也就是说，同一个系统运行不同的程序时会有不同的虚存空间。程序运行时，存储管理软件要根据主存的运行情况为每一个程序建立一张独立的页表，存放在主存特定区域。页表信息字按虚页号顺序排列，在每个虚页中都有一个描述页表状况的信息字，称为"页表信息字"，其中存放该虚页对应到实存中的页号以及一些其他信息。

CPU 访问某页时，首先要查找页表，判断要访问的页是否在主存，若在主存为命中，否则为未命中。然后，将未命中的页按照某种调度算法由辅存调入主存，并根据逻辑页号和存放的物理页面号的对应关系，将线性地址转换为物理地址。页式虚拟存储器的地址转换如图 6-22 所示。

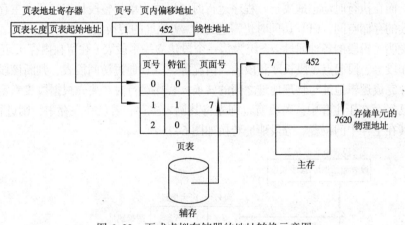

图 6-22 页式虚拟存储器的地址转换示意图

页表在存储器中的位置由页表地址寄存器定位。图 6-22 的页表中记录的状态信息为：第 1 项页号指示逻辑页；第 2 项特征位记录该逻辑页是否装入主存，"0"表示未装入，"1"表示已装入；第 3 项记录该逻辑页装入主存所存放的物理页的页面号，即 1 号逻辑页从辅存调入主存后，存放在第 7 号物理页面上。

当一个虚页号向实页号转换时，先应找到该程序的页表区首地址，然后按虚页号顺序找到该页的页表信息字。由于页表被保存在内存的特定区域中，程序投入运行时，便由存储管理软件把这个程序的页表区首地址送到页表的基址寄存器中。

存储单元的物理地址由页面号和页内地址两部分组成。8 KB 主存的页内地址由地址线 $A_9 \sim A_0$ 提供，可寻址 1 KB 的页内存储空间；页面号由高 3 位地址线 $A_{12} \sim A_{10}$ 提供，8 个页面的页面号为 0~7。

由此可看出，页面存储单元物理地址为：

$$物理地址 = 页的大小 \times 页面号 + 页内地址$$

线性地址的确定方法与物理地址的确定方法完全相同，也是由页号和页内地址两部分组成。16 KB 辅存空间可分为 16 页，页内地址由地址线 $A_9 \sim A_0$ 提供，其页号 0~15 由高 4 位地址线 $A_{13} \sim A_{10}$ 提供。

在进行地址转换时，由于逻辑页和物理页的大小相等，它们的页内地址是相同的，所不同的是页号，只要将线性地址的页号转换为物理地址的页面号即可。在图 6-22 中，给出 1 号逻辑页中某条指令访问数据的逻辑地址为 1024×1 + 452 = 1476，它存入主存 7 页面上所对应的物理地址为 1024×7 + 452 = 7620。

页式虚拟存储器每页长度固定且可顺序编号，页表设置很方便。虚页调入主存时，主存空间分配简单，开销小，页面长度较小，主存空间可得到充分地利用，因而得到广泛应用。缺点是程序不可能正好是页面的整数倍，最后一页的零头无法利用而浪费，同时机械分页无法照顾程序内部的逻辑结构，几乎不可能出现一页正好是一个逻辑上独立的程序段，指令或数据跨页的状况会增加查页表的次数和页面失效的可能性。

4. 段式虚拟存储器

段式虚拟存储器是按程序的逻辑结构所自然形成的段为单位就进行划分，以段作为主存分配单位来进行存储器管理，各个段的长度因程序而异，可独立编址。有的段甚至可事先不确定大小，而在执行时动态地决定。程序运行时，以段为单位整段从辅存调入主存，一段占用一个连续的存储空间，CPU 访问时仍需进行虚-实地址的转换。

为了说明逻辑段的各种属性，系统为每一个段建立一个段表（驻留在内存），记录段的若干信息，如段号、段起点、段长度和段装入情况等。CPU 通过访问段表，判断该段是否已调入主存，并完成逻辑地址与物理地址之间的转换。程序运行时，要先根据段表确定所访问的虚段是否已经存在于主存中。若没有，则先将其调入主存；若已在主存中，则进行虚-实转换，确定其在主存中的位置。分段地址转换如图 6-23 所示。

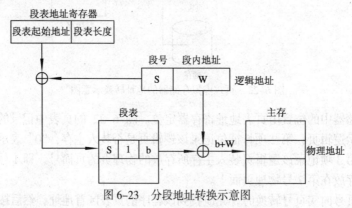

图 6-23　分段地址转换示意图

逻辑地址由段号（S）和段内地址（W）组成，段号相当于逻辑段的段名，它表示该逻辑段的起始地址。在进行地址转换时，操作系统用 S 检索段表，段表中记录的信息 1 表明该段已调入主存，b 是 S 段装入主存的起始地址，因此该逻辑地址对应的物理地址为 b + W。

在段式虚拟存储器中，由于段的分界与程序的自然分界相对应，所以具有逻辑独立性，易于程序的编译、管理、修改和保护，也便于多道程序共享。段式虚拟存储器配合了模块化程序设计，使各段之间相互独立，互不干扰。程序按逻辑功能分段，各有段名，便于程序段公用和按段调用，可提高命中率。不足之处是各段长度参差不齐，因为段的长度起点和终点不定，给主存空间分配带来了麻烦，调入主存时主存空间分配工作比较复杂，段与段之间的内存空间常常留下"零头"，不好利用而造成浪费。

5. 段页式虚拟存储器

分页存储管理的主要特点是主存利用率高且对辅存管理容易，但模块化性能差；分段存储管理的主要特点是模块化性能好，但主存利用率不高且对辅存的管理比较困难。为充分发挥页式和段式虚拟存储器各自的优点，可把两者结合起来形成段页式虚拟存储器。

段页式虚拟存储器首先将程序按其逻辑结构划分为若干个大小不等的逻辑段，以保证每个模块的独立性和便于用户使用，然后再将每个逻辑段划分为若干个大小相等的逻辑页，页面大小与实存页面相同。主存空间也划分为若干个同样大小的物理页。辅存和主存之间的信息调度以页为基本传送单位，每个程序段对应一个段表，每页对应一个页表。CPU 访问时，段表指示每段对应的页表地址，每一段的页表确定页所在的主存空间的位置，最后与页表内地址拼接，确定 CPU 要访问单元的物理地址。段页地址转换如图 6-24 所示。

虚地址的格式包括段号、页号和页内地址 3 部分。实地址则只有页号和页内地址。虚存与实存之间信息调度以页为基本单位。每个程序有一张段表，每段对应一张页表。CPU 访问时，由段表指出每段对应的页表的起始地址，而每一段的页表可指出该段的虚页在实存空间的存放位置（实页号），最后与页内地址拼接即可确定 CPU 要访问的信息的实存地址。这是一种较好的虚拟存储器管理方式。

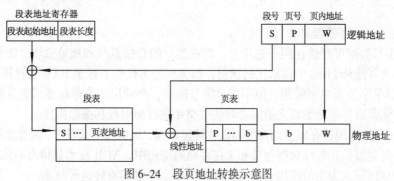

图 6-24 段页地址转换示意图

段页存储管理方式综合了段式管理和页式管理的优点，但需要经过两级查表才能完成地址转换，消耗时间多。

6.6.4 闪速存储器

闪速存储器（Flash Memory）是一种新型半导体存储器，也称为"闪存"。其特点是结合了 ROM 和 RAM 的长处，既具有 RAM 的易读易写、体积小、集成度高、速度快等优点，又有 ROM 断电后信息不丢失等优点，是一种很有前途的半导体存储器，U 盘、MP3 等电子产品中用的就是这种存储器。之所以称为"闪速"，是因为它能迅速清除整个存储器的所有内容。

闪速存储器是在 EPROM 和 E^2PROM 的制造技术基础上发展产生的，并在 EPROM 沟道氧化物处理工艺中，特别实施了电擦除和编程次数能力的设计。既有 EPROM 价格便宜、集成度高的优点，又有 E^2PROM 的电可擦除性、可重写性，而且不需要特殊的高电压，具有可靠的非易失性，对于需要实施代码或数据更新的嵌入性应用是一种理想的存储器，在固有性能和成本方面有较明显的优势。而且与 EPROM 只能通过紫外线照射擦除的特点不同，闪速存储器可实现大规模电擦除，而且它的擦除、重写速度较快，一块 1 MB 的闪速存储器芯片，其擦除和重写一遍的时间小于 5 s，比一般标准的 E^2PROM 要快得多，但它只能整片擦除，不能像 E^2PROM 那样逐个字节进行擦除重写。

Intel 公司的 ETOX（EPROM 沟道氧化物）闪速存储器是以单晶体管 EPROM 的存储单元为基础的。因此，闪速存储器具有非易失性，在断电时也能保留存储内容，这使它优于需要持续供电来存储信息的易失性存储器。闪速存储器的单元结构和它具有的 EPROM 基本特性使其制造特别经济，在密度增加时保持可测性，并具有可靠性，这几方面综合起来的优势是目前其他半导体存储器技术所无法比拟的。

闪速存储器可重复使用。目前，商品化的闪速存储器已可以做到擦写几十万次以上，读取时间小于 90 ns，在文件需要经常更新的可重复编程应用中，这一点是很重要的。

1. 闪速存储器的技术分类

全球闪速存储器的主要供应商有 AMD、ATMEL、Fujistu、Hitachi、Hyundai、Intel、Micron、Mitsubishi、Samsung、SST、SHARP、TOSHIBA，由于各自技术架构的不同，分为几大阵营。

（1）NOR 技术：NOR 技术（亦称为 Linear 技术）闪速存储器是最早出现的闪速存储器，目前仍是多数供应商支持的技术架构。它源于传统的 EPROM 器件，与其他闪速存储器技术相比，具有可靠性高、随机读取速度快的优势，在擦除和编程操作较少而直接执行代码的场合，尤其是纯代码存储的应用中广泛使用，如 PC 的 BIOS 固件、移动电话、硬盘驱动器的控制存储器等。

NOR 技术闪速存储器具有以下特点：

① 程序和数据可存放在同一芯片上，拥有独立的数据总线和地址总线，能快速随机读取，允许系统直接从 Flash 中读取代码执行，而无须先将代码下载至 RAM 中再执行。

② 可以单字节或单字编程，但不能单字节擦除，必须以块为单位或对整片执行擦除操作，在对存储器进行重新编程之前需要对块或整片进行预编程和擦除操作。

由于 NOR 技术闪速存储器的擦除和编程速度较慢，而块尺寸又较大，因此擦除和编程操作所花费的时间很长，在纯数据存储和文件存储的应用中，NOR 技术显得力不从心。不过，仍有支持者在以写入为主的应用，如 CompactFlash 卡中继续看好这种技术。

Intel 公司的 StrataFlash 家族中的 28F128J3，是采用 NOR 技术生产的存储容量较大的闪速存储器件，达到 128 MB，对于要求程序和数据存储在同一芯片中的主流应用是一种较理想的选择。该芯片采用 0.25 μm 制造工艺，同时采用了支持高存储容量和低成本的多级单元（MLC）技术。所谓多级单元技术是指通过向多晶硅浮栅极充电至不同的电平来对应不同的阈电压，代表不同的数据，在每个存储单元中设有 4 个阈电压（00/01/10/11），因此可以存储 2B 信息；而传统技术中，每个存储单元只有 2 个阈电压（0/1），只能存储 1B 信息。在相同的空间中提供双倍的存储容量，是以降低写性能为代价的。Intel 通过采用称为 VFM（虚拟小块文件管理器）的软件方法将大存储块视为小扇区来管理和操作，在一定程度上改善了写性能，使之也能应用于数据存储中。

（2）DINOR 技术。DINOR（Divided bit-line NOR）技术是 Mitsubishi 与 Hitachi 公司发展的专利技术，在一定程度上改善了 NOR 技术在写性能上的不足。DINOR 技术闪速存储器和

NOR 技术一样具有快速随机读取的功能，按字节随机编程的速度略低于 NOR，而块擦除速度快于 NOR。这是因为 NOR 技术闪速存储器编程时，存储单元内部电荷向晶体管阵列的浮栅极移动，电荷聚集，从而使电位从 1 变为 0；擦除时，将浮栅极上聚集的电荷移开，使电位从 0 变为 1。而 DINOR 技术 Flash Memory 在编程和擦除操作时电荷移动方向与前者相反。DINOR 技术闪速存储器在执行擦除操作时无须对页进行预编程，且编程操作所需电压低于擦除操作所需电压，这与 NOR 技术相反。

尽管 DINOR 技术具有针对 NOR 技术的优势，但由于自身技术和工艺等因素的限制，在当前闪速存储器市场中，它仍不具备与发展数十年，技术、工艺日趋成熟的 NOR 技术相抗衡的能力。目前 DINOR 技术 Flash Memory 的最大容量达到 64 Mb。Mitsubishi 公司推出的 DINOR 技术器件——M5M29GB/T320，采用 Mitsubishi 和 Hitachi 的专利 BGO 技术，将闪速存储器分为 4 个存储区，在向其中任何一个存储区进行编程或擦除操作的同时，可以对其他 3 个存储区中的一个进行读操作，用硬件方式实现了在读操作的同时进行编程和擦除操作，而无须外接 E^2PROM。由于有多条存取通道，因而提高了系统速度。该芯片采用 0.25μm 制造工艺，不仅快速读取速度达到 80 ns，而且拥有先进的省电性能。在待机和自动省电模式下仅有 0.33 μW 功耗，当任何地址线或片使能信号 200 ns 保持不变时，即进入自动省电模式。对于功耗有严格限制和有快速读取要求的应用，如数字蜂窝电话、汽车导航和全球定位系统、掌上计算机和顶置盒、便携式计算机、个人数字助理、无线通信等领域中可以一展身手。

（3）NAND 技术：NAND 技术闪速存储器适合于纯数据存储和文件存储，主要作为 SmartMedia 卡、CompactFlash 卡、PCMCIA ATA 卡、固态盘的存储介质，并正成为闪速磁盘技术的核心。

NAND 技术闪速存储器具有以下特点：

① 以页为单位进行读和编程操作，1 页为 256 B 或 512 B；以块为单位进行擦除操作，1 块为 4 KB、8 KB 或 16 KB；具有快编程和快擦除的功能，其块擦除时间是 2 ms，而 NOR 技术的块擦除时间达到几百毫秒。

② 数据、地址采用同一总线，实现串行读取。随机读取速度慢且不能按字节随机编程。

③ 芯片尺寸小，引脚少，是位成本最低的固态存储器。

④ 芯片可以有失效块，其数目最大可达到 3～35 块（取决于存储器密度）。失效块不会影响有效块的性能，但设计者需要将失效块在地址映射表中屏蔽起来。

（4）AND 技术：Hitachi 公司的专利技术。Hitachi 和 Mitsubishi 共同支持 AND 技术的闪速存储器。AND 技术与 NAND 一样，在数据和文档存储领域中是另一种占重要地位的闪速存储技术。

Hitachi 和 Mitsubishi 公司采用 0.18 μm 的制造工艺，并结合 MLC 技术，生产出芯片尺寸更小、存储容量更大、功耗更低的 512 MB AND Flash Memory，再利用双密度封装技术 DDP 将 2 片 512MB 芯片叠加在 1 片 TSOP48 的封装内，形成一片 1GB 芯片。HN29V51211T 具有突出的低功耗特性，读电流为 2 mA，待机电流仅为 1 μA，同时由于其内部存在与块大小一致的内部 RAM 缓冲区，使得 AND 技术不像其他采用 MLC 的闪速存储器技术那样写入性能严重下降。

2. 闪速存储器的发展趋势

随着半导体制造工艺的发展，主流闪速存储器厂家采用 0.18 μm，甚至 0.15 μm 的制造工艺。借助于先进工艺的优势，闪速存储器的容量可以更大，NOR 技术将出现 256 MB 的器件，NAND 和 AND 技术已经有 1GB 的器件。同时芯片的封装尺寸更小，从最初 DIP 封装到 PSOP、SSOP、TSOP 封装，再到 BGA 封装，闪速存储器已经变得非常纤细小巧。先进的工艺技术也决定了存储器的低电压的特性，从最初 12 V 的编程电压，一步步下降到 5 V、3.3 V、2.7 V、1.8V 单电压供电。这符合国际上低功耗的潮流，更促进了便携式产品的发展。

闪速存储器展示了一种全新的个人计算机存储器技术，作为一种高密度、非易失的存储器，其独特的性能使其广泛地运用于各个领域，包括 PC 及外设、嵌入式系统、电信交换机、网络互连设备、仪器仪表和汽车器件，同时还包括新兴的语音、图像、数据存储类产品，如数码照相机、数码摄像机、MP3、MP4 和个人数字助理（PDA）等，并且特别适合作固态磁盘驱动器，在便携式计算机、工业控制系统中得到了广泛的应用。尤其是笔记本式计算机和掌上型袖珍计算机更是大量采用闪速存储器做成的存储卡来取代磁盘，或以低成本和高可靠性替代静态 RAM 和动态 RAM，因为它不像静态 RAM 需要备用电池支持来确保数据保留，也不像动态 RAM 需要磁盘作为后备存储器，这样就可以节约电能，减轻重量，降低成本。

世界闪速存储器市场发展十分迅速，其规模接近 DRAM 市场的 1/4，与 DRAM 和 SRAM 一起成为存储器市场的三大产品。Flash Memory 的迅猛发展归因于资金和技术的投入，高性能低成本的新产品不断涌现，刺激了 Flash Memory 更广泛的应用，推动了行业的向前发展。

总之，闪速存储器是一种低成本、高可靠性的可读写非易失性存储器。它的出现带来了固态大容量存储器的革命。

本 章 小 结

存储器是微机的重要组成部分，主要用来存储指令和各种数据。存储器按照所采用的存储介质、存取方式、制造工艺及用途等可分为若干种，而微机主存一般采用半导体存储器，其特点是容量大、存取速度快、体积小、功耗低、集成度高、价格便宜。

半导体存储器从使用功能上可分为随机存储器（RAM）和只读存储器（ROM）。RAM 中信息可读出也可写入，但断电后其中的信息会丢失；ROM 在使用过程中可读取所存放的信息但不能重新写入，常用来保存固定的程序和数据。要熟悉 RAM 和 ROM 典型存储电路的组成和工作原理。

存储器的扩展与寻址对于满足存储系统的要求非常重要，需要讨论存储器容量和字长的扩展方法，掌握存储器芯片与地址总线、数据总线和控制总线的连接，按照内存地址范围和存储字长的要求，将存储器芯片正确地接在总线上。

CPU 和存储器的连接包括存储器地址的分配和译码、存储器容量的扩充与寻址、典型 CPU 与存储器芯片的连接技术等。实际应用时要合理选择地址译码方法，如系统中不要求提供 CPU 可直接寻址的全部存储单元可采用线选法或部分译码法，否则应采用全译码法。

存储器系统按层次结构来组合使用，要重点掌握高速缓存、主存、辅存的原理和结构特点，"高速缓存-主存"层次用于弥补主存与 CPU 的速度差距，"主存-辅存"层次构成的虚拟存储器主要用来弥补主存和辅存之间的容量差距。CPU 可直接访问 Cache，而不能直接访问辅存。Cache 存取信息的过程、地址变换和替换算法等全部由辅助硬件实现，对程序员透明，而虚拟存储是由操作系统的存储管理软件和硬件相结合来进行信息块的划分和程序调度。

本章还介绍了微机常用的辅助存储器（包括硬盘和光盘存储器）的基本结构、工作原理及接口，以及高速缓冲存储器、虚拟存储器、闪速存储器等新型存储器技术。对于用户来讲，要综合考虑存储器的容量、速度、价格 3 个指标，此外，还要考虑制造工艺、体积、重量、品质等其他指标，尽量提高性价比。

思考与练习题

一、选择题

1. 存储器的主要作用是（　　　　）。
   A. 存放数据　　　　B. 存放程序　　　　C. 存放指令　　　　D. 存放数据和程序

2. 以下存储器中，CPU 不能直接访问的是（　　　　）。
   A. Cache　　　　B. RAM　　　　C. 主存　　　　D. 辅存

3. 以下属于 DRAM 特点的是（　　　　）。
   A. 只能读出　　　　　　　　　　　B. 只能写入
   C. 信息需定时刷新　　　　　　　　D. 不断电信息能长久保存

4. 某存储器容量为 64K×16，该存储器的地址线和数据线条数分别为（　　　　）。
   A. 16、32　　　　B. 32、16　　　　C. 16、16　　　　D. 32、32

5. 采用虚拟存储器的目的是（　　　　）。
   A. 提高主存的存取速度　　　　　　B. 提高辅存的存取速度
   C. 扩主存的存储空间　　　　　　　D. 扩大辅存的存储空间

二、填空题

1. 存储容量是指＿＿＿＿＿＿；容量越大，能存储的＿＿＿＿＿＿越多，系统的处理能力就＿＿＿＿＿＿。

2. RAM 的特点是＿＿＿＿＿＿；根据存储原理可分为＿＿＿＿＿＿和＿＿＿＿＿＿，其中要求定时对其进行刷新的是＿＿＿＿＿＿。

3. Cache 是一种＿＿＿＿＿＿的存储器，位于＿＿＿＿＿＿和＿＿＿＿＿＿之间，用来存放＿＿＿＿＿＿；使用 Cache 的目的是＿＿＿＿＿＿。

4. 虚拟存储器是以＿＿＿＿＿＿为基础，建立在＿＿＿＿＿＿物理体系结构上的＿＿＿＿＿＿技术。

5. 计算机中采用＿＿＿＿＿＿两个存储层次，来解决＿＿＿＿＿＿之间的矛盾。

三、判断题

1. SRAM 比 DRAM 电路简单，集成度高，功耗低。　　　　　　　　　　（　　　）

2. Cache 的存取速度比主存快，但比 CPU 内部寄存器慢。　　　　　　（　　　）

3. 辅存与主存的相比，其特点是容量大，速度快。　　　　　　　　　　（　　　）

4. CPU 可直接访问主存和辅存。　　　　　　　　　　　　　　　　　　（　　　）

四、简答题

1. 简述存储器系统的层次结构，并说明为什么会出现这种结构。

2. 静态存储器和动态存储器的最大区别是什么，它们各有什么优缺点？

3. 常用的存储器地址译码方式有哪几种，各自的特点是什么？

4. 半导体存储器在与微处理器连接时应注意哪些问题？

5. 计算机中为什么要采用高速缓冲存储器（Cache）？

6. 简述虚拟存储器的概念。

五、分析设计题

1. 已知某微机系统的 RAM 容量为 4K×8 位，首地址为 4800H，求其最后一个单元的地址。

2. 设有一个具有 14 位地址和 8 位数据的存储器，问：

   （1）该存储器能存储多少字节的信息？

   （2）如果存储器由 8K×4 位 RAM 芯片组成，需要多少片？

   （3）需要地址多少位做芯片选择？

3. 用 16K×1 位的 DRAM 芯片组成 64K×8 位的存储器，要求画出该存储器组成的逻辑框图。

第 7 章

输入/输出接口技术 ⋘

输入/输出接口是计算机外围设备与 CPU 通信的控制部件，位于总线和外围设备之间，起到信息转换和数据传递的作用。本章主要讲解微机系统中的输入/输出接口技术，包括输入/输出接口的结构和功能、CPU 与接口传递的信息、I/O 端口的编址方式和输入/输出控制方式等主要内容。

通过本章的学习，读者应理解输入/输出接口的基本概念和功能，掌握输入/输出接口的结构和功能，理解 I/O 端口的编址方式，掌握 I/O 数据传送方式的基本原理和特点。

📚 7.1 概　　述

7.1.1 输入/输出接口电路要解决的问题

输入设备和输出设备在计算机系统中占有重要地位，是用户使用最多、感受最直观的部件，是微型计算机与外围设备之间进行信息交换和人机交互不可缺少的部分。计算机要处理的程序、数据和各种现场采集信息都要通过输入设备送到 CPU 才能处理，程序运行产生的结果、微机系统的各种控制命令需要输出给外围设备，以便显示、打印和实现各种控制操作。常用的输入设备有鼠标、键盘、扫描仪等，常用的输出设备有打印机、显示器、绘图仪、硬盘等。通常将输入/输出设备统称外围设备（或 I/O 设备），简称外设。

微机外设种类繁多，这些外设在信息格式、结构、工作原理和功能等方面有较大的差异，尤其信息处理速度与 CPU 速度差距在一个数量级以上。因此，各种外设要与 CPU 连接，必然会带来如下的一些问题。

1. 速度的匹配问题

一般来说，I/O 设备的工作速度要比 CPU 慢许多，而且由于 I/O 设备种类不同，它们自身之间的速度差异也很大，例如硬盘的传输速度要比打印机的工作速度快很多。

2. 时序的配合问题

各种 I/O 设备都有自己的时序控制电路，以自己特定的时序、速度传来传输数据，很难与 CPU 的时序相统一。

3. 信息表示格式上的一致性问题

由于不同的 I/O 设备存储和处理信息的格式不同，传输方式也有串行传输和并行传输的区别，数据编码分为二进制格式、ASCII 编码和 BCD 编码等，造成信息格式根本无法一致。

4. 信息类型与信号电平的匹配问题

不同 I/O 设备采用的信号类型不同，有些是数字信号，有些是模拟信号；有些信号电平为 TTL 电平，有些却为 CMOS 电平，因此所采用的处理方式也会不同。

为解决上述问题，使这些外围设备与 CPU 能协调统一地正常工作，就必须通过在 CPU 和外围设备之间增加中间电路——输入/输出接口来解决。因此，输入/输出接口技术是采用硬件与软件相结合的方法，研究 CPU 如何与外围设备进行最佳匹配，以实现 CPU 与外设间高效、可靠的信息交换的一门技术。

在现代微机系统中，各种外设与计算机之间的通信必须通过接口来实现，I/O 接口起着数据缓冲、隔离、数据格式转换、寻址、同步联络和定时控制等作用，这不仅需要设计正确的接口电路，还需要编制相应的软件。

7.1.2 输入/输出接口的结构与功能

1. 结构

所谓接口是指 CPU 与各种外设或两种外设之间通过系统总线进行连接的逻辑部件（或称电路），它是 CPU 与外设之间的进行信息交换的中转站。源程序和原始数据通过接口从输入设备（如键盘、鼠标等）输入，运算结果通过接口从输出设备（如 CRT、打印机等）输出，设备的控制命令（如启/停命令、打开/关闭命令等）通过接口发送出去，现场信息（如温度、湿度、转速等）通过接口采集进来。

接口中有为传送数据设置的数据寄存器，有为控制接口电路的工作方式设置的控制寄存器，有为反映外设或接口电路工作状态设置的状态寄存器（这些寄存器使得 CPU 能及时了解外设的工作状态，可以通过查询方式实现信息传送），还有供 CPU 与外设间用中断方式传送信息所需要的逻辑电路，如中断允许寄存器、中断屏蔽寄存器等。

I/O 接口基本结构示意如图 7-1 所示。

主要部件分析如下：

（1）数据寄存器：负责 CPU 与外设之间的数据信息交换，主要起数据缓冲作用，可以实现数据输入或输出。通常，CPU 与外设之间交换的数据信息为 8 位或 16 位数据，大致可分为三类：

① 数字量：以二进制或以 ASCII 码形式表示的数据及字符。

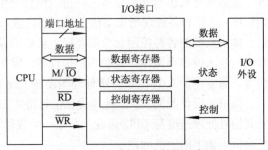

图 7-1　I/O 接口基本结构示意图

② 模拟量：温度、湿度、压力、流量等一些连续变化的物理量，由相应的传感器转换成电信号，变成模拟量。这些模拟量经放大电路放大后，再经过模/数（A/D）转换器转换为数字量送计算机进行处理；计算机输出的数字量要经过数/模转换器（D/A）转换成模拟量，再输出给执行装置。

③ 开关量：只有两个状态的量，如电动机的运转与停止、阀门的打开与关闭等，这些量可只用一位二进制数"0"或"1"表示。

（2）状态寄存器：用来保存外设或 I/O 接口电路的状态信息，以便 CPU 能及时了解外设的工作状态，CPU 可根据这些状态信息决定对外设进行何种操作或控制。

CPU 可以通过查询传送方式查询 I/O 设备的状态，实际就是将状态信息读取到 CPU 进行分析。对于输入设备来说，常用"准备好"（READY）信号来表明待输入的设备是否准备就绪；对于输出设备来说，则用输出设备缓冲区是否"空"（EMPTY）来表示可以输出新的数据，或用"忙"（BUSY）信号表示输出设备是否处于空闲状态。若为空闲状态，CPU 可输出新的数据；否则，CPU 要等待外设工作结束，才能输出新的数据。

对于不同的外设，其状态信息的多少和种类也不同。设备越复杂，状态信息就越多。

（3）控制寄存器：用于确定 I/O 接口电路的工作方式及数据传送方式，选择数据传送方向是输入还是输出。

控制寄存器中传递的主要是控制信息，这些信息是 CPU 通过 I/O 接口发送给外设的，用于控制外设的启动或停止，设置外设的工作方式等。

（4）命令译码、端口地址译码及控制电路：这些电路负责选择 I/O 端口，对 CPU 送来的命令进行译码，并根据译码分析的结果发出相应的控制命令。

接口电路的功能越强，内部寄存器的种类和数量就越多，电路结构就越复杂，使用接口时要发送的控制命令就越多，程序也就越复杂。

数据信息、状态信息与控制信息是不同性质的信息，必须分开传送。为分别传送这些信息，可以采用设置专用端口的方法来实现。数据信息输入/输出需要一个端口，读入外设状态信息需要一个端口，控制信息也需要一个端口输出，以便 CPU 对外设进行控制。所以，一个外设往往有几个端口，端口各有自己的地址，CPU 可以对端口进行寻址。通常，外设的端口都是 8 位的，而状态信息与控制信息一般只有 1～2 位，因此，不同外设的状态信息或控制信息可共用一个端口。

2．功能

（1）数据的寄存和缓冲：外设工作速度与 CPU 相差甚远，为充分发挥 CPU 的工作效率，通过在接口电路中设置数据寄存器或用 RAM 芯片组成数据缓冲区，可以在一定程度上缓解外设与 CPU 处理速度上的差异。

例如，当 CPU 要把数据传送到慢速外设时，可把数据先送到接口电路的锁存器中锁存，等外设做好接收数据的准备工作后再接收数据。反之，若外设要把数据送到 CPU 去处理，也是先把数据送到输入寄存器，再通知 CPU 来取走数据。在输入数据时，不能多个外设同时把数据送到数据总线上，以免引起总线竞争而毁坏总线。为此，必须在输入寄存器和数据总线之间放一个缓冲器，只有 CPU 发出的选通命令到达时，特定的输入缓冲器被选通，外设送来的数据才送到数据总线。有些接口电路中还用 RAM 芯片做缓冲器，如键盘或打印机接口，这样可存储一批数据，为主机和外设间进行批量数据交换创造了条件。

（2）信号电平转换：CPU 使用的都是 TTL 电平或 CMOS 电平，而外设大都是复杂的机电设备，往往不能用 TTL 电平或 CMOS 电平驱动，需要用接口电路来完成信号的电平转换。

（3）信息格式转换：由于外设传送的信息可以是模拟量、数字量或开关量，而计算机只能处理数字信号。因此，I/O 接口必须通过模/数（A/D）转换或数/模（D/A）转换将信息变换成合适的形式，才能驱动这些外设工作。

即使外设使用的信息是数字量，但与 CPU 通信时，因为外设使用的数据与主机系统总线上传送的数据，在数据位数、格式等方面往往也存在很大差异，仍然会存在数据格式的转换问题。例如，主机系统总线上传送的是 8 位、16 位或 32 位并行数据，而外设采用的却是串行数据传送方式，这就要求 I/O 接口进行并—串转换或者串—并转换。

（4）设备选择：微机系统中所有外设都通过 I/O 接口接在系统总线上，而 CPU 在同一时间里只能与一台外设交换信息，这就要借助于接口的地址译码电路来选定外设。只有被选定的外设才能与 CPU 进行数据交换，而未被选中的外设 I/O 接口呈现高阻状态，与总线隔离。

（5）对外设的控制与检测：I/O 接口接收 CPU 送来的命令字、控制信号或定时信号，实施对外设的控制和管理，外设的工作状态或应答信号也及时返回给 CPU，以"握手联络"方式保证 CPU 和外设输入/输出操作的同步。例如，I/O 接口提供 READY、BUSY 等状态信息，反映 CPU 何时能与外设进行数据传送。

（6）产生中断请求及 DMA 请求：为了满足实时性和外设与主机并行工作的要求，需要采用中断传送的方式，为了提高传送速率有时又采用 DMA 传送方式，这就要求 I/O 接口能够产生中断请求和 DMA 请求，并能管理中断传送和 DMA 传送方式。

（7）可编程功能：I/O 接口电路接口芯片大多数都是可编程的，在不改变硬件的情况下，只需修改程序就可以改变接口的工作方式，大大增加了接口的灵活性和可扩充性，使接口向智能化方向发展。

当然，并不是所有的接口都具备上述全部功能。但是，设备选择、数据寄存与缓冲以及输入输出操作的同步是各种接口都应具备的基本能力。

7.1.3　I/O 端口的编址方式

为了方便 CPU 选择 I/O 接口中的数据缓冲寄存器、控制寄存器和状态寄存器，便于 CPU 通过这些寄存器向 I/O 接口电路发送命令、读取状态和传送数据，因此在 I/O 接口中可以设置多个端口，如命令端口、状态端口和数据端口等，分别对应于控制寄存器、状态寄存器和数据缓冲寄存器，每个端口都有自己的地址，称为端口地址。

在 I/O 接口电路中，一个端口可以对应一个或多个寄存器，此时由内部控制逻辑根据程序指定的端口地址，选择相应的寄存器进行读/写操作。也就是说，访问端口就是访问 I/O 接口电路中的寄存器。这样，I/O 操作实质上转化为对 I/O 端口的操作，即 CPU 所访问的是与 I/O 设备相关的端口，而不是 I/O 设备本身。

对 I/O 端口的访问，取决于 I/O 端口的编址方式。I/O 端口地址常用的编址方式有统一编址和独立编址两种。

1. 统一编址

统一编址也称存储器映射编址，是把每个端口视为一个存储单元，并赋予相应的存储器地址，即从存储空间中划出一部分地址给 I/O 端口，如图 7-2 所示。

统一编址中，每个 I/O 端口都会分配一个地址码，I/O 端口地址作为存储空间的一部分，CPU 访问端口和访问存储器的指令在形式上完全相同，只能从地址范围来区分两种操作，CPU 访问端口就如同访问存储器，只是访问地址不同而已，所有访问存储器的指令都适用于 I/O 端口。

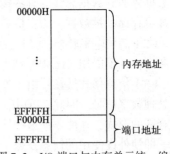

图 7-2　I/O 端口与内存单元统一编址

（1）优点：CPU 对外设的操作与对存储器的操作完全相同，访问内存指令均适用于 I/O 端口，对端口操作的指令类型多，功能全，不仅能对端口进行数据传送，还可以对端口内容进行算术逻辑运算和移位运算，大大增强了系统的 I/O 功能，使访问 I/O 端口的操作更加方便灵活，I/O 端口的数据处理能力强；I/O 端口有较大的编址空间，I/O 端口的数目几乎不受限制，从而大大增加系统的吞吐率；CPU 无须产生区别访问内存操作和 I/O 操作的控制信号，从而可减少引脚。

（2）缺点：I/O 端口地址占用了存储器的一部分地址空间，使可用的主存空间减少；由于 I/O 端口地址位数较多，导致地址译码电路复杂，寻址速度比专用的 I/O 指令慢；端口指令较长，执行速度较慢；由于访问 I/O 与访问内存的指令一样，在程序中不易分清楚是访问 I/O 端口还是访问内存，造成程序阅读困难。

2. 独立编址

独立编址方式是将 I/O 端口与存储器分别单独编址，两者地址空间互相独立，互不影响。例如，8086 系统内存地址范围为 00000H～FFFFFH，外设端口地址范围为 0000H～FFFFH，两者的地址位数根本不一样。CPU 在访问存储器和外设时，需提供不同控制信号来区分当前要进行操作的是存储器还是外设。独立编址方式下 CPU 访问 I/O 端口必须采用专用 I/O 指令，也称为专用 I/O 指令方式。

（1）优点：I/O 端口不占用内存单元地址，节省内存空间；由于系统需要的 I/O 端口寄存器比存储器单元要少得多，故 I/O 地址线较少，因此 I/O 端口地址译码较简单，寻址速度快；使用 I/O 指令，程序清晰，很容易分辨出是 I/O 操作还是存储器操作。

（2）缺点：只能用专门的 I/O 指令，指令类型少，访问端口的方法不如访问存储器的方法多，程序设计灵活性较差，使用 I/O 指令一般只能在累加器和 I/O 端口交换信息，处理能力不如统一编址方式强。

上述两种编址方式各有优点和缺点，究竟采用哪一种取决于系统的总体设计，在一个系统中也可以同时使用两种方式，前提是系统要支持独立编址。Intel 的 x86 微处理器都支持 I/O 独立编址，因为它们的指令系统中都有 I/O 指令，并设置了可以区分 I/O 访问和存储器访问的控制信号引脚。而有些微处理器或单片机，为了减少引脚，从而减少芯片占用面积，不支持 I/O 独立编址，只能采用存储器统一编址。

7.2 输入/输出数据传送方式

随着输入/输出设备不断增多，各种外设的工作原理、数据处理速度差异也越来越大，对这些设备的控制也变得越来越复杂，在计算机 CPU 与外设进行数据（数据信息、状态信息和控制信息）交换时必须采用多种输入/输出控制方式，才能满足各种外设的要求，保证高效、可靠地数据传送。现代微机系统中，采用的输入/输出数据传送方式主要有无条件传送方式、查询传送方式、中断传送方式和 DMA 传送方式。

7.2.1 无条件传送方式

无条件传送方式也称同步传送方式，是一种最简单的数据传送方式，适合于外部控制过程的各种动作时间是固定且已知的情况，主要用于对简单外设进行操作。这类外设的数据信息时刻处于"准备好"状态，随时可以传送数据，故 CPU 不必检查外设的状态，就可以直接进行输入/输出操作。当 I/O 指令执行后，数据传送便立即进行。

无条件传送方式根据输入、输出的方向又分为无条件输入方式和无条件输出方式。

无条件输入方式的典型例子如图 7-3 所示。

图 7-3 中几个开关连接到一个三态缓冲器 74LS44，缓冲器的输出端接到 CPU 的数据总线，构成一个最简单的输入端口。这些开关的闭合状态就是用户要输入的数据信息，用户可以设置开关的状态，以改变输入数据。CPU 要输入数据时，发出读指令使 M/$\overline{\text{IO}}$、$\overline{\text{RD}}$ 和片选

信号$\overline{CS}$同时变成低电平，这些信号共同作用打开缓冲器的三态门，使各开关的当前状态以二进制的形式出现在数据总线上，然后 CPU 从数据总线取走这些数据，就能实现数据的输入。在其他时刻，三态门呈高阻态，将开关和数据总线隔离。

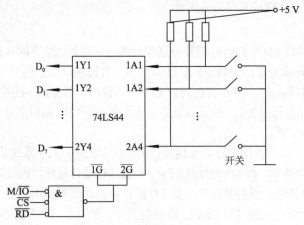

图 7-3　无条件输入方式示例

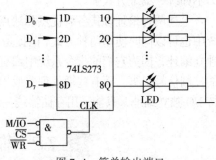

图 7-4　简单输出端口

　　无条件输出方式的典型示例如图 7-4 所示，该例子是通过程序来控制 LED 的亮灭。图中的 LED 连接到锁存器 74LS273，CPU 把输出数据通过数据总线送到锁存器，然后发出写命令，在 M/$\overline{IO}$、$\overline{RD}$ 和 $\overline{CS}$信号的共同作用下选通锁存器，数据就可以传送到 8个 LED。由于这 8 个 LED 采用共阴极连接，所以当输出为高电平 1 时，对应的 LED 亮，否则 LED 灭。显然，图中的 LED 总是处于可用状态，CPU 随时都可以向这个端口输出数据，控制各 LED 的亮灭。

　　无条件传送方式虽然软、硬件实现简单，但具有一定的局限性，且 CPU 与外设工作不同步时，传输数据不可靠，故仅适用于慢速设备，应用很受限制。

7.2.2　查询传送方式

　　查询传送方式也称条件传送方式，是早期计算机中使用的一种数据传送方式，CPU与外围设备的数据交换完全依赖于计算机的程序控制。一般情况下，当 CPU 与 I/O 外设交换数据时，很难保证输入设备总是把数据准备好了，或者输出设备已经处在可以接收数据的状态。为此，在开始传送前，必须先确认外设已做好准备，才能进行传送。

　　在进行信息交换之前，CPU 要设置传输参数、传输长度等，然后启动外设工作。与此同时，外设则进行数据传输的准备工作；相对于 CPU 来说，外设的速度是比较慢的，因此外设准备数据的时间相对 CPU 来说往往是一个漫长的过程，而在这段时间里，CPU 除了循环检测外设是否已准备好之外，不能处理其他业务，只能一直等待，直到外设完成数据准备工作，CPU 才能开始进行信息交换。

　　采用查询传送方式传送数据前，CPU 要先执行一条输入指令，从外设的状态口读取它的当前状态。如果外设未准备好数据或处于忙状态，则程序要反复执行读状态指令，不断检测外设状态。对于输入而言，当外设准备好数据时，使状态端口的 READY 信号有效，表示 CPU 可以接收数据；对于输出而言，当外设取走数据后，使状态端口的 BUSY 信号无效，表示外设处于空闲状态，外设可以接收下一个数据。

无条件传送方式根据输入、输出的方向又分为查询式输入方式和查询式输出方式。

1. 查询式输入

程序首先利用 IN 指令读入 I/O 端口的状态，CPU 查询输入设备是否已准备好数据。若未准备好（READY=0），则 CPU 循环读状态端口，直到准备好（READY=1）后才退出循环，用 IN 指令读输入设备的数据（读输入数据端口），完成一次数据输入。查询式输入的接口电路如图 7-5 所示。

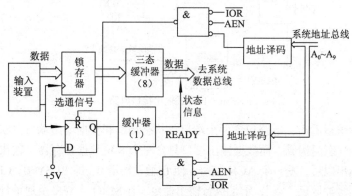

图 7-5　查询式输入接口电路

当输入装置的数据准备好以后，发出一个选通信号。该信号一方面把数据送入锁存器，另一方面使 D 触发器置 "1"，即把 Ready 信号设为真，并将此信号送至状态口的输入端。锁存器输出端连接数据口的输入端，数据口的输出端接系统数据总线。设状态端口的最高位 D_7 连接 Ready 信号，CPU 先读状态端口，检查 Ready 信号是否为高电平（数据准备好）。若为高电平就输入数据，同时使 D 触发器清 0，使 Ready 信号为假；若为低电平（数据未准备好），则 CPU 循环等待。

【例 7.1】从外设端口输入并存入内存一组数据，设 SR 为状态寄存器，其第 7 位为 READY 位，DR 为数据寄存器，查询式输入部分的程序如下：

```
WAITING: IN AL,SR          ;输入状态信息

         TEST  AL,80H      ;检查 READY 是否为高电平

         JE  WAITING       ;未准备好,循环检测

         IN    AL,DR       ;准备好,读入数据

         MOV  [BX],AL      ;写入内存

         INC  BX

         LOOP WAITING
```

2. 查询式输出

若 CPU 需要向输出设备输出数据时，首先将要输出的数据准备好，然后发出 IN 指令读取 I/O 端口的状态信息，查询输出设备是否空闲。如果忙（BUSY=1），CPU 就循环等待，始终判断状态端口状态，直到输出设备空闲（BUSY=0），CPU 执行输出指令，将要输出的数据

通过 OUT 指令送到输出设备，完成一次数据输出。查询式输出的接口电路如图 7-6 所示。

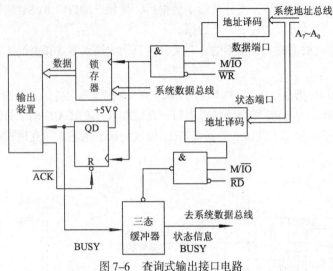

图 7-6　查询式输出接口电路

由图 7-6 中可以看出，电路包含两个端口：状态端口和数据输出端口。状态端口由一个 D 触发器和一个三态门构成，而数据输出端口只含一个 8 位数据锁存器。输出设备把数据缓冲区中的数据输出以后，发一个 $\overline{ACK}$ 信号，使 D 触发器清 0，即 BUSY=0。CPU 读入该状态信息后知道数据缓冲区已"空"，于是执行输出命令。在 M/$\overline{IO}$、$\overline{WR}$ 及地址译码器输出信号三者相与后，发出选通信号，将数据锁存到锁存器中，同时使 D 触发器置"1"。它一方面通知外设数据已准备好，可以执行输出操作；另一方面在输出装置尚未完成输出以前，一直维持 BUSY=1，阻止 CPU 输出新的数据。

【例 7.2】从外设端口输出内存中一组数据，设 SR 为状态寄存器，其第 7 位为 BUSY 位，DR 为数据寄存器，查询式输出部分的程序为：

```
WAITING: IN   AL,SR          ;输入状态信息
         TEST AL,80H         ;检查 BUSY 位
         JNE  WAITING        ;BUSY=1,则等待循环;否则准备输出数据
         MOV  AL,[BX]        ;从缓冲区取数据
         OUT  DR,AL          ;输出数据
         INC  BX
         LOOP WAITING
```

查询传送方式的优点是 CPU 的操作和外围设备的操作能够完全同步，硬件结构也比较简单。但是，通常外设的工作速度较慢，在整个查询过程中如果数据未准备好或设备忙，则 CPU 只能循环等待，无法进行其他工作，因此白白浪费了 CPU 时间，大大降低了 CPU 的速度，造成数据传输效率低下。并且，在整个微机系统中往往连接了多个外设，假如某一外设刚好在查询之后就处于"准备好"状态，那么也必须等到 CPU 查询完所有其他外设后，CPU 才能发现它处于"准备好"状态，然后再对其进行服务。这种情况下，数据交换的实时性较差，对于实时性要求高的数据会造成数据丢失。因此，查询方式多用于简单、慢速的或实时性要求不高的外设，在当前的实际应用中，除了单片机之外，已经很少使用查询传送方式。

7.2.3 中断传送方式

为提高 CPU 的利用率和进行实时数据处理，CPU 常采用中断传送方式与外设交换数据。

中断传送方式是外设用来"主动"通知 CPU，准备发送或接收数据的一种方式。通常，当一个中断发生时，CPU 暂停其现行程序，转而执行中断处理程序，完成数据 I/O 工作；当中断处理完毕后，CPU 又返回到原来的任务，并从暂停处继续执行程序。

中断传送方式无须连续不断地查询外设的状态，而是在需要时，由外设主动地向 CPU 提出请求，请求 CPU 为其服务。在输入时，当输入设备准备好数据后，就向 CPU 提出中断请求，CPU 接到该请求后，暂停当前程序的执行，转去执行相应的中断服务程序，用输入指令进行一次数据输入，然后再返回到原来被中断的程序继续执行；在输出时，当输出端口的数据缓冲器已空时，外设向 CPU 发出中断请求，CPU 接到该请求后，暂停当前程序的执行，转到相应的中断服务程序，用输出指令向外设进行一次数据输出。输出操作完成之后，CPU 返回去执行原来被中断的程序。

中断传送方式接口电路如图 7-7 所示。

以输入过程为例，当输入设备输入数据后，发出选通信号，把数据放在锁存器中，同时 D 触发器置 1，发出中断请求 INTR 信号。若中断允许，则 CPU 响应中断，在当前指令执行完毕后，就暂停当前程序的执行，发出中断响应信号 $\overline{\text{INTA}}$，然后外设将一中断矢量放在数据总线上，CPU 转入中断服务程序，进行数据输入，同时为阻止其他中断的发生，将中断请求标志位清 0。中断程序执行完后，CPU 返回原程序继续执行。

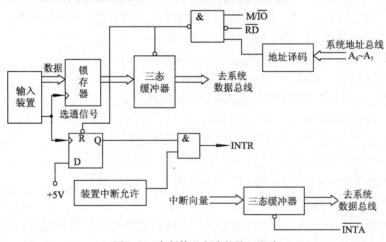

图 7-7　中断传送方式的接口电路

中断传送方式节省了 CPU 时间，是管理 I/O 操作的一个比较有效的方式，可实现外设和 CPU 并行工作，提高了 CPU 的工作效率，但中断管理程序的编制和调试较复杂，硬件结构相对复杂一些，服务成本较大，并且每进行一次数据传送，CPU 都要执行一次中断服务程序。这样，CPU 每次都要执行保护断点和恢复断点的操作，而且还要执行保护现场和恢复现场的工作，以便中断处理完成后能正确返回调用程序。显然，这些操作与数据传送没有直接关系，但会花费 CPU 的一些时间，在这段时间内执行部件和总线接口部件就不能并行工作，在大批量数据传送时，就会造成数据传输效率的降低。所以，中断传送方式多适用于小批量的数据输入/输出或随机出现的服务，并且一旦提出中断传送要求，应立即执行。

7.2.4 DMA 传送方式

DMA（Direct Memory Access）方式是直接存储器存取方式，完全由硬件执行 I/O 交换。该方式在内存与外设间开辟专用的数据通道，这个数据通道在特殊的硬件电路——DMA 控制器的控制下，直接进行数据传送而不必通过 CPU，不使用 I/O 指令进行传送。该方式要利用系统的数据总线、地址总线和控制总线来传送数据，当外设需要利用 DMA 方式进行数据传送时，DMA 控制器首先要向 CPU 发出总线请求信号 HOLD，要求 CPU 让出对总线的控制权。当 CPU 发出总线响应信号 HLDA 时，CPU 进入"保持"状态，暂停工作。DMA 控制器取代 CPU，临时接管总线，控制外设和存储器之间直接进行高速的数据传送，而不需要 CPU 进行干预。

DMA 控制器能给出访问内存所需要的地址信息，发出相应控制信号，并能自动修改地址指针，也能设定和修改传送的字节数，对传送的字节个数进行计数，还能向存储器和外设发出相应读/写控制信号。DMA 传送结束后，它能释放总线，把总线控制权还给 CPU，并且以中断方式向 CPU 报告传送操作的结束。可见，采用 DMA 方式传送数据时，不再需要 CPU 管理，也就不需要进行保护和恢复断点及现场之类的额外操作，一旦进入 DMA 操作，就可直接在 DMA 控制器的控制下快速完成一批数据的交换任务，减少了 CPU 管理 I/O 数据传送的负担，大大加速了数据传送过程，数据传送的速度基本上取决于外设和存储器的存取速度。

1. DMA 控制器的功能

CPU 在每一个非锁定时钟周期（Lock 为高电平）结束后，都要检测一下 HOLD 引脚，看是否有 DMA 请求信号。若有，则暂时中止正在执行的程序，进入 DMA 周期，系统总线由 DMA 控制器接管。故 DMA 控制器必须具备以下功能：

（1）能向 CPU 发出要求控制总线的 DMA 请求信号 HRQ。

（2）当收到 CPU 发出的 HLDA 信号后能接管总线，进入 DMA 模式。

（3）能发出地址信息对存储器寻址并能修改地址指针。

（4）能发出存储器和外设的读、写控制信号。

（5）决定传送的字节数，并能判断 DMA 传送是否结束。

（6）接受外设的 DMA 请求信号和向外设发 DMA 响应信号。

（7）能发出 DMA 结束信号，使 CPU 恢复正常。

2. DMA 传送方式的工作过程

首先，当要求通过 DMA 方式传输数据时，DMA 控制器向 CPU 发出请求，CPU 释放总线控制权，交由 DMA 控制器管理；然后，DMA 控制器向外设返回一个应答信号，外设与主存开始进行数据交换；最后，当数据传输完毕后，DMA 控制器把总线控制权交还给 CPU。在这种方式下，DMA 控制器与 CPU 分时使用总线，其示意如图 7-8 所示。

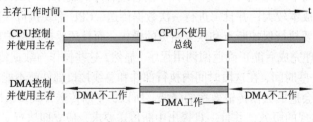

图 7-8　DMA 控制器与 CPU 分时使用总线示意图

在 DMA 方式中，批量数据传送前的准备工作，以及传送结束后的处理工作，仍由 CPU 通过执行管理程序来承担，DMA 控制器只负责具体的数据传送工作。

DMA 传送方式的具体工作过程如下：

（1）开始数据传送前，CPU 利用指令预置 DMA 控制器和设备地址，并启动设备；预置主存单元起始地址，指定与设备交换数据的主存单元；预置交换数据的字节数；预置读/写控制方式。

（2）CPU 继续执行主程序，与外设并行工作。当外设准备好时，就向 CPU 发出 DMA 请求信号 HRQ，要求进行 DMA 传送。

（3）CPU 响应 DMA 请求，发出应答信号 HLDA，交出总线控制权，系统转入 DMA 工作方式。

（4）DMA 发出主存单元地址及读/写控制命令，与主存交换数据。DMA 控制器与主存每交换一个字节的数据，地址寄存器自动加 1，字节计数寄存器自动减 1。

（5）DMA 控制器占据一个总线周期，交换一个数据后交出总线控制权，并检查字节计数寄存器的内容是否为 0。如果不为 0，则继续进行数据传送。当 DMA 控制器取得数据后，再次向 CPU 发出 DMA 请求。如果字节计数寄存器的内容为 0，则表明这次数据传送的任务已经完成，DMA 控制器向 CPU 发出中断请求，结束 DMA 传送，把总线控制权交还 CPU。

3．DMA 数据传送过程

一次 DMA 数据块传送过程可分为 3 个阶段：传送前预处理、正式传送、传送后处理，如图 7-9 所示。

（1）预处理阶段：CPU 执行几条输入/输出指令，测试设备状态，向 DMA 控制器的设备地址寄存器中送入设备号并启动设备，向主存地址计数器中送入起始地址，向字计数器中送入交换数据字个数。在这些工作完成后，CPU 继续执行原来的主程序。

当外设准备好发送数据（输入）或接收数据（输出）时，它发出 DMA 请求，由 DMA 控制器向 CPU 发出总线使用权请求 HOLD。

（2）正式传送阶段：当外围设备发出 DMA 请求时，CPU 在本机器周期执行结束后响应该请求，并使 CPU 的总线驱动器处于高阻态。之后，CPU 与系统总线相脱离，而 DMA 控制器则接管数据总线与地址总线的控制，并向主存提供地址，于是在主存与外围设备之间进行数据交换。每交换一个字，地址计数器和字计数器加"1"，当字计数器溢出时，DMA 操作结束，DMA 控制器向 CPU 发出中断报告。

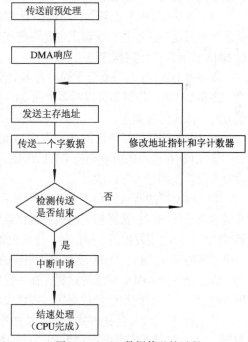

图 7-9　DMA 数据传送的过程

DMA 数据传送是以数据块为基本单位进行的，因此，每次 DMA 控制器占用总线后，无论是数据输入操作，还是输出操作，都是通过循环来实现的。当进行输入操作时，外围设备的数据（一次一个字或一个字节）传向主存；当进行输出操作时，主存的数据传向外围设备。

（3）传送后处理阶段：一旦 DMA 的中断请求得到响应，CPU 停止主程序的执行，转去执行中断服务程序，完成 DMA 结束处理工作，这些工作包括校验送入主存的数据是否正确，决定继续 DMA 传送还是结束，测试传送过程中是否发生错误等。

基本 DMA 控制器与系统的连接方式有两种：一种是公用的 DMA 请求方式；另一种是独立的 DMA 请求方式。

4. 选择型和多路型 DMA 控制器

最简单的 DMA 控制器，一个控制器只控制一个 I/O 设备，而在实际应用中情况要复杂得多，因此通常采用选择型 DMA 控制器和多路型 DMA 控制器。

（1）选择型 DMA 控制器：在物理上可以连接多个设备，而在逻辑上只允许连接一个设备。换句话说，在某一个时间段内只能为一个设备提供服务。

选择型 DMA 控制器工作原理与基本 DMA 控制器大致相同。除前面提到的基本逻辑部件外，还有一个设备号寄存器。数据传送以数据块为单位进行，在每个数据块传送前的预置阶段，除了用程序中的 I/O 指令给出数据块的传送个数、起始地址、操作命令外，还要给出所选择的设备号。从预置开始，一直到这个数据块传送结束，DMA 控制器只为所选的设备提供服务。下一次预置时再根据 I/O 指令指出的设备号，为所选择的另一设备提供服务。显然，选择型 DMA 控制器相当于一个逻辑开关，根据 I/O 指令来控制此开关与某个设备连接。

选择型 DMA 控制器只增加了少量的硬件就达到为多个外围设备提供服务的目的，它特别适合于数据传输速率很高甚至接近于主存存取速度的设备，在高速传送完一个数据块后，控制器又可为其他设备提供服务。

（2）多路型 DMA 控制器：与选择型 DMA 方式相比，多路型 DMA 不仅在物理上可以连接多个外围设备，而且在逻辑上也允许这些外围设备同时工作，各个设备以字节交叉方式通过 DMA 控制器进行数据传送。

多路型 DMA 控制器适合于同时为多个慢速外围设备提供服务。

多路型 DMA 控制器可以对多个独立的 DMA 通路进行控制。当某个外围设备请求 DMA 服务时，操作过程如下：

① DMA 控制器接到设备发出的 DMA 请求，将请求转送到 CPU。

② CPU 在适当的时刻响应 DMA 请求。若 CPU 不需要占用总线则继续执行指令；若 CPU 需要占用总线则进入等待状态。

③ DMA 控制器接到 CPU 的响应信号后，进行以下工作：对现有 DMA 请求中优先权最高的请求予以响应；选择相应的地址寄存器的内容来驱动地址总线；根据所选设备操作寄存器的内容，向总线发出读、写信号；外围设备向数据总线传送数据，或从数据总线接收数据；每个字节传送完毕后，DMA 控制器使相应的地址寄存器和长度寄存器加"1"或减"1"。

以上是一个 DMA 请求的过程，在一批数据传送过程中，要多次重复上述过程，直到外围设备表示一个数据块已传送完毕，或该设备的长度控制器判定传送长度已满。

综上所述，DMA 传送方式实际上是把外设与内存交换信息的操作与控制交给了 DMA 控制器，DMA 控制器完全接管 CPU 对总线的控制权，数据交换不经过 CPU 而直接在主存和外围设备之间进行，简化了 CPU 对数据交换的控制。由于 CPU 不参加数据传送操作，因此省去了 CPU 取指令、取数、送数等操作，也没有保存现场、恢复现场之类的工作。而且，主存地址的修改、传送字节个数的计数等也不是由软件实现，而是用硬件线路直接实现的。其主要优点是数据传送速度很高，传送速率仅受限于主存的访问时间，能够满足高速 I/O 设备的要求，也有利于 CPU 效率的发挥。但这种方式与中断传送方式相比需要更多的硬件，电路结构复杂，硬件开销大，主要适用于主存和高速外围设备之间大批量成组进行数据交换的场合。

7.2.5　通道方式

DMA 方式的出现减轻了 CPU 对 I/O 操作的控制，使得 CPU 的效率显著提高，而通道的出现则进一步提高了 CPU 的效率。

通道是一个具有特殊功能的处理器，又称为输入输出处理器（IOP），它分担了 CPU 的一部分功能，可以实现对外围设备的统一管理，完成外围设备与主存之间的数据传送。

通道方式大大提高了 CPU 的工作效率，然而这种效率的提高是以增加更多的硬件为代价的。

1．通道的功能

DMA 方式解决了快速外设和主机成批交换信息的难题，简化了 CPU 对数据传送的控制，提高了主机与外设并行工作的程度，提高了系统的效率。但是，在 DMA 方式下，CPU 仍然摆脱不了管理和控制外设的沉重负担，难以充分发挥高速运算的能力。随后出现的通道方式，将控制 I/O 操作和信息传送的功能从 CPU 中独立出来，代替 CPU 管理和调度外设与主机的信息交换，从而进一步提高了 CPU 的效率。

通道是一个特殊功能的处理器，是计算机系统中代替 CPU 管理控制外设的独立部件。它有自己的指令和程序，专门负责数据输入/输出的传输控制，而 CPU 在将"传输控制"功能下放给通道后只负责"数据处理"功能。这样，通道与 CPU 分时使用主存，实现了 CPU 内部运算与 I/O 设备的并行工作。

通道的基本功能是执行通道指令，组织外围设备和主存进行数据传输，按 I/O 指令要求启动外围设备，向 CPU 报告中断等。

CPU 通过执行 I/O 指令以及处理来自通道的中断，实现对通道的管理。来自通道的中断有两种：一种是数据传送结束中断；另一种是故障中断。

通道使用通道指令控制设备控制器进行数据传送操作，并以通道状态字接收设备控制器反映的外围设备的状态。因此，设备控制器是通道对 I/O 设备实现传输控制的执行机构。

2．通道的工作过程

系统在进行一次通道操作之前，CPU 要完成准备通道程序、安排数据缓冲区、给通道和外设发起命令等工作。在通道接到启动命令后，便到指定点取通道地址，指定点是系统设计好的，由通道硬件实现。通道根据指定点提供的主存地址，从主存中取出 CPU 为它准备的通道程序。

在执行第一条通道程序之前，通道首先要选择外设，启动外设的设备号，看其是否有响应，总线上的外设都有自己的地址译码器，用于判断总线上的呼叫地址是否是本设备地址；选择设备后，通道向外设接口发出命令，外设接口接到命令后返回状态码，通道便以条件码形式回答 CPU，表示这次启动成功；于是 CPU 便可以转去执行其他程序，而通道程序则由通道独立完成；当通道与外设之间的信息交换完成后，通道向 CPU 发出中断信号，CPU 根据通道状态字分析这次通道操作的执行情况。

3．通道的类型

根据通道的工作方式，通道分为字节多路通道、选择通道、数组多路通道 3 种类型。一个系统可以兼有多种类型的通道，也可以只有其中一两种。

（1）字节多路通道：一种简单的共享通道，主要用于连接控制多台低速外设，以字节交叉方式传送数据。例如，某个外设的数据传输速率只有 1 000 B/s，即传送 1 字节的时间间隔是 1 ms，而通道从设备接收或发送一个字节只需要几百纳秒，因此，通道在传送两个字节之间有很多空闲时间，字节多路通道正是利用这个空闲时间为其他设备提供服务。每个设备分时占用一个很短的时间片，不同的设备在各自分得的时间片内与通道建立连接，实现数据的传输。

（2）选择通道：又称高速通道，在物理上它可以连接多个设备，但是这些设备不能同时工作，在某一个时间段内通道只能选择一个设备进行工作。选择通道很像一个单道程序的处理器，在一段时间内只允许执行一个设备的通道程序，只有当这个设备的通道程序全部执行完毕后，才能执行其他设备的通道程序。

选择通道主要用于连接高速外围设备，如磁盘、磁带等，信息以成组方式高速传输。由于数据传输速率很高，如达到 1.5 MB/s，通道在传送两个字节之间只有很少的空闲时间，所以，在数据传送期间只为一台设备服务是合理的。但是，这类设备的寻址等辅助操作的时间往往很长，在这样长的时间里通道一直处于等待状态，因此，整个通道的利用率还不是很高。

（3）数组多路通道：连接控制多个高速外设并以成组交叉方式传送数据的通道称为数组多路通道。数组多路通道是对选择通道的一种改进，当某个设备进行数据传送时，通道只为该设备提供服务；当设备在执行寻址等控制性动作时，通道暂时断开与该设备的连接，挂起该设备的通道程序，而转去为其他设备提供服务，即执行其他设备的通道程序。所以，数组多路通道很像一个多道程序的处理器。

对于磁盘一类的高速外设，采用数组多路通道，可在其中一个外设占用通道进行数据传送时，让其他外设进行寻址等辅助操作，使一个设备的数据传送操作与其他设备的寻址操作彼此重叠，实现成组交叉方式的数据传送，从而使通道具备多路并行工作的能力，充分发挥通道高速信息交换的效能。

由于数组多路通道既保留了选择通道高速传送数据的优点，又充分利用控制性操作的时间间隔为其他设备提供服务，使通道的效率得到充分的发挥，因此，数组多路通道在实际系统中得到较多的应用。

字节多路通道和数组多路通道都是多路通道，在一段时间内均能交替执行多个设备的通道程序，使这些设备同时工作。不同之处在于：数组多路通道允许多个设备同时工作，但只允许一个设备进行传输型操作，其他设备进行控制型操作；而字节多路通道不仅允许多个设备同时操作，而且也允许它们同时进行传输型操作。另外，数组多路通道与设备之间进行数据传送的基本单位是数据块，而字节多路通道与设备之间进行数据传送的基本单位则是字节。

本 章 小 结

接口是 CPU 与外设进行信息交换的中转站，主要由数据寄存器、状态寄存器、控制寄存器和命令译码、端口地址译码及控制电路组成。输入/输出接口技术是采用硬件与软件相结合的方法，研究微处理器如何与外围设备进行最佳匹配，以实现 CPU 与外界高效、可靠的信息交换的一门技术。

CPU 与 I/O 设备之间要传送的信息主要有数据信息、状态信息和控制信息。I/O 端口编址方式有统一编址和独立编址。

微机系统中可采用的 I/O 数据传送方式主要有无条件传送方式、查询传送方式、中断传送方式、DMA 传送方式和通道方式。无条件传送方式和查询传送方式简单，方法灵活，但应用受限，CPU 要不断地执行指令并等待外设准备就绪，降低了 CPU 的工作效率。中断传送方式可提高 CPU 利用效率，使 CPU 与外设实现并行工作。对于需要高速、频繁地进行外设与内存间大批量数据交换时，采用 DMA 传送方式会得到更好的效果。其中，查询传送方式和中断传送方式都需要通过软件编程实现，适用于数据传输速率比较低的外围设备，而 DMA 方式、通道方式则主要有硬件控制实现，适用于数据传输速率比较高的外围设备。

实际应用中，要根据系统的条件和需求合理地加以选择。

思考与练习题

一、填空题

1. 接口是指_____，是_____中转站。

2. I/O 接口电路位于_____之间，其作用是_____；经接口电路传输的数据类别有_____。

3. I/O 端口地址常用的编址方式有_____两种；前者的特点是_____；后者的特点是_____。

4. 中断方式进行数据传送，可实现_____并行工作，提高了_____的工作效率。中断传送方式多适用于_____场合。

5. DMA 方式是在_____间开辟专用的数据通道，在_____控制下直接进行数据传送而不必通过 CPU。

二、简答题

1. 什么是接口，为什么计算机内一定要配置接口？

2. 微机的接口一般应具备哪些功能？

3. 什么是端口，I/O 端口的编址方式有哪几种？各有何特点，各适用于何种场合？

4. CPU 和外设之间的数据传送方式有哪几种，无条件传送方式通常用在哪些场合？

5. 相对于条件传送方式，中断方式有什么优点？和 DMA 方式比较，中断传送方式又有什么不足之处？

6. 简述在微机系统中，DMA 控制器从外设提出请求到外设直接将数据传送到存储器的工作过程。

第 8 章

可编程 DMA 控制器 8237A «««

本章主要讲解可编程控制器 8237A 的内部结构、8237A 内部寄存器的功能及格式以及 8237A 的编程和应用等主要内容。

通过本章的学习，读者应理解和掌握可编程控制器 8237A 的内部结构、工作原理与实际编程应用。

8.1 概　　述

8.1.1　8237A 主要功能

直接存储器存取 DMA 是一种外设与存储器之间直接传送数据的方法，适用于需要大量数据高速传送的场合。在数据传送过程中，DMA 控制器可以获得总线控制权，控制高速 I/O 设备（如磁盘）和存储器之间直接进行数据传送，不需要 CPU 直接参与。

Intel 8237A 就是一种常用的高性能可编程 DMA 控制器，有 40 个引脚，采用双列直插式封装，工作电源+5 V，在 5 MHz 时钟频率下，数据传输速率最高可达 1.6 MB/s。

8237A 的主要功能如下：

（1）在一个 8237A 芯片中有 4 个独立的 DMA 通道，每个通道均可独立地传送数据，可控制 4 个 I/O 外设进行 DMA 传送。

（2）每个通道的 DMA 请求都可以分别允许和禁止。每个通道的 DMA 请求有不同的优先级，优先级可以是固定的，也可以是循环的。

（3）每个通道均有 64 KB 的寻址和计数能力，即一次 DMA 传送的数据最大长度可达 64 KB。可以在存储器与外设间进行数据传送，也可以在存储器的两个区域之间进行传送。

（4）8237A 有 4 种 DMA 传送方式，分别为单字节传送、数据块传送、请求传送和级连传送方式。

每一种方式下，都能接收外设的请求信号 DREQ，向外设发出响应信号 DACK，向 CPU 发出 DMA 请求信号 HRQ，当接收到 CPU 的响应信号 HLDA 后就可以接管总线，进行 DMA 传送。每传送一个数据，修改地址指针，字节数减 1，当规定的传送长度减到 0 时，会发出 TC 信号结束 DMA 传送或重新初始化。

（5）若需要更多的数据传送通道，可以把多片 8237A 级连，以扩展更多的通道。

（6）有一个结束处理的输入信号 $\overline{EOP}$，允许外界用此输入信号结束 DMA 传送或重新初始化 DMA。

8.1.2 8237A 工作状态

8237A 有两种不同的工作状态，分别为主态方式和从态方式。

1．主态方式

当 DMA 控制器取得总线控制权后，系统总线就完全在它的控制管理下，使 I/O 设备和存储器之间或存储器与存储器之间可以进行直接的数据传送，这种工作方式称为主态方式。

2．从态方式

在 DMA 控制器未取得总线控制权时，必须由 CPU 对 DMA 控制器进行编程，以确定选择哪个通道进行 DMA 传送、数据传送的方式和类型、内存单元起始地址、地址是递增还是递减以及要传送的总字节数等。这时，CPU 处于主控状态，而 DMA 控制器 8237A 就和其他 I/O 芯片一样，是系统总线的从设备，接受 CPU 对它的读/写操作，这种工作方式称为从态方式。

8.2 8237A 内部结构及引脚

8.2.1 8237A 内部结构

8237A 内部结构如图 8-1 所示，主要由 3 个基本控制逻辑单元、3 个地址/数据缓冲器单元和 1 组内部寄存器组成。

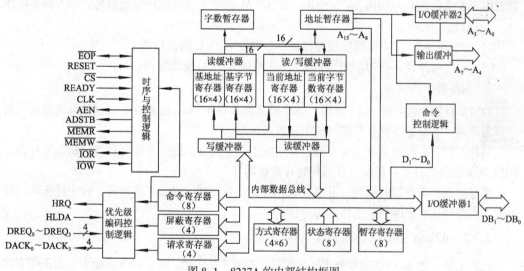

图 8-1 8237A 的内部结构框图

1．基本控制逻辑单元

基本控制逻辑单元包括定时和控制逻辑、命令控制逻辑和优先级编码控制逻辑，各部件功能分析如下：

（1）时序与控制逻辑：根据初始化编程所设置的工作方式寄存器的内容和命令，在输入时钟信号的控制下，产生 8237A 的内部时序信号和外部控制信号。8237A 处于从态时，这部分电路用于接收系统送来的时钟、复位、片选和读/写控制等信号，完成相应的控制操作；处于主态时则向系统发出相应的控制信号。

（2）命令控制逻辑：在 CPU 控制总线时即 DMA 控制器处于从态时，将 CPU 在初始化编程送来的命令字进行译码，接收 CPU 送来的寄存器选择信号（$A_3 \sim A_0$），选择 8237A 内部相应的寄存器；当 8237A 进入 DMA 服务时，对 DMA 的工作方式控制字进行译码，以确定 DMA 的操作类型。$A_3 \sim A_0$ 与 $\overline{\text{IOR}}$、$\overline{\text{IOW}}$ 配合可组成各种操作命令。

（3）优先级编码控制逻辑：用来裁决各通道的优先级顺序，解决多个通道同时请求 DMA 服务时可能出现的优先权竞争问题。根据 CPU 对 8237A 初始化时送来的命令，对同时提出 DMA 请求的多个通道进行排队判优，决定哪一个通道的优先级最高。对优先级的管理有两种方式：固定优先级和循环优先级。无论采用哪种优先级管理，一旦某个优先级高的设备在服务时，其他通道的请求均被禁止，直到该通道的服务结束时为止。

① 固定优先级方式：4 个通道的优先级是固定的，即通道 0 的优先权最高，通道 1 其次，通道 2 再次，通道 3 最低。

② 循环优先级方式：4 个通道的优先级是循环变化的，即在每次 DMA 操作周期（不是 DMA 请求，而是 DMA 服务）之后，各个通道的优先级都发生变化。刚刚服务过的通道的优先级降为最低，它后面通道的优先级变为最高。

2. 地址/数据缓冲器单元

这部分电路包括 2 个 I/O 缓冲器和 1 个输出缓冲器，这些数据线、地址线都与三态缓冲器相连，因而可以接管或释放总线。其功能如下：

（1）I/O 缓冲器 1：是 8 位双向三态地址/数据缓冲器，在 8237A 处于从态时传输数据信息，作为 8 位数据 $DB_7 \sim DB_0$ 输入/输出；在 8237A 处于主态时传送地址信息，作为高 8 位地址 $A_{15} \sim A_8$ 输出缓冲。

（2）I/O 缓冲器 2：4 位地址缓冲器，作为地址 $A_3 \sim A_0$ 输出缓冲。

（3）输出缓冲器：4 位地址缓冲器，作为地址 $A_7 \sim A_4$ 输出缓冲。

3. 内部寄存器组

8237A 有 4 个独立的 DMA 通道，每个通道都各有 4 个 16 位寄存器：基地址寄存器、基字节寄存器、当前地址寄存器和当前字节数寄存器。

另外，8237A 内部还有这 4 个通道共用的工作方式寄存器、命令寄存器、状态寄存器、DMA 服务请求寄存器、屏蔽寄存器和暂存寄存器等。

通过对这些寄存器的编程，可设置 8237A 的工作方式、设置工作时序、设定优先级管理方式、实现存储器之间的数据传送等操作。

8.2.2　8237A 引脚及功能

8237A 是一种 40 引脚的双列直插式器件，如图 8-2 所示。由于它既可处于主态工作方式又可处于从态工作方式，故其外部引脚设置也具有一定的特点。例如，它的 I/O 读/写线和数据线是双向的，另外，还设置了存储器读/写线和 16 位地址输出线，这些都是其他 I/O 接口芯片所没有的。

（1）CLK：时钟信号。该信号用来控制 8237A 的内部操作和数据传输速率。8237A 的时钟频率为 4 MHz，8237A–5DMA 控制器是 8237A 的改进型产品，时钟频率可达到 5 MHz，工作速度较高。

（2）$\overline{\text{CS}}$：片选信号。在从态工作方式下，$\overline{\text{CS}}$ 有效时选中 8237A，这时 DMA 控制器作为一个普通的 I/O 设备，即总线从模块，允许 CPU 与 DMA 控制器交换信息。

（3）RESET：复位信号。该信号用来复位 8237A 芯片。8237A 复位时，屏蔽寄存器被置 1，其他寄存器均清 0,复位后 8237A 工作在空闲周期。

（4）READY：准备就绪信号。当参与 DMA 传送的设备中有慢速 I/O 设备或存储器速度比较慢时，可能需要延长读/写操作周期，这时可使 READY 信号为低电平，使 8237A 可在 DMA 周期中插入等待周期 T_W，以等待慢速读写操作完成。当 DMA 操作完成时，READY 端输出变为高电平，以表示存储器或外设准备就绪。

（5）ADSTB：地址选通信号。该信号有效时，DMA 控制器把当前地址寄存器中的高 8 位地址（通过 $DB_0 \sim DB_7$）锁存到外部锁存器中。

（6）AEN：地址允许信号。该信号使地址锁存器中锁存的高 8 位地址送到地址总线上，与芯片直接输出的低 8 位地址一起构成 16 位内存偏移地址。AEN 信号也使与 CPU 相连的地址锁存器无效。这样就保证了地址总线上的信号来自 DMA 控制器，而不是来自 CPU。

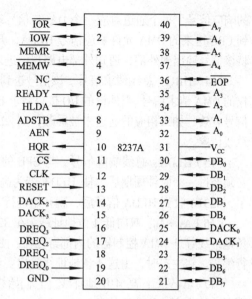

图 8-2　8237A 的引脚

（7）$\overline{MEMR}$：存储器读信号。主态时，可与 $\overline{IOW}$ 配合把数据从存储器读出到外设中，也可用于控制存储器间的数据传送，把数据从源地址单元中读出。从态时该信号无效。

（8）$\overline{MEMW}$：存储器写信号。主态时，可与 $\overline{IOR}$ 配合把数据从外设写入存储器，也可用于存储器间的数据传送，实现把数据写入目的地址单元。从态时该信号无效。

（9）$\overline{IOR}$：输入/输出设备读信号。从态时，它作为输入控制信号送入 8237A，当它有效时，CPU 读取 8237A 内部寄存器的值。主态时，它作为输出控制信号，与 $\overline{MEMW}$ 相配合，控制数据由外设传送到存储器中。

（10）$\overline{IOW}$：输入/输出设备写信号。从态时，它作为输入控制信号，当它有效时，CPU 向 DMA 控制器的内部寄存器中写入信息，对 8237A 进行初始化编程。在主态时，它作为输出控制信号，与 $\overline{MEMR}$ 相配合，把从存储器出的数据被写入到 I/O 接口中。

（11）$\overline{EOP}$：传输过程结束信号。在 DMA 传送时，当 DMA 控制器的任一通道中的当前字计数器减为 0 而终止计数时，会在 $\overline{EOP}$ 引脚上输出一个有效的低电平信号，作为 DMA 传输过程结束信号。8237A 也允许从外部输入一个低电平信号到 $\overline{EOP}$ 引脚上来终止 DMA 传送。不论是内部计数结束引起终止 DMA 过程，还是外部终止 DMA 过程，都会使请求存储器的相应位复位。例如，对 8237A 工作方式的寄存器编程，如果将通道设置成自动预置状态，那么该通道完成一次 DMA 传送，出现 $\overline{EOP}$ 信号后，就能自动恢复有关寄存器的初值，继续执行另一次 DMA 传送。

（12）$DREQ_3 \sim DREQ_0$：通道 3～通道 0 的 DMA 请求信号。每个通道对应一个 DREQ 信号，当外设请求 DMA 服务时，就向 8237A 的 DREQ 引脚送出一个有效的电平信号，直到 DMA 控制器送来 DMA 响应信号 DACK 以后，I/O 接口才撤除 DREQ 的有效电平。有效电平的极性由编程确定。在固定优先权情况下，$DREQ_0$ 的优先级最高，$DREQ_3$ 的优先级最低，在循环优先权时，优先级可以改变。

（13）$DACK_3 \sim DACK_0$：通道 3～0 的 DMA 响应信号。该信号是 DMA 控制器给 I/O 接口

的响应信号，每个通道对应一个 DACK 信号端，其有效电平的极性由编程确定。当 8237A 收到 CPU 送来的 DMA 允许响应信号 HLDA，开始 DMA 传送后，相应通道的 DACK 信号有效，将该信号输出到外部，通知外部电路现已进入 DMA 周期。

（14）HRQ：总线请求信号。该信号送到 CPU 的 HOLD 端，是向 CPU 申请获得总线控制权的 DMA 请求信号。当外设的 I/O 接口请求 DMA 传送时，就使 DMA 控制器某一通道的 DREQ 信号有效，如果相应的通道未被屏蔽，则 8237A 的 HRQ 端输出有效的高电平，向 CPU 发出总线请求。

（15）HLDA：总线响应信号，与 CPU 的 HLDA 端相连。当 CPU 收到 HRQ 信号后，至少必须经过一个时钟周期后，使 HLDA 变为高电平，表示 CPU 已把总线的控制权交给 8237A 了，8237A 收到 HLDA 信号后，就开始进行 DMA 传送。

（16）$A_3 \sim A_0$：双向低 4 位地址线。在 8237A 处于从态时，它们是输入信号，CPU 用这 4 条地址线寻址 DMA 控制器的内部寄存器，使 CPU 对各寄存器进行读/写操作，即对 8237A 进行编程。在主态时，由这 4 条地址线输出要访问的存储单元的低 4 位地址。

（17）$A_7 \sim A_4$：高 4 位地址线。它们始终工作于输出状态或浮空状态。在 8237A 处于主态时，输出高 4 位地址信息。

（18）$DB_7 \sim DB_0$：8 位数据线。$DB_7 \sim DB_0$ 被连到系统数据总线上。从态时，CPU 可用 I/O 读命令从数据总线上读取 8237A 的地址寄存器、状态寄存器、暂存寄存器和字计数器的内容，CPU 还可以通过这些数据线用 I/O 写命令对各个寄存器进行编程。在主态时，高 8 位地址信号 $A_{15} \sim A_8$ 经 8 位 I/O 缓冲器从 $DB_7 \sim DB_0$ 引脚输出，并由 ADSTB 信号将 $DB_7 \sim DB_0$ 输出的信号锁存到外部的高 8 位地址锁存器中，它们与 $A_7 \sim A_0$ 输出的低 8 位地址线一起构成 16 位地址。当 8237A 工作于存储器到存储器的传送方式时，先把从源存储器中读出来的数据，经这些引线送到 8237A 的暂存寄存器中，再经这些引线将暂存器中的数据写到目的存储单元中。

8.3 8237A 工作方式

可编程 DMA 控制器 8237A 共有 4 种工作方式，它的每个通道均可以采用其中一种进行工作。选择工作方式可以通过对工作方式寄存器的第 6、7 位进行设置来实现。

8.3.1 单字节传送方式

在这种工作方式下，每进行一次 DMA 操作，只传送一个字节的数据。8237A 每完成一个字节的传送，当前字节计数器便自动减 1，地址寄存器也会自动修改。接着，8237A 释放系统总线，把控制权交还给 CPU。但是，8237A 在释放总线后，会立即对 DREQ 端进行测试，一旦 DREQ 有效，则 8237A 会立即发送总线请求，在获得总线控制权后，又成为总线主模块而进行 DMA 传送。

当内部字节计数器减为 0 时，产生传输过程结束信号 $\overline{EOP}$，表示 DMA 传送过程结束。

这种方式的特点是一次 DMA 传送只传送一个字节的数据，占用一个总线周期，然后释放系统总线，效率较低，但它会保证在两次 DMA 传送之间，CPU 有机会获得总线控制权，执行一次 CPU 总线周期。

8.3.2 数据块传送方式

在这种工作方式下，8237A 一旦获得总线控制权，就会连续地一个字节一个字节地进行下去，直到把整个数据块全部传送完毕，当前字节计数器由 0 减为 FFFFH，才释放系统总线控制权。若需要提前结束其传输过程，可由外部输入一个有效的 $\overline{EOP}$ 信号来强制 8237A 退出。

当外设准备好后，向 8237A 发出 DREQ 信号，8237A 收到该信号后向 CPU 发出 HRQ 信号请求占用总线，CPU 同意 HRQ 请求，则向 8237A 发回 HLDA 信号，然后 8237A 向外设发出 DACK 信号，开始 DMA 传送，直到整个数据块传送完毕。

在每次 DREQ 有效后，若 CPU 响应其请求让出总线控制权给 8237A，8237A 进行 DMA 服务时，就会连续传送数据，只有当字节计数器计数由计数值减为 0 或外部送来有效的 $\overline{EOP}$ 信号时，才将总线控制权交给 CPU，从而结束 DMA 服务。

这种方式的特点是一次请求传送一个数据块，数据传输效率高，DREQ 有效电平只要保持到 DACK 有效，就能传送完整批数据，但整个数据块传送期间，CPU 长时间失去总线控制权，因而别的 DMA 请求也被禁止。

8.3.3 请求传送方式

这种工作方式与块传送方式类似，也是一种连续传送数据的方式。不同点在于每传送一个字节后，8237A 都对 DREQ 端进行测试，询问其是否有效。若有效，则继续传送下一个字节；若无效，则立刻停止 DMA 传送，但并不释放系统总线，DMA 的传送现场全部保持（当前地址寄存器和当前字节计数器的值），测试过程仍然进行。当检测到 DREQ 端变为有效电平时，就在原来的基础上继续进行传送。由于请求传送方式在传送完一个字的数据之后就询问 DREQ 信号是否有效，故又称询问传送方式。

这种方式的特点：DMA 操作可由外设利用 DREQ 信号控制数据传送的过程，DREQ 信号一直有效时，则连续传送数据，只有当字节计数器由减为 0，或外部送来有效的 $\overline{EOP}$ 信号，或 DREQ 变为无效时才结束 DMA 传送过程。

8.3.4 级连传送方式

级连传送方式是当一片 8237A 通道不够用时，可通过多片级连的方式增加 DMA 通道，在这种方式下，可以把一片 8237A（称为主片）和几片 8237A（称为从片）进行级连，以便扩充 DMA 通道。

图 8-3 所示为二级 8237A 级连时的情况。如图所示，每一片从 8237A 的 HRQ 和 HLDA 信号接到主 8237A 的 DREQ 和 DACK 端上，而主 8237A 的 HRQ 和 HLDA 信号则接到 CPU 的 HOLD 和 HLDA 端上。在这种情况下，各个从片的每一个通道均可进行 DMA 传输，而主片主要用来传送从片的 DMA 请求信号，还管理各从片的优先级。当 CPU 响应从片的 DREQ 请求，并输出 DACK 信号作为响应时，主片输出的信号除 HRQ 外都被禁止。在 DMA 操作期间，它不

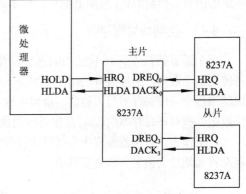

图 8-3 二级 8237A 级连

输出任何地址和控制信号，避免与从片中正在运行的输出信号发生冲突。

采用级连传送方式时，1 块主片最多允许与 4 块从片相连，若用 5 片 8237A 芯片构成两级 DMA 系统，可得到 16 个 DMA 通道。主片通过编程设置为级连传送方式，从片不用设置为级连传送方式，但要设置其他 3 种方式之一。从片进行 DMA 传送，主片在从片与 CPU 之间传递联络信号，并对从片各通道的优先级进行管理。

8.4 8237A 内部寄存器功能及格式

8237A 的内部寄存器有两类。一类称为通道寄存器，每个通道包括：基地址寄存器、当前地址寄存器、基字节寄存器、当前字节数寄存器和工作方式寄存器，这些寄存器的内容在初始化编程时写入。另一类为控制寄存器和状态寄存器，这类寄存器是 4 个通道公用的，控制寄存器用来设置 8237A 的传送类型和请求控制等，初始化编程时写入。状态寄存器存放 8237A 的工作状态信息，供 CPU 读取查询。

8237A 的内部有 10 种可编程寄存器，共 25 个，如表 8-1 所示。

表 8-1　8237A 的内部寄存器

名　称	位　数	数　量	功　能
当前地址寄存器	16	4	保存在 DMA 传送期间的地址值，可读/写
当前字节数寄存器	16	4	保存当前字节数，可读/写
基地址寄存器	16	4	保存当前地址寄存器的初值，只能写入
基字节寄存器	16	4	保存相应通道当前字节数寄存器的初值，只能写入
工作方式寄存器	8	4	寄存相应通道的方式控制字，由编程写入
命令寄存器	8	1	寄存 CPU 发送的控制命令，只写
状态寄存器	8	1	存放 8237A 各通道的现行状态，只读
请求寄存器	4	1	寄存各通道的 DMA 请求信号，只写
屏蔽寄存器	4	1	用于选择允许或禁止各通道的 DMA 请求信号
暂存寄存器	8	1	暂存传输数据，仅用于存储器到存储器的传输，只读

在 8237A 中，不同类型的寄存器起着不同的作用。在 DMA 操作前必须对各寄存器写入一定的内容，即对 DMA 控制器编程，以实现所要求的功能。

8.4.1　当前地址寄存器

每个通道都有一个 16 位的当前地址寄存器，用于存放 DMA 传送的存储器当前地址值。每传送一个数据，地址值自动增 1 或减 1，以指向下一个存储单元。在编程状态下，CPU 可用输出指令对该寄存器写入初值，也可由输入指令读出该寄存器中的值，但每次只能读/写 8 位数据，故对该寄存器的读/写操作要分两次进行。

若工作方式寄存器编程为自动预置操作，则当 DMA 传送结束，产生 $\overline{EOP}$ 信号后，8237A 自动将基地址的值装入该寄存器中。

8.4.2　当前字节数寄存器

每个通道都有一个 16 位长的当前字节数寄存器，用来保存 DMA 传送的当前字节数。实际传送的字节数比编程写入的字节数大 1。例如，编程的初始值为 10，将传送 11 个字节。每次传送以后，字节计数器减 1。当其内容减为 0 时，将产生终止计数 TC 脉冲输出终止计数。CPU 访问它是以连续两字节对其读出或写入。

在自动预置方式时，当 $\overline{EOP}$ 有效后，被重新预置成初始值。

8.4.3　基地址寄存器

每个通道都有一个 16 位的基地址寄存器，用来存放对应通道当前地址寄存器的初值，CPU 对 DMA 控制器编程设置地址初值时，同时写入基地址寄存器和当前地址寄存器，即两个寄存器有相同的写入端口地址，编程时写入相同的内容。但基地址寄存器的内容不能被 CPU 读出，也不能被修改。

设置该寄存器的主要目的在于，当执行自动预置操作时，当前地址寄存器能恢复到初始值。

8.4.4　基字节寄存器

每个通道都有一个 16 位的基字节寄存器，用于存放对应通道当前字节计数器的初值，该值也是在 CPU 对 8237A 进行初始化编程时与当前字节计数器一起被写入的，且两者具有相同的写入端口，写入相同的内容。该寄存器的内容不会自动修改，也不能被 CPU 读出，它主要用于自动预置操作时使当前字节计数器恢复初值。

需注意：以上寄存器都是 16 位，利用 8 位数据线如何读/写呢？因为 8237A 内部有一个高/低触发器，它控制读/写 16 位寄存器的高字节或低字节。触发器为 0，则操作的是低字节；为 1，则操作的是高字节。软、硬件复位之后，此触发器被清为 0。每当 16 位通道寄存器进行一次操作（读/写 8 位），此触发器便自动改变状态。因此，对 16 位寄存器的读/写可分两次连续进行，不必清除这个触发器。

8.4.5　命令寄存器

命令寄存器是一个 8 位寄存器，用来控制 8237A 的操作。编程时，由 CPU 对其写入命令字，由复位信号（RESET）和软件清除命令清除它。命令寄存器格式如图 8-4 所示。

（1）D_0 位：$D_0=1$ 时允许进行存储器至存储器之间的传送；$D_0=0$ 时禁止该操作。这种传送方式能以最短的时间成组地将数据从存储器的一个区域传送到另一个区域。此时先由通道 0 采用软件请求的方法来启动 DMA 服务，规定通道 0 用于从源地址读入数据，然后将读入的数据字节存放在暂存器中，由通道 1 把暂存器的数据字节写到目的地址存储单元。通道 0 的当前地址寄存器用于存放源地址，通道 1 的当前地址寄存器和当前字节计数器提供目的地址和进行计数。

（2）D_1 位：用于执行存储器到存储器传送操作时，决定是否允许通道 0 的地址保持不变。当 $D_1=1$ 时，可以使通道 0 在整个传送过程中保持同一地址，这样可把这个地址单元中的数（也即同一个数据）写到一组存储单元中去。$D_1=0$ 时禁止这种操作。当然，$D_0=0$ 时不允许在存储器间直接进行数据传送，这种方法也就无效。

（3）D_2 位：表示允许还是禁止 8237A 工作，$D_2=0$ 时允许工作，否则禁止工作。

（4）D_3，D_5 位：与时序有关的控制位。

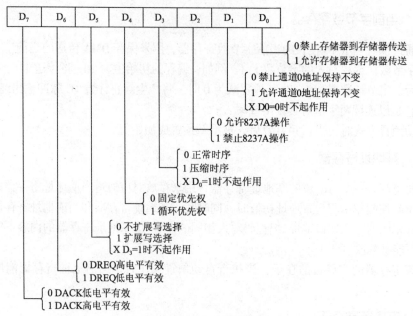

图 8-4　命令寄存器格式

（5）D_4 位：设定通道优先权结构。$D_4=0$ 时为固定优先权，规定通道 0 优先级最高，通道 1 次之，通道 3 最低。$D_4=1$ 时为循环优先权，它使刚服务过的通道 i（i 表示通道号）的优先权变成最低，而让通道 $i+1$ 的优先权变为最高，当 $i+1=4$ 时使通道号为 0。若某次传输前优先权从高到低的次序为 2、3、0、1，那么在通道 2 进行一次传输后，优先级次序变成 3、0、1、2，通道 3 完成传输后优先级次序成为 0、1、2、3 等。随着 DMA 操作的不断进行，优先权也不断循环变化，这样可防止某一通道长时间占用总线。但要注意，任意通道进入 DMA 服务后，其他通道均不能去打断它。

（6）D_6 位：$D_6=0$ 则 DREQ 为高电平有效；$D_6=1$ 为低电平有效。

（7）D_7 位：$D_7=0$ 则 DACK 为低电平有效；$D_7=1$ 为高电平有效。

8.4.6　工作方式寄存器

工作方式寄存器又称方式控制寄存器。每个通道都有一个 8 位工作方式寄存器，用于指定 DMA 操作类型、传送方式，是否自动预置，传送一字节数据后地址是按增 1 还是减 1 修改，其格式如图 8-5 所示。

CPU 在编程初始化时写入工作方式寄存器的控制字。其低两位 D_0、D_1 指定写入的通道号，即根据 D_0、D_1 两位的编码，确定此命令字写入的通道。而 $D_2 \sim D_7$ 是通道相应的工作方式设定位。原则上，4 个通道要写入 4 个工作方式控制字。

（1）D_3、D_2 位：当 D_7、D_6 位不同时为 1 时，D_3、D_2 位用来设定通道的 DMA 的传送类型：读传送、写传送和校验传送。

① 读传送。$D_3D_2=10$ 时数据从存储器读出，再写入 I/O 设备，即数据从存储器传送到 I/O 接口，这时 8237A 要发出对存储器的读信号 $\overline{\text{MEMR}}$ 和对 I/O 接口的写信号 $\overline{\text{IOW}}$。

② 写传送。$D_3D_2=01$ 时将数据从 I/O 设备读出，再写入存储器，即数据从 I/O 接口传送到存储器，这时 8237A 要发出对 I/O 接口的读信号 $\overline{\text{IOR}}$ 和对存储器的写信号 $\overline{\text{MEMW}}$。

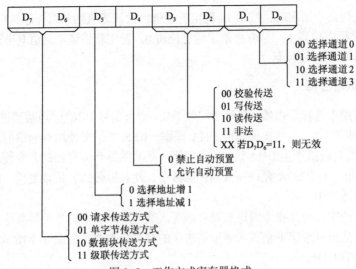

图 8-5 工作方式寄存器格式

③ 校验传送。D_3D_2=00 时为校验传送。这种操作实际上不进行数据传送，主要用来对写传送或读传送功能进行校验。由 8237A 产生地址信息，并影响$\overline{EOP}$等，但不发出存储器和外围设设备的读/写控制信号，这就阻止数据的传送。但是，8237A 仍将保持着它对系统总线的控制权，I/O 设备可以使用这些响应信号，在 I/O 设备内部对一个指定数据块的每一个字节进行存取，以便进行校验。设定校验方式时，要设定命令寄存器为禁止存储器至存储器的 DMA 操作方式。

（2）D_4 位：设定通道是否进行自动预置。D_4=1 时，在接收到$\overline{EOP}$信号后，该通道自动将基地址寄存器内容装入当前地址寄存器，将基字节计数器内容装入当前字节计数器，而不必通过 CPU 对 8237A 进行初始化，就能执行另一次 DMA 服务。

（3）D_5位：决定每传送 1 个字节后，存储器地址是加 1 还是减 1。

（4）D_7、D_6位：决定该通道 DMA 传送的工作方式。

8.4.7 请求寄存器

当外部有 DMA 请求信号 DREQ 或软件产生一个 DMA 请求时，选中通道的请求位置 1。请求寄存器用于由软件来启动 DMA 请求的设备。存储器到存储器传送必须利用软件产生 DMA 请求。这种软件请求 DMA 传送操作必须是成组传送方式，传送结束后，$\overline{EOP}$信号变为有效，该通道对应的请求标志位被清 0，因此，每执行一次软件请求 DMA 传送，都要对请求寄存器编程一次，RESET 信号清除所有通道的请求寄存器。软件请求位是不可屏蔽的。可用请求控制字对各通道的请求标志进行置位和复位。该寄存器只能写不能读。对某个通道的请求标志进行置位和复位的命令格式如图 8-6 所示。

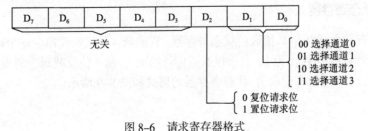

图 8-6 请求寄存器格式

8237A 接收到命令请求时，按 D_1D_0 确定的通道，对该通道的请求标志执行 D_2 规定的操作。$D_2=1$ 将请求标志位置 1；$D_2=0$ 将请求标志位清 0。若用软件请求通道 0 进行 DMA 传送，则向请求寄存器写入 04H 控制字。

8.4.8 屏蔽寄存器

屏蔽寄存器用于选择是否禁止各通道接收 DMA 请求信号 DREQ。当某通道的屏蔽位为 1 时，表示屏蔽相应通道，并禁止该通道 DMA 操作。RESET 信号使所有通道的屏蔽标志位都置 1，这时禁止所有通道产生 DMA 请求，直到用一条清除屏蔽寄存器的命令使之复位后才允许接收 DMA 请求。对 8237A 允许写入两种屏蔽字，使各屏蔽位置位或复位。两种屏蔽字需写入不同的端口地址中。

（1）通道屏蔽字：可用指令对屏蔽寄存器写入通道屏蔽字来对单个屏蔽位进行操作，使之置位或复位。通道屏蔽字的格式与通道请求字的格式相类似，如图 8-7 所示。在 x86 系统中其端口地址为 000AH。

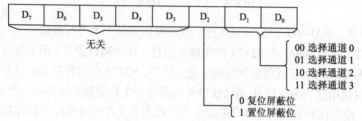

图 8-7　通道屏蔽字格式

（2）主屏蔽字：8237A 还允许使用主屏蔽命令来设置通道的屏蔽触发器，主屏蔽字格式如图 8-8 所示。

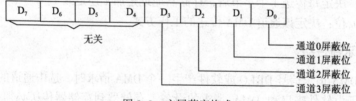

图 8-8　主屏蔽字格式

$D_3 \sim D_0$ 位对应通道 3～0 的屏蔽位，各个屏蔽位中，0 表示清除屏蔽位，1 表示置位屏蔽位，这样利用一条主屏蔽字命令就可一次完成对 4 个通道的屏蔽位的设置。在 x86 系统中其端口地址为 000FH。

在需要同时清除 4 个通道的屏蔽位时，还可用软件命令实现。

8.4.9 状态寄存器

8237A 中有一个可由 CPU 读取的状态寄存器。它的低 4 位反映读命令这个瞬间每个通道是否产生终止计数脉冲 TC（为 1，表示该通道传送结束），高 4 位反映每个通道的 DMA 请求情况（为 1，表示该通道有请求）。状态寄存器的格式如图 8-9 所示。

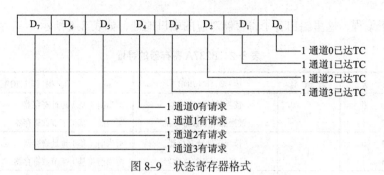

图 8-9 状态寄存器格式

8.4.10 暂存寄存器

暂存寄存器是一个 8 位的寄存器，在存储器至存储器传送期间，用来暂存从源地址单元读出的数据。

当数据传送完成时，所传送的最后一个字节数据可以由 CPU 读出。用 RESET 信号可以清除此暂存器。

8.4.11 软件命令

8237A 设置了 3 条软件命令：主清除命令、清除字节指示器命令和清除屏蔽寄存器命令。这些软件命令只要对某个适当地址进行写入操作就会自动执行清除命令。

（1）主清除命令：该命令与硬件的 RESET 具有相同的功能。它使控制寄存器、状态寄存器、各通道的请求寄存器、暂存寄存器和字节指示器清 0；使屏蔽寄存器的各位置 1，使 8237A 进入空闲周期，以便进行编程。此命令寄存器地址的低 4 位为 0DH。

（2）清除字节指示器命令。字节指示器又称先/后触发器或字节地址指示触发器。因为 8237A 各通道的地址和字节寄存器是 16 位的，而 8237A 的数据总线为 8 位，所以 CPU 访问这些寄存器时，要用连续两个字节进行。当字节指示器为 0 时，CPU 访问这些 16 位寄存器的低字节；当字节指示器为 1 时，CPU 访问这些 16 位寄存器的高字节。为了按正确顺序访问 16 位寄存器的高字节和低字节，CPU 首先使用清除字节指示器命令来清除字节指示器，使 CPU 第一次访问 16 位寄存器的低字节。第一次访问后，字节指示器自动置 1，这样使 CPU 第二次访问 16 位寄存器的高字节，而后字节指示器又自动恢复为 0。此命令寄存器地址的低 4 位为 0CH。

（3）清除屏蔽寄存器命令。这条命令清除 4 个通道的全部屏蔽位，使各通道均能接受 DMA 请求。此命令寄存器地址的低 4 位为 0EH。

8.5 8237A 编程及应用

进行 DMA 传送之前 CPU 要对 8237A 进行初始化编程。对 8237A 的编程实际上就是利用 OUT 指令对相应通道或寄存器写入命令或数据，使 DMA 控制器处于选定的工作方式从而进行指定的操作。

8.5.1 8237A 主要寄存器端口地址分配

每片 8237A 有 4 个地址选择线 $A_3 \sim A_0$，故占用 16 个连续的端口地址，地址的高 4 位为

0。为了便于编程，这里给出各个寄存器对应的端口地址，如表8-2所示。

表8-2　8237A 寄存器的寻址

A_3 A_2 A_1 A_0	通道号	读 操 作（/IOR）	写 操 作（/IOW）
0　0　0　0	0	读当前地址寄存器	写当前（基）地址寄存器
0　0　0　1		读当前字节数寄存器	写当前（基）字节数寄存器
0　0　1　0	1	读当前地址寄存器	写当前（基）地址寄存器
0　0　1　1		读当前字节数寄存器	写当前（基）字节数寄存器
0　1　0　0	2	读当前地址寄存器	写当前（基）地址寄存器
0　1　0　1		读当前字节数寄存器	写当前（基）字节数寄存器
0　1　1　0	3	读当前地址寄存器	写当前（基）地址寄存器
0　1　1　1		读当前字节数寄存器	写当前（基）字节数寄存器
1　0　0　0	公共	读状态寄存器	写命令寄存器
1　0　0　1		–	写请求寄存器
1　0　1　0		–	写屏蔽寄存器某一位
1　0　1　1		–	写模式控制寄存器
1　1　0　0		–	清除字节指示器
1　1　0　1		读暂存寄存器	主清除
1　1　1　0		–	清除屏蔽寄存器
1　1　1　1		–	写屏蔽寄存器所有位

8.5.2　8237A 编程一般步骤

对 8237A 进行初始化编程的步骤如下：

（1）发送主清除命令，使 8237A 处于复位状态，以接收新的命令。

（2）写工作方式寄存器，以确定 8237A 工作方式和传送类型。

（3）写命令寄存器，以启动 8237A 的工作。

（4）根据所选通道，输入相应通道当前地址寄存器和基地址寄存器的初始值，将传送数据块的首地址（末地址）按照先低位后高位的顺序写入。

（5）输入当前字节数寄存器和基字节寄存器的初始值，将传送数据块的字节数 N（写入的值为 $N-1$）按照先低位后高位的顺序写入。

（6）写屏蔽寄存器，开放指定 DMA 通道的请求。

（7）写请求寄存器，只有用软件请求 DMA 传送（存储器与存储器之间的数据块传送）时，才需要写该寄存器。如果有软件请求，就写入指定通道，以便开始 DMA 传送过程；如果没有软件请求，则在完成前 6 步编程后，由通道的 DREQ 启动 DMA 传送。

【例 8.1】利用通道 1 从外设输入 54 KB 的一个数据块，传送至 5678H 开始的存储区域（增量传送），采用块传送方式，传送完不自动初始化，外设的 DREQ 和 DACK 都为高电平有效。已知 8237A 的端口地址为 50H~5FH。

根据要求，模式控制字为：

D_7	D_6	D_5	D_4	D_3	D_2	D_1	D_0
1	0	0	0	0	1	0	1
块传送		增量		非自动	写传送		通道1

屏蔽字为：

D_7	D_6	D_5	D_4	D_3	D_2	D_1	D_0
0	0	0	0	0	0	0	1

复位　　通道1

命令寄存器的格式为：

D_7	D_6	D_5	D_4	D_3	D_2	D_1	D_0
1	0	1	0	0	0	0	0

DACK高　DREQ高　扩展写　固定优先　普通时序　启动　无关　非存储器与存储器

由于给定的 DMA 控制器的端口地址为 50H～5FH，由表 8-2 可知主清除命令端口为 5DH（$A_3A_2A_1A_0=1101$），基地址和当前地址寄存器为 50H（$A_3A_2A_1A_0=0000$），基字节数和当前字节数寄存器的端口地址为 51H（$A_3A_2A_1A_0=0001$），模式控制寄存器的端口地址为 5BH（$A_3A_2A_1A_0=1011$），写一位的屏蔽字的端口地址为 5AH（$A_3A_2A_1A_0=1010$），命令寄存器端口地址为 58H（$A_3A_2A_1A_0=1000$）。

初始化程序如下：

```
OUT   5DH, AL              ;主清除命令
MOV   AL, 78H              ;基地址和当前地址的低8位
OUT   50H, AL
MOV   AL, 56H              ;基地址和当前地址的高8位
OUT   50H, AL
MOV   AL, 00H              ;基字节数和当前字节数低8位
OUT   51H, AL
MOV   AL, 0D8H            ;基字节数和当前字节数高8位
OUT   51H, AL
MOV   AL, 85H              ;模式控制字
OUT   5BH, AL
MOV   AL, 01H              ;屏蔽控制字,使通道1的屏蔽位复位
OUT   5AH, AL
MOV   AL, 0A0H            ;命令字
OUT   58H, AL
```

【例 8.2】在某系统中，用一片 8237A 设计了 DMA 传输电路，8237A 的基地址为 00H。要求利用它的通道 0，从外设（如磁盘）输入一个 1KB 的数据块，传送到内存中 6000H 开始的区域中，每传送一个字节，地址增 1，采用数据块连续传送方式，禁止自动预置，外设的 DMA 请求信号 DREQ 和响应信号 DACK 均为高电平有效。初始化 8237A 的程序如下：

```
DMA   EQU   00H           ;8237A 的基地址为 00H
OUT   DMA+0DH,AL          ;输出主总清除命令
;将基地址 6000H 写入通道 0 基地址和当前地址寄存器,分两次进行
MOV   AX,6000H            ;基地址和当前地址寄存器
OUT   DMA+00H,AL          ;先写入低 8 位地址
MOV   AL,AH
OUT   DMA+00H,AL          ;后写入高 8 位地址
```

```
;把要传送的总字节数1K=400H减1后,送到基字节数寄存器和当前字节数寄存器
     MOV    AX,0400H                      ;总字节数
     DEC    AX                            ;总字节数减1
     OUT    DMA+01H,AL                    ;先写入字节数的低8位
     MOV    AL,AH
     OUT    DMA+01H,AL                    ;后写入字节数的高8位
;写入方式字:数据块传送,地址增量,禁止自动预置,写传送,选择通道
     MOV    AL,10000100B                  ;方式字
     OUT    DMA+0BH,AL                    ;写入方式字
;写入屏蔽字:通道0屏蔽位清0
     MOV    AL,00H                        ;屏蔽字
     OUT    DMA+0AH,AL                    ;写入8237A
;写入命令字:DACK和DREQ为高电平,固定优先级,非存储器间传送
     MOV    AL,10000000B                  ;命令字
     OUT    DMA+08H,AL                    ;写入8237A
;写入请求字:通道0产生请求
     MOV    AL,04H                        ;请求字
     OUT    DMA+09H,AL                    ;将请求字写入8237A,用软件启动8237A
```

【例 8.3】编写外设到内存 DMA 传送的初始化程序。要求：利用 8237A 的通道 1，将外设长度为 100 字节的数据块传送到内存从 1000H 开始的连续存储单元。采用数据块传送方式，DREQ1 为高电平有效，DACK1 为低电平有效，允许请求。初始化程序如下：

```
     OUT    DMA+0DH, AL            ;清除控制端口,执行一次写操作实现软件复位
     MOV    AL, 00H               ;目标数据区起始地址低位字节
     OUT    DMA+02H, AL           ;当前地址寄存器和基地址寄存器端口地址
     MOV    AL, 10H               ;目标数据区起始地址高位字节
     OUT    DMA+02H, AL           ;将目标数据区起始地址写入当前地址寄存器和基地址寄存器
     MOV    AX, 100               ;传输的字节数100
     DEC    AX                    ;计数值调整为100-1=99
     OUT    DMA+03H, ALN          ;计数值写入当前字节数寄存器和基字节寄存器
     MOV    AL, AH
     OUT    DMA+03H, AL
     MOV    AL, 85H               ;通道1, 块传送, 地址增1, DMA写操作(I/O到存储器)
     OUT    DMA+0BH, AL           ;工作方式寄存器端口地址
     MOV    AL, 01H               ;屏蔽字, 允许通道1请求
     OUT    DMA+0AH, AL           ;单通道屏蔽寄存器端口地址
     MOV    AL, 00H               ;控制字,DACK低电平有效,DREQ高电平有效,允许8237A工作
     OUT    DMA+08H, AL           ;控制寄存器端口地址
```

8.5.3 8237A 应用举例

在 32 位 PC 中有两个 8237A DMA 控制器。硬件连接分为 8237A 与 CPU 的接口电路和 8237A 与外设的接口电路，提供数据宽度为 8 位的 DMA 传输。其中，通道 0 用来对动态 RAM 进行刷新，通道 2 用来进行 I/O 设备和内存之间的 DMA 传送，通道 3 用来进行硬盘和内存之间的 DMA 传送，通道 1 为用户保留，用来提供其他传送功能，如网络通信功能。

系统采用固定优先级，所以通道 0 的优先级最高，通道 3 最低。4 个 DMA 请求信号中，只有 $DREQ_0$ 是和系统板相连的，其他几个请求信号即 $DREQ_1 \sim DREQ_3$ 都接到总线扩展槽的

引脚上，由对应的 I/O 接口板和网络接口板提供。同样，DMA 应答信号 $DACK_0$ 送往系统板，而 $DACK_1$～$DACK_3$ 送往扩展槽。

1. 8237A 与 CPU 的接口电路

在微机系统中，8237A 是作为外围从属设备进行工作的，它的操作必须通过软件进行初始化处理，通过读/写内部寄存器来实现，而数据的传送是通过它与 CPU 之间的接口电路来进行的。8237A 与 CPU 的接口电路如图 8-10 所示。

当 8237A 没有被外设用来进行 DMA 操作时，处于所谓的空闲状态。在空闲状态下，CPU 可以向 8237A 输出命令以及读/写它的内部寄存器。所访问寄存器的端口地址 A_3～A_0 由 CPU 的地址信号线 A_5～A_2 来提供。

在数据传送总线周期，其他地址线经译码电路产生 8237A 的片选信号 $\overline{CS}$。在空闲状态时，8237A 不断采样片选信号 $\overline{CS}$，当 $\overline{CS}$ 有效时，CPU 分别用 $\overline{IOR}$ 信号和 $\overline{IOW}$ 信号来控制 8237A，实现输入总线操作和输出总线操作。

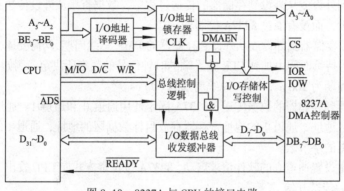

图 8-10　8237A 与 CPU 的接口电路

2. 8237A 与外设的接口电路

8237A 有 4 个独立的 DMA 通道，通常总是把每一个通道指定给一个专门的外围设备。由图 8-11 可见，电路中的 4 个 DMA 请求输入信号 $DREQ_3$～$DREQ_0$ 分别对应通道 3～0。在空闲状态，8237A 不断采样这些输入信号，当某个外设请求 DMA 操作时，相应的 DREQ 变为有效电平。

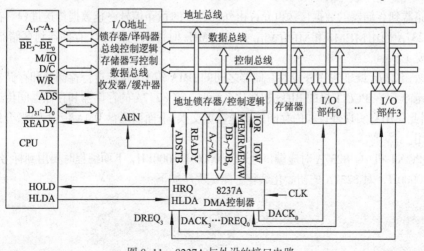

图 8-11　8237A 与外设的接口电路

8237A 采样到 DREQ 有效电平后，使 HRQ 信号变为高电平有效，并将其传送给 CPU 的 HOLD 输入端，请求 CPU 让出总线控制权。当 CPU 准备让出总线控制权时，使总线信号进入高阻状态，同时使输出信号 HLDA 变为高电平有效，作为对 HOLD 的应答。8237A 接收到有效的 HLDA 应答信号后，就取得了总线控制权。

8237A 取得总线控制权后，使输出信号 DACK 变为高电平有效，通知外设它已经处于准备就绪状态。

在 8237A 控制总线期间，将产生存储器、I/O 数据传送所需要的全部控制信号。DMA 传送有下列 3 种情况：

（1）外设到存储器的数据传送：8237A 利用 $\overline{IOR}$ 信号通知外设，把数据送上数据总线 $DB_7 \sim DB_0$。与此同时，8237A 利用 $\overline{MEMW}$ 信号把总线上的有效数据写入存储器。

（2）存储器到外设的数据传送：8237A 先从存储器读出数据，然后再把数据传送到外设，在数据传送过程中 8237A 需要 $\overline{MEMR}$ 和 $\overline{IOW}$ 信号。

在存储器到外设或从外设到存储器的传送过程中，数据直接从外设传送到存储器或从存储器传送到外设，而没有通过 8237A 控制器。

8237A 形成存储器到外设或从外设到存储器的 DMA 总线周期，均需要 4 个时钟周期的时间。时钟周期的持续时间由加到 CLK 输入端的时钟信号的频率所决定。例如，频率为 5 MHz 的时钟信号，周期为 200 ns，DMA 总线周期为 800 ns。

（3）存储器到存储器的数据传送：8237A 固定使用通道 0 和通道 1。通道 0 的地址寄存器存放数据区地址，通道 1 的地址寄存器存放目标数据区的地址，通道 1 的字节计数器存放需要传送数据的字节数。

传送过程由设置通道 0 的软件请求启动，8237A 按正常方式向 CPU 发出 HRQ 请求信号，待 HLDA 响应后传送开始。

每传送一个字节需要 8 个时钟周期，前 4 个时钟周期用通道 0 地址寄存器的地址，从源数据区读数据送入 8237A 的暂存寄存器；后 4 个时钟周期用通道 1 地址寄存器的地址，把暂存寄存器中的数据写入目标数据区。每传送 1 字节，源地址和目标地址都要修改（加 1 或减 1），字节数减 1。传送一直进行到通道 1 的字节计数器减为 0，终止计数并在 $\overline{EOP}$ 端输出一个脉冲。

存储器到存储器的数据传送也允许由外设送来的 $\overline{EOP}$ 信号终止数据传送过程。在数据传送中，8237A 使用 $\overline{MEMR}$ 和 $\overline{MEMW}$ 信号。在 5 MHz 时钟频率下，1 个存储器到存储器的 DMA 周期需要 1.6 ms。

虽然，8237A 既能提供外设和存储器之间的 DMA 传输，也能进行存储器和存储器之间的 DMA 传输，但在 PC/XT 机的 BIOS 初始化系统时，将 8237A 的存储器和存储器间传送方式禁止掉，因此只用它实现外设和内存间的高速数据交换。下面以磁盘 DMA 传输为例，介绍 8237A 编程应用。

在 PC XT 机中，8237A 对应端口地址为 0000H～000FH，下面编程时要用到标号 DMA 代表首址 0000H，对 8237A 的初始化编程、测试程序如下：

```
MOV  AL,  04
MOV  DX,  DMA+8        ;DMA+8 为控制寄存器的端口号
OUT  DX,  AL           ;输出控制命令，关闭 8237A 使它不工作
MOV  AL,  00
```

```
        MOV   DX,  DMA+0DH         ;DMA+0DH 是主清除命令端口号
        OUT   DX,  AL             ;发送主清除命令
        MOV   DX,  DMA             ;DMA 为通道 0 的地址寄存器对应端口号
        MOV   CX,  0004
        MOV   AL,  0FFH
        OUT   DX,  AL             ;写入地址低位，清除字节指示器在主清除时已清除
        OUT   DX,  AL             ;写入地址高位，这样 16 位地址为 FFFFH
        INC   DX
        INC   DX                  ;指向下一通道
        LOOP  WRITE              ;使 4 个通道的地址寄存器中均为 FFFFH
        MOV   DX,  DMA+0BH         ;DMA+0BH 为模式寄存器的端口
        MOV   AL,  58H
        OUT   DX,  AL             ;单字节传送，地址加 1 变化，设自动预置功能
        MOV   AL,  42H
        OUT   DX,  AL             ;对通道 2 设置模式
        MOV   AL,  43H
        OUT   DX,  AL             ;对通道 3 设置模式
        MOV   DX,  DMA+8          ;DMA+8 是控制寄存器的端口号
        MOV   AL,  0
        OUT   DX,  AL             ;DACK 低电平有效，DREQ 高电平；有效，固定优先级，启动工作
        MOV   DX,  DMA+0AH         ;DMA+0AH 是屏蔽寄存器的端口号
        OUT   DX,  AL             ;使通道 0 去除屏蔽
        MOV   AL,  01
        OUT   DX,  AL             ;使通道 2 去除屏蔽
        MOV   AL,  01
        OUT   DX,  AL             ;使通道 1 去除屏蔽
        MOV   AL,  03
        OUT   DX,  AL             ;使通道 3 去除屏蔽
;对通道 1~3 的地址寄存器的值进行测试
        MOV   DX,  DMA+2          ;DMA+2 是通道 1 的地址寄存器端口
        MOV   CX,  0003
        READ:IN   AL,  DX         ;读字节的低位
        MOV   AH,  AL
        IN    AL,  DX            ;读字节的高位
        CMP   AX,  0FFFFH         ;比较读取的值和写入的值是否相等
        JNZ   HHH               ;如不等，则转 HHH
        INC   DX
        INC   DX                 ;指向下一个通道
        LOOP  READ              ;测下一个通道
        ...                      ;后续测试
HHH:HLT                         ;如果有错停机等待
```

本章小结

本章主要介绍可编程控制器 8237A 的内部结构及其引脚，内部寄存器的功能及其格式，8237A 的编程及其应用等。

DMA 控制器 8237A 有总线主模块和总线从模块两种不同的工作状态。在总线主模块下 DMA 控制器可以直接控制系统总线，在总线从模块下和其他接口一样，接受 CPU 对它的读/写操作。8237A DMA 控制器含有 4 个独立的 DMA 通道，可以用来实现内存到接口、接口到内存及内存到内存之间的高速数据传送。

8237A 芯片中有 4 个独立的 DMA 通道，每个通道均可独立传送数据，每个通道 DMA 请求有不同的优先权，有 64 KB 寻址和计数能力。8237A 有单字节传送、数据块传送、请求传送和级联传送方式等 4 种方式。进行 DMA 传输之前，CPU 要对 8237A 进行初始化编程，设定工作模式及参数

8237A 可用来实现内存到接口、接口到内存及内存到内存之间的高速数据传送。

思考与练习题

一、填空题

1. 8237A 用_____实现_____之间的快速数据直接传输；其工作方式有_____。

2. 进行 DMA 传输之前，CPU 要对 8237A_____；其主要内容有_____。

3. 8237A 设置了_____ 3 条软件命令，这些软件命令只要对_____就会自动执行清除命令。

二、简答题

1. DMA 控制器 8237A 有哪两种工作状态，其工作特点如何？

2. 8237A 的当前地址寄存器、当前字计数寄存器和基字寄存器各保存什么值？

3. 8237A 进行 DMA 数据传送时有几种传送方式？其特点是什么？

4. 8237A 有几种对其 DMA 通道屏蔽位操作的方法？

三、设计题

1. 设置 PC 8237A 通道 2 传送 1 KB 数据，请给其字节数寄存器编程。

2. 若 8237A 的端口基地址为 000H，要求通道 0 和通道 1 工作在单字节读传输，地址减 1 变化，无自动预置功能。通道 2 和通道 3 工作在数据块传输方式，地址加 1 变化，有自动预置功能。8237A 的 DACK 为高电平有效，DREQ 为低电平有效，用固定优先级方式启动 8237A 工作，试编写 8237A 的初始化程序。

中断技术 <<<

现代微机系统的中断系统功能强弱已成为评价系统整体性能的一项重要指标。本章对中断技术的基本知识、8086 中断系统和可编程中断控制器 8259A 及其应用进行讨论。主要介绍中断技术的概念、8086 中断类型、中断优先级管理、中断向量表、中断处理过程、中断嵌套等内容，通过可编程中断控制器 8259A 介绍中断技术的应用。

通过本章的学习，读者应熟悉中断的基本概念、特点、中断处理过程等基础知识，掌握可编程中断控制器 8259A 的结构、原理、工作方式及编程应用，为今后中断技术的应用打下良好基础。

9.1 概　　述

9.1.1 中断的概念

1. 中断的定义

中断是用以提高计算机工作效率的一种重要技术，20 世纪 50 年代中后期出现"中断"的概念，是计算机系统结构设计中的一项重大变革。最初，它只是作为计算机与外设交换信息的一种同步控制方式而提出的，但随着计算机技术的发展，特别是 CPU 速度的迅速提高，对计算机内部机制的要求也就越来越高，总希望计算机能随时发现各种错误，当出现各种意想不到的事件时，能及时妥善地处理。于是，中断的概念延伸了，除了传统的外部事件（硬件）引起中断外，又产生了 CPU 内部软件中断的概念。

所谓中断是指 CPU 在正常执行程序的过程中，由于内部/外部事件或由程序的预先安排，引起 CPU 暂时中断当前程序的运行而转去执行为内部/外部事件或预先安排的事件服务的子程序，待中断服务子程序执行完毕后，CPU 再返回到暂停处（断点）继续执行原来的程序。或者说，中断就是 CPU 在执行当前程序的过程中因意外事件插入了另一段程序的运行。中断过程示意图如图 9-1 所示。

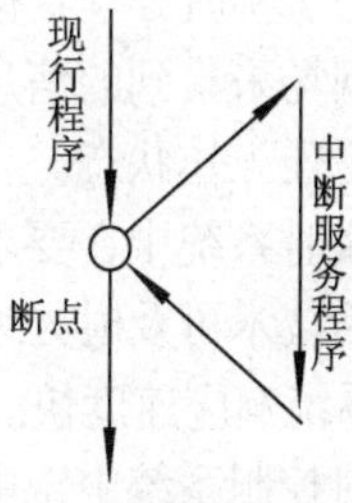

对于何时申请中断 CPU 并不知道，因此中断具有随机性，实现中断功能的控制逻辑称为中断系统。

图 9-1　中断过程示意图

2. 中断的应用

在计算机系统中，中断的例子很多。当用户使用键盘时，每敲击一次键盘都会发出一个中断信号，告诉 CPU 有"键盘输入"事件发生，要求 CPU 读入该键的键值；打印机打印字符时，每打印完一个字符就会发出"打印完成"的中断信号，告诉 CPU 一个字符已打印完毕，要求送来下一个字符数据；当磁盘驱动器准备好把一个扇区的数据传送到主存时，它会发出"数据传送准备好"的中断信号，告诉 CPU 要求数据传输；串行通信中，当串行通信线路上已到达了一个字符时，就会发出"接收数据准备好"的中断，要求及时读入这个字符；数据采集系统中，ADC 转换启动后，就开始转换，一旦转换结束，会发出"转换完毕"的中断信号，要求 CPU 读取数据。

3. 中断应用特点

微机系统中采用中断技术后，有以下特点：

（1）并行操作：由于 CPU 运行速度很快，而多数外设工作速度较慢，在 CPU 与外设间传送数据时，CPU 要花费大量时间等待与外设交换数据，致使 CPU 利用率降低。为使 CPU 与外设能以并行方式进行工作，可通过中断技术实现。

CPU 执行程序过程中，如需要和某个外设交换数据，则 CPU 先启动外设工作，然后继续执行现行程序，同时外设也在做准备工作。当外设为传送数据做好准备后，向 CPU 发中断请求信号，请求 CPU 暂停正在执行的程序。CPU 响应后转去执行中断服务程序，完成数据传输操作，中断处理完毕后 CPU 恢复执行原来的程序。图 9-2 所示为 A、B、C 三个外设利用中断技术轮流与 CPU 进行数据交换的示意图。

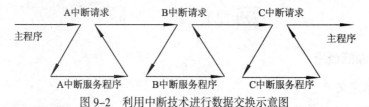

图 9-2　利用中断技术进行数据交换示意图

由图 9-2 可见，CPU 只是在外围设备 A、B、C 的数据准备就绪后，才去执行对应的中断服务程序，进行数据交换；而当低速的外围设备准备数据时，CPU 则照常执行自己的主程序。从这个意义上说，CPU 和外设的操作是同步并行的，因而与串行的程序查询方式相比，CPU 效率的确大大提高了。可见，中断方式不仅可实现 CPU 和外设间并行工作，而且 CPU 可命令多个外设同时工作，这大大提高了 CPU 利用率，也加快了数据输入/输出速度。

（2）实时处理：微机重要应用之一是进行实时信息采集、处理和控制。实时是指计算机能对现场采集到的信息及时做出分析和处理，对被控制对象立即做出响应，使被控制对象保持在最佳工作状态。

实时系统中，要求计算机随时可以对其进行处理，故系统响应速度是一个重要指标。利用中断技术可及时处理随机输入到微机的各种参数和信息，使微机具备实时处理与控制的能力，系统响应速度快。如果没有中断技术，对随机输入信息的实时处理是很难实现的。因此，在实时控制系统中，中断技术得到了广泛应用。

（3）故障处理：计算机在运行过程中，往往会随机出现一些无法预料的故障情况，如电源和硬件故障、数据存储和运算错误等。有了中断系统，CPU 可以根据故障源发出的中断请求，立即去执行相应的故障处理程序，自行处理故障而不必停机，因此提高了微型计算机工作的可靠性，降低了损失。

现代微机系统中，随着软、硬件技术的发展，中断技术也得到了不断地发展和完善，中断系统功能的强弱已成为评价计算机系统整体性能的一项重要指标。

9.1.2 中断源

凡是能引起中断的设备或事件均称为中断源。不同的计算机系统，中断源设置也会有所不同，按照 CPU 与中断源的位置可分为"内部中断"和"外部中断"。内部中断是 CPU 在处理某些特殊事件时所引起的或通过内部逻辑电路自己去调用的中断；外部中断是由于外围设备要求数据输入/输出操作时请求 CPU 为之服务的一种中断。

1. 中断源种类

（1）设备中断：如键盘、打印机等设备的数据传送请求等。

（2）指令中断：为了方便用户使用系统资源或调试软件而设置的中断指令，由程序预先安排的中断指令（INT n）引起，如 BIOS 及 DOS 系统功能调用的中断指令等。

（3）故障中断：计算机内部设有故障自动检测装置，如电源掉电、奇偶校验错或协处理器中断请求等意外事件，都要求 CPU 进行相应的中断处理。

（4）实时时钟中断：在自动控制系统中，常遇到定时检测与时间控制，这时可采用外部时钟电路进行定时。CPU 可发出命令启动时钟电路开始计时，待定时时间到，时钟电路就会向 CPU 发出中断申请，由 CPU 进行处理。

（5）CPU 内部运算产生的某些错误所引起的中断：如除法出错、运算溢出、程序调试中设置断点等。

2. 中断源识别

微机系统中，由于中断申请是随机的，有时会出现多个中断源，但 CPU 每次只能响应一个中断请求。因此，当外设与 CPU 以中断方式进行信息交换时，CPU 必须要从多个外设中判别出正在申请中断的设备，找到相应的中断服务程序入口地址，才能转去为其服务。识别中断源通常有查询中断和矢量中断两种方法。

（1）查询中断：采用软件或硬件查询技术来确定发出中断请求的中断源。当 CPU 接收到中断请求信号后，通过执行一段查询程序，逐个询问外设，从多个可能的外设中查找申请中断的那个外设。

（2）向量中断：识别中断源最快的一种方法。由中断向量来指示中断服务程序入口地址，每个中断源都预先指定一个向量标志，外设在提出中断请求时要提供该中断向量标志。CPU 响应某个中断源的中断请求时，控制逻辑就将该中断源的向量标志送入 CPU，CPU 根据向量标志自动指向相应的中断服务程序入口地址，转入中断服务程序。

8086 系统以向量中断方法实现中断源识别。中断向量标志又称中断类型码，主要靠硬件实现，可编程中断控制器能提供中断向量标志。向量中断以硬件开销换取中断响应速度，而查询中断以额外软件为代价来节省硬件。

9.1.3 中断处理过程

中断处理过程是由硬件和软件结合来完成的，中断周期由硬件实现，而中断服务程序则由机器指令序列实现。

微机系统的中断处理大致可分为中断请求、中断响应、中断服务和中断返回 4 个过程，如图 9-3 所示。这些步骤有的是通过硬件电路完成的，有的是由程序员编写程序来实现的。

当某中断源发出中断请求时，CPU 可根据条件决定是否响应这个中断请求。若 CPU 正在执行更紧急、更重要工作，可暂不响应中断；若允许响应中断请求，为了在中断服务程序执行完毕以后,能够正确地返回到原来主程序被中断的地方(断点)继续执行,必须保护断点和现场,即把断点处的 IP 和 CS 值、程序计数器 PC 的内容,以及当前指令执行结束后 CPU 的状态(包括寄存器的内容和一些状态标志位)都保存到堆栈中去,然后转去执行相应的中断服务程序,同时清除中断请求信号。在中断服务程序执行完毕后,需要执行恢复现场和断点操作,从堆栈中恢复程序计数器 PC 的内容和 CPU 各寄存器状态,以便使 CPU 从断点处继续执行原来的程序。

1. 中断请求

中断源需要 CPU 为其服务时会发出中断请求信号,该信号可以是由中断指令或某些特定条件产生,也可通过 CPU 引脚向 CPU 发出。但一般应满足条件:中断源已处于准备就绪状态;系统允许该中断源发出中断请求,即该中断源未被屏蔽。

由于外设中断请求大多随机发生,而大多数 CPU 都是在现行指令周期结束时才检测有无中断请求信号,因此系统中必须设置一个中断请求触发器,把随机输入的中断请求信号锁存起来,并保持到 CPU 响应这个

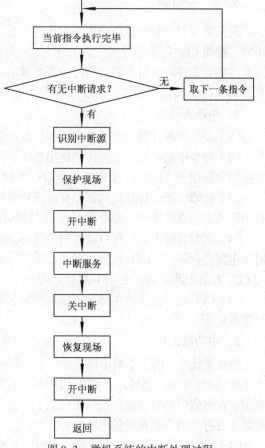

图 9-3 微机系统的中断处理过程

中断请求后才能被清除。当中断源有中断请求时,将中断请求触发器相应位置"1"。

实际系统中往往有多个中断源,为了增加控制的灵活性,每个中断源接口电路中,一般设置一个中断请求触发器和一个中断屏蔽触发器。当中断源有中断请求时,将中断请求触发器置 1,若中断屏蔽触发器为"0"状态,表示允许该中断源向 CPU 发出中断请求信号,CPU 响应此中断后将中断请求触发器清 0;若中断屏蔽触发器为"1"状态,表示禁止该中断源向 CPU 发出中断请求,尽管该中断源有请求,也不能送出,称该中断请求被屏蔽了。

2. 中断响应

CPU 收到外设中断请求信号时,能否立即为其服务要看中断类型。若为非屏蔽中断请求,CPU 执行完现行指令后就立即响应中断。若为可屏蔽中断请求,取决于 CPU 内部中断允许触发器的状态,当允许中断时,CPU 才响应可屏蔽中断,若禁止中断即使有可屏蔽中断请求,CPU 也不响应。

CPU 响应可屏蔽中断请求须满足 3 个条件:当前无总线请求;CPU 允许中断;CPU 执行完现行指令。

可用"开中断指令 STI"和"关中断指令 CLI"设置中断允许触发器状态。CPU 复位时,中断允许触发器为"0",即关中断。为响应可屏蔽中断请求,必须用 STI 指令开中断。非屏

蔽中断不受中断允许触发器的影响。

CPU 响应中断进入中断响应周期时自动完成以下操作：

（1）关中断：CPU 响应中断对外发出中断响应信号 INTA 的同时，内部自动由硬件实现关中断，以禁止接受其他的可屏蔽中断请求。

（2）保护断点：将正在执行的程序地址（称为断点）的 CS、IP 值压入堆栈保护，以保证中断返回时能正确回到原来断点处。

（3）保护现场：把标志寄存器内容压入堆栈，其余寄存器的保护由中断服务程序实现。

（4）形成中断服务程序入口地址。将中断服务程序段地址送 CS，偏移地址送 IP。

注意：不同类型的 CPU 形成中断服务程序入口地址的方式也不同。小系统中的中断源较少，可采用固定入口地址的方法；当中断源较多时，通常采用中断向量表的方法。8086/8088 CPU 采用后一种方法。

3. 中断服务

中断服务是指 CPU 执行中断服务程序，一般有如下操作：

（1）保护有关寄存器内容：CPU 响应中断时自动完成 CS、IP 寄存器及标志寄存器 Flags 的入栈保护，但主程序中使用的其他寄存器要由用户根据情况而定，可用入栈指令 PUSH 将有关寄存器内容送入堆栈保护。

（2）开中断：CPU 接收并响应一个中断请求后自动关闭中断，不允许其他可屏蔽中断来打扰。但在某些情况下为能实现中断嵌套，必须在中断服务程序中开中断。

（3）中断服务：CPU 通过执行中断服务程序，完成对中断情况的处理，如传送数据、处理掉电故障、各种错误处理等。

4. 中断返回

中断返回由中断返回指令 IRET 完成。通常情况下，中断服务程序的最后一条指令是 IRET。当 CPU 执行该指令时，自动把断点地址从堆栈中弹出到 CS 和 IP，原来的标志寄存器内容弹回 FLAGS。这样被中断的程序就可从断点处继续执行。

中断返回时要进行以下操作：

（1）关中断：若中断服务程序设置了开中断，则此时应关中断，以保证下一步恢复现场的操作不被打扰。

（2）恢复现场：返回主程序前要将用户保护的寄存器内容从堆栈中弹出，以便能正确执行主程序。恢复现场按后进先出的原则，通过执行 POP 指令将送入堆栈保护的寄存器弹出，注意 PUSH 指令和 POP 指令应成对使用，且弹出顺序与入栈顺序正好相反。

（3）恢复断点：从堆栈中把断点地址弹出到 CS 和 IP，使 CPU 返回到原来程序继续执行。

（4）开中断：与前面关中断相对应，目的是使 CPU 能继续接收中断请求。

由上面的分析可以看出，微机系统的中断处理过程类似于子程序调用，但在本质上又有所区别：子程序的调用是事先安排好的，而中断则是随机产生的；子程序的执行往往与主程序有关，而中断服务程序则可能与主程序毫无关系，比如发生电源掉电等异常情况。

9.1.4 中断优先级管理

微机系统中有多个中断源，有可能出现两个或两个以上中断源同时提出中断请求的情况。多个中断源同时请求中断时，CPU 必须先确定为哪一个中断源服务，要能辨别优先级最高的中断源并进行响应。CPU 在处理中断时也要能响应更高级别的中断申请，而屏蔽掉同级或较低级的中断申请，这就是中断优先级问题。

中断系统中，CPU 一般根据各中断请求的轻重缓急分别处理，即给每个中断源确定一个中断优先级别，系统自动对它们进行排队判优，保证首先处理优先级别高的中断请求，待级别高的中断请求处理完毕后，再响应级别较低的中断请求。对多个中断源进行识别和优先级排队的目的就是要确定出最高级别的中断源，并形成该中断源的中断服务程序入口地址，以便 CPU 将控制转移到该中断服务程序去。

为了能够及时处理最为紧迫的中断，必须判断多级中断中哪个中断的优先级更高，通常采用以下两种处理方法：

1. 软件查询法

软件查询法是采用软件编程技术来确定发出中断请求的中断源及其中断优先级。中断优先级由查询顺序决定，最先查询的中断具有最高优先级，最后查询的中断则为最低优先级。因此，查询的先后顺序决定了中断优先级的高低。

采用软件查询中断方式时需设置一个中断请求信号锁存接口，将各中断源的中断请求信号锁存下来以便查询。该方法先把外设中断请求触发器组合起来作为一个端口，供 CPU 查询，同时把这些中断请求信号取"或"后作为 INTR 信号，这样任一外设有请求都可向 CPU 送 INTR 信号。CPU 响应中断后，读入中断请求寄存器的内容并逐位检测它们的状态，若有中断请求（相应位=1）就转相应的中断服务程序入口，检测的顺序就是优先级的顺序。

软件查询法的接口电路如图 9-4 所示，软件查询法的流程如图 9-5 所示。

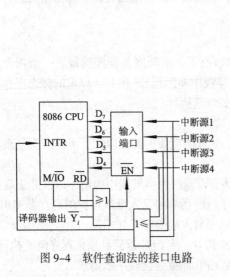

图 9-4 软件查询法的接口电路

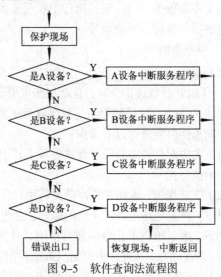

图 9-5 软件查询法流程图

软件查询法的优点是电路比较简单。软件查询的顺序就是中断优先级的顺序，不需要专门的优先权排队电路，可以直接修改软件查询顺序来修改中断优先级别，不必更改硬件。缺点是当中断源个数较多时，由逐位检测查询到转入相应的中断服务程序所耗费的时间较长，如果中断请求正好来源于最后查询的那个中断，那么就浪费了此前的大量查询时间，因此，软件查询法的效率较低，中断响应速度慢。

2. 硬件优先权排队电路

为提高中断处理效率，通常采用硬件处理中断优先权问题，即采用优先级排队电路或专用中断控制器等硬件电路来管理中断。其中，硬件优先权排队电路形式众多，有采用编码器组成的，有采用链式电路的。

链式优先权排队电路又称菊花式优先权排队电路，是利用外设在排队电路的物理位置决定中断优先权，排在最前面的优先权最高，排在最后面的优先权最低，电路如图9-6所示。

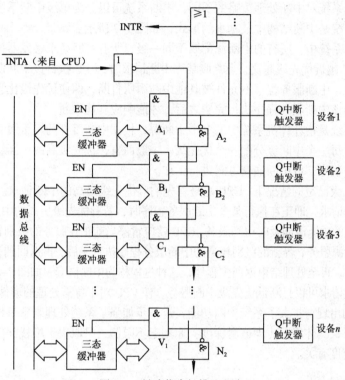

图9-6 链式优先权排队电路

链式优先权排队电路工作原理：当有多个外设中断请求时，对应的中断触发器输出高电平，并通过一个"或"门使CPU的INTR引脚为高电平，于是CPU知道有中断请求产生。CPU可以进行中断响应时，将在现行指令执行完后发中断响应信号 $\overline{\text{INTA}}$。$\overline{\text{INTA}}$ 经过一个"非"门后变为高电平，然后先传送到优先权最高的设备1，并按串行方式往下传送。

当设备1有中断请求时，它的中断触发器 Q_1 输出为高电平，与门 A_1 输出为高电平，设备1的数据允许线EN变为有效，允许设备1使用数据总线，将其中断类型码经数据总线送CPU。CPU收到中断矢量后转设备1的中断服务程序，处理该中断。同时，A_2 经反相为低电平，中断响应信号在门 A_2 处被封锁，使 B_1、B_2、C_1、C_2、……所有下面各级输出全为低电平，中断响应信号 $\overline{\text{INTA}}$ 不再下传，使后继设备得不到CPU中断响应信号，$\overline{\text{INTA}}$ 即屏蔽了所有的低级中断。

若设备1没有中断请求，中断响应输出 Q_1 为低电平，即 $Q_1=0$，此时 A_2 输出为高电平，中断响应信号可通过 A_2 门传给设备2。若此时 $Q_2=1$，B_1 输出为高电平。控制转向中断服务程序2，B_2 输出为低电平，屏蔽以下各级。若 $Q_2=0$，则中断响应信号传至中断设备3，其余各级类推。

综上所述，链式优先权排队电路中，若上一级中断响应传递信号为"0"，则屏蔽本级和所有低级中断；若上一级中断响应传递信号为"1"，在本级有中断请求时转去执行本级中断服务程序，且使本级传递至下级的中断响应输出为"0"，屏蔽所有低级中断；若本级没有中断请求，则允许下一级中断。故在链式电路中，排在最前面的中断源优先权最高。

9.1.5　单级中断与多级中断

根据计算机系统对中断处理策略的不同，中断系统可以分为单级中断系统和多级中断系统。单级中断系统是中断结构中最基本的形式，如图9-7所示。

在单级中断系统中，所有的中断源都属于同一级，所有中断请求触发器排成一行，其优先次序是离CPU越近优先级越高。当响应某一中断请求时，CPU执行该中断源的中断服务程序，在此过程中，中断服务程序不允许被其他中断源所打断，即使优先级比它高的中断源也不例外，只有当该中断服务程序执行完毕之后，才能响应其他中断。

多级中断系统是指计算机系统中的多个中断源，根据中断事件的轻重缓急程度不同而分成若干个级别，每一个中断级分配一个优先级。一般而言，优先级高的中断级可以打断优先级低的中断服务程序，以中断嵌套方式进行工作。

在中断优先级已定的情况下，CPU总是首先响应优先级最高的中断请求。当CPU正在响应某一中断源的请求，即正在执行某个中断服务程序时，若有优先级更高的中断源申请中断，为了使级别更高的中断源能及时得到服务，CPU就应暂停当前正在服务的级别较低的服务程序而转入新的中断源服务，等新的级别较高的中断服务程序执行完后，再返回到被暂停的中断服务程序继续执行，直至处理结束返回主程序，这种过程称为中断嵌套，如图9-8所示。CPU允许高优先级中断请求可以打断低优先级中断服务，使CPU对于急需处理的事件立即做出响应。

中断嵌套的出现，扩大了系统中断功能，进一步加强了系统处理紧急事件的能力。中断嵌套可以有多级，具体级数（即嵌套深度）原则上不限制，只取决于堆栈深度，实际上与要求的中断响应速度有关。

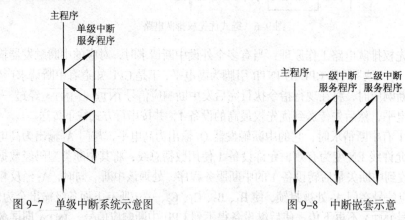

图9-7　单级中断系统示意图　　　　图9-8　中断嵌套示意

9.2　8086中断系统

8086微机中断系统简单而灵活，可处理多达256种不同类型的中断，每个中断都对应一个中断类型码，供CPU进行识别。中断可以由外围设备启动，也可以由软件中断指令启动，在某些情况下，也可由 CPU 自身启动。8086 采用了向量型的中断结构，响应速度快。

9.2.1 中断类型

8086 中断源分为内部中断和外部中断两大类，如图 9-9 所示。虚线下面是内部中断，虚线上面是外部中断。

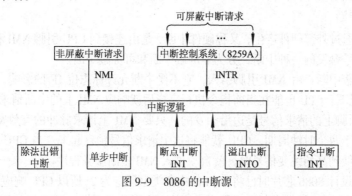

图 9-9   8086 的中断源

1.内部中断

CPU 通过内部逻辑进入中断，它是由处理器检测到异常情况或执行软件中断指令所引起的一种中断，从而调用相应中断服务程序处理中断，主要解决程序运行中发生的一些意外情况或调试程序等。这种由 CPU 自动启动的中断称为内部中断，也称为软件中断。主要有除法出错、单步、断点、INTO 溢出、INT n 指令中断等。

（1）除法出错中断（类型 0）：CPU 在执行除法指令 DIV 或 IDIV 时，若发现除数为 0 或商超过目的寄存器所能表达的范围，CPU 会立即产生一个中断类型码为 0 的内部中断。

（2）单步中断（类型 1）：当标志寄存器中 TF 标志位为 1 时，CPU 处于单步工作方式。这时 CPU 在每条指令执行完后自动产生中断类型码为 1 的内部中断,CPU 自动把标志寄存器内容和断点压入堆栈保存，然后将 TF 和 IF 清零。当单步中断过程结束时，由中断返回指令 IRET 从堆栈中将原保存的标志内容弹出堆栈，恢复到标志寄存器中，此时 TF=1，当下一条指令执行后又产生新的单步中断。单步中断是一种有用的调试工具，它可逐条指令地观察系统操作，能详细跟踪一个程序的具体执行过程，确定问题所在。

（3）断点中断（类型 3）：单字节中断指令 INT 3 可设置程序断点，执行完这条指令立即产生一个中断类型码为 3 的内部中断，主要用于程序调试，可进行某些检查和处理。例如，DEBUG 调试程序的 G 命令允许设置多达 10 个程序断点,并对断点处指令执行结果进行显示，供用户调试程序时检查。

（4）INTO 溢出中断（类型 4）：若上一条指令执行结果使溢出标志位 OF=1，则执行中断指令 INTO 时，将引起中断类型码为 4 的内部中断。若 OF=0 时，INTO 不起作用，程序执行下一条指令。与除法出错中断不同，溢出状态不会自动产生中断请求，OF=1 仅是一个必要条件。两个条件中任何一个条件不具备，溢出中断则不发生。

用户编程时，若要对某些运算操作加以监控，应在这些操作指令后加一条 INTO 指令，并设计相应运算溢出中断服务程序，以便在算术运算中出现溢出错误时能及时进行处理。

（5）INT n 指令中断：8086 指令系统有中断指令 INT n，其中 n 为中断类型码（0～255）。CPU 执行一条这种指令就会发生一次中断。

内部中断具有以下特点：

（1）中断向量号由 CPU 自动提供，不需要执行中断响应总线周期去读取向量号。

（2）除单步中断外，所有内部中断都无法禁止，即都不能通过执行 CLI 指令使 IF 位清零来禁止对它们的响应。

（3）除单步中断外，任何内部中断的优先权都比外部中断高。

2. 外部中断

外部中断通过外部硬件产生，又称硬件中断，是由连接到 CPU 引脚 NMI 和 INTR 上的外部中断请求信号触发的一种中断，分为非屏蔽中断和可屏蔽中断。

（1）非屏蔽中断：由 NMI 引脚引入，它不受中断允许标志位 IF 的影响，即使在关中断（IF=0）的情况下，CPU 也能在当前指令执行完毕后就响应 NMI 上的中断请求。

在 NMI 引脚上的请求信号是边沿触发的，只要 NMI 上请求脉冲的有效宽度（高电平的持续时间）大于两个时钟周期，CPU 就能将这个请求信号锁存起来。当 CPU 在 NMI 引脚上采样到一个由低到高的跳变信号时，就自动进入 NMI 中断服务程序。

Intel 公司设计 8086 芯片时已将 NMI 的中断类型码定为 2，所以 CPU 响应非屏蔽中断时，不要求中断源向 CPU 提供中断类型码，也不执行中断响应周期。CPU 接收到 NMI 提供的中断请求以后，将自动按中断类型码 2，转入相应的 NMI 中断服务程序。

通常非屏蔽中断请求 NMI 用于通知 CPU 发生了紧急事件，如电源掉电、存储器读/写出错等。

（2）可屏蔽中断：由 INTR 引脚引入，采用电平触发方式，高电平有效。CPU 在当前指令周期最后一个 T 状态采样 INTR 请求线，若发现有可屏蔽中断请求，即 INTR 引脚为高电平，CPU 将根据中断允许标志位 IF 的状态决定是否响应。若 IF=0，表示 CPU 处于关中断状态，屏蔽 INTR 线上的中断，CPU 不理会该中断请求而继续执行下一条指令；若 IF=1，表示 CPU 处于开中断状态，允许 INTR 线上的中断，CPU 执行完现行指令后转中断响应周期。

CPU 对可屏蔽中断请求响应过程中要执行两个操作，通过 $\overline{\text{INTA}}$ 引脚发出两个负脉冲。在第一个中断响应周期内，先发出 $\overline{\text{INTA}}$ 信号通知外设，中断请求已被接受，要求外设必须在第二个中断响应周期的 T_3 状态结束前，将相应中断类型码送数据总线低 8 位（$D_7 \sim D_0$）；然后 CPU 在 T_4 状态前沿采样数据总线，获取中断类型码，由此转入相应中断服务程序。

IF 状态可用 STI 指令使其置"1"，也可用 CLI 指令使其置"0"。因此，对可屏蔽中断请求是否响应，可由软件来控制。系统复位后，或当 8086 响应中断请求后，都会使 IF=0。此时要允许 INTR 中断请求，必须先用 STI 指令使 IF 位置"1"，才能响应可屏蔽中断请求。

由于 8086 CPU 芯片仅有一条 INTR 线，直接由 INTR 引脚引入的中断只有一个，为增加其处理外部中断的能力，Intel 公司设计了专用可编程中断控制器 8259A，用来管理多个外部中断。8259A 的 8 级中断请求输入端 $IR_0 \sim IR_7$ 依次接收需要请求中断的外围设备。这些外围设备请求中断时，请求信号输入 8259A 的 IR 端，由 8259A 根据优先权和屏蔽状态决定是否发出 INT 信号到 CPU 的 INTR 端。

3. 中断处理顺序

中断处理顺序即按中断优先权从高到低的排队顺序对中断源进行响应。8086 系统中断处理次序由高到低排列如下：

（1）除法错误中断、溢出中断、INT N 指令中断、断点中断。

（2）非屏蔽中断 NMI。

（3）可屏蔽中断 INTR。

（4）单步中断。

9.2.2 中断向量表

每个中断服务程序都有一个唯一确定的入口地址——"中断向量"。把系统中所有中断向量集中起来放到存储器某一区域内，这个存放中断向量的存储区称为中断向量表。每个中断服务程序与表内中断向量具有一一对应关系。

8086 中断系统可处理 256 种不同的中断，对应中断类型码 0～255，每个中断类型码与一个中断服务程序相对应，中断服务程序入口地址包括段基址（CS）和偏移地址（IP），各占 2 字节，每个中断向量占用 4 字节，256 个中断向量共占用 1 024 字节（1 KB）。

为寻址方便，8086 系统在存储器最低端地址从 0000H～03FFH 共 1 KB 单元作为中断向量存储区，即中断向量表，如图 9-10 所示。每个入口地址所占的 4 字节单元中，都是两个高字节单元存放段基址 CS，两个低字节单元存放偏移地址 IP。

由图 9-10 可见，中断向量表分专用中断、系统保留中断和用户中断 3 部分。

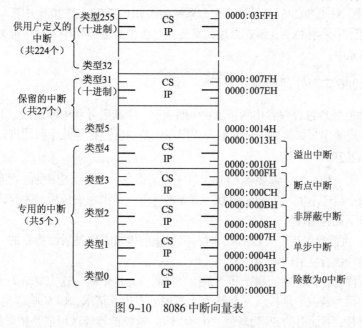

图 9-10 8086 中断向量表

（1）专用中断：类型 0～类型 4，共有 5 种类型。专用中断的中断服务程序的入口地址由系统负责装入，用户不能随意修改。

（2）系统保留中断：类型 5～类型 31，这是 Intel 公司为软、硬件开发保留的中断类型，一般不允许用户改作其他用途。例如，类型 10H～1FH 为 ROM-BIOS 中断，类型 21H 为 DOS 功能调用。

（3）用户中断：类型 32～类型 255，为用户可用中断，其中断服务程序的入口地址由用户程序负责装入。这些中断可由用户定义为软件中断，由 INT N 指令引入，也可以通过 INTR 引脚直接引入或通过可编程中断控制器 8259A 引入的可屏蔽中断。

当 CPU 响应中断请求，调用中断类型号为 n 的中断服务程序时，首先将中断类型号 n 乘以 4，得到中断向量表的存放地址（即中断向量指针）4n，然后将中断向量表中 4n 和 4n+1 两个单元的内容（中断服务程序入口地址的偏移地址）装入 IP 寄存器，即 IP←(4n,4n+1)，再把中断向量表中 4n+2 和 4n+3 两个单元的内容（中断入口段基址）装入代码段寄存器 CS 中，即 CS←(4n+2,4n+3)。这样，CPU 就从类型 n 的中断服务程序的起始地址开始进行中断服务。

例如，键盘中断的中断类型号为 09，其对应的中断向量（入口地址）存放在向量表中 4n = 4×09 = 36（24H）单元，即（0000：0024H）开始的 4 个单元中，如果 0024H、0025H、0026H、0027H 这 4 个单元中的内容为 25H、01H、A9H、0BH，则在该系统中，类型号为 09 的键盘中断所对应的中断向量，即中断服务程序的入口地址为 0BA9:0125H

当发生键盘中断时，CPU 会自动将其中断向量号 09H 乘以 4，得到中断向量表的地址指针 0024H，把由该地址开始的两个单元内容 0125H 送入 IP，再把两个高字节单元内容 0BA9H 送入 CS，CPU 根据 CS、IP 寄存器的内容自动转到键盘中断服务程序去进行中断处理。

需要说明的是，中断向量表虽然设置在 RAM 的低位存储区域（0000H～03FFH 单元），但它并非常驻内存，而是每次开机上电后，在系统正式工作前对其初始化，即由程序将相应中断服务程序入口地址装入指定中断向量表区域中。PC 启动过程中，先由 ROM BIOS 自测试代码对 ROM BIOS 控制的中断向量进行初始化装入。对 8086 系统，仅仅装入 00H～1FH 共 32 个中断向量，对于 80286 以上的 CPU，系统装入 0H～77H 共 120 个中断向量。若用户自行开发的应用程序采用 INT n 形式调用，则要自己将中断服务程序入口地址装入中断向量表中所选定的单元中。

9.2.3　8086 中断处理过程

8086 的中断处理过程包含中断请求、中断响应、中断服务和中断返回。下面对中断响应条件、中断处理顺序、如何进入中断服务程序和中断响应过程等几个问题进行讨论。

1. 中断响应条件

无论发生哪一种中断，都要等 CPU 执行完当前指令后方能响应中断。某些情况下，CPU 执行完当前指令后还不能马上响应中断，需要等待下一条指令完成后，才允许中断响应。

一般有以下几种情况：

（1）CPU 执行封锁指令（LOCK）时，因封锁前缀被看作是后面指令的一部分，因此，要待后面的指令执行完后才响应中断。

（2）设置段寄存器内容的指令和下条指令之间不允许中断，这主要是为了保护堆栈指针不出现错误。因为若改变堆栈段寄存器 SS，这时若有中断请求，CPU 响应此中断，将 FR、CS、IP 推入堆栈，而此时的 SS 为新值，SP 为旧值，这样的堆栈区可能是错误的，将导致 FR、CS、IP 被推入错误的存储区。因此，程序员在修改堆栈地址时，应先修改堆栈段地址 SS，然后修改堆栈指针 SP，可保证任何情况下堆栈地址的正确指示。

（3）等待指令和重复串操作指令执行过程中，可响应中断，但必须在一个基本操作完成后。例如，重复前缀的串操作，在执行了一个串操作后响应中断，推入堆栈保护的是加了重复串操作这条指令的地址，因为中断返回后要继续处理串操作。

2. 中断处理顺序

中断处理顺序按照中断优先权从高到低的顺序依次对中断源进行响应。图 9-11 所示为 8086 CPU 中断处理过程。在完成当前指令后，CPU 按照优先级顺序依次判断。对可屏蔽中断还需判断 IF 位，IF 为"1"才响应。

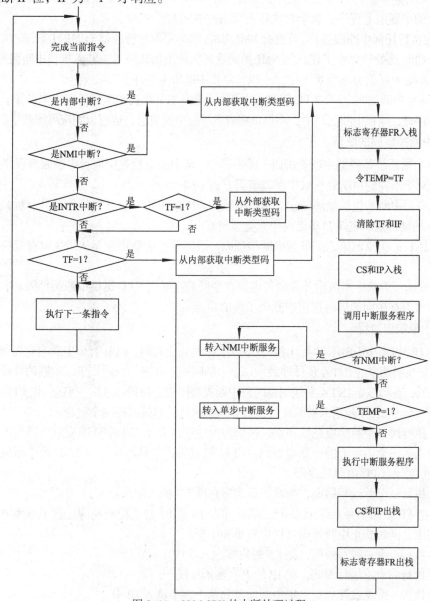

图 9-11　8086 CPU 的中断处理过程

对图 9-11 说明如下：

（1）多个中断同时发生时，按优先权级别从高到低响应。

（2）当 CPU 进入中断响应时，保护 FR，将 TF 送入暂存器 TEMP，然后清除 IF 和 TF，清除 IF 将保护本中断服务不被可屏蔽中断打断。清除 TF 是为了保护中断服务程序的连续执行。在中断返回时，随着 FR 的恢复，IF、TF 随之恢复。

（3）通常 NMI 引脚上请求需要立即处理。当掉电时，需立即保存有关寄存器内容，启动备用电源，否则会破坏系统工作。因此，在进入执行任何中断服务程序之前先安排测试 NMI 上是否有中断请求。有中断请求，则再次保护现场和断点，转入非屏蔽中断服务，执行完后再返回原来引起中断的中断服务程序，从而保证 NMI 实际上拥有最高优先权。如果当前执行的是 NMI 的中断服务程序，就会再次转入 NMI 中断程序。

（4）在执行任何中断服务前，若没有 NMI 请求，则接着查看暂存器 TEMP 状态，若 TEMP=1，则中断前 CPU 已处于单步工作，与 NMI 相同重新保护现场和断点，转入单步中断服务程序。若 TEMP=0 则中断前为非单步工作，不执行单步中断服务程序。

（5）一个中断被响应后，CPU 就进入中断服务程序，如果在中断服务程序中设置了开中断指令，使 IF=1，则在中断处理中，不但可响应非屏蔽中断请求，也可以响应可屏蔽中断请求。

3. 中断类型码的获取

8086 中断系统是根据中断类型码（即中断号）从中断向量表中取得中断服务程序的入口地址的。对于不同的中断源获取中断类型码方法不同。

（1）专用中断（包括除法错误、单步中断、非屏蔽中断、断点中断和溢出中断）分别由 8086 CPU 的硬件逻辑电路自动提供中断类型码 0～4。

（2）INT n 指令的第二字节为中断类型码，因而软件中断指令是从指令中直接获得中断类型码的。

（3）外部可屏蔽中断可由外部硬件电路在中断响应时向 CPU 提供中断类型码。中断控制器 8259A 具有在中断响应时提供中断类型码的功能。

4. 中断响应过程

当 INTR 中断请求被响应时，CPU 就进入了中断响应周期。CPU 有个中断响应周期，第一个 $\overline{\text{INTA}}$ 总线周期中的 $\overline{\text{INTA}}$ 负脉冲表示一个中断响应正在进行，通知申请中断的外设准备好中断类型码；在第二个 $\overline{\text{INTA}}$ 总线周期时将中断类型码送上数据线 AD_7～AD_0，供 CPU 读取。下面是当一个 INTR 中断请求被响应时，CPU 实际执行的总线时序的全过程：

（1）执行两个中断响应总线周期，被响应的中断源在第二个中断响应总线周期中由低 8 位数据线送回一个单字节的中断类型码。CPU 接收后，左移两位（×4），作为中断向量的首字节地址，存入 CPU 内部暂存器。

（2）执行一个总线写周期，把状态标志寄存器 FR 推入堆栈。

（3）把 FR 中的中断允许标志 IF 和陷阱标志 TF 置 0，禁止中断响应过程中其他可平屏蔽中断的进入，同时禁止中断处理过程中的单步中断。

（4）执行一个总线写周期，把 CS 的内容推入堆栈。

（5）执行一个总线写周期，把 IP 的内容推入堆栈。

（6）执行一个总线读周期，把中断向量前两个字节读入 IP 中。

（7）执行一个总线读周期，把中断向量后两个字节读入 CS 中。

对非屏蔽中断或内部中断，则由第 2 步开始执行，因为此时中断类型码已确定，无须从数据线上读取。

最大模式下中断处理的响应过程与最小模式下基本相同。唯一不同的在于：最大模式下中断响应信号不是由 CPU 引脚 $\overline{\text{INTA}}$ 发出，而是 CPU 通过 S_2、S_1、S_0 发出低电平，由总线控制器组合 S_2、S_1、S_0 三个信号从而发出中断响应 $\overline{\text{INTA}}$，在总线控制器输出两个 $\overline{\text{INTA}}$ 负脉冲时，CPU 在来两个中断响应周期的两个 T_2 之间使 LOCK 引脚上维持一个低电平，用以在中断响应时封锁 CPU 以外的总线主模块发出的总线请求。

9.3 可编程中断控制器 8259A 及其应用

中断控制器是一块专用的集成电路芯片，将中断接口与优先级判断等功能集于一身。可编程中断控制器 8259A 能管理输入到 CPU 的多个中断请求，实现中断优先权判别，提供中断矢量和屏蔽中断等功能。它能直接管理 8 级中断，如采用级连方式，不用附加外部电路就能管理 64 级中断输入。使用单 +5V 电源供电，具有多种工作方式，能适应各种系统要求。优先级方式在执行主程序的任何时间都可动态改变。

8259A 协助 CPU 完成以下任务：

（1）接受外围设备中断请求，并能从多个中断请求信号中经优先级判决找出优先级最高的中断源，然后向 CPU 发出中断申请信号 INT，或者拒绝外设的中断申请给以中断屏蔽。一片 8259A 可接受 8 级可屏蔽中断请求，通过 9 片 8259A 级连可管理 64 级可屏蔽中断。

（2）每一级中断均可通过程序来单独屏蔽或允许。8259A 能对提出中断请求的外围设备进行屏蔽或开放，采用 8259A 可使系统硬中断管理无须附加其他电路，只需对 8259A 进行编程就可管理 8 级、15 级或更多的硬中断，并且还可实现向量中断和查询中断。

（3）为 CPU 提供中断类型号，在中断响应过程中能提供中断服务程序入口地址指针，这是 8259A 最突出的特点之一。CPU 在中断响应周期根据 8259A 提供的中断类型号找到中断服务程序的入口地址来实现程序转移。

（4）8259A 具有多种中断管理方式，可通过编程来进行选择。

9.3.1 8259A 内部结构及引脚

1. 内部结构

8259A 的内部结构示意如图 9-12 所示。由图可见，8259A 主要由以下几部分组成：

（1）中断请求寄存器（IRR）：一个具有锁存功能的 8 位寄存器，存放外部输入的中断请求信号 $IR_0 \sim IR_7$。每一位对应一个外部中断请求信号 IR_i，当某个 IR 端有中断请求时，IRR 中相应位置 1，其内容可用操作命令字 OCW3 读出。中断请求响应时，IRR 相应位就复位。

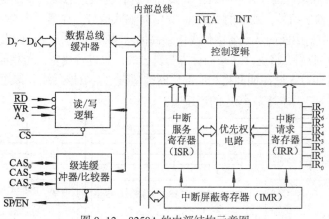

图 9-12 8259A 的内部结构示意图

（2）中断屏蔽寄存器（IMR）：对 8 级中断请求分别独立地加以禁止和允许的寄存器。若某位置 1，与之对应的中断请求被禁止。屏蔽优先权高的中断请求不影响优先权较低的中断请求线。

（3）中断服务寄存器（ISR）：存放所有正在进行服务的中断请求（包括尚未服务完而中途被优先权更高的中断所打断的中断请求）。若某位置1，表示正在为相应的中断源服务。

（4）数据总线缓冲器：8259A与系统数据总线的接口，为双向三态缓冲器。CPU向8259A发送的数据、命令、控制字，以及8259A向CPU输入的数据、状态信息都要经过数据总线缓冲器。

（5）读/写控制逻辑：接收来自CPU的读/写命令，配合$\overline{CS}$端的片选信号和A_0端的地址输入信号，完成规定的操作。当CPU对8259A进行写操作时，它控制将写入的数据送相应的命令寄存器中（包括初始化命令字和操作命令字），当CPU对8259A进行读操作时，它控制将相应的寄存器的内容（IRR、ISR、IMR）输出到数据总线上。

（6）优先权电路：用来识别各中断请求信号的优先级别。多个中断请求信号同时产生时，由优先权电路判定哪个中断请求具有最高优先权。该电路对保存在IRR中的各个中断请求，判定其中优先权最高的，使ISR中相应位置1，表示正在为之服务。若有中断嵌套，则将后来中断请求与ISR中正在被服务的优先级相比较，以决定是否向CPU发出中断请求。

（7）控制逻辑：该部件按照编程设置的工作方式管理8259A的全部工作。在IRR中有未被屏蔽的中断请求位时，控制逻辑输出高电平的INT信号，向CPU申请中断。在中断响应期间，它允许ISR相应位置1，并发出相应中断类型号，通过数据总线缓冲器输出到系统总线上。在中断服务结束时，它按照编程规定的方式对ISR进行处理。

（8）级连缓冲/比较器：在级连方式主从结构中存放和比较系统中各8259A从设备标志（ID）。与此相关的是三条级连线$CAS_0 \sim CAS_2$和从片编程/允许缓冲器$\overline{SP}/\overline{EN}$线。其中，$CAS_0 \sim CAS_2$是8259A相互间连接用的专用总线，用来构成8259A的主–从式级连控制结构，编程可使从8259A的从设备标志保存在级连缓冲器中。

1片8259A只能接收8级中断，超过8级时可用多片8259A级连使用，此时用1片8259A做主片，1～8片8259A作从片，构成主从控制结构。主8259A的$\overline{SP}$端为1（高电平），从8259A的$\overline{SP}$端为0（低电平），且从8259A的INT输出接到主8259A的中断请求信号线IR上，因此最多可组合成64级中断优先级控制。

级连时，主片和从片的$CAS_0 \sim CAS_2$并接在一起作为级连总线。中断响应过程中，主片的$CAS_0 \sim CAS_2$是输出信号，从片的$CAS_0 \sim CAS_2$是输入信号。在第一个$\overline{INTA}$脉冲结束时，主8259A把所有申请中断的从设备中优先级最高的从8259A的从设备标志ID送入$CAS_0 \sim CAS_2$总线。从片接收后，将主片送来的标志与自己的标志进行比较。若相同，表明本从片被选中，则在第二个$\overline{INTA}$脉冲期间把相应的中断类型码送至数据总线，传送给CPU。

图9-13所示为3片8259A级连的连接图。

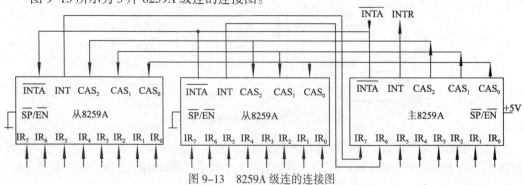

图9-13　8259A级连的连接图

2．引脚说明

8259A 引脚如图 9-14 所示，各引脚功能说明如下：

（1）$\overline{CS}$：片选输入信号，低电平有效。$\overline{CS}$ 为低电平时，CPU 可以通过数据总线对 8259A 进行读/写操作。当进入中断响应时，这个引脚的状态与进行的中断处理无关。

（2）$\overline{WR}$：写控制信号，低电平有效。该信号有效时，CPU 可向 8259A 写入命令控制字。

（3）$\overline{RD}$：读控制信号，低电平有效。该信号有效时，8259A 将状态信息送至数据总线供 CPU 检测。

（4）$D_0 \sim D_7$：双向三态数据线。直接与系统数据总线相接，用来传送控制、状态和中断类型码等信息。

（5）$CAS_0 \sim CAS_2$：级连信号线。

（6）$IR_0 \sim IR_7$：外设中断请求信号线。

（7）$\overline{SP}/\overline{EN}$：从片编程/允许缓冲器，双向，低电平有效。这条信号线有下面两种功能。当工作在缓冲方式时，它是输出信号，用作允许缓冲器接收和发送的控制信号（$\overline{EN}$）；当工作在非缓冲器方式时，它是输入信号，用来指明该 8259A 是作为主片工作（$\overline{SP}/\overline{EN}=1$），还是作为从片工作（$\overline{SP}/\overline{EN}=0$）。

（8）INT：中断请求输出信号，接 CPU 的中断输入端 INTR。

（9）$\overline{INTA}$：中断响应输入信号，接收 CPU 送来的中断响应信号。

（10）A_0：地址选择信号。与 $\overline{CS}$、$\overline{WR}$、$\overline{RD}$ 一起用来对寄存器进行选择，表示正在访问 8259A 的哪个端口，通常接地址总线的 A_0。

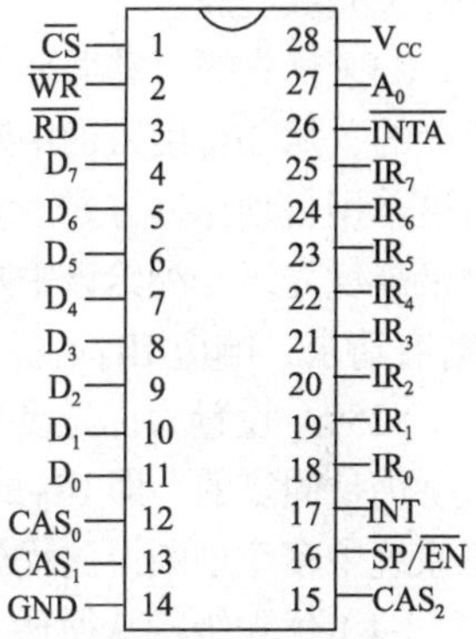

图 9-14　8259A 引脚图

9.3.2　8259A 中断管理方式

8259A 有多种中断管理方式，如设置优先级方式、中断结束方式、中断屏蔽方式等，而且这些方式都可以通过编程方法设置，使用十分灵活，可满足用户的各种不同要求。但对初学者来说，必须把这些基本概念理解确切之后，才能正确地编程使用。

1．中断优先级设置方式

8259A 对中断进行管理的核心是对中断优先级的管理，8259A 对中断优先级的设置方式有一般完全嵌套、特殊完全嵌套、优先级自动循环和优先级特殊循环等 4 种方式。

（1）一般完全嵌套方式：该方式是 8259A 最基本和最常用的方式，若对 8259A 初始化后没有设置其他优先权方式，默认为此方式。此方式下，8259A 中断请求输入端引入的中断具有固定优先权排队顺序，IR_0 为最高优先级，IR_1 为次高优先级……依此类推，IR_7 为最低优先级。同时，在某个级别的中断请求正在被服务期间，8259A 将禁止同级或较低的中断请求，但允许高优先级的中断打断低优先级的服务，实现中断嵌套。

（2）特殊完全嵌套方式：该方式与一般完全嵌套方式基本相同，唯一的区别是在特殊完全嵌套方式下，当处理某一级中断时，如果有同级的中断请求，也会给予响应，从而实现对同级中断请求的特殊嵌套。在一般完全嵌套方式中只有更高级的中断请求到来时才可以嵌套中断，对同级中断请求不会予以响应。

特殊完全嵌套方式用在 8259A 级连系统中，设主片为特殊完全嵌套方式。任何一个从 8259A 接收到的中断请求，如果经该 8259A 判定为当前最高优先级，则通过 INT 端向主 8259A 相应 IR 端提出中断请求。如果这时主 8259A 中中断服务寄存器（ISR）相应位已置 1，说明该从 8259A 其他输入端已提出过中断请求，且正在服务，从 8259A 优先权电路判别到刚申请的中断优先级最高，故应停止现行中断服务转去为刚申请的中断服务。如果主 8259A 工作在一般完全嵌套方式，主 8259A 将把同一从 8259A 不同级别中断请求认为是同级的，而不予以响应。为实现真正的完全嵌套，就要求主 8259A 工作在特殊完全嵌套方式，此时主 8259A 可响应同级或更高级的中断，不响应低级别的中断请求。

8259A 在级连情况下按特殊完全嵌套方式管理优先级。显然，接在主片 IR_3 上的从片比接在 IR_4 上的从片具有更高的优先级，而主片上 IR_0、IR_1、IR_2 上的中断比接在主片 IR_3 上的从片优先级更高。

（3）优先级自动循环方式：一般完全嵌套方式下，中断请求 $IR_0 \sim IR_7$ 的优先级别是固定不变的，从 IR_0 引入的中断总是具有最高优先级。在某些情况下需要改变这种优先级别，这时可采用自动循环方式。该方式下，当某个中断源被服务后，它的优先级别就被改变为最低，而最高优先级分配给该中断的下一级中断。如果初始优先级队列为 IR_0、$IR_1 \cdots IR_7$，如果这时 IR_4 有请求，响应 IR_4 后优先级队列变为 IR_5、IR_6、IR_7、IR_0、$\cdots$、IR_4。

8259A 设置为优先级自动循环方式后，最初的优先级（即中断系统一开始工作时的优先级）仍是固定的，即 IR_0 最高，IR_7 最低，其他依次类推。由自动循环方式可知，该方式适用于系统中多个中断源的优先级相等的情况。

（4）优先级特殊循环方式

该方式与上述自动循环方式基本上相同，只有一点不同，那就是在优先级特殊循环方式中，一开始的最低优先级由编程确定，而不是像自动循环方式中固定为 IR_7，设定 $IR_0 \sim IR_7$ 中哪一级为最低都可以，最低优先级设定后最高优先级也就确定了。例如，最初始时由软件设 IR_2 为最低级，则 IR_3 就为最高优先级，其他依次类推。

2．中断屏蔽方式

8259A 可编程设定允许或屏蔽各中断源，屏蔽中断源的方式有如下两种：

（1）普通屏蔽方式。8259A 内有一个 8 位中断屏蔽寄存器 IMR，与 8 个中断源 $IR_0 \sim IR_7$ 相对应。普通屏蔽方式下，CPU 向 8259A 的中断屏蔽寄存器 IMR 中发一个屏蔽字，当屏蔽字中某一位或某几位为"1"时，与这些位相对应的中断源就被屏蔽，它们的中断申请就不能传送到 CPU；屏蔽字中为"0"的位表示对应中断源允许提出中断请求。如果 CPU 在执行某级中断服务中，为禁止比它级别高的中断进入，可在中断服务程序中将 IMR 中相应位置"1"而加以屏蔽。

（2）特殊屏蔽方式：特殊屏蔽方式通常用于多级中断嵌套中。一般在多级中断嵌套的情况下都是按事先安排好的优先级顺序进行嵌套，而且只能允许级别高的中断源中断优先级别低的中断服务程序。这样，如果有某个优先级别高的中断源的服务程序很长，则系统中那些优先级较低的中断申请可能要等很长时间也得不到响应，甚至请求信号已经消失。为了提高系统的实时性，临时改变固定的嵌套顺序，允许优先级别低的中断级别高的，即实现优先级别的动态改变，这就要采用特殊屏蔽方式。如何实现在高优先权中断服务程序中开放低优先权的中断请求？每当一个中断被响应时，会使 ISR 中对应的位为 1，只要中断处理程序没有发出中断结束命令，8259A 就会根据 ISR 中的状态从而禁止所有比它优先权低的中断请求。因而只有清除当前 ISR 中对应的位，才能开放低优先权的中断请求。

8259A 工作在该方式时，所有未被屏蔽的优先级中断请求（较高的和较低的）均可在某个中断过程中被响应，即低优先级别的中断可进入正在服务的高优先级别中，这种方式可在中断服务程序执行期间动态地改变系统的优先结构。

设置特殊屏蔽方式后，在中断服务程序中，用命令字 OCW_1 对中断屏蔽寄存器 IMR 中相应的位（被 CPU 响应的中断源对应的位）置 1，则是 ISR 中对应位自动清 0，并屏蔽了本级中断，从而开放了其他级别低的中断。

由此可见，特殊屏蔽方式总是在中断服务程序中使用。此时，尽管 CPU 仍在处理一个高优先权的中断，但在 IMR 中对应此中断的位置 1，且 ISR 中对应的位置 0，似乎不在处理任何中断，因而低优先权的中断请求可以得到响应。

3. 中断结束管理

8259A 响应某一级中断而为其服务时，中断服务寄存器 ISR 相应位置 "1"，当有更高级的中断请求进入时，ISR 相应位又要置 "1"。因此，ISR 中可有多位同时置 "1"。中断服务结束时，ISR 相应位应清零，以便再次接收同级别中断。中断结束管理就是用不同方式使 ISR 相应位清零，并确定随后的优先权排队顺序。

8259A 中断结束管理可分为以下 3 种情况：

（1）自动中断结束方式：在中断自动结束方式下，任何一级中断被响应后，在第一个中断响应信号 $\overline{INTA}$ 送到 8259A 后，ISR 寄存器中的对应位被置 "1"，而在 CPU 进入第二个中断响应总线周期，即当第二个中断响应信号 $\overline{INTA}$ 送入 8259A 后，8259A 就自动将 ISR 寄存器中的对应位清 "0"，此刻，该中断服务程序本身可能还在进行（实际对该中断的处理并没有结束），但对 8259A 来说，它对本次中断的控制已经结束，因为在 ISR 寄存器中已没有对应的标志。中断服务程序结束时，不需要向 8259A 送 EOI 命令，这是一种最简单的中断结束方式。

但该方式存在明显的缺点，由于 ISR 中相应位已被清 0，在 8259A 中已没有对应的标志，因此，如果在此过程中出现新中断请求，则只要 CPU 允许中断，不管出现的中断级别如何，都将打断正在执行的中断服务程序而被优先执行，这显然是不合理的，而且低级别中断申请若暂停高级中断，反过来高级中断又可暂停低级中断，将产生重复嵌套，而且嵌套深度也无法控制。所以，使用此方式应特别小心，只有在一些以预定速率发生中断，且不会发生同级中断互相打断或低级中断打断高级中断的情况下，才使用自动中断结束方式。

（2）普通中断结束方式：该方式用在普通完全嵌套情况下。中断服务结束时，由 CPU 发送一个普通 EOI 命令，8259A 收到该命令后，将当前 ISR 中最高优先权的位清零。该方式只有在当前结束的中断总是尚未处理完的级别最高的中断时才能使用。如果在中断服务中修改过中断级别，则不能采用这种方式。

（3）特殊中断结束方式：由于在优先级自动循环、特殊循环等方式下，无法根据 ISR 的内容来确定哪一级中断是最后响应和处理的，即无法从 ISR 的置 "1" 位顺序上确定当前的最高优先级，从而也就无法确定应将 ISR 中的哪个置 "1" 位清 0 而结束中断，这时就要采用特殊的中断结束方式来指出应将 ISR 寄存器中哪一个置 "1" 位清 0。

特殊中断结束方式是在普通中断结束方式基础上，当中断服务结束给 8259A 发出 EOI 命令的同时，将当前结束的中断级别也传送给 8259A，即在命令字中明确指出对 ISR 寄存器中指定级别相应位清零，所以这种方式也称 "指定 EOI 方式"。

特殊中断结束方式适合在任何情况下使用，尤其适合 8259A 级连方式。这时，CPU 应发出两个 EOI 命令，一个送给主 8259A，用来将主 8259A 的 ISR 相应位清零；另一个送给从

8259A，用来将从 8259A 中的 ISR 相应位清零。

4．连接系统总线的方式

8259A 与系统总线的连接分为缓冲方式和非缓冲方式。

（1）缓冲方式：多片 8259A 级连的大系统中，8259A 通过总线驱动器与系统数据总线相连。该方式下有一个对总线驱动器的启动问题。为此，将 8259A 的 $\overline{SP}/\overline{EN}$ 端和总线驱动器的允许端相连。8259A 工作在缓冲方式时，会在输出状态字或中断类型码的同时，从 $\overline{SP}/\overline{EN}$ 端输出一个低电平，此低电平正好可作为总线驱动器的启动信号。

（2）非缓冲方式：当系统中只有单片 8259A 时，一般要将它直接与数据总线相连；在一些不太大的系统中，即使有几片 8259A 工作在级连方式，只要片数不多，也可以将 8259A 直接与数据总线相连。上述两种情况下，8259A 就工作在非缓冲方式下。此方式下 8259A 的 $\overline{SP}/\overline{EN}$ 端作为输入端。系统中只有单片 8259A 时，其 $\overline{SP}/\overline{EN}$ 端必须接高电平；有多片 8259A 时，主片的 $\overline{SP}/\overline{EN}$ 端接高电平，从片的 $\overline{SP}/\overline{EN}$ 端接低电平。

5．中断请求触发方式

8259A 允许外设的中断请求信号以两种方式触发。

（1）电平触发方式：中断源用高电平表示有效中断请求信号。当中断请求输入端出现一个高电平并得到 CPU 响应时，应及时撤销高电平中断请求信号。否则，在 CPU 进入中断处理过程并开放中断后，会引起错误的第二次中断。因此，对中断源产生的中断请求触发电平有一定的时间限定，若有效高电平太短，则达不到触发目的；太长可能会引起重复触发。一般要求中断请求触发电平应持续至 CPU 响应它的第一个 $\overline{INTA}$ 脉冲的下降沿。

（2）边沿触发方式：中断源以信号的上升沿作为有效的中断请求信号。一旦请求信号的上升沿出现后，其高电平允许一直保持，直到下一次需要申请时再产生上升沿为止，不会产生上述的误动作。

9.3.3 8259A 中断响应过程

8259A 应用于 8086 系统中，其中断响应过程如下：

（1）当中断请求线（$IR_0 \sim IR_7$）上有一条或若干条变为高电平时，则使中断请求寄存器 IRR 的相应位置位。

（2）当 IRR 某一位被置 1 后，就会与 IMR 中相应的屏蔽位进行比较，若该屏蔽位为 1，则封锁该中断请求；若该屏蔽位为 0，则中断请求被发送给优先权电路。

（3）优先权电路接收到中断请求后，分析它们的优先权，把当前优先权最高的中断请求信号由 INT 引脚输出，送到 CPU 的 INTR 端。

（4）若 CPU 处于开中断状态，则在当前指令执行完后，发出 $\overline{INTA}$ 中断响应信号。

（5）8259A 接收到第一个 $\overline{INTA}$ 信号，把允许中断的最高优先级请求位放入 ISR，并清除中断请求寄存器（IRR）中的相应位。

（6）CPU 发出第二个 $\overline{INTA}$，在该脉冲期间，8259A 发出中断类型号。

（7）若 8259A 处于自动中断结束方式，则第二个 $\overline{INTA}$ 结束时，相应的 ISR 位被清零。在其他方式中，ISR 相应位要由中断服务程序结束时发出的 EOI 命令来复位。

若 8259A 为级连方式的主从结构，并且某从片 8259A 的中断请求优先级最高，则在第一个 $\overline{INTA}$ 脉冲结束时，主 8259A 把这个从设备标志 ID 送到级连线上。各个从 8259A 把这个标志与自己级连缓冲器中保存的标志相比较，在第二个$\overline{\text{INTA}}$期间，被选中的从8259A的中断类型号送到数据总线上。

（8）CPU收到中断类型号，将它乘以4得到中断向量表地址，然后转至中断服务程序。

9.3.4 8259A 编程及应用

8259A是可编程中断控制器，其操作用软件通过命令字进行控制。8259A编程包括两类：一类是初始化编程，由初始化命令字$ICW_1 \sim ICW_4$对8259A进行初始化设置，对8259A的初始化编程是微机上电初始化时由基本输入/输出系统BIOS完成的，用户一般不应改变；另一类是操作方式编程，由操作命令字OCW来规定8259A工作方式。操作命令字OCW可在8259A初始化后的任何时间写入。

1. 初始化编程

8259A有4个初始化命令字$ICW_1 \sim ICW_4$，8259A开始工作前必须用初始化命令字建立8259A操作的初始状态，它们必须按照固定的顺序输入，如图9-15所示。

ICW_1和ICW_2是必须输入的，ICW_3、ICW_4是否要输入由ICW_1相应位决定。当SNGL=0时，需要ICW_3分别对主片和从片编程，其格式不同。当ICW_1的IC4=1时，需要输入ICW_4。对8086系统总是要输入ICW_4。

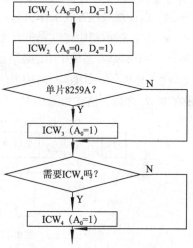

图9-15 8259A 初始化流程图

初始命令字要完成：① 设定中断请求信号的触发方式，是高电平有效还是上升沿有效。② 工作于单片方式还是工作于级连方式。③ 若为级连工作方式，则规定主8259A中每个IR端是否带从8259A，从8259A则要规定由主8259A的哪个IR端引入。④ 设置中断类型码。⑤ 完成中断管理方式的设定。

一旦初始化完成后，若要改变某一个初始化命令字，必须重新再进行初始化编程，不能只写入单独的一个初始化命令字。

（1）ICW_1——芯片控制初始化命令字：ICW_1的格式如图9-16所示，其特征是$A_0=0$，且控制字的$D_4=1$。当CPU向8259A写命令字，只要地址线$A_0=0$，数据线$D_4=1$时，就被8259A译码为ICW_1。

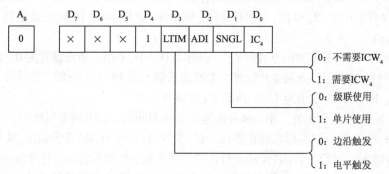

图9-16 芯片控制初始化命令字 ICW_1

启动8259A的初始化过程：清除IMR，把最低优先权分配给IR_7，把最高优先权分配给

IR_0，将从设备标志 ID 置成 7（即二进制数"111"），清除特殊屏蔽方式以及设置读 IRR 方式。

- $D_7 \sim D_5$：在 8088/8086 系统中不用，可全写 0。
- LTIM：中断输入信号 IR 的输入触发方式。LTIM=0 为上升沿有效的边沿触发，IR 输入信号由低到高的跳变被识别且送入 IRR；LTIM=1 为高电平有效的电平触发方式，IR 输入为高电平即进入 IRR，不进行边沿检测。两种触发方式下，IR 输入的高电平在置位 IRR 相应位后仍要保持，直到中断被响应为止，再次响应前应撤销。
- ADI：8088/8086 系统中不用，可为 0。
- SNGL：单片/级连方式指示。SNGL=0 为级连方式，这时在 ICW_1、ICW_2 之后要跟 ICW_3，以设置级连方式工作状态。SNGL=1 表示为单片方式，初始化过程中不需要 ICW_3。
- IC_4：指示初始化过程中有无 ICW_4。IC_4=0 表示不需要写 ICW_4；IC_4=1，表示要写 ICW_4。8088/8086 系统中 IC_4 必须置 1，即需要写 ICW_4。

（2）ICW_2——中断类型码初始化命令字：ICW_2 用于设置中断类型码，特征是 A_0=1，紧跟在 ICW_1 之后，格式如图 9-17 所示。

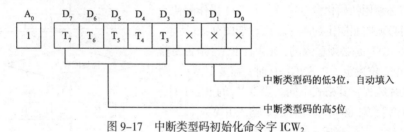

图 9-17　中断类型码初始化命令字 ICW_2

ICW_2 的高 5 位取值将影响中断类型码的具体值，其低 3 位并不影响中断类型码，可以设置为 000。而在形成类型码时由 8259A 内部电路根据中断申请输入引脚 $IR_0 \sim IR_7$ 决定。例如，如果 ICW_2 设为 40H，则 8 个类型码为：40H，4lH，…，47H，若 ICW_2 设为 45H，则 8 个中断类型码仍为 40H，41H，…，47H，因为 40H 和 45H 的高 5 位均为 01000，所以，中断类型码不变。

（3）ICW_3——主/从片初始化命令字：当 ICW_1 中的 SNGL 位为 0 时，8259A 工作于级连方式，这时需要写 ICW_3 设置 8259A 的状态，主片的 8259A 格式与从片的不同。对于主片，ICW_3 格式如图 9-18 所示。

$D_7 \sim D_0$ 对应于 $IR_7 \sim IR_0$ 引脚上的连接情况。当某一引脚上接有从片，则对应位为 1，否则为 0。若仅有主片的 IR_6 和 IR_2 上接有从片，则 ICW_3 应是 44H。ICW_3 应该送到 8259A 的奇地址，即 A_0=1。

对于从片，ICW_3 格式如图 9-19 所示。其中，$D_7 \sim D_3$ 不用，通常设置为 0。$D_2 \sim D_0$ 的取值取决于从片的 INT 引脚连到主片的哪个中断请求输入端 IR_i 上。例如，若从片 INT 接在主片的 IR_6 上，则 $D_2 \sim D_0$ 取值为 110，即 ICW_3 为 06H。

从片的 ICW_3 也送奇地址。主、从片的地址是不相同的，都占两个地址。

主、从片的 $CAS_0 \sim CAS_2$ 同名脚连接在一起。主片的 $CAS_0 \sim CAS_2$ 作为输出，从片的 $CAS_0 \sim CAS_2$ 则作为输入。当第一个 $\overline{INTA}$ 到达时，主片经优先权处理后将最高优先级的从片的标识码送到 $CAS_0 \sim CAS_2$ 上。从片收到标识码，与自己的 ICW_3 规定的标识码比较，如果相等，则在第二个 $\overline{INTA}$ 到来时，将自己的优先权最高的中断类型号送到数据总线。

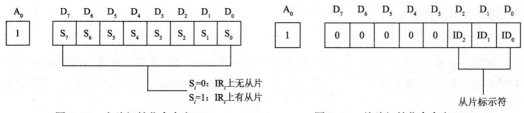

图 9-18　主片初始化命令字 ICW$_3$　　　　图 9-19　从片初始化命令字 ICW$_3$

（4）ICW$_4$——方式控制初始化命令：ICW$_4$ 是在 ICW$_1$ 的 IC$_4$=1 时才使用，其格式如图 9-20 所示。

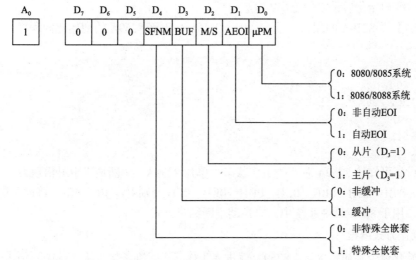

图 9-20　方式控制初始化命令 ICW$_4$

- μPM：指定 CPU 类型，μPM=0 表示 8259A 工作于 8080/8085 系统中，μPM=1 表示 8259A 工作于 8086/8088 系统中。
- AEOI：指定是否为自动中断结束方式。AEOI=1 时，为自动中断结束方式。指定这种方式时，在第二个 $\overline{\text{INTA}}$ 信号的后沿，8259A 自动使中断源在 ISR 中的相应位复位。当 AEOI=0 时，为非自动中断结束方式。这时必须在中断服务程序结束前，由 CPU 向 8259A 发出 EOI 命令，使 ISR 中最高优先权的位复位。
- M/S：M/S=1 为主片，M/S=0 为从片。它与 BUF 配合使用，当 BUF=1 时，M/S 决定是主片还是从片；若 BUF=0，则 M/S 不起作用。
- BUF：指示 8259A 是否工作在缓冲方式，由此决定 $\overline{\text{SP}}/\overline{\text{EN}}$ 的功能。BUF=1 时，8259A 工作于缓冲方式，$\overline{\text{SP}}/\overline{\text{EN}}$ 用作允许缓冲器接收/发送的输出控制信号 $\overline{\text{EN}}$。BUF=0 时，8259A 工作于非缓冲方式，$\overline{\text{SP}}/\overline{\text{EN}}$ 用作主片/从片的输入控制信号 $\overline{\text{SP}}$。
- SFNM：决定 8259A 在级连时是否工作于特殊完全嵌套方式。如果对主片设置 SFNM=1，就为特殊完全嵌套方式，SFNM=0，表示 8259A 工作于一般完全嵌套方式。

注意：

（1）写入 4 个初始命令字 ICW$_1$～ICW$_4$ 的顺序固定不变。

（2）ICW$_1$ 写入偶地址端口（A$_0$=0），ICW$_2$、ICW$_3$ 和 ICW$_4$ 写入基地址端口（A$_0$=1），按照规

定顺序区分 $ICW_2 \sim ICW_4$。

（3）ICW_1 中指明是否需设置 ICW_3、ICW_4。级连方式下，主、从片都需设置 ICW_3。

$ICW_1 \sim ICW_4$ 写入 8259A 后，IR_0 被指定为最高优先级，IR_7 最低，优先级别固定不变，8259A 的 ISR 和 IMR 被清零，处于普通屏蔽方式，对 $A_0=0$ 的端口进行读操作时，读取的是 IRR 的状态。

8259A 在任何情况下从 $A_0=0$ 的端口接收到一个 D_4 位为 1 的命令就是 ICW_1，后面紧跟的就是 $ICW_2 \sim ICW_4$，8259A 接收完 $ICW_1 \sim ICW_4$ 后，就处于就绪状态，可接收来自 IR 端的中断请求。但是在 8259A 工作期间，根据需要可随时利用操作命令字对 8259A 进行动态控制，以选择或改变初始化后设定的工作方式。

【例 9.1】设 8259A 的端口地址为 20H、21H，写出该 8259A 的初始化源程序。

源程序：

```
MOV    AL, 13H
OUT    20H, AL
MOV    AL, 08H
OUT    21H, AL
MOV    AL, 0DH
OUT    21H, AL
```

由此设置可知该 8259A 芯片的工作状态：单片 8259A，中断请求上升沿触发，中断类型码为 08H、09H、0AH、0BH、0CH、0DH、0EH、0FH 分别对应 $IR_0 \sim IR_7$，普通全嵌套方式，缓冲方式，用于 8086/8088 系统中，非自动中断结束方式。

2．操作方式编程

用初始化命令字初始化后，8259A 就进入工作状态，准备接收输入的中断请求信号。在 8259A 工作期间，可通过操作控制字 OCW 来使它按不同的方式操作。

操作命令字是在 8259A 工作过程中，根据某些操作要求改变 8259A 的工作状态，对其进行控制的操作命令。8259A 共有 3 条操作命令 OCW_1、OCW_2、OCW_3。操作命令字应用在中断程序中，可以独立使用，编程设置时没有固定的顺序，而且可以根据需要多次写入，但各操作命令字的写入口地址是有严格规定的，即 OCW_1 必须写入奇地址，OCW_2、OCW_3 必须写入偶地址端口。

（1）OCW_1——中断屏蔽操作命令字：OCW_1 用来实现对中断源的屏蔽功能，其内容被直接置入中断屏蔽寄存器 IMR 中。OCW_1 格式如图 9-21 所示。

$M_7 \sim M_0$ 对应着 $IR_7 \sim IR_0$，$M_i=1$ 屏蔽对应的 IR_i 输入，禁止它产生中断输出信号 INT；$M_i=0$ 则允许对应 IR_i 输入信号产生 INT 输出，向 CPU 请求服务。中断屏蔽寄存器（IMR）的内容，CPU 可以通过读 8259A 的奇地址得到。

（2）OCW_2——控制中断结束和优先权循环的操作命令字：OCW_2 用于控制中断结束、优先权是否循环等操作方式，格式如图 9-22 所示。

- $D_4D_3=00$ 是 OCW_2 的标志。OCW_2 必须写入偶地址，故 $A_0=0$。

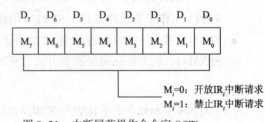

图 9-21　中断屏蔽操作命令字 OCW_1

- $L_2\sim L_0$：这三位只有当 SL = 1 时才有效。$L_2\sim L_0$ 有两个用处，一是当 OCW_2 设置为特殊的 EOI 结束命令时，由 $L_2\sim L_0$ 三位指出要清除 ISR 中的哪一位；另一个用处是当 OCW_2 设置为特殊优先级循环方式时，由 $L_2\sim L_1$ 指出循环开始时哪个中断源的优先级最低，以上这两种情况都必须使 SL = 1，否则 $L_2\sim L_0$ 无效。
- R：优先权循环位。R = 1 为循环优先权，R = 0 为固定优先权。

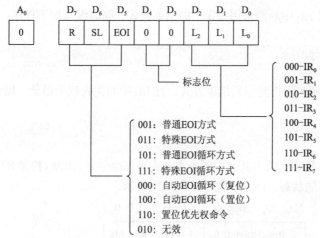

图 9-22　控制中断结束和优先权循环的操作命令字 OCW_2

- SL：选择指定的 IR 级别位。SL = 1 时．操作在 $L_2\sim L_0$ 指定的 IR 编码级别上执行；SL=0 时，$L_2\sim L_0$ 无效。
- EOI：中断结束命令位。在初始化 ICW4 中定义为非自动中断结束方式（AEOI = 0）时，就需要 OCW_2 来控制结束。EOI = 1 表示中断结束命令。它使 ISR 中最高优先权的位复位；EOI = 0 则不起作用。EOI 命令常用在中断服务程序中，中断返回指令前。

R、SL、EOI 这三位的不同组合决定 8259A 优先级循环方式和中断结束处理方式，如表 9-1 所示。

表 9-1　R、SL、EOI 各种组合代表的意义及应用

R	SL	EOI	操　　作
1	0	0	定义 8259A 采用自动 EOI 循环方式：在中断响应周期的第二个 $\overline{INTA}$ 信号结束时，将中断服务器（ISR）中正在服务的相应位置 0，并将本级赋予最低优先级，最高优先级赋给它的下一级，其他中断优先级依次循环赋给
0	0	0	取消自动 EOI 循环（在自动中断结束时终止自动循环优先级）方式
1	0	1	定义 8259A 采用普通 EOI 循环方式：一旦中断结束，8259A 将 ISR 中当前级别最高的置 1 位清 0，此级赋予最低优先级，最高优先级赋给它的下一级，其他中断优先级依次循环赋给
1	1	1	定义 8259A 采用特殊 EOI 循环方式：一旦中断结束，将 ISR 中有 $L_2\sim L_0$ 字段给定级别的相应位清 0，此级赋予最低优先级。最高优先级赋给它的下一级，其他中断优先级依次循环赋给
1	1	0	由软件指定优先级循环方式（特殊循环方式）：8259A 按 $L_2\sim L_0$ 字段确定一个最低优先级，最高优先级赋给它的下一级，其他中断优先级依次循环赋给，系统工作在优先级特殊循环方式
0	0	1	定义 8259A 采用普通 EOI 结束方式：一旦中断处理结束，CPU 向 8259A 发出 EOI 结束命令将中断服务寄存器 ISR 中当前级别最高的置 1 位清 0，一般用在全嵌套（包括特殊全嵌套）工作方式

R	SL	EOI	操　作
0	1	1	定义 8259A 采用特殊 EOI 结束方式：一旦中断处理结束，CPU 向 8259A 发出 EOI 结束命令，8259A 将 ISR 中由 L2～L0 字段指定的中断级别的相应位清 0
0	1	0	OCW2 无效。

【例 9.2】若对 IR$_3$ 中断源采用指定中断结束方式，则需编写如下程序：

源程序 1：

```
MOV   AL,01100011B
OUT   20H,AL
```

若对 IR$_3$ 中断源采用指定中断结束方式，且 IR$_3$ 中断优先权为最低，则编写如下程序：

源程序 2：

```
MOV   AL,11100011B
OUT   20H,AL
```

（3）OCW$_3$——特殊屏蔽方式和中断查询方式操作命令字。OCW$_3$ 控制 8259A 的中断屏蔽、查询和读寄存器等的状态。OCW$_3$ 格式如图 9-23 所示。

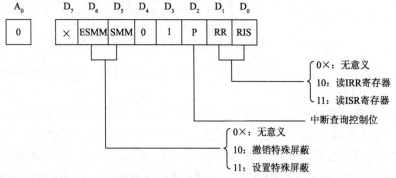

图 9-23　特殊屏蔽方式和中断查询方式操作命令字 OCW$_3$

- ESMM：允许或禁止 SMM 位起作用的控制位。ESMM=1，允许 SMM 起作用；ESMM=0，禁止 SMM 位起作用。
- SMM：设置特殊屏蔽方式选择位。ESMM=1 和 SMM=1 时，选择特殊屏蔽方式；ESMM=1 和 SMM=0 时，消除特殊屏蔽方式，恢复一般屏蔽方式。ESMM=0 时该位不起作用。
- P：查询命令位。P=1 时是查询命令，P=0 时不是查询命令。OCW$_3$ 设置查询方式后，随后送到 8259A 的 $\overline{\text{RD}}$ 端的读脉冲作为中断响应信号，读出最高优先权的中断请求 IR 级别码。
- RR：读寄存器命令位。RR=1 时允许读 IRR 或 ISR；RR=0 时禁止读这两个寄存器。
- RIS：读 IRR 或 ISR 选择位。如 RR=1 和 RIS=1，允许通过读偶地址读取中断服务寄存器 ISR 内容；如 RR=1 和 RIS=0，允许读中断请求寄存器 IRR。RR=0 时 RIS 无效。
- P、RR、RIS 组合后的操作如表 9-2 所示。

表 9-2　P、RR、RIS 组合后的操作

P	RR	RIS	操　作
0	0	×	无操作
0	1	0	下一个读指令读取 IRR 内容
0	1	1	下一个读指令读取 ISR 内容
1	×	×	下一个读指令读中断状态（查询命令）

3. 8259A 应用举例

【例 9.3】IBM PC/XT 系统中的 8259A 的初始化编程。IBM PC/XT 系统对 8259A 的使用要求：单片 8259A 管理 8 级硬件中断，中断申请信号采用边沿触发，采用完全嵌套方式 IR_0 最高，IR_7 最低，中断类型码为 08H～0FH，非自动中断结束方式，端口地址为 20H、21H。

8259A 进行初始化的程序段如下：

```
MOV  AL, 13H        ;ICW1,边沿触发,单片,要 ICW4
OUT  20H, AL
MOV  AL, 08H        ;ICW2,中断类型码为 08H
OUT  21H, AL
MOV  AL, 01H        ;ICW4,8086/8088 系统,非自动结束方式
OUT  21H, AL
```

【例 9.4】在 IBM PC/AT 机中，硬件中断管理由主、从两片 8259A 构成，共 15 级向量中断。主 8259A 的端口地址为 20H 和 21H，从 8259A 端口地址为 0A0H 和 0A1H。主片和从片的中断请求信号均采用边沿触发。一般完全嵌套方式，优先权排列顺序为 IRQ_0、IRQ_1、IRQ_8～IRQ_{15}、IRQ_3～IRQ_7。从片的中断请求 INT 输出与主片的中断请求输入端 IR_2 相连，如图 9-24 所示。其中 IRQ_0～IRQ_7 对应的中断类型号为 08H～0FH，IRQ_8～IRQ_{15} 对应的中断类型号为 70H～77H。

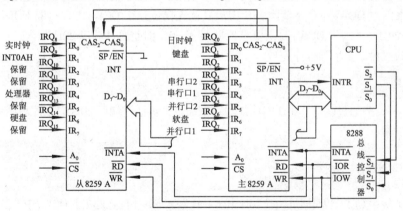

图 9-24　PC/AT 机中两片 8259A 硬件连接示意图

对主 8259A 和从 8259A 的初始化程序如下：

```
;初始化主 8259A
MOV  AL, 11H        ;ICW1,边沿触发,设置 ICW4,级联方式,要 ICW3
OUT  20H, AL
MOV  AL, 08H        ;ICW2,设置中断类型号,起始中断号为 08H
OUT  21H, AL
MOV  AL, 04H        ;ICW3,表示从 8259A 的 INT 端接到主 8259A 的 IR2
OUT  21H, AL
MOV  AL, 01H        ;ICW4,非缓冲方式,非自动中断结束,一般完全嵌套方式
```

```
       OUT  21H, AL
       ;初始化从 8259A
       MOV  AL,   11H                    ;ICW₁，设置 ICW4，多片级联，边沿触发
       OUT  0A0H, AL
       MOV  AL,   70H                    ;ICW₂，设置从 8259A 的中断类型号，起始中断号为 70H
       OUT  0A1H, AL
       MOV  AL,   02H                    ;ICW₃，设置从 8259A 的地址，接主片的 IR₂
       OUT  0A1H, AL
       MOV  AL,   01H                    ;ICW₄，非缓冲方式，非自动中断结束，一般完全嵌套方式
       OUT  0A1H, AL
```

【例 9.5】对操作命令字 OCW 的编程。

（1）OCW_1：这是中断屏蔽寄存器操作控制字，直接写入中断屏蔽寄存器（IMR）。由于地址用 $A_0=1$ 寻址，故在 IBM PC 和 XT 机中，该控制字由端口 21H 写操作完成。在 IBM PC/AT 机中，主片用端口 21H 写入，从片用端口 0A1H 写入，在中断服务程序内部和其他子程序中均可使用该命令。若对主片屏蔽 $IR_4 \sim IR_7$，对从片屏蔽 IR_{15} 和 IR_8，则应向主片 21H 端口写入 11110000=0F0H，向从片 0A1H 端口写入 10000001=81H。

程序段如下：

```
       MOV  AL,  0F0H
       OUT  21H, AL
       MOV  AL,  81H
       OUT  0A1H,AL
```

（2）OCW_2：在 IBM PC 中，OCW_2 主要用来结束中断。

ISR 中保存当前正在服务的中断请求，若该位不能复位为 0，则后续同级和较低优先级中断请求将不会被响应。PC 中 ICW4 设置的中断结束方式是非自动中断结束，它必须在中断服务程序结束前由 OCW_2 命令字清除 ISR 中最高优先权位。在 OCW_2 中，一般 EOI 命令代码是 00100000=20H。又因为 OCW_2 写入要求地址线 $A_0=0$，因此通过端口 20H 写入。

中断结束命令由下列程序完成：

```
       MOV  AL, 20H
       OUT  20H,AL
```

对 AT 机，先通过端口 0A0H 向从片写结束命令，再通过端口 20H 向主片写结束命令。

程序段为：

```
       MOV  AL,  20H
       OUT  20H, AL
       OUT  0A0H,AL
```

（3）OCW_3：OCW_3 也是通过端口 20H 和 0A0H 写入的，不同之处在于 OCW_2 中 $D_4D_3=00$，而在 OCW_3 中 $D_4D_3=01$。8259A 通过 D_4D_3 判断是 OCW_2 还是 OCW_3，然后写入各自的寄存器。

本章小结

中断技术是微型计算机系统进行信息交换的一种重要技术，中断是指 CPU 在正常执行程序时暂时终止执行现行程序，转去执行中断服务程序，待该服务程序执行完毕，又能自动返回到被中断的程序继续执行。这样就可实现 CPU 与外设的同步操作和故障实时处理，提高系统工作速度。

8086 中断可分为外部中断（硬件中断）和内部中断（软件中断），外部中断有不可屏蔽中断 NMI 和可屏蔽中断 INTR 两种，内部中断又有除法出错中断、INTO 溢出中断、INT n 中

断、断点中断和单步中断等。不同的中断类型具有不同的中断类型码，可采用软件查询、硬件优先权排队电路等方法来确定中断优先权。

8086 采用中断矢量表来管理 256 种中断。8086 微处理器的中断处理过程可分为中断请求、中断响应、中断处理和中断返回。

可编程中断控制器 8259A 能够直接管理 8 级中断，实现中断优先权判别，提供中断矢量和屏蔽中断等功能。若采用级连方式，不需附加外部电路就能管理 64 级中断输入，具有多种工作方式。

8259A 的操作用软件通过命令字进行控制。8259A 编程包括初始化编程和操作方式编程两类，由初始化命令字 $ICW_1 \sim ICW_4$ 对 8259A 进行初始化设置，由操作命令字 OCW 来规定 8259A 工作方式。

思考与练习题

一、填空题

1. 中断是指_____；实现中断功能的控制逻辑称为_____。

2. 中断源是指_____；按照 CPU 与中断源的位置可分为_____。

3. CPU 内部运算产生的中断主要有_____。

4. 中断源的识别通常有_____两种方法；前者的特点是_____；后者的特点是_____。

5. 中断向量是_____；存放中断向量的存储区称为_____。

6. 8086 中断系统可处理_____种不同的中断，对应中断类型码为_____，每个中断类型码与一个_____相对应，每个中断向量需占用_____个字节单元；两个高字节单元存放_____，两个低字节单元存放_____。

二、简答题

1. 什么是中断？什么是中断源，常见的中断源有哪几类？

2. 中断的优先权有哪两种方法，各有什么优缺点？IBM PC 系列微机中采用的是什么方法？

3. 8086 的中断分哪两大类？各自的特点是什么？什么是中断向量，什么是中断向量表？8086 总共有多少级中断？

4. 什么是非屏蔽中断，什么是可屏蔽中断？它们得到 CPU 响应的条件是什么？

5. 在编写程序时，为什么通常总要用 STI 和 CLI 中断指令来设置中断允许标志？8259A 的中断屏蔽寄存器 IMR 和中断允许标志 IF 有什么区别？

6. 8259A 有几种结束中断处理的方式，各自应用在什么场合？在非自动中断结束方式中，如果没有在中断处理程序结束前发送中断结束命令，会出现什么问题？

三、分析设计题

1. 设 8259A 的操作命令字 OCW_2 中，EOI=0，R=1，SL=1，$L_2L_1L_0$=011，试指出 8259A 的优先权排队顺序。

2. 在两片 8259A 级联的中断系统中，主片的 IR_6 接从片的中断请求输出，请写出初始化主片、从片时，相应的 ICW_3 的格式。

3. 某外部可屏蔽中断的类型码为 08H，它的中断服务程序的入口地址为 0020:0040H。请编程将该中断服务程序的入口地址填入中断向量表中。

第 10 章

可编程并行接口芯片 8255A ≪≪

本章主要讲解并行传输的基本概念和并行接口技术，介绍微型计算机系统中可编程并行接口芯片 8255A 的基本结构和编程方法，主要包括 8255A 的 3 种工作方式及各自的特点，控制字寄存器的应用及编程设计方法。

通过本章学习，读者应该掌握并行输入/输出接口技术的概念和功能，熟悉 8255A 的内部结构及引脚，理解并掌握 8255A 的工作方式及其编程应用。

10.1 并行接口概述

微型计算机和外界的通信分为并行和串行两种方式，并行传输方式是将数据的各位同时传送，串行传输方式是将数据按位顺序传送。并行传输具有传输速率快、可靠性高的特点，但在进行远距离传输时线路的投资大，因此并行传输主要适用于近距离传输。

10.1.1 并行接口的分类

目前，接口的实现大多是通过可编程接口芯片来完成的，这样接口的工作方式及功能可以在不改变硬件连线的情况下，通过编程实现。常用的可编程接口芯片有 Intel 公司的 8155、8156、8255A 等。

并行接口根据其传送信息位和握手联络线的多少有以下两种分类方法：

（1）按照并行传送信息位数或数据通道宽度分类。数据通道宽度有 4 位、8 位、16 位甚至更宽。常见数据通道宽度是 8 位，因为大多数计算机外设（如打印机等）最初都是为 8 位机设计的，且传送 ASCII 字符码也至少需要 7 位接口。

（2）按照在数据线上传送信息所用握手（Handshake）联络线（也称应答线）的多少分类。握手联络线是指在接口和外设间传送数据所用的状态控制信息线，包括无握手、一条握手、二条握手和三条握手联络线几类。

握手联络线是并行数据线以外的信息线，是为保证接口和外设间高效可靠传送数据而增加的状态控制信息线，且该信息线间有一定的应答关系。是否需要握手联络线和需要几条握手联络线决定于外设的特性和并行通信协议的要求。

一些简单的外设如继电器、指示灯及发光二极管等，其工作状态变化极缓慢，仅需供给一个固定电压，这类外设用 I/O 端口读/写操作指令即可正确地传送数据，CPU 无须考虑外设状态，彼此之间没有必要进行通信联系，直接进行输入或输出即可。可编程并行接口 8255A 的方式 0 即为无握手联络线的输入或输出。

为提高信息传送速度和可靠性，一般需要除数据线以外的握手联络线。单线握手联络线是外围设备送给 CPU 的状态信号，在数据输入过程中握手联络线是外设通知 CPU 数据准备好的状态信号，当 CPU 检测到该信号有效后便可使用 IN 指令进行数据输入；在数据输出过程中，握手联络线是外设通知已准备好接收数据的状态信号，当 CPU 检测到该信号有效后便可使用 OUT 指令进行数据输出。

双线握手联络是在原来单线握手联络基础上再增加一条状态控制线，若在输入过程中外设通知 CPU 数据准备好，可以取走数据，当 CPU 读入数据后再向外设发回一个应答信号，通知外设当前数据已经取走，可以进行下一轮的输入；输出过程中输出缓冲器满，CPU 向外设发出一个启动信号，以通知外设读取端口数据。当外设读取端口数据后，外设向 CPU 发出一个外部响应的应答信号，CPU 接到这个信号后可以进行下一轮的输出。

10.1.2 并行接口的特点

并行接口主要有如下几方面的特点：

（1）并行接口是在多根数据线上，数据以字节或字为单位与输入/输出设备或控制对象传送信息，如打印机接口、A/D 和 D/A 转换器接口、IEEE–488 接口、开关量接口和控制设备接口等。

（2）并行传送的信息不要求固定的格式，这与串行传送的信息有数据格式的要求不同。

（3）从并行接口的电路结构来看，并行接口有简单硬件连线接口和可编程接口之分。硬件连线接口的工作方式及功能用硬件连线来设置，用软件编程的方法不能加以改变；如果接口的工作方式及功能可用软件编程的方法加以改变就称为可编程接口。

（4）并行接口适用于近距离、高速度的数据通信场合。

10.1.3 并行接口的功能

通常，并行接口芯片应具有以下功能：

（1）两个或两个以上具有锁存器或缓冲器的数据端口。

（2）每个数据端口都有与 CPU 和外设用应答方式交换信号所必需的控制和状态信息。

（3）通常每个数据端口还具有能用中断方式与 CPU 交换信息所必需的电路。

（4）芯片具有片选信号与控制电路。

（5）通常这类芯片可用程序选择数据端口；选择端口的传送方向；选择与 CPU 交换信息的方法等。

10.2 并行接口芯片 8255A

8255A 是一种通用可编程并行 I/O 接口电路（NMOS）芯片，又称可编程外围接口（Programmable Peripheral Interface，PPI），它是 Intel 公司为 80x86 系列微处理器配套的接口芯片，也可和其他微处理器系统相匹配。80x86 系统中常采用 8255A 作为键盘、扬声器、打印机等外设的接口电路芯片。

以后推出的 82C55A 芯片是工业标推的 CHMOS I/O 接口芯片，其内部结构与 8255A、8255A–5 一样，芯片引脚功能全兼容。

通用可编程并行接口芯片 8255A 可为外设提供 3 个 8 位 I/O 端口，即 A 口、B 口、C 口，每个端口又可分两组编程，能工作于 3 种操作模式，还具有直接的位控制能力，允许采用同步、异步和中断方式传送 I/O 数据。

10.2.1 8255A 内部结构及引脚

1. 8255A 内部结构

8255A 内部结构如图 10-1 所示，主要包括数据输入/输出端口（即 A 口、B 口和 C 口）、A 组控制器和 B 组控制器、数据缓冲器及读/写控制逻辑等。

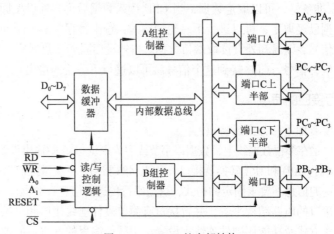

图 10-1　8255A 的内部结构

（1）3 个并行输入/输出端口（端口 A、端口 B、端口 C）：8255A 有 A、B、C 共 3 个并行输入/输出端口（简称 A 口、B 口、C 口），其功能全部由程序设定，但每个端口都有自己的功能特点。A 口、B 口通常作为独立的 I/O 端口使用，C 口也可以作为一般的 I/O 端口使用。但当 A 口、B 口作为应答式的 I/O 口使用时，C 口分别用来为 A 口、B 口提供应答控制线。此时，C 口分为 A 组 C 口（或称上 C 口）、B 组 C 口（或称下 C 口），规定分别用来作为 A 口和 B 口的应答控制线使用。各端口的功能如表 10-1 所示。

表 10-1　8255A 中 A、B、C 各端口的功能

工 作 方 式	A 口	B 口	C 口
0	基本输入/输出端口 输入不锁存，输出锁存	同 A 口	同 A 口
1	应答式输入/输出端口 输出/输出均可锁存	同 A 口	上 C 口作为应答式 A 口的应答线；下 C 口作为应答式 B 口的应答线
2	应答式双向输入/输出端口，均可锁存	同 A 口	用作 A 口的应答控制线

各端口功能概括如下：

① A 口：由一个 8 位数据输出缓冲/锁存器和一个 8 位数据输入缓冲/锁存器组成。

② B 口：由一个 8 位数据输入缓冲器和一个 8 位数据输出锁存缓冲器组成。由于输入无锁存，因此数据输入时不锁存，输出时锁存。

③ C 口：由一个 8 位数据输入缓冲器和一个 8 位数据输出锁存缓冲器组成。数据输入时不锁存，输出时锁存。

通常 A 口和 B 口工作为方式 1 和方式 2 时，C 口作为控制状态信息口，在"方式控制字"

的控制下，与 A 口和 B 口配合使用，作为控制联络信号的输入/输出端。

（2）读/写控制逻辑：用于管理数据、控制字或状态字的传送。它接收来自 CPU 的地址信息和一些控制信号，然后向 A 组、B 组控制电路发送命令，控制端口数据的传送方向。

其控制信号主要有：

- $\overline{CS}$：片选信号，低电平有效，允许 8255A 与 CPU 交换信息。通常由端口地址线（16 位地址号的取自 $A_{15} \sim A_2$，8 位地址号的取自 $A_7 \sim A_2$，译码产生）。CPU 的 A_0 的地址线一般为低电平，保证端口都是偶地址。

- $\overline{RD}$：读信号，低电平有效。允许 CPU 从 8255A 端口中读取数据或外设的状态信息。

- $\overline{WR}$：写信号，低电平有效。允许 CPU 将数据、控制字写入 8255A 中。

- RESET：复位信号，高电平有效。它清除 8255A 所有控制寄存器内容，并将各端口都置成输入方式。

- A_1 和 A_0：8255A 片内端口寻址地址。它们与 $\overline{RD}$、$\overline{WR}$ 及 $\overline{CS}$ 信号相互配合用作端口选择及内部控制寄存器的地址信息，并控制信息传送的方向。8255A 端口及控制寄存器的寻址及控制的操作功能如表 10-2 所示。

表 10-2　8255A 工作方式表

$\overline{RD}$	$\overline{WR}$	$\overline{CS}$	A_1	A_0	工　作　方　式
0	1	0	0	0	A 口数据送到数据总线
0	1	0	0	1	B 口数据送到数据总线
0	1	0	1	0	C 口数据送到数据总线
1	0	0	0	0	总线数据送 A 口
1	0	0	0	1	总线数据送 B 口
1	0	0	1	0	总线数据送 C 口
1	0	0	1	1	总线数据送控制字寄存器
1	1	0	×	×	数据总线三态
0	1	0	1	1	非法
×	×	1	×	×	数据总线三态

（3）A 组控制器和 B 组控制器：由控制字寄存器和控制逻辑组成。控制字寄存器接收计算机送来的控制字，设定 8255A 的工作模式，控制逻辑用于对 8255A 工作模式的控制。

A 组控制字寄存器控制 A 口和 C 口上半部（$PC_7 \sim PC_4$），B 组控制器控制 B 口和 C 口下半部（$PC_3 \sim PC_0$）。

（4）数据缓冲器：双向 8 位缓冲器，用于传送计算机和 8255A 间的控制字、状态字和数据字。

2. 8255A 引脚功能

8255A 有 40 条引脚，如图 10-2 所示。控制功能以外的引脚功能如下：

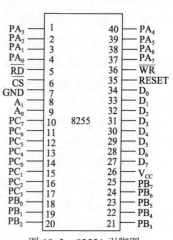

图 10-2　8255A 引脚图

- $D_7 \sim D_0$：数据总线，用于传送计算机和 8255A 间的数据、命令和状态字。
- $PA_7 \sim PA_0$：A 端口输入/输出线，双向 I/O 总线。可以设定为输入或输出方式，也可设定为输入/输出双向方式，由控制字决定。
- $PB_7 \sim PB_0$：B 端口输入/输出线，双向 I/O 总线。可以设定为输入或输出方式，由控制字决定。
- $PC_7 \sim PC_0$：C 端口输入/输出线，双向 I/O 总线。可以设定为输入或输出方式，也可设定为控制/状态方式，由控制字决定。
- RESET：复位信号，高电平有效。它清除 8255A 所有控制寄存器内容，并将各端口都置成输入方式。
- V_{CC}：电源，+5V。
- GND：地线。

10.2.2 8255A 工作方式

1. 8255A 控制字和状态字

8255A 有两个控制字：一类控制字用于定义各端口的工作方式，称为方式选择控制字；另一类控制字用于对 C 端口的任一位进行置位或复位操作，称为置位/复位控制字。对 8255A 进行编程时，这两种控制字都被写入控制字寄存器中。但方式选择控制字的 D_7 位总是 1，而置位复位控制字的 D_7 位总是 0。8255A 正是利用这一位来区分这两个写入同一端口的不同控制字的，D_7 位也称为这两个控制字的标志位。下面介绍这两个控制字的具体格式。

（1）方式选择控制字：8255A 通过控制字可设定为 3 种工作模式。8255A 的工作方式控制字用来设定 8255A 的 3 个端口工作方式及输入/输出状态。控制字的位定义如图 10-3 所示。

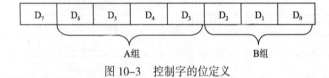

图 10-3 控制字的位定义

- D_7：控制字标志位：D_7 为 1，则本控制字为方式控制字；D_7 为 0，则本控制字为 C 口控制字。

- $D_6 \sim D_3$：A 组控制位：

D_5、D_6：A 组方式选择位，D_6D_5 为 00 时，A 组设定为方式 0；D_6D_5 为 01，A 组设定为方式 1；若 $D_6D_5=10$ 或 $D_6D_5=11$ 时，A 组设定为方式 2。

D_4：A 口输入/输出控制位，D_4 为 0，则 $PA_7 \sim PA_0$ 用于输出数据；D_4 为 1，则 $PA_7 \sim PA_0$ 用于输入数据。

D_3：C 口高四位输入/输出控制位；D_3 为 0，则 $PC_7 \sim PC_4$ 为输出数据方式；D_3 为 1，则 $PC_7 \sim PC_4$ 为输入方式。

- $D_2 \sim D_0$：B 组控制位：

D_2：方式选择位，D_2 为 0 时 B 组设定为方式 0；D_2 为 1 时 B 组设定为方式 1。

D_1：B 口输入/输出控制位，D_1 为 0，则 $PB_7 \sim PB_0$ 用于输出数据；D_1 为 1，则 $PB_7 \sim PB_0$ 用于输入数据。

D_0：C 口低 4 位输入/输出控制位，D_0 为 0，则 $PC_3 \sim PC_0$ 用于输出数据；D_0 为 1，则 $PC_3 \sim$ PC_0 用于输入数据。

【例 10.1】8255A 各端口设置如下：A 组与 B 组均工作于方式 0，端口 A 为数据输入，端口 B 为数据输出，端口 C 高位部分为输出，低位部分为输入，A、B 和 C 及控制字寄存器端口地址设为 40H、41H、42H 和 43H。

要求：写出工作方式控制字；对 8255A 初始化；从端口 A 输入数据，将其取反后从端口 B 送出。

分析：根据设置要求及工作方式控制字格式，控制字为 10010001B，即 91H。

8255A 的初始化程序如下：

```
MOV  AL, 91H
OUT  43H, AL
```

实现从端口 A 输入数据，将其取反后从端口 B 送出的 8255A 工作程序如下：

```
IN   AL, 40H
NOT  AL
OUT  41H, AL
```

（2）端口 C 按位置位/复位控制字：对 C 口某位的置位/复位控制字，主要用于指定 C 口某位输出高电平还是低电平，作为输出的控制信号，若用于控制开关的通（置 1）/断（置 0），继电器的吸合/释放，电动机的启/停控制等。控制字的 D_0 位用于区分是置 1 还是清 0 操作，但究竟对 C 口的哪一位按位操作，则由控制字中的 D_1、D_2、D_3 位决定。控制字格式如图 10-4 所示。

D_7	D_6	D_5	D_4	D_3	D_2	D_1	D_0
无效位				位选择			控制位

图 10-4 控制字格式

- D_7：对 C 口某位的置位/复位控制字的特征位，0 有效。
- $D_3 \sim D_1$：用于控制 $PC_7 \sim PC_0$ 中某一位置位和清 0。

  $D_3D_2D_1 = 000$ PC_0 置位或清 0

  $D_3D_2D_1 = 001$ PC_1 置位或清 0

  $D_3D_2D_1 = 010$ PC_2 置位或清 0

  $D_3D_2D_1 = 011$ PC_3 置位或清 0

  $D_3D_2D_1 = 100$ PC_4 置位或清 0

  $D_3D_2D_1 = 101$ PC_5 置位或清 0

  $D_3D_2D_1 = 110$ PC_6 置位或清 0

  $D_3D_2D_1 = 111$ PC_7 置位或清 0

- D_0：置位/复位的控制位。当 $D_0 = 0$ 时，控制 C 口的某位清 0；当 $D_0 = 1$ 时，控制 C 口的某位置位。

端口 C 按位置位/复位的功能主要用于对外设的控制。利用这一功能，可使端口 C 某一位输出一个开关量或一个脉冲，作为外设的启动或停止信号。当端口 A 或端口 B 工作在方式 1 和方式 2 时，利用这一功能，也可使作为应答控制线的端口 C 有关位产生所需联络信号（脉冲或电平）。这显然提高了应答线使用的灵活性，当然在程序上也增加了一些额外的控制步骤。

使用端口 C 按位置位/复位功能时要注意以下两点：

（1）这一功能可使端口 C 的任一位置 1 或置 0，但一次（一条输出指令，一个控制字）只能使端口 C 的某一位置 1 或置 0，如果使端口 C 几位都要置 1 或置 0，必须用几条输出指令，写入几个不同控制字。

（2）端口 C 按位置位复位控制字不是送到端口 C 地址，而是送到控制寄存器地址，对此不要混淆。

【例 10.2】 8255A 的地址设置情况如例 10.1，现需要编写一个程序段，使 PC_5 输出一个负脉冲，写出相应的指令序列。

源程序：

```
MOV  AL, 00001011B          ;PC5 置 1 控制字送 AL 中
OUT  43H,AL                 ;置 1 控制字送控制寄存器中
MOV  AL, 00001010B          ;PC5 置 0 控制字送 AL 中
OUT  43H,AL                 ;置 0 控制字送控制寄存器中
MOV  AL, 00001011B          ;PC5 置 1 控制字送 AL 中
OUT  43H,AL                 ;置 1 控制字送控制寄存器中
```

（3）8255A 状态字

8255A 设定为方式 1 和方式 2 时，读 C 口便可读得相应状态字，可了解 8255A 的工作状态。

当 8255A 的 A 口、B 口工作在方式 1，输入时状态字格式如图 10-5 所示。在这个状态字中，$INTE_A$ 和 $INTE_B$ 分别为 A 组和 B 组的中断允许触发器状态，其余各位为相应引脚上的电平信号。

D_7	D_6	D_5	D_4	D_3	D_2	D_1	D_0
I/O	I/O	$\overline{IBFA}$	$INTE_A$	INTR	$INTE_B$	$\overline{IBFB}$	INTR
A口						B口	

图 10-5　输入时状态字格式

当 8255A 的 A 口、B 口工作在方式 1，为输出时的状态字格式，如图 10-6 所示。

D_7	D_6	D_5	D_4	D_3	D_2	D_1	D_0
$\overline{OBFA}$	$INTE_A$	I/O			$INTE_B$	$\overline{OBFB}$	INTR
A口						B口	

图 10-6　方式 1 下输出时状态字格式

8255A 在方式 2 下的状态字格式如图 10-7 所示。

D_7	D_6	D_5	D_4	D_3	D_2	D_1	D_0
$\overline{OBFA}$	$INTE_1$	$\overline{IBFA}$	$INTE_2$	INTR			
A口						B口	

图 10-7　方式 2 下状态字格式

在这个状态字中，$INTE_1$、$INTE_2$ 和 INTR 为 8255A 的允许中断触发器状态。其中，$INTE_1$ 和 $INTE_2$ 由 C 口的置复位控制字决定，其余各位为同名引脚上的电平信号。$D_2 \sim D_0$ 由 B 组工作方式决定。

2. 8255A 工作方式

可通过编程来设定 8255A 的工作方式，分别工作在方式 0、方式 1 和方式 2。

（1）方式 0：称为基本输入/输出工作方式，A 口、B 口、C 口均可工作在方式 0。工作时，

当外设始终处于传送数据的一切准备工作就绪状态，无须专用应答联络信号，CPU 可通过 8255A 随时与外设输入/输出数据。典型的应用是以开关或计数器状态作为输出信号，以发光二极管（LED）作为显示输出，如图 10-8 所示。

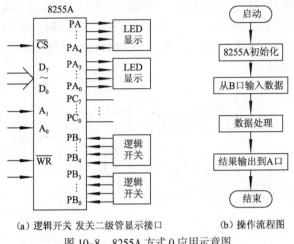

(a) 逻辑开关 发关二级管显示接口   (b) 操作流程图

图 10-8   8255A 方式 0 应用示意图

方式 0 的基本特点如下：

① A 口、C 口的高 4 位、B 口以及 C 口的低 4 位可分别定义为输入或输出，各端口互相独立，故共有 16 种不同的组合。例如，可定义 A 口和 C 口高 4 位为输入口，B 口和 C 口低 4 位为输出口，或 A 口为输入，B 口、C 口高 4 位、C 口低 4 位为输出等。

② 定义为输出的口均有锁存数据的能力，而定义为输入的口则无锁存能力。

③ 在方式 0 下，C 口有按位进行置位和复位的能力。

方式 0 适用于无条件传送方式，由于传送数据的双方相互了解，所以不需发控制信号给对方，也不需查询对方状态，CPU 只需直接执行输入/输出指令便可将数据读入或写出。方式 0 也可用于查询工作方式，由于没有规定固定应答信号，常将 C 口高 4 位（或低 4 位）定义为输入口，接收外设状态信号。而将 C 口另外 4 位定义为输出口，输出控制信息。此时 A、B 口可用来传送数据。

【例 10.3】设 8255A 的控制字寄存器地址为 9BH，令 A 口和 C 口高 4 位工作在方式 0 输出方式，B 口和 C 口低 4 位工作于方式 0 输入方式，写出该指令序列。

按照题目要求，指令序列如下：

```
MOV     AL,83H          ;方式控制字 83H 送 AL
MOV     DX,9BH
OUT     DX,AL           ;83H 送控制字寄存器
```

（2）方式 1：是选通输入/输出工作方式，该方式下，选通信号与输入/输出数据一起传送，由选通信号对数据进行选通。

方式 1 的基本特点如下：

① 3 个端口分为两组，即 A 组和 B 组。

② A 组包括 8 位数据端口 A 和 $PC_7 \sim PC_3$ 五位控制状态端口，B 组为 8 位数据端口 B 和 $PC_2 \sim PC_0$ 三位状态控制端口。

③ 每一个 8 位数据端口均可设置为输入或输出方式，且两种工作方式均可锁存。

④ 控制状态口除了指示两组数据口的状态及选通信号外，还可用作 I/O 口，如 PC$_7$ 和 PC$_6$，用位控方式传送。

8255A 工作在方式 1 时，A 口和 B 口皆可独立地设置成这种工作方式。输入/输出有着各自规定的联络信号和中断信号，为了方便，下面以 A、B 口均作为输入或输出来加以说明。

① 方式 1 下 A 口、B 口均为输入。A 口定义为方式 1 输入时，以 C 口的 PC$_5$、PC$_4$、PC$_3$ 为选通联络线，B 口定义为方式 1 输入时，PC$_2$、PC$_1$ 和 PC$_0$ 为选通联络线。当 A 口工作于方式 1 输入状态时如图 10-9 所示。

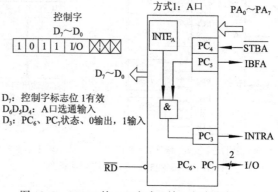

图 10-9　8255A 的 A 口方式 1 输入方式状态

C 口的相应联络线定义如下：

- $\overline{STB}$（PC$_4$、PC$_2$）：选通输入，低电平有效。由外设输入数据，并将数据送到输入锁存器。其中 PC$_4$ 对应 A 口，PC$_2$ 对应 B 口。
- IBF（PC$_5$、PC$_1$）：输入缓冲器满，高电平有效。当它为 1 时，说明 CPU 还未读取上次输入的数据，通知外设不应送新数据。当它为 0 时，通知外设可送新数据。其中，PC$_5$ 对应 A 口，PC$_1$ 对应 B 口。
- INTR（PC$_3$、PC$_0$）：中断请求，高电平有效。当中断允许位 INTR 置 1 时，若输入缓冲器满，则产生一个"高"有效的中断请求 INTR 至 CPU，对外设送来的新数据以中断方式输入。其中 PC$_3$ 对应 A 口，PC$_0$ 对应 B 口。

② 方式 1 下 A 口、B 口均为输出。A 口定义为方式 1 输出时，以 C 口的 PC$_7$、PC$_6$、PC$_3$ 为选通联络线，B 口定义为方式 1 输出时，PC$_2$、PC$_1$ 和 PC$_0$ 为选通联络线。A 口工作在方式 1 输出状态时如图 10-10 所示。

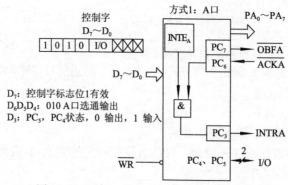

图 10-10　8255A 的 A 口方式 1 输出方式状态

C 口的各位定义如下：

- $\overline{OBF}$（PC_7、PC_1）：输出缓冲器满信号，低电平有效。当数据写入该口的数据寄存器时，即启动该信号，以通知外设读取端口数据。其中，PC_7 对应 A 口，PC_1 对应 B 口。
- $\overline{ACK}$（PC_6、PC_2）：外部响应输入信号，低电平有效。当外设读取端口数据后回发一个"低"有效信号作为回答。其中，PC_6 对应 A 口，PC_2 对应 B 口。
- INTR（PC_3、PC_0）：中断请求信号，高电平有效。当中断允许位 INTR 置 1 时，若输出缓冲器空（$\overline{OBF}$ =1），则产生一个"高"有效的中断请求 INTR 至 CPU，于是可在其中断处理程序中向该口输出新的数据。其中，PC_3 对应 A 口，PC_0 对应 B 口。

（3）方式 2：为带选通双向总线 I/O 方式，又称双向传输方式。只有 A 口可工作在这一方式。A 口为输入/输出数据端，输入、输出均可锁存，既可发送数据，也可接收数据，握手联络信号和 A 口在方式 1 下输入或输出时握手联络信号分别对应，输入/输出时中断请求都共用 PC_3。这是一个"或"逻辑，即 PC_6 置 1 时，输出缓冲器为"空"可引起中断，PC_4 置 1 时输入缓冲器"满"也能引起中断。

当 A 口工作于方式 2 时，B 口可工作在方式 0 或方式 1；C 口高 5 位为 A 口握手联络信号，低 3 位可用于 B 口在方式 1 时的握手联络信号。由 8255A 控制字选择。

方式 2 的基本特点如下：

① 工作方式 2 只适用于 A 口，B 口仍按方式 0 或方式 1 工作。

② A 口可工作于双向方式，C 口的 $PC_7 \sim PC_3$ 位作为 A 口的控制状态信号端口，$PC_2 \sim PC_0$ 用于 B 组。

③ A 口的输入/输出均有锁存功能。在方式 2 工作状态下、A 口既可工作于查询方式，又可工作于中断方式。

A 口工作于方式 2 的状态如图 10-11 所示。

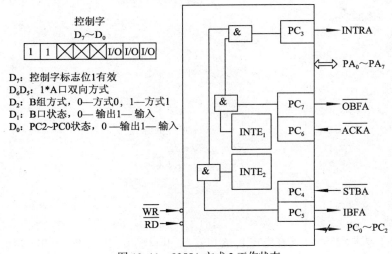

图 10-11 8255A 方式 2 工作状态

相应联络线定义如下：

- INTRA（PC_3）：中断请求信号，高电平有效。
- $\overline{OBFA}$（PC_7）：输出缓冲器满信号，低电平有效。

- $\overline{\text{ACKA}}$（PC_6）：外部响应信号，低电平有效。
- $INTE_1$：输出缓冲器的中断允许触发器，由 PC_6 置位/复位控制。
- $\overline{\text{STBA}}$（PC_4）：选通输入信号，低电平有效。
- $IBFA$（PC_5）：输入缓冲器满信号，高电平有效。
- $INTE_2$：输入缓冲器的中断允许触发器，由 PC_4 置位/复位控制。

10.2.3 8255A 编程及应用

8255A 是一种典型的计算机外围接口芯片，主要用于接口扩展、外设扩展等。对 8255A 编程，首先是对 8255A 初始化，即向 8255A 写入控制字，规定 8255A 工作方式，A 口、B 口、C 口的工作方式等；其次，若需要中断，则用控制字将中断允许标志置位；此后就可按相应要求向 8255A 送入数据或从 8255A 读出数据。

【例 10.4】要求 8255A 工作在方式 0，A 口、B 口输入，C 口输出。硬件电路如图 10-12 所示，片选端 $\overline{\text{CS}}$ 接译码电路输出（译码端由地址线 A_7、A_6、A_5 译码输出）。编写实现规定功能的程序。

分析：按题目要求，8255A 的控制字为 92H（$D_7 \sim D_0$ 对应数据为 10010010B）。

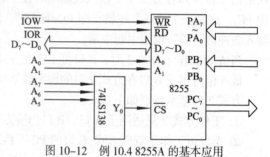

图 10-12 例 10.4 8255A 的基本应用

源程序：

```
PORTK    EQU  1FH            ;8255A 控制口地址
PORTA    EQU  1CH            ;8255A 的 A 口地址
PORTB    EQU  1DH            ;8255A 的 B 口地址
PORTC    EQU  1EH            ;8255A 的 C 口地址
;初始化 8255A
MOV      AL,92H             ;控制字方式 0,A、B 输入,C 输出
MOV      DX,PORTK           ;控制寄存器地址
OUT      DX,AL              ;控制字送控制寄存器
;A 口、B 口、C 口读/写
MOV      DX,PORTA           ;A 口地址
IN       AL,DX              ;从 A 口读数据
MOV      DX,PORTB           ;B 口地址
IN       AL,DX              ;从 B 口读数据
MOV      DX,PORTC           ;C 口地址
MOV      AL,DATA
OUT      DX,AL              ;向 C 口输出数据 DATA
```

【例 10.5】要求 8255A 工作在方式 1，A 口输入，B 口输出，PC_6、PC_7 输出，禁止 A 口中断。

分析：按照题目要求，8255A 工作方式 1，A 口输入，B 口输出，PC_6、PC_7 输出，禁止 A 口中断，其控制字为 10110111B，即 0B7H。

源程序：

```
PORTK    EQU  1FH            ;8255A 控制口地址
PORTA    EQU  1CH            ;8255A 的 A 口地址
```

PORTB	EQU	1DH	;8255A 的 B 口地址
PORTC	EQU	1EH	;8255A 的 C 口地址
;初始化 8255A			
MOV	AL, 0B7H		;控制字方式 1,A 输入,B 输出
MOV	DX, PORTK		;控制寄存器地址
OUT	DX, AL		;控制字送控制寄存器
MOV	AL, 09H		
OUT	DX, AL		
MOV	AL, 04H		
OUT	DX, AL		

【例 10.6】8255A 作为连接打印机的端口，工作于方式 0，如图 10-13 所示。当主机要往打印机输出字符时，先查询打印机忙信号，如打印机正在处理，则忙信号为 1，反之，忙信号为 0。查询到忙信号为 0 时可通过 8255A 往打印机输出一个字符。此时，要将选通信号 $\overline{STB}$ 置成低电平，然后再使 $\overline{STB}$ 为高电平，相当于在 STB 端输出一个负脉冲作为选通脉冲将字符选通到打印机输入缓冲器。

分析：将端口 A 作为传送字符的通道，工作于方式 0，输出方式；端口 B 未用；端口 C 工作于方式 0，PC_2 作为 BUSY 信号输入端，故 $PC_3\sim PC_0$ 为输入方式，PC_6 作为 STB 信号输出端，故 $PC_7\sim PC_4$ 为输出方式。

设 8255A 端口地址：端口 A—00D0H；端口 B—00D1H；端口 C—00D2H；控制口—00D3H

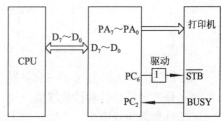

图 10-13　例 10.6 8255A 与打印机连接图

源程序：

PP:	MOV	AL,81H	;控制字,方式 0,A、B、C(高 4 位)口输出
			;C 口低 4 位输入
	OUT	0D3H,AL	;送控制字
	MOV	AL,0DH	;使 PC6 为高电平,即 STB 为高电平
	OUT	0D3H,AL	
WAITING:	IN	AL,0D2H	;读 C 口
	TEST	AL,04H	;测试 PC2 是否为 1
	JNZ	WAITING	;是 1,打印机忙,等待
	MOV	AL,CL	;是 0,CL 中送数据至打印机
	OUT	0D0H,AL	
	MOV	AL,0CH	
	OUT	0D3H,AL	;使 $\overline{STB}$ 为低电平
	MOV	AL,0DH	
	OUT	0D3H,AL	再使 $\overline{STB}$ 为高电平

【例 10.7】甲乙两台微机间并行传送 1 KB 数据。甲机发送数据段 DAT 单元开始的 1KB 数据，乙机接收后存放在数据段 DAT 开始的 1KB 单元中。甲机一侧的 8255A 的 A 口采用方式 1 工作，乙机一侧的 8255A 的 A 端口采用方式 0 工作。两机 CPU 与接口间都采用查询方式交换数据。两台微机的 8255A 端口地址都为 300H～303H。

分析：

（1）硬件连接。根据上述要求，甲机 8255A 是方式 1 发送，因此 PA 口规定为输出，发送数据，而 PC_7 和 PC_6 引脚分别固定作联络信号线 $\overline{OBF}$ 和 $\overline{ACK}$。乙机 8255A 是方式 0 接收，故把 PA 口定义为输入，接收数据，而选用引脚 PC_4 和 PC_0 作为联络信号。

接口电路连接如图 10-14 所示。

（2）程序设计思路如下：

甲机发送程序设计思路：

① 初始化 PA 口为方式 1 输出。

② 做好循环准备工作，即 BX 指向数据区 DAT 单元，发送字节数送 CX 寄存器。

③ 向 A 口发送一个字节，并修改内存地址和计数器的值。

④ 检测 PC_0 是否有效（即为高电平 1），不为 1 继续检测。

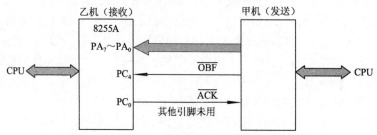

图 10-14　例 10.7 双机并行传送硬件连接示意图

⑤ $PC_0=1$ 向 A 口发送下一个字节。

⑥ 修改地址指针和计数器值。

⑦ 计数器为 0 退出，否则转到④继续。

乙机接收程序设计思路：

① 初始化 PA 口为方式 0 输入，$\overline{ACK}=1$（$PC_0=1$）。

② 做好循环准备工作，即 BX 指向数据区 DAT 单元，发送字节数送 CX 寄存器。

③ 检测 $\overline{OBF}=0?$（$PC_4=0?$），不相等继续检测。

④ $PC_4=0$，从 A 口接收数据送到内存中。

⑤ 发应答信号 $\overline{ACK}$（PC_0 由 0 变为 1）。

⑥ 修改地址指针和计数器值。

⑦ 计数器为 0 退出，否则转到③继续。

（3）编程。甲机发送源程序：

```
DATA      SEGMENT
   DAT    DB 41H,43H,12H,0AH…          ;定义1K个字节数据
DATA      ENDS
CODE      SEGMENT
          ASSUME  CS:CODE, DS:DATA
START:    MOV  AX,DATA
          MOV  DS,AX                    ;段寄存器初始化
          MOV  DX,303H                  ;8255A控制寄存器端口地址送DX
          MOV  AL,10100000B             ;控制字内容送AL
          OUT  DX,AL                    ;写控制字寄存器
          MOV  AL,0DH                   ;将PC₆置1
          OUT  DX,AL
          MOV  BX,OFFSET DAT            ;BX指向数据的首单元
```

```
            MOV  CX,1024              ;传输的字节数送 CX
            MOV  DX,300H              ;向 A 口写第一个数,产生第一个OBF信号
            MOV  AL,[BX]              ;送给对方,以便获取对方的ACK信号
            OUT  DX,AL
            INC  BX                   ;指针调整
            DEC  CX                   ;计数器减 1
LP:         MOV  DX,302H              ;C 口地址送 DX
            IN   AL,DX                ;读 C 口内容
            AND  AL,08H               ;检测状态字的 INTR=1?
            JZ   LP                   ;不为 1,说明数据未取走,继续等待
            MOV  DX,300H              ;否则发送下一个数据
            MOV  AL,[BX]
            OUT  DX,AL
            INC  BX                   ;调整地址指针
            DEC  CX                   ;计数器减 1
            JNZ  LP                   ;计数器不为 0,继续发送下一个字节数据
            MOV  AH,4CH
            INT  21H                  ;否则退出程序
CODE        ENDS
            END  START
```

乙机接收源程序:

```
DATA        SEGMENT
   DAT      DB 1024 DUP(?)           ;定义 1K 个字节单元,作为输入缓冲区
DATA        ENDS
CODE        SEGMENT
            ASSUME  CS:CODE, DS:DATA
START:      MOV  AX,DATA
            MOV  DS,AX               ;段寄存器初始化
            MOV  DX,303H             ;8255A 控制寄存器端口地址送 DX
            MOV  AL,10011000B        ;控制字内容送 AL
            OUT  DX,AL               ;写控制字寄存器
            MOV  AL,01H              ;置ACK=1(PC₀=1)
            OUT  DX,AL
            MOV  BX,OFFSET DAT       ;BX 指向数据的首单元
            MOV  CX,1024             ;传输的字节数送 CX
LP:         MOV  DX,302H             ;C 口地址送 DX
            IN   AL,DX               ;读 C 口内容
            TEST AL,10H              ;检测甲机的OBF=0?(PC₄=0)
            JNZ  LP                  ;不为 0,说明甲机没有数据发来,继续等待
            MOV  DX,300H             ;有
            IN   AL,DX               ;从 A 口读入数据
            MOV  [BX],AL             ;存入内存中
            MOV  DX,303H             ;产生ACK信号,发回给甲机
            MOV  AL,00H              ;使 PC₀ 置 0,接在甲机的ACK
            OUT  DX,AL
            NOP
            NOP
            NOP
```

```
            NOP
            MOV   AL,01H              ;PC_0置1,使ACK端出现负脉冲
            OUT   DX, AL
            INC   BX                  ;调整地址指针
            DEC   CX                  ;计数器减1
            JNZ   LP                  ;计数器不为0 继续接收下一个字节数据
            MOV   AH,4CH
            INT   21H                 ;否则退出程序
CODE        ENDS
            END   START
```

本 章 小 结

本章主要介绍了可编程接口芯片 Intel 8255A 的内部结构、引脚功能、初始化编程和典型应用。

8255A 是一种通用可编程并行 I/O 接口芯片,其内部由数据总线缓冲器、3 个 8 位端口(PA、PB、PC)、A 组和 B 组控制电路、读/写控制逻辑等 4 部分组成。

8255A 有 3 种工作方式: 方式 0 是基本输入/输出方式; 方式 1 是选通输入/输出方式; 方式 2 是双向选通输入/输出方式。

使用 8255A 时, 首先要由 CPU 对 8255A 写入控制命令字。有方式选择控制字和 C 口按位置位/复位控制字两种。8255A 各数据端口的工作方式由方式选择控制字进行设置。对 8255A 进行初始化编程时, 通过向控制字寄存器写入方式选择控制字, 可以让 3 个数据端口按照用户所需要的方式进行工作。

思考与练习题

一、填空题

1. 微机和外设通信的并行传输是指_____;并行接口的特点是_____; 常用于_____场合。

2. 从并行接口的电路结构来看,并行接口有_____和_____之分。

3. 8255A 有两种命令字,一种是_____命令字,另一种是_____命令字。

4. 8255A 内部有_____个对外输入/输出端口,有 3 种工作方式,方式 0 称为_____,方式 1 称为_____, 方式 2 称为_____。

二、选择题

1. CPU 对 8255A 执行按位置位/复位操作时, 写入的端口地址是 (　　　)。

　　A. 端口 A　　　　　B. 端口 B　　　　　C. 端口 C　　　　　D. 控制口

2. 8255A 的 PB 口有 (　　) 种工作方式?

　　A. 1　　　　　　　B. 2　　　　　　　C. 3　　　　　　　D. 4

3. 利用 8255A 采集 100 个数据,数据间采样间隔为 10 ms,要用循环查询方法实现,即每次循环采集一个数据,那么在循环的初始化部分应该 (　　　)。

　　A. ① 设置采样次数为 100 次; ② 设置用于存放数据的缓冲区地址指针

　　B. ① 设置采样次数为 100 次; ② 产生 10 ms 的数据间采样间隔; ③ 设置用于存放数

据的缓冲区地址指针

    C. ① 设置采样次数为 100 次；② 产生 10 ms 的数据间采样间隔；③ 设置用于存放数据的缓冲区地址指针；④ 设置 8255A 的工作方式控制字

    D. ① 设置采样次数为 100 次；② 产生 10 ms 的数据间采样间隔；③ 设置用于存放数据的缓冲区地址指针

4. 8255A 工作于方式 1 输出时，在由外设输入的 $\overline{STB}$ 信号（   ）的控制下将端口 A（或端口 B）的数据锁存。

    A. 上升沿   B. 下降沿   C. 高电平   D. 低电平

三、简答题

1. 从 8255A 的 PC 口读出数据，试述控制信号 $\overline{CS}$、A_1、A_0、$\overline{RD}$，$\overline{WR}$ 的状态。

2. 可编程并行接口芯片 8255A 有哪几种工作方式，每种工作方式有何特点？

3. 当 8255A 工作在中断方式 2 时，CPU 如何区分输入或输出？

四、设计题

1. 某 8255A 端口地址范围为 03F8H～03FBH，A 组和 B 组均工作在方式 0，A 口作为数据输出端口，C 口低 4 位作为状态信号输入口，其他端口未用。试画出该 8255A 与系统的连接图，并编写初始化程序。

2. 用 8255A 作为接口芯片，编写满足下述要求的 3 段初始化程序：

（1）将 A 组和 B 组置成方式 0，A 口和 C 口作为输入口，B 口作为输出口。

（2）将 A 组置成方式 2，B 组置成方式 1，B 口作为输出口。

（3）将 A 组置成方式 1 且 A 口作为输入，PC_6 和 PC_7 作为输出，B 组置成方式 1 且 B 口作为输入口。

第 11 章

可编程串行接口芯片 8251A «««

本章主要讲解串行传输的基本概念和串行接口技术；介绍微机系统中可编程串行接口芯片 8251A 的基本结构和编程方法，包括 8251A 的 3 种工作方式及特点，控制字寄存器的应用及编程设计方法；介绍串行异步通信接口 RS-232 的特点与应用；介绍 BIOS 串行异步通信接口的功能调用。

通过本章的学习，读者应理解串行传输和串行接口的基本概念，熟悉串行接口芯片 8251A 的编程结构与使用方法，掌握串行异步通信接口 RS-232 的功能与应用。

11.1 串行传输的基本概念

11.1.1 串行通信概述

1. 串行通信的概念

串行通信是指两个功能模块只通过一条或两条数据线进行数据交换。发送方需要将数据分解成二进制位，一位一位地分时经过单条数据线传送。接收方需要一位一位地从单条数据线上接收数据，并将它们重新组装成一个数据。串行通信数据线路少，在远距离传送时比并行通信造价低。但一个数据只有经过若干次以后才可以传送完，速度相对较慢。

串行通信具有以下特点：

（1）由于数据在计算机内部传输和处理都采用并行方式，所以在串行传输之前必须将并行数据转换成串行数据流；在接收端要将收到的串行数据流转换成并行数据。这种数据转换通常以字节为单位进行。

（2）由于传输过程中只使用一个信道，所以传输的二进制位信息流中必须包含数据流和控制流。控制流用于接收端控制数据的组装，识别数据的真伪。

（3）由于在串行通信中对信号的定义往往与常用 TTL 信号不同，因此，串行通信中需要进行逻辑关系和逻辑电平的转换。

（4）串行通信中的物理传输手段各不相同。例如，可用电缆方式，也可用无线方式。

（5）串行通信用于计算机与其周边设备间的信息交换时连接线路比较简单。

2. 半双工和全双工通信方式

串行通信是一位接一位地顺序通过一条信号线进行传输的方式。它的通路可以只有一条，此时发送和接收信息不能同时进行，只能采用分时使用线路的方法，如果 A 发送信息，B 只能接收；而当 B 发送信息时，A 只能接收。这种串行通信的工作方式称为半双工通信方式，如图 11-1（a）所示。

如果两个通信站之间有两条通路，则发送和接收信息就可同时进行。例如，A 站发送信息，B 站接收信息，B 站同时也能用另一条通路发送信息而由 A 站接收。这种方式称为全双工通信方式，如图 11-1（b）所示。

3. 数据传输速率

数据传输速率是指每秒钟传送的二进制位数，通常称为波特率（Band Rate），是衡量传输通道频宽的指标。国际上规定了标准波特率系列，最常用的标准是 110 波特、300 Bd、600 Bd、1 200 Bd、1 800 Bd、2 400 Bd、4 800 Bd、9 600 Bd 和 19 200 Bd。

例如，某异步串行通信系统中，数据传送速率为 960 字符/秒，每个字符包括一个起始位、8 个数据位和一个停止位，则波特率为 $10 \times 960 = 9\,600(\text{bit/s}) = 9\,600(\text{Bd})$。

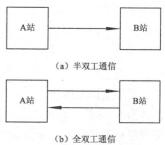

（a）半双工通信

（b）全双工通信

图 11-1　串行通信方式示意图

4. 串行通信方式

串行通信按通信约定的格式分同步通信和异步通信两种。

（1）同步通信：在约定的数据通信速率下，发送方和接收方的时钟信号频率和相位始终保持一致（同步），保证通信双方在发送数据和接收数据时具有完全一致的定时关系。

在有效数据传送之前，首先发送一串特殊字符进行标识或联络，这串字符称为同步字符或标识符。传送过程中，发送端和接收端的每一位数据均保持同步。传送的信息组亦称为信息帧，信息帧位数通常可以是几个到几千个字节，甚至更多。同步通信采用的同步字符个数不同，存在着不同的格式结构，具有一个同步字符的数据格式称为单同步数据格式，有两个同步字符的数据格式称为双同步数据格式，如图 11-2 所示。

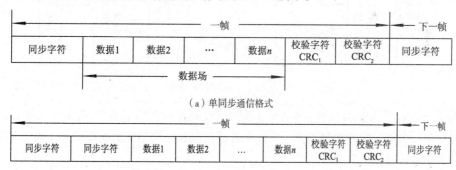

（a）单同步通信格式

（b）双同步通信格式

图 11-2　同步通信传送格式

同步通信要求在传输线路上始终保持连续的字符位流，若计算机没有数据传输，则线路上要用专用的"空闲"字符或同步字符填充。

（2）异步通信：通信中两个字符之间的时间间隔不固定，而在一个字符内各位的时间间隔是固定的。

异步通信规定字符由起始位（Start Bit）、数据位（Data Bit）、奇偶校验位（Parity）和停止位（Stop Bit）等组成。起始位表示一个字符的开始，接收方可用起始位使自己的接收时钟与数据同步。停止位表示一个字符的结束。这种用起始位开始，停止位结束所构成的一串信息称为一帧（Frame）。异步通信传送格式如图 11-3 所示。

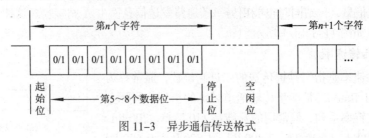

图 11-3　异步通信传送格式

异步通信在传送一个字符时，由一位低电平的起始位开始，接着传送数据位，数据位的位数为 5～8 位，按低位在前高位在后的顺序传送。奇偶校验位用于检验数据传送的正确性，可以没有或由程序指定。最后传送的是高电平的停止位，停止位可以是 1 位、1.5 位或 2 位，两个字符之间的空闲位要由高电平"1"来填充。

11.1.2　信号的调制与解调

串行传输距离较远时需引入通信设备，在通信线路上采用调制解调技术。发送方使用调制器（Modulator），把传送的数字信号调制转换为适合在线路上传输的音频模拟信号；接收方使用解调器（Demodulator）从线路上测出这个模拟信号并还原成数字信号。图 11-4 为使用调制解调技术后的通信示意。

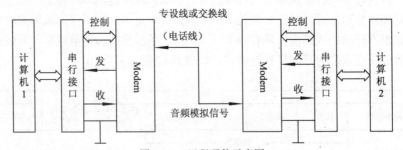

图 11-4　远程通信示意图

图中 Modem 为调制解调器，兼有发送方的调制和接收方的解调功能。对于"双工"方式，通信的任何一方都需要这两种功能，实际中常将调制和解调功能集成在一起，构成完整的调制解调器供用户使用。

📚 11.2　串行接口芯片 8251A

11.2.1　8251A 基本性能

8251A 是高性能串行通信接口芯片，既是通用异步收发器（UART）也是同步收发器（USRT），能管理信号变化范围很大的串行数据通信，且可直接与多种微型计算机接口。

其基本性能有以下几点：

（1）可工作在同步通信或异步通信方式下。同步方式下波特率为 0～64 kbit/s；异步方式下波特率为 0～19.2 kbit/s。

（2）同步方式时，可设定为内同步或外同步两种方法，同步字符允许采用单同步字符和双同步字符，由用户选定。数据位可在 5～8 位之间进行选择。

（3）异步方式时，数据位仍可在 5～8 位范围内选用，用 1 位作为奇偶校验位或不设置奇偶位。此外，8251A 在异步方式下能自动为每个数据增加 1 位启动位及 1 位、1.5 位或 2 位停止位（由初始化程序选择）。

（4）具有奇偶校验、帧校验和溢出校验 3 种字符数据的校验方式，校验位的插入、检查和出错标志的建立均由芯片自动完成。

（5）能与 Modem 直接相连，接收和发送的数据均可存放在各自的缓冲器中，以便实现全双工通信。

11.2.2　8251A 内部结构与引脚

可编程串行接口芯片有多种型号，各类厂家的芯片结构和工作原理大同小异，下面以 Intel 公司生产的 8251A 为例介绍可编程串行通信接口的内部结构、工作原理、编程方法及其应用。

1．8251A 内部结构

8251A 内部结构如图 11-5 所示，包括数据总线缓冲器、接收器、发送器、读/写控制电路和调制解调控制电路等。

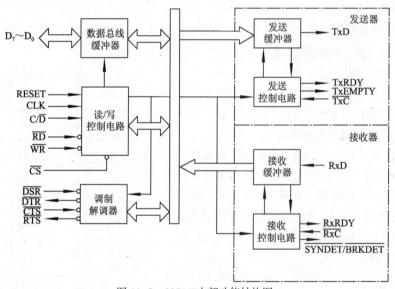

图 11-5　8251A 内部功能结构图

（1）数据总线缓冲器：CPU 与 8251A 之间的数据接口，包含 3 个 8 位缓冲寄存器，其中两个寄存器分别存放 CPU 从 8251A 读取的状态信息或数据，一个寄存器存放 CPU 向 8251A 写入的控制字或数据。数据总线缓冲器将 8251A 的 8 条数据线 $D_7～D_0$ 和 CPU 的系统数据总线相连。

（2）发送器：由发送缓冲器和发送控制电路两部分组成。CPU 需要发送的数据经数据发送缓冲器并行锁入发送缓冲器中。若采用异步方式，则由发送控制电路在其首尾加上起始位和停止位，然后从起始位开始，经移位寄存器从数据输出线 T_xD 逐位串行输出，其发送速率取决于 T_xC 端上收到的发送的时钟频率。若采用同步方式，则在发送数据之前，发送器自动送出一个或两个同步字符，然后才逐位串行输出数据。

当发送器做好发送数据准备时，由发送控制电路向 CPU 发出 T_xRDY 有效信号，CPU 可立即向 8251A 并行输出数据。如果 8251A 和 CPU 之间采用中断方式交换信息，则 T_xRDY 信号可作为向 CPU 发出的中断请求信号。待发送器中的 8 位数据串行发送完毕，由发送控制电路向 CPU 发出 T_xEMPTY 有效信号，表示发送器中移位寄存器已空。因此，发送数据缓冲器和发送移位寄存器构成发送器的双缓冲结构。

（3）接收器：由接收缓冲器和控制电路组成。从外部通过数据接收端 R_xD 接收的串行数据逐位进入接收移位寄存器中。如果是异步方式，则应识别并删除起始位和停止位；如果是同步方式，则要检测到同步字符，确认已达到同步，接收器才开始接收串行数据，待一组数据接收完毕，可将移位寄存器中的数据并行写入接收数据缓冲器中，同时输出 R_xRDY 有效信号，表示接收器已准备好数据，等待向 CPU 传送。接收数据的速率取决于 R_xC 端输入的接收时钟频率。

与接收器有关的是读/写控制电路和调制解调控制电路。读/写控制电路接收 CPU 送来的一系列控制信号，以实现对 8251A 的读/写功能；调制解调控制电路是 8251A 将数据输出端数字信号转换成模拟信号或将数据接收端模拟信号解调成数字信号的接口电路。8251A 要与调制解调器相连，它提供的接口信号一部分为与 CPU 接口的信号，另一部分为与外设或调制器的接口信号。

2. 8251A 的引脚功能

8251A 的引脚排列如图 11-6 所示，各类引脚功能分析如下：

（1）数据线、时钟信号线。

- $D_7 \sim D_0$：三态双向数据线，可连接 CPU 数据总线。CPU 与 8251A 间命令信息、数据及状态信息都通过这组数据线传送。

- CLK：输入产生 8251A 内部时序。CLK 的频率在同步方式时必须大于接收器和发送器输入时钟频率的 30 倍；在异步方式时必须大于输入时钟的 4.5 倍。另外，规定 CLK 的周期要在 $0.42 \sim 1.35 \, \mu s$ 的范围内。

（2）读/写控制逻辑。

- $\overline{CS}$：片选信号，低电平有效。由 CPU 的 IO/$\overline{M}$ 及地址信号经译码后供给。

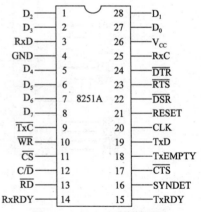

图 11-6　8251A 引脚排列图

- C/$\overline{D}$：控制/数据端。为高电平时 CPU 从数据总线读入状态信息；为低电平时 CPU 读入数据。C/$\overline{D}$ 端为高电平时 CPU 写入命令；C/$\overline{D}$ 为低电平时 CPU 输出数据。C/$\overline{D}$ 与 CPU 的一条地址线相连。

- RESET：芯片复位信号。为高电平时 8251A 各寄存器处于复位状态。收、发线路上均处于空闲状态。通常该信号与系统的复位线相连。

- $\overline{RD}$：CPU 读 8251A 的控制信号，低电平有效，与 CPU 的 $\overline{RD}$ 端相连。

- $\overline{WR}$：CPU 向 8251A 写数据的控制信号，低电平有效，与 CPU 的 $\overline{WR}$ 端相连。

$\overline{CS}$、C/$\overline{D}$、$\overline{RD}$ 和 $\overline{WR}$ 信号相互配合可决定 CPU 与 8251A 间的各种操作，其功能如

表 11-1 所示。

表 11-1 8251A 读/写功能表

$\overline{CS}$	$C/\overline{D}$	$\overline{RD}$	$\overline{WR}$	功　　能
0	0	0	1	CPU 从 8251A 读数据
0	1	0	1	CPU 从 8251A 读状态
0	0	1	0	CPU 向 8251A 写数据
0	1	1	0	CPU 向 8251A 写命令
1	×	×	×	数据总线浮空

（3）与发送器相关的信号线。

- $T_x RDY$：发送器准备好信号。$T_x RDY=1$ 发送缓冲器空；$T_x RDY=0$ 发送缓冲器满。当 $T_x RDY=1$、$T_x EN=1$、$CTS=0$ 时，8251A 做好发送准备，CPU 可向 8251A 传输下一个数据。查询方式时 CPU 可从状态寄存器的 D_0 位检测这个信号，判断发送缓冲器所处状态。中断方式时此信号作为中断请求信号。

- $T_x E$：发送器空信号。有效时表示发送器中并行到串行转换器空。同步方式工作时，若 CPU 来不及输出一个新的字符，则它变高，同时发送器在输出线上插入同步字符，以填补传送空隙。

- $T_x D$：数据发送端，输出串行数据送往外围设备。

- $\overline{TxC}$：发送时钟信号，外部输入。对于同步方式，$\overline{TxC}$ 的时钟频率应等于发送数据的波特率。对于异步方式，由软件定义的发送时钟可以是发送波特率的 1 倍、16 倍或 64 倍。

（4）与接收器相关的信号线。

- $R_x RDY$：接收器准备好信号。$R_x RDY=1$ 表示接收缓冲器装有输入的数据，通知 CPU 取走数据。若用查询方式，可从状态寄存器 D_1 位检测该信号。若用中断方式，可用该信号作为中断申请信号，通知 CPU 输入数据。$R_x RDY=0$ 表示输入缓冲器空。

- SYNDET：双功能检测信号，高电平有效。对于同步方式，SYNDET 是同步检测信号。该信号既可工作在输入状态，也可工作在输出状态。同步工作时，该信号为输出信号。SYNDET=1 表示 8251A 已经监测到所要求的同步字符。若为双同步，此信号在传送第二个同步字符的最后一位的中间变高，表明已经达到同步。外同步工作时，该信号为输入信号。当从 SYNDET 端输入一个高电平信号，接收控制电路会立即脱离对同步字符的搜索过程，开始接收数据。对于异步方式 SYNDET 为间断检出信号，用来表示 $R_x D$ 端处于工作状态还是接收到断缺字符。SYNDET =1 表示接收到对方发来的间断码。

- $R_x D$：数据接收端，接收由外设输入的串行数据。

- $R_x C$：接收时钟信号，输入。在同步方式时。$R_x C$ 等于波特率；在异步方式时，可以是波特率的 1 倍、16 倍或 64 倍。

（5）与调制解调器有关的引脚。

- $\overline{DTR}$：数据终端准备好信号，向调制解调器输出的低电平有效信号。CPU 准备好接收数据，$\overline{DTR}$ 有效，可由控制字中的 DTR 位置1输出该有效信号。

- $\overline{DSR}$：数据装置准备好信号，由调制解调器输出的低电平有效信号。当调制解调器已做好发送数据准备时，就发出 $\overline{DSR}$ 信号。CPU 可用 IN 指令读入 8251A 的状态寄存器，检测 $\overline{DSR}$ 位，当 $\overline{DSR}$ 位为 1 时，表示 $\overline{DSR}$ 信号有效。该信号实际上是对 $\overline{DSR}$ 信号的回答，通常用于接收数据。

- $\overline{RTS}$：请求发送信号，向调制解调器输出的低电平有效信号。CPU 准备好发送数据，由软件定义，使控制字中的 RTS 位置 1，输出 $\overline{RTS}$ 低电平有效信号。

- $\overline{CTS}$：准许发送信号，由调制解器输出的低电平有效信号是对 $\overline{RTS}$ 的回答信号。将控制字中的 T_xEN 位置 1，$\overline{CTS}$ 为低电平有效，发送器可串行发送数据。如果在数据发送过程中使 $\overline{CTS}$ 无效，或控制字中 T_xEN 位置 0，发送器将正在发送的字符结束后停止继续发送。

8251A 与异步 Modem 的连接如图 11-7 所示。

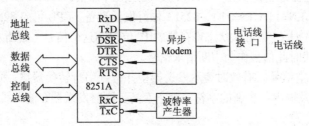

图 11-7　8251A 与异步 Modem 的连接图

11.2.3　8251A 编程控制

8251A 是可编程串行接口，使用前须用程序对其工作状态进行设定（称为初始化），包括设定同步还是异步方式、传输波特率、字符代码位数、校验方式、停止位位数等。

8251A 内部有数据寄存器、控制字寄存器和状态寄存器。控制字寄存器用于 8251A 的方式控制和命令控制，状态寄存器存放 8251A 的状态信息。

1．方式控制字

方式控制字用来确定 8251A 的通信方式（同步/异步）、校验方式（奇/偶校验、不校验）、数据位数（5、6、7 或 8 位）及波特率参数等。其格式如图 11-8 所示。

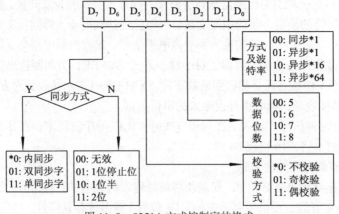

图 11-8　8251A 方式控制字的格式

2．命令控制字

命令控制字用于控制 8251A 的工作，使 8251A 处于规定的状态以准备发送或接收数据，应在写入方式控制字后写入。其格式如图 11-9 所示。

方式控制字和命令控制字本身无特征标志，也没有独立的端口地址，8251A 根据写入先后次序来区分两者：先写入者为方式控制字，后写入者为命令控制字。所以，CPU 在对 8251A 初始化编程时必须按一定先后顺序写入方式控制字和命令控制字。

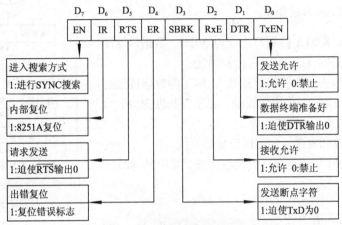

图 11-9　8251A 命令控制字的格式

3．状态控制字

CPU 通过输入指令读取状态控制字，了解 8251A 传送数据时所处的状态，做出是否发出命令、是否继续下一个数据传送的决定。状态字存放在状态寄存器中，CPU 只能读状态寄存器，不能对它写入。

状态字中各位的意义如图 11-10 所示。

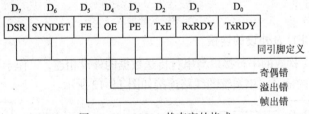

图 11-10　8251A 状态字的格式

图 11-10 中，帧出错 FE 标志只用于异步方式，当在任何一个字符的末尾没有检测到有效的停止位时，该标志位置 1，此标志位由命令指令字中的 ER 位清除；溢出错 OE 标志位由命令指令字中的 ER 位清除；奇偶校验错 PE 是当检测到奇偶错误时该标志位置 1，同样由命令指令中的 ER 位清除。这 3 种出错并不禁止 8251A 的工作。

11.2.4　8251A 初始化和编程应用

1．8251A 的初始化

传送数据前要对 8251A 进行初始化才能确定发送方与接收方的通信格式和通信的时序，从而保证准确无误地传送数据。由于 3 个控制字没有特征位，且工作方式控制字和操作命令控制字放入同一个端口，需按一定顺序写入控制字，不能颠倒。

正确写入顺序如图 11–11 所示。

注意：工作方式控制字必须跟在复位命令之后。复位命令可用硬件的方法从 RESET 引脚输入复位信号，也可通过软件方法发送复位命令。这样 8251A 才可重新设置工作方式控制字，改变工作方式完成其他传送任务。

【**例 11.1**】设 8251A 控制口地址为 301H，数据口地址为 300H，按下述要求对 8251A 进行初始化。

（1）异步工作方式，波特率系数为 64（即数据传送速率是时钟频率的 1/64），采用偶校验，总字符长度为 10（1 位起始位，8 位数据，1 位停止位）。

（2）允许接收和发送，使错误位全部复位。

（3）查询 8251A 状态字，当接收准备就绪时从 8251A 输入数据，否则等待。

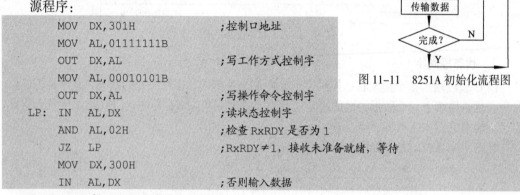

图 11–11　8251A 初始化流程图

源程序：

```
        MOV   DX,301H          ;控制口地址
        MOV   AL,01111111B
        OUT   DX,AL            ;写工作方式控制字
        MOV   AL,00010101B
        OUT   DX,AL            ;写操作命令控制字
LP:     IN    AL,DX            ;读状态控制字
        AND   AL,02H           ;检查 RxRDY 是否为 1
        JZ    LP               ;RxRDY≠1，接收未准备就绪，等待
        MOV   DX,300H
        IN    AL,DX            ;否则输入数据
```

2. 8251A 与 CPU 及外设的连接

假设采用 8251A 构成的串行接口与串行传送数据的外设相连，工作于异步方式，不需用到上述控制 Modem 的信号。该系统的线路连接如图 11–12 所示。

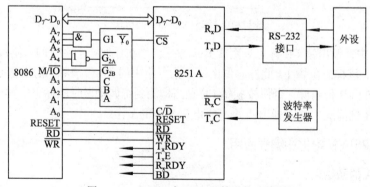

图 11–12　8251A 与 CPU 及外设的连接图

3．8251A 和 CPU 的通信方式

8251A 和 CPU 通信可采用查询方式和中断方式，两种方式的应用分析如下：

（1）查询方式：其特点是发送数据的程序在初始化程序之后。

【例 11.2】采用查询方式发送数据。假定要发送的字节数据放在 TABLE 开始的数据区，且要发送的字节数据放在 BX 中，数据端口地址为 04A0H，控制/状态寄存器端口地址为 04A2H。

发送数据源程序：

```
START:    MOV   DX,04A2H
          LEA   SI,TABLE
WAIT:     IN    AL,DX
          TEST AL,04AH              ;检查发送寄存器是否空
          JZ    WAIT               ;若为空,则继续等待
          PUSH DX
          MOV   DX,04A0H
          LODSB
          OUT   DX,AL               ;否则发送一个字节
          POP   DX
          DEC   BX
          MOV   DX,04A2H
          JNZ   WAIT
```

同样，在初始化程序后可用查询方式实现接收数据。

【例 11.3】设计一个接收数据程序。假设接收后的数据送入 DATA 开始的数据存储区中。8251A 各寄存器地址安排同上。

源程序：

```
RECV:     MOV   SI,OFFSET DATA
          MOV   DX,04A2H
WAIT:     IN    AL,DX              ;读入状态寄存器
          TEST AL,38H              ;检查是否有任何错误产生
          JNZ   ERROR              ;有,转出错处理
          TEST AL,01H              ;否则检查数据是否准备好
          JZ    WAIT               ;未准备好,继续等待检测
          MOV   DX,04A0H
          IN    AL,DX              ;否则接收一个字节
          AND   AL,7FH             ;保留低7位
          MOV   [SI],AL            ;送数据缓冲区
          INC   SI
          MOV   DX,04A2H
          JMP   WAIT
```

（2）中断方式：利用中断方式可实现 8251A 和 CPU 的串行通信。

【例 11.4】设系统以查询方式发送数据，以中断方式接收数据。波特率系数为 16，1 位停止位，7 位数据位，奇校验。

源程序：

```
          MOV   DX,04A2H
          MOV   AL,01011010B        ;写工作方式控制字
```

```
        OUT     DX,AL
        MOV     AL,14H                      ;写操作命令控制字
        OUT     DX,AL
```

当完成对 8251A 的初始化后，接收端便可进行其他工作，接收到一个字符后便自动执行中断服务程序。

【例 11.5】试分析如下中断服务程序：

```
RECIVE: PUSH    AX
        PUSH    BX
        PUSH    DX
        PUSH    DS
        MOV     DX,04A2H
        IN      AL,DX
        MOV     AH,AL                       ;保存接收状态
        MOV     DX,04A0H
        IN      AL,DX                       ;读入接收到的数据
        AND     AL,7FH
        TEST    AH,38H                      ;检查有无错误产生
        JZ      SAVAD
        MOV     AL,'?'                      ;出错的数据用'?'代替
SAVAD:  MOV     DX,SEG BUFFER
        MOV     DS,DX
        MOV     BX,OFFSET BUFFER
        MOV     [BX],AL                     ;存储数据
        MOV     AL,20H
        OUT     20H,AL                      ;将 EOI 命令发给中断控制器 8259
        POP     DS
        POP     DX
        POP     BX
        POP     AX
        STI
        IRET
```

分析：当 8251A 的接收数据寄存器满而产生中断时，此中断请求经过中断控制器 8259A 送给 CPU。CPU 响应中断后，转向上述中断服务程序。该中断服务程序先进行现场保护，然后接收状态寄存器中的内容和数据，并检查有无错误。若有错则进行错误处理，无错将接收到的数据送到数据区中，然后恢复断点，开中断并返回。

要注意在中断服务程序结束前，必须给 8259A 一个中断结束命令 EOI，使 8259A 能将中断服务寄存器的状态复位，使系统又能处理其他低级别的中断。

4．8251A 编程应用举例

【例 11.6】通过串行总线将两台计算机的串行接口连接，两台 PC（设编号为 A 和 B）可实现互送数据。这里采用查询方式进行通信。其中，A 机首先向 B 机发送数据，B 机接收数据并显示；接着 B 机向 A 机发送数据，A 机接收并显示。

A 机源程序：

```
DATA    SEGMENT
        DA DB '123456789A'
```

```
DATA      ENDS
CODE      SEGMENT
          ASSUME  CS:CODE,ES:DATA,DS:DATA
          MOV     AX,DATA
          MOV     DS,AX
          MOV     ES,AX             ;程序初始化
CF:       MOV     DX,3FBH
          MOV     AL,80H            ;将AL置1
          OUT     DX,AL
          MOV     DX,3F8H
          MOV     AL,0CH            ;送除数低8位
          OUT     DX,AL
          MOV     DX,3F9H
          MOV     AL,0              ;送除数高8位
          OUT     DX,AL
          MOV     DX,3FBH
          MOV     AL,03H
          OUT     DX,AL             ;初始化通信控制字寄存器
          MOV     BX,OFFSET DA      ;BX指向发送数据区首单元
          MOV     CX,0AH            ;发送次数送CX
S:        MOV     DX,3FDH
          IN      AL,DX             ;读入状态寄存器值
          TEST    AL,01             ;接收数据缓冲寄存器是否准备好
          JZ      S                 ;未准备好,转S继续等待
          MOV     DX,3F8H
          IN      AL,DX             ;准备好读入一个字符数据并显示
          MOV     DL,AL
          MOV     AH,02
          INT     21H
F:        MOV     DX,3FDH
          IN      AL,DX             ;读入状态寄存器值
          TEST    AL,20H            ;发送数据寄存器是否为空
          JZ      F                 ;非空,转F继续等待
          MOV     DX,3F8H
          MOV     AL,[BX]           ;否则发送一个字符数据
          OUT     DX,AL
          LOOP    S
          MOV     AH,4CH
          INT     21H
          CODE    ENDS
          END
```

B机的程序结构和A机相同，只要将发送和接收两个程序段对调即可，此处略。

11.3 PC 串行异步通信接口

11.3.1 RS-232 串行通信接口

1. 概述

RS-232C 是使用最早、应用最广泛的串行异步通信总线，是美国电子工业协会（Electronic

Industry Association，EIA）制定的一种串行物理接口标准。

RS 是英文（Recommended Standard）"推荐标准"的缩写，232 是该标准的标识号，C 表示修改次数。

RS-232 C 总线标准设有 25 条信号线，包括一个主通道和一个辅助通道。

2. RS-232 串行通信总线标准

RS-232 是串行通信总线标准，当初制定此标准的目的是为了使不同厂家生产的设备能达到插接的"兼容性"。这个标准仅保证硬件兼容而没有软件兼容。

此外，用它进行数据传输时，由于线路的损耗和噪声干扰，传输距离一般都不超过 15 m。通常，两计算机的近距离通信可以通过 RS-232C 接口连接起来。

25 脚、9 脚 RS-232 标准接口引脚排列如图 11-13 所示，各引脚功能如表 11-2 所示。

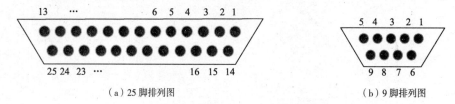

（a）25 脚排列图　　　　　　　　　　（b）9 脚排列图

图 11-13　RS-232 引脚排列图（插座）

表 11-2　RS-232 引脚功能

25 脚引脚号（9 脚）	符　号	方　向	功　能
2（3）	T_XD	输出	发送数据
3（2）	R_XD	输入	接收数据
4（7）	RTS	输出	请求发送
5（8）	CTS	输入	清除发送
6（6）	DSR	输入	数据通信设备准备好
7（5）	GND		信号地
8（1）	DCD	输入	数据载波检测
20（4）	DTR	输出	数据终端准备好
22（9）	RI	输入	振铃指示

11.3.2　BIOS 串行异步通信接口的功能调用

1. 功能调用原理

IBM PC 的兼容机有比较灵活的串行口 I/O 方法，即通过 INT 14H 调用 ROM BIOS 串行通信口例行程序。

串行异步通信接口功能调用的具体情况分析如下：

（1）初始化串行通信口（AH=0）。

入口参数：AL=初始化参数，DX=通信口号。

出口参数：AH=通信口状态，AL=调制解调器状态。

初始化参数可用来设置串行口波特率、奇偶性、字长和终止位。

8 位数据的具体含义如下：

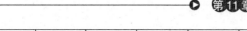

D_7	D_6	D_5	D_4	D_3	D_2	D_1	D_0
设置波特率			设置校验位		设置终止位	设置字长	

① 位 7、6、5 用于设置波特率，3 位的代码组合功能分别为：000 为 110 波特；001 为 150 波特；010 为 300 波特；011 为 600 波特；100 为 1 200 波特；101 为 2 400 波特；110 为 4 800 波特；111 为 9 600 波特。

② 位 4、3 用于设置校验位，2 位的代码组合功能分别为：01 为奇校验，11 为偶校验，×0 为无校验。

③ 位 2 用于设置终止位：0 为 1 位；1 为 2 位。

④ 位 1、0 用于设置字长，2 位的代码组合功能分别为：10 为 7 位；11 为 8 位。

如指令序列：

```
MOV  AH, 0
MOV  AL, 0A3H
MOV  DX, 0
INT  14H
```

该指令完成的功能是将 0 号通信口的波特率设置为 2 400 波特，字长为 8 位，1 位终止位，无奇偶校验位。

（2）向串行通信口写字符（AH=1）。

入口参数：AL=所写字符，DX=通信口号。

出口参数：写字符成功 AH=0，AL=字符；写字符失败(AH)$_7$=1，(AH)$_0$～(AH)$_6$=通信口状态。

（3）从串行通信口读字符（AH=2）。

入口参数：DX=通信口号。

出口参数：读字符成功(AH)$_7$=0，AL=字符；读字符失败(AH)$_7$=1，(AH)$_0$～(AH)$_6$=通信口状态。

（4）取串行通信口状态（AH=3）。

入口参数：DX=通信口号。

出口参数：AH=通信口状态，AL=调制解调器状态。

该功能用来读串行口的当前状态，调用时只需给出被查询的串行通信口是 COM1 或是 COM2，调用返回时其状态信息放入 AX 中，(AL)=MODEM 状态，(AH)=线路状态。

AL 中 Modem 状态位的含义如下：

D_7	D_6	D_5	D_4	D_3	D_2	D_1	D_0
载波检测	振铃指示	数据设备就绪	清除发送	DCD 状态变化	RI 由接通到断开	DSR 状态变化	CTS 状态变化

AH 中线路状态位的含义如下：

D_7	D_6	D_5	D_4	D_3	D_2	D_1	D_0
超时错	发送移位寄存器空	发送缓冲寄存器空	间断条件	帧格式错	奇偶校验错	重叠错	接收数据准备好

2. 应用实例设计

前面介绍了串行通信的编程方式有 I/O 指令方式、DOS 功能调用方式和 BIOS 中断调用方式，本实例设计选择 BIOS 中断调用方式。

【例 11.7】编写程序，设置串行通信的传输参数为 1 200 波特、7 个数据位、1 个奇偶校

验位、2 个停止位。两台计算机可互发数据，即程序开始先检测是否有数据要接收，若没有
则检测是否有键按下，若有数据就发送，否则重新检测。

源程序：

```
DATA  SEGMENT
SHOWMESS DB    '        欢迎使用本程序!                          ',0DH,0AH
         DB    '        在这里您可以实现两台电脑之间的通信!      ',0DH,0AH
         DB    '*********************************',0DH,0AH
         DB    '*        帮助文件                           *',0DH,0AH
         DB    '*     按下 "Enter" 键可以回车               *',0DH,0AH
         DB    '*     按下  "Esc"  键可以退出本程序         *',0DH,0AH
         DB    '*          -----------VAR 1.0----------     *',0AH,0AH
         DB    '*********************************',0DH,0AH
         DB    '        现在您可以进入本程序了              ',0DH,0AH,0AH
         DB    '        Are You Ready?                      $'
DATA  ENDS
CODE  SEGMENT
      ASSUME  CS:CODE,DS:DATA
START:MOV    AX,DATA
      MOV    DS,AX              ;数据段基值装入(通过AX)
      LEA    DX,SHOWMESS        ;字符串有效地址装入 DX 寄存器
      MOV    AH,09H
      INT    21H                ;DOS 显示字符串功能调用
;初始化串口 COM2
;串行口初始化为 1200 波特、数据位
      MOV    AH,0
      MOV    DX,1
      MOV    AL,8EH
      INT    14H                ;初始化 COM2 口
FORE: MOV    AH,03H
      MOV    DX,1
      INT    14H                ;读串口 2 状态字
      TEST   AH,01H             ;数据是否准备好
      JNZ    RECE               ;准备好转接收程序
      TEST   AH,20H             ;发送移位寄存是否为空
      JZ     FORE               ;不为空转 FORE 继续检测
      MOV    AH,1
      INT    16H                ;否则利用 BIOS 键盘中断调用,输入字符
      JZ     FORE               ;没有按键,继续
      MOV    AH,0
      INT    16H                ;BIOS 键盘输入
      CMP    AL,1BH
      JZ     QUIT               ;是否是 Esc 键,"是"则退出
      MOV    AH,1
      MOV    DX,1
```

```
        INT   14H                ;否则发送字符
        CMP   AL,0DH
        JNZ   RECE
        MOV   AH,02H
        MOV   DL,0AH
        INT   21H                ;若发送的为回车符,显示换行
        MOV   DL,0DH
        INT   21H
RECE:MOV     AH,3
        MOV   DX,1
        INT   14H                ;读串口 2 状态字
        TEST  AH,01H             ;数据是否准备好
        JZ    FORE               ;数据未准备好转 FORE 继续检测
        MOV   AH,2
        MOV   DX,1
        INT   14H                ;否则读入字符
        MOV   DL,AL
        AND   DL,7FH
        MOV   AH,02H             ;屏蔽校验位
        INT   21H                ;DOS 中断显示字符
        JMP   FORE               ;接收方发送字符
QUIT:MOV     AH,4CH             ;退出程序,返回 DOS
        INT   21H
CODE ENDS                        ;代码段结束
        END   START              ;程序结束
```

本章小结

　　串行通信是指计算机主机与外设之间以及系统与系统之间数据的串行传送。串行通信使用一条数据线将数据一位一位地依次传输,每位数据占据一个固定时间长度,特别适用于远距离通信。

　　串行通信可分为同步通信和异步通信两类。同步通信按照软件识别同步字符实现数据的发送和接收,　异步通信是指通信中两个字符之间的时间间隔不固定,而在一个字符内各位的时间间隔固定。

　　可编程串行接口芯片 8251A 能够为 CPU 提供并/串行转换功能,同时为外设提供串/并行转换功能。8251A 的内部有可编程寄存器,要采用片选信号、读/写控制信号进行译码。

　　8251A 进行初始化时要设置传输波特率、停止位位数、校验位、数据位位数以及是否允许中断等,8251 和 CPU 通信的方式主要有查询方式和中断方式。

　　RS-232C 是美国电子工业协会（EIA）异步串行通信总线标准。RS-232C 主要用来定义计算机系统的数据终端设备、数据通信设备等,CRT、键盘、扫描仪等与 CPU 的通信大都采用 RS-232C 总线。

思考与练习题

一、选择题

1. 串行接口芯片 8251A 可实现（　　　）。

 A. 同步传送　　　　　B. 异步传送　　　　　C. 并行传送　　　　　D. A 和 B 均可

2. 8251A 工作于串行异步接收时，当检测到（　　　）引脚为低电平时，可能是起始位。

 A. RxD　　　　　　B. $\overline{\text{TxD}}$　　　　　C. $\overline{\text{WE}}$　　　　　D. RTS

3. 输入控制发送器数据速率的时钟 TxC 频率可以是数据传送波特率的（　　　）倍。

 A. 1、16、64　　　　B. 1、32、64　　　　C. 16、32、64　　　　D. 16、64、128

4. 若 8251A 设为异步通信方式，发送器时钟输入端和接收时钟输入端连接到频率 19.2 kHz 输入信号上，波特率因子为 16，则波特率为（　　　）。

 A. 1200　　　　　　B. 2400　　　　　　C. 9600　　　　　　D. 19200

二、填空题

1. 串行通信是指＿＿＿＿＿，其特点是＿＿＿＿＿，通常用于＿＿＿＿＿场合。

2. 波特率是指＿＿＿＿＿，该指标用于衡量＿＿＿＿＿。

3. 串行通信按通信约定的格式可分为＿＿＿＿＿和＿＿＿＿＿两种；前者的特点是＿＿＿＿＿；后者的特点是＿＿＿＿＿。

4. 8251A 是一种＿＿＿＿＿芯片，使用前必须对其进行＿＿＿＿＿设定，主要内容包括＿＿＿＿＿。

5. RS–232 是应用于＿＿＿＿＿之间的＿＿＿＿＿接口。

6. 在串行异步数据传送时，如果格式规定 8 位数据位，1 位奇偶校验位，1 位停止位，则一组异步数据总共有＿＿＿＿＿位。

三、简答题

1. 串行通信中有哪几种数据传送模式，各有什么特点？

2. 说明 8251A 的工作方式控制字、操作命令控制字和状态控制字各位含义及它们之间的关系。对 8251A 进行初始化编程时应按什么顺序向它的控制口写入控制字？

3. 若 8251A 以 9 600 波特的速率发送数据，波特率因子为 16，发送时钟 $\overline{\text{TxD}}$ 频率为多少？

4. 8251A 的 SYNDET/BD 引脚有哪些功能？

5. 简述异步串行的概念，说明 RS–232C 的工作原理和应用。

6. BIOS 串行异步通信接口的功能调用主要有哪些？

四、设计题

1. 某系统中使可编程串行接口芯片 8251A 工作在异步方式，7 位数据位，偶校验，2 位停止位，分频系数为 96，允许发送也允许接收，若已知其控制口地址为 03FBH，试编写初始化程序。

2. 设 8251A 的控制口和状态口地址为 03FBH，数据输入/输出口地址为 03F8H，输入 100 个字符，并将字符放在 BUFFER 所指的内存缓冲区中。请写出实现该功能的程序。

第 12 章

可编程定时器/计数器接口芯片 8253 «««

本章主要讲解定时器/计数器的基本原理及可编程定时器/计数器芯片 8253 的基本结构和编程方法，主要包括 8253 的 6 种工作方式及各自特点；8253 的编程方法；定时器/计数器的综合应用。

通过本章的学习，读者应理解定时器/计数器的基本概念；掌握定时器/计数器芯片 8253 的基本结构、工作方式；熟悉 8253 初始化编程和使用方法。

12.1 概　　述

12.1.1　定时器/计数器基本原理

微型计算机经常用来对外部事件进行定时控制或记录外部事件的产生次数，即定时或计数控制。例如，函数发生器、计算机系统日历时钟、DRAM 的定时刷新、数据的定时采样和系统控制等都要用到定时信号。

微机系统的定时可分为内部定时和外部定时两类。内部定时是计算机本身运行的时间基准或时序关系，计算机每个操作都按照严格的时间节拍执行，内部定时由 CPU 硬件结构决定，是固定的时序关系，无法更改；外部定时是外围设备实现某功能时本身所需的一种时序关系。

定时器/计数器在计数方法上分为加法计数器和减法计数器。加法计数器是每有一个脉冲就加 1，当加到预先设定的计数值时产生一个定时信号。减法计数器是在送入计数初值后，每送来一个脉冲计数器就减 1，减到 0 时产生一个定时信号输出。若用作定时器，在计数到满值或 0 后，重置初始值自动开始新的计数过程，从而获得连续的脉冲输出。

可编程定时器/计数器 8253 是一个减法计数器，是 Intel 公司专门为 x86 系列 CPU 配置的外围接口芯片。

12.1.2　8253 的特点

Intel 系列可编程定时器/计数器 8253 有几种芯片型号，引脚及功能都兼容，只是工作最高计数速率有所差异，如 8253（2.6 MHz）、8253-5（5 MHz）、8254（8 MHz）、8254-5（5MHz）、8254-2（10 MHz）。

可编程计数器/定时器 8253 用软、硬技术相结合的方法来实现定时和计数控制，其特点主要有以下几方面：

（1）有 3 个独立的 16 位计数器，每个计数器均以减法计数。

（2）每个计数器都可按二进制计数或十进制（BCD 码）计数。

（3）每个计数器都可由程序设置 6 种工作方式。

（4）每个计数器计数速度可达 2.6 MHz。

（5）所有 I/O 都可与 TTL 兼容。

12.2 8253 内部结构和引脚功能

12.2.1 8253 内部结构

8253 内部包含 3 个 16 位计数器，每个计数器可按二进制或十进制计数，有 6 种工作方式，可通过编程选择。8253 采用单一+5 V 电源供电、NMOS 工艺制造、24 引脚 DIP 封装，其内部结构如图 12-1 所示。

各部件功能简述如下：

（1）数据总线缓冲器：8 位、双向、三态缓冲器，通过 8 根数据线 $D_7 \sim D_0$ 接收 CPU 向控制寄存器写入的控制字，或 CPU 向计数器写入的计数初值。也可把计数器的当前计数值读入 CPU 中。

（2）读/写控制逻辑电路：从系统总线接收输入信号，经译码产生对 8253 各部分的控制。和读/写控制逻辑相关的引脚为地址线 A_1、A_0，片选线 $\overline{CS}$，读有效信号线 $\overline{RD}$ 和写有效信号 $\overline{WR}$。

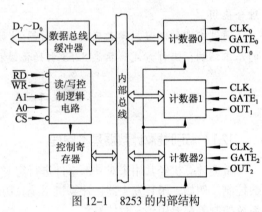

图 12-1 8253 的内部结构

（3）控制字寄存器：用于对 8253 的控制。接收来自 CPU 的方式控制字，控制相应计数器的工作方式，这一工作要在 8253 初始化过程中完成。它只能写入不能读出。

（4）计数通道：8253 有 3 个相互独立的计数电路，每个计数器包含 1 个 8 位控制寄存器，存放计数器工作模式控制字；1 个 16 位初值寄存器 CR，8253 工作之前要对它设置初值；1 个 16 位计数执行单元 CE，接收计数初值寄存器 CR 送来的内容，并对该内容执行减 1 操作；1 个 16 位输出锁存器 OL，锁存 CE 的内容，使 CPU 能从输出锁存器内读出一个稳定的计数值。

计数器内部功能结构如图 12-2 所示。

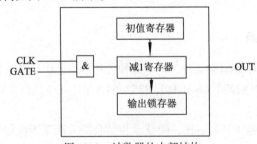

图 12-2 计数器的内部结构

12.2.2　8253 引脚功能

8253 采用双列直插封装, 24 条引脚, 其引脚排列如图 12-3 所示。各引脚功能分析如下:

（1）$D_7 \sim D_0$: 8 位双向数据线。传送数据、控制字和计数器计数初值。$D_7 \sim D_0$ 和数据总线的低 8 位相连。

（2）$\overline{CS}$: 片选信号, 输入, 低电平有效。由系统送来的高位 I/O 地址译码产生, 有效时芯片被选中。

（3）$\overline{RD}$: 读有效信号, 输入, 低电平有效。有效时表示 CPU 要对芯片进行读操作。该信号和系统总线中的 $\overline{RD}$（最小方式）或 $\overline{IOR}$（最大方式）相连。

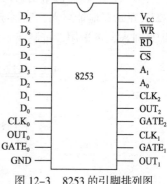

图 12-3　8253 的引脚排列图

（4）$\overline{WR}$: 写有效信号, 输入, 低电平有效。有效时表示 CPU 要对芯片进行写操作。该信号和系统总线中的 $\overline{WR}$（最小方式）或 $\overline{IOW}$（最大方式）相连。

（5）A_1、A_0: 地址信号线。高位地址信号经译码产生 CS 片选择信号, 决定了 8253 芯片所具有的地址范围。A_0 和 A_1 地址信号经片内译码产生 4 个有效地址, 分别对应芯片内部的 3 个独立的计数器和一个控制寄存器。

片选信号、读/写有效信号和地址信号共同控制对 8253 内部的寄存器的读、写操作。具体内容如表 12-1 所示。

表 12-1　8253 内部端口地址和操作

$\overline{CS}$	A_1	A_0	$\overline{RD}$	$\overline{WR}$	功　能
0	0	0	1	0	写计数器 0
0	0	1	1	0	写计数器 1
0	1	0	1	0	写计数器 2
0	1	1	1	0	写方式控制字
0	0	0	0	1	读计数器 0
0	0	1	0	1	读计数器 1
0	1	0	0	1	读计数器 2
0	1	1	0	1	无效

（6）$CLK_0 \sim CLK_2$: 计数器的时钟信号输入端。8253 各计数器对该脉冲信号进行计数, 其大小直接影响计数的速率。CLK 信号是计数器工作的计时标准, 因此要求其频率很精确。

（7）$GATE_0 \sim GATE_2$: 门控信号, 用于控制计数器的启动和停止。多数情况下, GATE=1 时允许计数, GATE=0 时停止计数。但有的方式用 GATE 上升沿启动计数, 启动后 GATE 的状态不再影响计数过程。

（8）$OUT_0 \sim OUT_2$: 计数器输出信号。当计数结束时, 会在 OUT 端产生输出信号, 不同方式会有不同的波形输出。

12.3　8253 初始化及工作方式

12.3.1　8253 初始化

1. 写控制字

8253 工作前必须进行初始化编程, 以确定每个计数器的工作方式和对计数器赋计数初值。CPU 通过写控制字指令将每个计数通道分别初始化，使之工作在某种工作方式下。

对 8253 芯片初始化编程包括写入控制字和写入计数值两部分，任一通道的控制字要从 8253 控制口地址写入，控制哪个通道由控制字 D_7D_6 位决定。计数初始值经由各通道的端口地址写入，可采用二进制或十进制来计数。8253 控制字格式如图 12-4 所示。

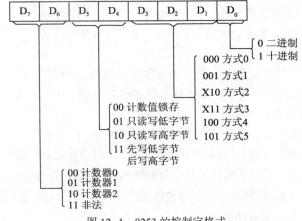

图 12-4　8253 的控制字格式

2. 写计数初值

8253 编程时先向控制字寄存器写入控制字，以选择计数器的工作方式，然后对相应计数器输入计数值。在计数值送到计数寄存器后，需经一个时钟周期才能把此计数值送到递减计数器。

当控制字 $D_0=0$ 时，即二进制计数，初值可在 0～FFFFH 之间选择；当 $D_0=1$ 时，则为十进制计数，其值可在 0～9 999 十进制数之间选择。但无论何种计数方式，当计数初值为 0000H 时，计数器的计数值最大。即二进制计数时，计数值最小为 1，最大为 65 536；十进制计数时，计数值最小为 1，最大为 10000。

计数初值的选择和定时长短及时钟频率有关。

3. 8253 的读操作

所谓读操作是指读出某计数器的计数值至 CPU 中，有以下两种读数方法：

（1）直接读操作：由于 8253 处于计数状态时，输出锁存器（OL）内容随着减 1 计数器（CE）内容而变化，故读 CE 的内容就是读 OL 的值。采用这种读操作时应暂停计数过程，可用门控制信号 GATE 暂停计数或用外部逻辑电路暂停时钟 CLK 输入，以保证读出数据的稳定性。计数器停止计数后，再根据控制字中 D_4D_3 位的 RL_1 和 RL_0 状态，直接用一条或两条输入（IN）指令读出 OL（即在 CE）中的当前计数值。

（2）锁存后读计数值：该方法允许在计数过程中读出计数值，同时不影响 CE 的计数操作。为了实现该方式，首先需要向 8253 计数器发出一个锁存命令字，当 8253 计数器接收到这个锁存命令后，输出锁存器 OL 中的计数器就被锁存，不再随 CE 计数器变化而变化。

【例 12.1】设 8253 的端口地址为 40H～43H，要求检查计数器 2 中的值是否为 1000H，若不是，则继续等待，否则顺序执行程序。

源程序：

```
LP: MOV AL,10000100B          ;控制字送 AL 中
    OUT 43H,AL                ;写控制字
    IN  AL, 42H              ;读计数器 2 低 8 位当前值
```

```
MOV  AH, AL                          ;暂存到 AH 中
IN   AL, 42H                         ;读计数器 2 高 8 位当前值到 AL
XCHG AL, AH                          ;16 位计数值送至 AX 中
CMP  AX, 1000H                       ;比较
JNZ  LP                              ;不等转 LP 继续
...                                  ;否则向下执行
```

12.3.2 8253 工作方式

8253 有 6 种不同的工作方式，其计数过程启动方式、OUT 端输出波形都不一样，自动重复功能和 GATE 的控制作用及写入新的计数初值对计数器工作过程产生的影响不一样。下面通过波形图来分别说明这 6 种工作方式的计数过程。

1. 方式 0——计数结束产生中断

当一个计数通道通过控制字设置为方式 0 后，其输出端信号 OUT 随即变为低电平。用 OUT 指令将计数初值装入该计数器后开始计数，输出仍为低电平。以后 CLK 引脚上每输入一个时钟信号（下降沿），计数器中内容减 1，减为 0 时计数结束，输出变为高电平，并且一直保持到该通道重新装入计数值或重新设置工作方式为止。方式 0 时序如图 12-5（a）所示。

方式 0 有以下特点：

（1）计数过程可由 GATE 信号控制。GATE=0 时停止计数操作；GATE=1 时计数器继续计数。GATE 信号电平的变化不影响 OUT 端的输出，如图 12-5（b）所示。

（2）设置初始值时 GATE=0，下一个 CLK 脉冲也将使初始值从 CR 装入 CE，但不启动计数工作，GATE=1 时开始计数，计数完毕，OUT 端输出变为高电平。

（3）计数通道如果置入的初始值为 N，则从置入时算起要经过 $N+1$ 个 CLK 脉冲，计数值才减为 0，OUT 端输出才变为高电平。这是因为 CPU 不能将计数初始值直接写到计数执行部件 CE，而是先写到计数初始值寄存器 CR，然后再经过一个 CLK 脉冲转到 CE 中。

（4）如果在计数期间重新给计数器装入新值，若是 16 位，则会在写入第一个字节时停止现行计数过程，在写入第二个字节时开始新的计数过程；若是 8 位，在写入新的计数值后，计数器将按新的数值重新计数。从计数开始输出 OUT 变为低电平，一直保持到计数结束。写入新值后 OUT 波形图如图 12-5（c）所示。

2. 方式 1——可重复触发的单稳态触发器

当一个计数通道通过控制字设置为方式 1 后，其输出端信号 OUT 随即变为高电平。用 OUT 指令将计数初值装入该计数器，再经一个 CLK 时间计数初值送计数执行部件。CPU 写完计数值后计数器并不开始计数，直到外部门控脉冲 GATE 上升沿到来后，下一个 CLK 脉冲的下降沿开始计数，同时 OUT 输出变低。在整个计数过程中 OUT 端都维持为低，直到计数到 0，输出才变为高电平。因此，输出为一个单稳态脉冲。若外部再次触发启动，则可以再产生一个单稳态脉冲。方式 1 时序如图 12-6（a）所示。

方式 1 有以下特点：

（1）计数过程受门控信号 GATE 的影响。一方面是计数结束后若再来一个门控信号上升沿，则在下一个时钟周期的下降沿又从初值开始计数，而且不需要重新写入计数初值，即门控脉冲可重新触发计数，同时 OUT 端输出从高电平变为低电平，直到计数结束，再恢复到高电平；另一方面是在计数进行中若来一个门控信号上升沿，也要在下一个时钟下降沿终止原

来计数过程，从初值起重新计数。在这个过程中，OUT 输出保持低电平不变，直到计数执行单元内容减为 0 时，OUT 输出才恢复为高电平。这样，使 OUT 输出低电平持续时间加长，即输出单次脉冲的宽度加宽。GATE 对 OUT 输出波形的影响如图 12-6（b）所示。

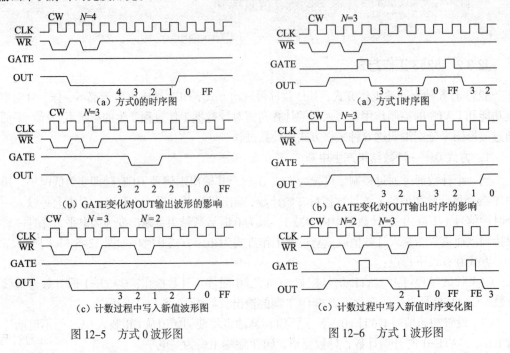

图 12-5　方式 0 波形图　　　　　图 12-6　方式 1 波形图

（2）在计数过程中如果写入新的初值不会影响计数过程，只有在下一个门控信号到来后一个时钟下降沿，才终止原来的计数过程，而按新值开始计数。OUT 输出的变化是高电平持续到开始计数前，低电平持续到计数过程结束，如图 12-6（c）所示。

3．方式 2——分频器

在方式 2 下，CPU 输出控制字后，OUT 端输出将变高。在写入计数值后，若门控信号 GATE=1，计数器执行部件将自动对输入时钟 CLK 计数。在计数过程中输出始终保持为高，直到计数器减为 1 时输出变低。经一个 CLK 周期，输出恢复为高电平，且计数器开始重新计数。方式 2 时序如图 12-7（a）所示。

方式 2 有以下特点：

（1）计数器能够连续工作。如果计数值为 N，每输入 N 个 CLK 脉冲 OUT 输出一个负脉冲。该方式很像一个频率发生器或分频器。

（2）计数过程中可改变初值。一种是 GATE 一直维持高电平，新的初值不影响当前的计数过程，但在计数结束后下一个计数周期将按新的初值计数；另一种是写入新的初值后遇到 GATE 的上升沿，则结束现行计数过程，从下一个时钟下降沿开始按新的初始值进行计数。第三种情况是计数值未减到 0 又重新按新的初值进行计数，OUT 一直维持高电平，可随时通过重新送计数值来改变输出脉冲的频率。GATE 的变化对 OUT 的影响如图 12-7（b）所示。

（3）计数过程中如果 GATE 变为低电平将停止计数，输出继续保持高电平。GATE 变高电平后计数器将重新装入预置的计数值，并开始计数。这样，GATE 能用硬件对计数器进行同步。写入新值对 OUT 输出端的影响如图 12-7（c）所示。

4. 方式3——方波发生器

方式 3 与方式 2 的工作类似，输出均为周期性的，但方式 3 的输出为方波或者为基本对称的矩形方波。CPU 向 8253 写入控制字后 OUT 输出变为高电平。在写完计数初始值后，计数器自动开始对输入时钟 CLK 计数，这时 OUT 输出将保持高电平。在计数初值减到一半时，计数器将 OUT 端输出变为低电平。直到减到 1 后，重新装入计数初始值，OUT 端变高，开始新一轮计数。

方式 3 有以下特点：

（1）计数初始值有奇偶之分，计数处理上有区别。写入控制字后，在时钟上升沿 OUT 变为高电平。当初始值为偶数时，经过一个时钟周期，计数初值被送入计数执行单元，下一个时钟下降沿开始减 1 计数。减到 $N/2$ 时 OUT 变为低电平，计数器继续减 1 计数，减到 0 时 OUT 又变成高电平，计数器重新从初值开始计数。只要 GATK 为 1，此过程一直重复。输出端可得到一方波信号，OUT 端时序如图 12-8（a）图所示。

当初始值为奇数时，在 GATE 一直为高电平情况下，OUT 输出波形为连续的近似方波，高电平持续时间为 $(N+1)/2$ 个脉冲，低电平持续时间为 $(N-1)/2$ 个脉冲，OUT 端波形如图 12-8（b）图所示。

（2）计数过程受 GATE 影响。写入控制字和计数初始值后，若 GATE=1 允许计数，GATE=0 禁止计数。在计数执行过程中，GATE 变为低电平时，若 OUT 为低电平，则 GATE 从低电平变为高电平；若已是高电平则保持不变，且计数器停止计数。当 GATE 恢复高电平后的第一个 CLK 的下降沿，计数初值重新装入 CE，并从初始值重新开始计数。GATE 对 OUT 端的影响如图 12-8（c）图所示。

（3）GATE=1 时计数过程中，新值写入并不影响现行计数过程，只是在下一个计数过程中按新值进行计数。还有一种是在计数过程中 GATE 端出现一个脉冲信号，停止现行计数过程，在 GATE 上升后的第一个时钟周期的下降沿将按新的初始值开始计数。写入新值对波形的影响如图 12-8（d）图所示。

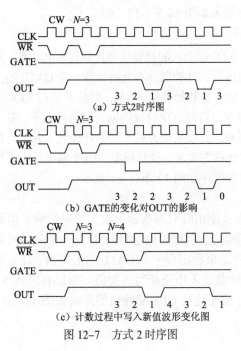

（a）方式2时序图

（b）GATE的变化对OUT的影响

（c）计数过程中写入新值波形变化图

图 12-7　方式 2 时序图

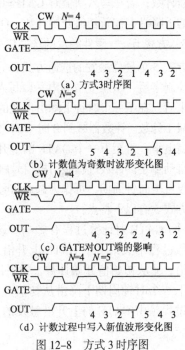

（a）方式3时序图

（b）计数值为奇数时波形变化图

（c）GATE对OUT端的影响

（d）计数过程中写入新值波形变化图

图 12-8　方式 3 时序图

5. 方式4——软件触发的选通信号发生器

该方式下写入控制字后，在时钟上升沿 OUT 变成高电平，将计数初值写入初值寄存器中，经过一个时钟周期计数初值被送入计数执行单元 CE，下一个时钟下降沿开始减 1 计数，减到 0 时输出端变低，持续一个时钟周期，然后自动恢复成高电平。下一次启动计数时，必须重新写入计数值。由于每进行一次计数过程必须重新写入初值一次，不能自动循环，所以称方式 4 为软件触发。又由于 OUT 低电平持续时间为一个脉冲周期，常用此负脉冲作为选通信号，所以又称软件触发选通方式。方式 4 的时序如图 12-9（a）和图 12-9（b）所示。

方式 4 有以下特点：

（1）GATE 的变化对计数器的工作有直接影响。当 GATE=1 时计数器正常计数，当 GATE=0 时计数器停止计数，但 OUT 端还保持高电平输出。需要注意的是当 GATE=0 时停止计数，GATE=1 时并不是恢复计数，而是重新从初值开始计数。只有计数器减为 0 时，才使 OUT 产生电平的变化。GATE 对 OUT 输出波形的影响如图 12-9（c）所示。

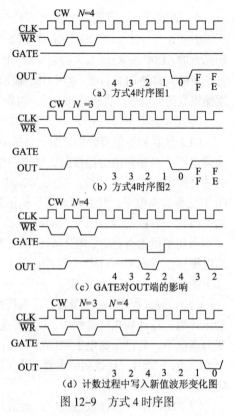

（a）方式4时序图1

（b）方式4时序图2

（c）GATE对OUT端的影响

（d）计数过程中写入新值波形变化图

图 12-9　方式 4 时序图

（2）方式 4 允许改变计数值。如果在计数过程中写入新值，则分两种情况：GATE=1 时写入新的初始值，则计数器立即终止现行的计数过程，并从下一个时钟周期开始按新的计数值重新计数；若在写入新值时 GATE=0，停止计数，在门控信号 GATE 上升后的第 1 个时钟周期的下降沿，按新初值开始计数。OUT 波形情况如图 12-9（d）所示。

6. 方式5——硬件触发的选通信号发生器

方式 5 为硬件触发的选通方式，完全由 GATE 端引入的触发信号控制定时和计数。CPU 写入控制字后，OUT 变成高电平，写入计数初值后，计数器并不开始计数。当 GATE 的上升沿到来后，在下一个时钟下降沿出现的时刻，将计数初始值写入 CE，然后开始对 CLK 脉冲进行减 1 计数。计数器减到 0 时 OUT 变为低电平。持续一个时钟周期又变为高电平，并一直保持高电平，直至下一个 GATE 的上升沿的到来。所以采用方式 5 可循环计数，并且计数初值可自动重装。计数过程靠门控信号触发，因此称方式 5 为硬件触发。OUT 输出低电平持续时间仅一个时钟周期，可作为选通信号。方式 5 时序如图 12-10（a）所示。

方式 5 有以下特点：

（1）GATE 对计数过程有影响。该信号重复使用时对当前输出状态没有影响。但如果在计数过程中又来一个 GATE 上升沿，则立即终止现行的计数过程，在下一个时钟周期的下降沿，又从初始值开始计数。如果计数过程结束后出现一个 GATE 的上升沿，计数器也会在下一个时钟周期下降沿从初值开始减 1 计数，不用重新写入初值。所以在方式 5 中，计数过程是由 GATE 的上升沿触发的。GATE 的变化对 OUT 端输出的影响如图 12-10（b）所示。

（2）在减 1 计数期间置入新的初始值，当前计数过程不受影响，只是在下一个 GATE 的上升沿到来后，新的初始值装入计数执行单元 CE，按新值开始计数。如果新的初始值写入后，当前计数过程未结束就出现了 GATE 的上升沿，则在 GATE 上升沿出现后的第一个 CLK 时钟脉冲信号将使新的初始值装入 CE，开始新的计数，OUT 端时序如图 12-10（c）所示。

7. 8253 工作方式小结

8253 芯片的每个计数通道都有 6 种工作方式可供选择，可从如下 3 个方面加以区分：

（1）OUT 端的输出波形不同。

（2）计数过程的启动方式不同。

（3）计数过程中门控信号 GATE 对计数操作产生的影响不同。

8253 的 6 种工作方式功能、输出波形特点、触发性质等内容比较如表 12-2 所示。

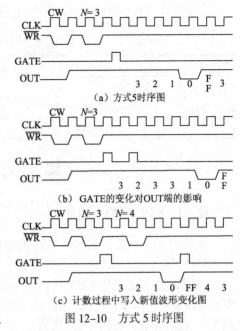

（a）方式5时序图

（b）GATE 的变化对 OUT 端的影响

（c）计数过程中写入新值波形变化图

图 12-10 方式 5 时序图

表 12-2 8253 的 6 种工作方式比较

工作方式	功　能	输　出　波　形	触发性质
方式 0	计数结束中断	写入初值后，OUT 端变低，经过 $N+1$ 个 CLK 后，OUT 变高	软件触发的单次负脉冲
方式 1	可编程单稳态触发器	输出宽度为 N 个时钟周期的负脉冲	硬件触发的单次负脉冲
方式 2	频率发生器	输出宽度为 1 个时钟周期的负脉冲	自动触发连续的脉冲波
方式 3	方波发生器	N 为偶数时占空比为 1/2；N 为奇数时输出 $(N+1)/2$ 个正脉冲，$(N-1)/2$ 个负脉冲	自动触发连续的方波
方式 4	软件触发选通	写入初值后，经过 N 个时钟周期，OUT 端变低 1 个时钟周期	软件触发单次单拍负脉冲
方式 5	硬件触发选通	门控触发后，经过 N 个时钟周期，OUT 端变低 1 个时钟周期	硬件触发单次单拍负脉冲

GATE 信号功能如表 12-3 所示。

表 12-3 GATE 信号功能表

GATE＼工作方式	低电平或变到低电平	上升沿	高电平
方式 0	禁止计数	不影响	允许计数
方式 1	不影响	启动计数	不影响
方式 2	禁止计数并置 OUT 为高电平	初始化计数	允许计数
方式 3	禁止计数并置 OUT 为高电平	初始化计数	允许计数
方式 4	禁止计数	不影响	允许计数
方式 5	不影响	启动计数	不影响

工作方式与装入新初值的关系如表 12-4 所示。

表 12-4　工作方式与装入新初值的关系

工 作 方 式	装入新的初值后计数过程的变化	工 作 方 式	装入新的初值后计数过程的变化
方式 0	立即有效	方式 3	下一个计数周期或门控触发后有效
方式 1	门控触发后有效	方式 4	立即有效
方式 2	下一个计数周期或门控触发后有效	方式 5	门控触发后有效

12.4　8253 的应用

12.4.1　8253 初始化编程

对 8253 的初始化也称为对 8253 的编程。8253 完成初始化后即开始自动按设置好的工作方式工作。初始化程序包括写各计数器的控制字和设置计数初始值两部分。

【例 12.2】某系统中 8253 的 $CLK_0 \sim CLK_2$ 时钟频率为 2 MHz，端口地址为 200H～203H。要求计数器 0 工作在方式 0，十进制计数，定时 100 μs 后产生中断请求；计数器 1 工作在方式 3，二进制计数，用于产生周期为 10 μs 的对称方波；计数器 2 工作在方式 2，二进制计数，每隔 1 ms 产生一个负脉冲。

分析：根据上述要求和已知条件，可知 CLK 的时钟周期为 0.5 μs，可计算出计数器 0 的初始值为 100 μs/0.5 μs=200，计数器 1 的初始值为 10 μs/0.5 μs=20，计数器 2 的初始值为 1 ms/0.5 μs=2000。

初始化源程序：

```
MOV   DX,203H          ;控制字地址送 DX
MOV   AL,00110001B     ;控制字内容送 AL
OUT   DX,AL            ;写控制字
MOV   AX,0200H         ;计数初始值送 AX
MOV   DX,200H          ;计数器 0 地址 200H 送 DX
OUT   DX,AL            ;写低 8 位
MOV   AH,AL
OUT   DX,AL            ;写高 8 位
MOV   DX,203H          ;控制字地址送 DX
MOV   AL,01010110B     ;控制字内容送 AL
OUT   DX,AL            ;写控制字
MOV   DX,201H          ;计数器 1 地址 201H 送 DX
MOV   AL,20            ;计数初始值送 AX
OUT   DX,AL            ;写低 8 位
MOV   DX,203H          ;控制字地址送 DX
MOV   AL,10110100B     ;控制字内容送 AL
OUT   DX,AL            ;写控制字
MOV   AX,2000          ;计数初始值送 AX
MOV   DX,202H          ;计数器 2 地址 202H 送 DX
OUT   DX,AL            ;写低 8 位
MOV   AL,AH
OUT   DX,AL            ;写高 8 位
```

若计数器 2 工作在十进制计数方式，则应把 2000H 送 AX。计数器 2 的初始化程序段可

改为下列指令序列：

```
MOV  DX,203H
MOV  AL,10100101B
OUT  DX,AL
MOV  DX,202H
MOV  AL,20H
OUT  DX,AL
```

【例 12.3】设 8253 计数器 0 工作在方式 5，按二进制计数，计数初始值为 100；计数器 1 工作在方式 1，BCD 码计数，计数初始值为 4000；计数器 2 工作在方式 2，按二进制计数，计数初始值为 600。8253 占用的端口地址为 200H 到 203H。

初始化源程序：

```
MOV  DX,203H          ;控制寄存器地址送 DX
MOV  AL,00011010B     ;计数器 0,写低字节,方式 5,二进制计数
OUT  DX,AL            ;写控制字寄存器
MOV  DX,200H          ;计数器 0 的地址送 DX
MOV  AL,100           ;计数初始值为 100
OUT  DX,AL            ;写入计数初始值
MOV  DX,203H          ;控制寄存器地址送 DX
MOV  AL,01100011B     ;计数器 1,写高字节,方式 1,十进制计数
OUT  DX,AL            ;写控制字寄存器
MOV  DX,201H          ;计数器 1 的地址送 DX
MOV  AL,40H           ;计数初始值为 4000H,只写高 8 位即可
OUT  DX,AL            ;写入计数初始值
MOV  DX,203H          ;控制寄存器地址送 DX
MOV  AL,10110010B     ;计数器 2,16 位初始值,方式 1,二进制计数
OUT  DX,AL            ;写控制字寄存器
MOV  DX,202H          ;计数器 2 的地址送 DX
MOV  AX,600           ;计数初始值为 600
OUT  DX,AL            ;先写低 8 位
MOV  AL,AH
OUT  DX,AL            ;再写高 8 位
```

12.4.2 8253 应用实例

【例 12.4】在 8086 系统中，8253 的各端口地址为 81H、83H、85H 和 87H。现提供时钟频率为 2 MHz，要求用 8253 来控制一个 LED 发光二极管的点亮和熄灭，点亮 10 s 后再让它熄灭 10 s，并重复上述过程。

分析：因为计数频率为 2 MHz，计数器的最大计数值为 65 536，所以最大的定时时间为 0.5 μs×65 536=32.768 ms，达不到 20 s 的要求，因此需用两个计数器级联来解决问题。

将 2MHz 的时钟信号直接加在 CLK_0 输入端，并让计数器 0 工作在方式 2，选择计数初始值为 5 000，则从 OUT_0 端可得到频率为 2 MHz/5 000=400 Hz 的脉冲，周期为 0.25 ms。再将该信号连到 CLK_1 输入端，并使计数器 1 工作在方式 3 下，为了使 OUT_1 输出周期为 20 s（频率为 1/20=0.05 Hz）的方波，应取时间常数 N_1=400 Hz/0.05=8 000。

硬件连接如图 12-11 所示。

源程序：

```
MOV  AL,00110101B     ;计数器 0 控制字内容送 AL,先低后高,方式 2,BCD 计数
OUT  87H,AL           ;写计数器 0 控制字
MOV  AL,00H           ;计数器初始值低 8 位
```

```
        OUT  81H,AL
        MOV  AL,50H                ;计数器初始值高 8 位
        OUT  81H,AL

        MOV  AL,01110111B          ;计数器 1 控制字内容送 AL,先低后高,方式 3,BCD 计数
        OUT  87H,AL
        MOV  AL,00H                ;计数器初始值低 8 位
        OUT  83H,AL
        MOV  AL,80H                ;计数器初始值高 8 位
        OUT  83H,AL
```

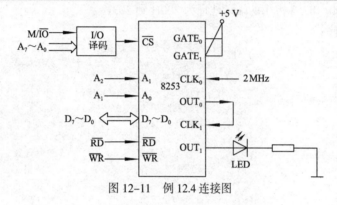

图 12-11　例 12.4 连接图

本章小结

　　微机及控制系统中经常用到定时信号或记录外部事件的产生次数,如系统日历时钟、动态存储器刷新等,外部执行机构控制时也需定时采样和系统控制等。定时的方法主要是采用程序控制的软件定时和定时器/计数器作为主要硬件的硬件定时。

　　可编程定时器/计数器的可实现作为周期性定时中断信号、系统时钟基准的定时功能,也可实现作为中断计数或记录外部特定时间发生个数的计数功能。

　　可编程定时器/计数器接口芯片 8253 有定时和计数功能,内部包含 3 个 16 位计数器,每个计数器可按二进制或十进制计数,有 6 种工作方式,可通过编程选择。在不同的工作方式下,计数过程的启动方式、OUT 端的输出波形都不一样。自动重复功能和 GATE 的控制作用以及写入新的计数初值对计数器的工作过程产生的影响是不一样的。

　　对 8253 的初始化要完成写各计数器的控制字和设置计数初值两个方面的程序设计。

思考与练习题

一、选择题

1. 启动 8253A 的计数器开始或计数的方式有(　　　)。

　　A. 软件方式　　　　B. 硬件方式　　　　C. 软件和硬件方式　　D. 门控信号

2. 对 8253 进行操作前都必须先向 8253 写入一个(　　　),以确定 8253 的工作方式。

　　A. 控制字　　　　　B. 计数初值　　　　C. 状态字　　　　　D. 指令

3. 8253 定时器/计数器中，在门控制信号上升沿到来后的（　　）时刻，输出信号 OUT 变成低电平。

    A. CLK 上升沿 　　　　　　　　　　B. CLK 下降沿

    C. 下一个 CLK 上升沿 　　　　　　　D. 下一个 CLK 下降沿

4. 8253A 工作在（　　）方式时，OUT 引脚能输出一个 CLK 周期宽度的负脉冲。

    A. 方式 0 　　　　　　　　　　　　B. 方式 1

    C. 方式 3 　　　　　　　　　　　　D. 方式 4 或方式 5

二、填空题

1. 8253 称为_____；它具有 3 个独立的_____；每个计数器有_____种工作方式；可按_____编程。

2. 8253 的初始化程序包括_____两部分。完成初始化后，8253 即开始自动按_____进行工作。

3. 8253 定时器/计数器工作在某种方式时，需要在 GATE 端外加触发信号才能启动计数，这种方式称为_____。

4. 8253A 内部有_____个对外输入/输出端口，有_____种工作方式，方式 0 称为_____，方式 1 称为_____，方式 2 称为_____。

5. 设 8253A 的工作频率为 2.5 MHz，若要使计数器 0 产生频率为 1 KHz 的方波，则送入计数器 0 的计数初始值为_____，方波的电平为_____ ms。

三、简答题

1. 试说明 8253 的 6 种工作方式各自的功能和特点，其时钟信号 CLK 和门控信号 GATE 分别起什么作用？

2. 8253 的最高工作频率是多少？8254 与 8253 的主要区别是什么？

3. 对 8253 进行初始化编程要完成哪些工作？

四、设计题

1. 设 8253 芯片的计数器 0、计数器 1 和控制口地址分别为 04B0H、04B2H、04B6H。定义计数器 0 工作在方式 2，CLK_0 为 5 MHz，要求输出 OUT_0 为 1 kHz 方波；定义计数器 1 用 OUT_0 作计数脉冲，计数值为 1000，计数器减到 0 时向 CPU 发出中断请求，CPU 响应这一中断请求后继续写入计数值 1000，开始重新计数，保持每一秒钟向 CPU 发出一次中断请求。试编写对 8253 的初始化程序，并画出系统的硬件连接图。

2. 将 8253 定时器 0 设为方式 3（方波发生器），定时器 1 设为方式 2（分频器）。要求定时器 0 的输出脉冲作为定时器 1 的时钟输入，CLK_0 连接总线时钟 2 MHz，定时器 1 输出 OUT_1 约为 40 Hz，试编写实现上述功能的程序。

第13章 人机交互设备及接口 〈〈〈

本章主要讲解微机系统中常用的人机交互设备基本工作原理，包括键盘的分类、工作原理、按键识别方法以及键盘中断调用编程方法；鼠标的特点及工作原理；显示器的工作原理及显示器中断调用方法；打印机的基本结构和工作原理；其他交互设备的原理与应用等。

通过本章的学习，读者应理解键盘、鼠标、显示器、打印机、扫描仪、数码照相机和触摸屏等人机交互设备的工作原理及工作过程，掌握相应编程方法及应用技术。

13.1 概　述

人机交互设备是指人和计算机之间建立联系、交流信息的输入/输出设备。通过它们可把要执行的命令和数据传送给计算机，同时又从计算机获取易于理解的信息。

人机交互功能主要靠可输入/输出的外围设备和相应软件完成。常见的人机交互设备有键盘、显示器（LCD 和 CRT 显示器等）、打印机、鼠标等。与这些设备相应的软件是操作系统所提供的人机交互功能，用于控制有关设备的运行并执行通过人机交互设备传来的有关各种命令和要求。

早期人机交互设备主要是键盘和显示器。操作员通过键盘输入命令，操作系统接到命令后立即执行并将结果通过显示器显示。随着计算机技术的发展，操作命令越来越多，功能也越来越强。各类模式识别、语音识别、图像识别等设备的出现，产生了智能型人机交互设备，可灵活处理各类文字、图像、语音、视频等信息。

人机交互的智能化是人机界面发展的必然趋势。人机交互与人工智能的结合将使人机界面朝着具有知识、智能以及更好地适应不同用户和不同应用任务的方向发展。

13.2 键盘与鼠标

13.2.1 键盘及接口电路

1. 键盘的分类

按照键盘的结构、控制形态及用途等有以下 3 种分类。

（1）按照键盘结构分类：

① 机械触点式：每个按键下部有两个触点，把机械的通断转换成电气的逻辑关系，按键被按下后两触点才接通。这种键盘手感差，易磨损，故障率较高，寿命短。

② 电容式按键：每个按键由活动极、驱动极与检测极组成两个串联的电容器，通过改变电容器电极之间距离使电容发生变化。有键按下时上下两极片靠近，极板间距离缩短，来

自振荡器的脉冲信号被电容器耦合后输出；反之，无信号输出。这类键盘手感好，寿命长，灵敏度和稳定性也都较好。目前计算机键盘大多为电容式无触点键盘。

（2）按照键盘控制形态分类：

① 编码键盘：带有相应硬件电路，由专用控制器对键盘进行扫描，按键按下时系统自动检测并能提供按键对应键值，并将数据保持到新键按下为止。该键盘接口简单，使用方便，但硬件电路复杂，价格较高。

② 非编码键盘：主要采用软件识别键的按下和释放，并给出相应编码。该类键盘可靠性高，扩充和更改方便灵活，是目前的主流键盘。

（3）按照键盘用途分类：

① 通用键盘：指通用计算机配置的键盘，如 PC 键盘有 101 个按键或 104 个按键，包括字符数字键、扩展功能键和组合键等。键盘由单片机及输入/输出电路构成，单片机负责识别键的按下和释放，产生相应扫描码并送键盘接口。

② 专用键盘：常用于单片机、单板机及微机控制系统的小键盘，一般有数字键、字符键和若干功能键。该类键盘控制电路相对较简单，可根据需要设计或定义各功能键。

2. 键盘的工作原理

非编码键盘有线性键盘和矩阵键盘。线性键盘指其中每个按键均有一条输入线送到计算机接口，若有 N 个键则需 N 条输入线，如图 13-1 所示。该结构适合于按键不多的场合。矩阵键盘指按键按 M 行和 N 列排列，可排列 $M \times N$ 个按键，送往计算机的输入线为 $M+N$ 条，如图 13-2 所示。该结构适合于按键较多的场合。

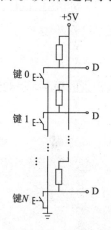

图 13-1　简单线性键盘

图 13-2　矩阵键盘

非编码键盘常采用硬件方法或软硬件结合的方法来检测哪个键被按下，目的是识别键盘矩阵中的被按键，清除按键时产生的抖动干扰，防止键盘操作的串键错误，产生被按键相应编码等。

常用的按键识别方法有行扫描法、行反转法和行列扫描法等 3 种。

（1）行扫描法：先进行全扫描，判断是否有键被按下，将所有行线置低电平，然后扫描全部列线，如扫描列值全是高电平，说明没有键被按下；如读入列值不是全"1"，说明有键按下，再用逐行扫描法确定哪一个键被按下：先扫描第一行，置该行为低电平，其他行为高电平，然后检查列线，若某条列线为低电平，说明第一行与该列相交位置上的按键被按下；

若所有列线全是高电平，说明第一行没有键被按下，接着扫描第二行，依此类推，直至找到被按下的键。

（2）行反转法：又称线反转法，利用可编程并行接口（如 8255A）实现。将行线接到并口，先工作在输出方式；将列线接到另一个并口，先工作在输入方式。编程使 CPU 通过输出端口向各行线全部送低电平，然后读入列线值。若有某键被按下，则必有一条列线为低电平。然后，通过编程对两个并口进行方式设置，并将刚才读到的列线值通过所连接的并口输出到列线，然后读取行线值，那么闭合键所对应的行线必为低电平，这样，当一个键被按下时就可读到一对唯一的列值和行值。

行反转法示意如图 13-3 所示，如标号为 5 的按键被按下，则第一次向行线输出低电平后读出列值为 1011，第二次向列线输出刚才得到的 1011 后会从行线上读出 1101，行值和列值合并在一起得到数值 11011011，即 DBH，这个值对应 5 号键且是唯一的。

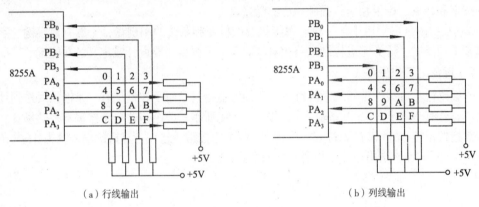

（a）行线输出　　　　　　　　　　　　　（b）列线输出

图 13-3　行反转法示意图

【例 13.1】分析用行反转扫描法对 4×4 矩阵键盘进行扫描识别的程序。设 8255A 的 A 口、B 口、C 口和控制口地址分别为 80H、81H、82H 和 83H。

源程序：

```
START:  MOV  AL, 82H
        OUT  83H, AL        ;初始化 8255A,方式 0,A 口输出,B 口输入
        MOV  AL, 0
        OUT  80H, AL        ;A 口输出 0,即行线全为 0
WAIT:   IN   AL, 81H        ;读入 B 口的列线内容
        AND  AL, 0FH        ;屏蔽无关位
        CMP  AL, 0FH        ;是否有键闭合
        JZ   WAIT           ;没有,等待键入
        MOV  BL, AL         ;列线存入 BL 中
        CALL DELAY          ;延时消除抖动
        MOV  AL, 90H
        OUT  83H, AL        ;8255A 初始化,A 口输入,B 口输出
        MOV  AL, BL
        OUT  81H, AL        ;读入列线的值再输出
        IN   AL, 80H        ;读 A 口行线值
        MOV  AH, AL         ;行线值存入 AH
        MOV  AL, BL
        LEA  SI, TABLE      ;取键码表首地址
```

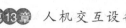

```
            MOV  CX, 16
LOOP1:   CMP  AX, [SI]
            JZ   KEY                        ;转 KEY 进行键盘处理
            INC  SI
            INC  SI
            LOOP LOOP1
            JMP  START
TABLE:   DW   0FEFEH,0FEFD
```

（3）行列扫描法：通过计数译码使各行依次输出低电平。在扫描每一行时读列线，若结果为全"1"说明没有键按下，或者未扫描到闭合键；若某一列为低电平说明有键按下，且行号和列号已经确定。然后，用同样方法依次向列线扫描输出，读行线。如果两次所得的行号和列号仍相同，则键码确定无疑，即得到闭合键的行列扫描码。

目前，在 PC 系列微机中使用的键盘大多数采用行列扫描法。

3．抖动和重键问题

设计键盘时除了对键码的识别外，还需要解决抖动和重键问题。用手按下一个键往往会出现按键在闭合位置和断开位置之间跳几下后才稳定到闭合状态，在释放一个键时也会出现类似情况，这就是抖动。抖动的持续时间随操作员而异，不过通常不大于 10 ms。

利用硬件电路很容易消除抖动，如图 13-4 所示。在键数较多的情况下用软件方法也很实用，采用程序延时来等待抖动消失，然后再读入键值。

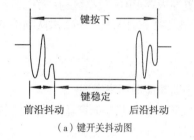

（a）键开关抖动图　　　　　　　　　　（b）硬件消除抖动示意图

图 13-4　键盘硬件消除抖动示意图

重键是指两个或多个键同时闭合。对重键的处理简单情况下可不予识别，即认为重键是一次错误的按键。通常只承认先识别出来的键，对此时同时按下的其他键不做识别，直到所有键都释放后才读入下一个键。这是前面键盘扫描程序使用的方法，称为"连锁法"。还有一种"巡回法"，等被识别的键释放后再对其他闭合键做识别，而不必等待全部键释放，它适合于快速输入的操作。当然，某些特定的重键也可认为是正常的组合键，只要将它们都识别出来即可。

13.2.2　PC 键盘接口及其应用

1．IBM PC 键盘接口

键盘接口的主要功能是接收键盘送来的扫描码，输出缓冲区满产生键盘中断，接收并执行系统命令，对键盘进行初始化、测试、复位等操作。

PC 键盘接口安装在主板上，键盘和主机通过插头电缆相连。键盘触点电路按 16 行×8 列的矩阵来排列，用单片机 Intel 8048（或 8049）来完成键盘开关矩阵的扫描、键盘扫描码的读取和发送等功能。

2. 微机与键盘的接口

微机键盘是一个智能键盘，由单片机对整个键盘上的字符键、功能键、控制键和组合键进行管理。键入一个键时，键盘处理器先向主机产生硬件中断请求（IRQ$_1$），然后将该键扫描码以串行方式送给主机；主机在 IRQ$_1$ 硬件中断作用下，调用 INT 09H 中断把键盘送来的扫描码读入，并转化为 ASCII 码存入键盘缓冲区。

（1）键盘工作原理：系统加电后固化在单片机中的键盘扫描程序用行列扫描法周而复始地扫描键盘矩阵，若有闭合键则根据其位置获得对应扫描码，闭合键松开时也对应一个扫描码，前者称闭合扫描码，后者称断开扫描码，两者合起来称键盘扫描码。键盘内部有一个 16字节的 FIFO 队列缓冲器，用于存放按键扫描码。

（2）键盘接口功能：微机系统按中断方式支持键盘随机输入键符，每按一次键就会向系统发送一个扫描码，主机接口通过中断请求 CPU 处理，只有处理完一个键码才能再输入下一个键码。键盘接口可接收来自键盘的按键扫描码数据，对接收的数据进行奇偶校验，控制和检测传送数据的时间，对接收的数据进行串/并行转换，将按键的行列位置扫描码转换为系统扫描码，接收并执行系统命令，向系统发键盘中断，请求主机进行键盘代码处理等。

（3）键盘中断处理程序：键盘接口控制器将数据送入输出缓冲器后引发硬件中断请求 IRQ$_1$，系统调用 INT 09H 中断程序进行键盘代码处理，读取来自键盘的扫描码或命令，将扫描码转换为 2 个字节的 ASCII 码或扩充码，送到设置在内存 BIOS 数据区的一个 32 字节键盘缓冲区中。键盘缓冲区循环队列由软件实现，进队列由 INT 09H 程序完成，出队列由 INT 16H 程序完成。

3. 键盘中断调用

读取键盘缓冲区中的内容可通过 BIOS 或 DOS 中断功能调用来实现。

（1）采用 BIOS 中断调用：BIOS 键盘中断（INT 16H）提供基本的键盘操作，其中断处理程序包括 3 个不同功能，分别根据 AH 中内容进行选择。其对应关系如表 13-1 所示。

表 13-1　BIOS 键盘中断（INT 16H）

功能号	执行操作	特　点
AH=00H	从键盘读入一个字符	AL 中的内容为字符码，AH 中的内容为扫描码
AH=01H	读键盘缓冲区的字符	ZF=0 时，AL 中的内容为字符码，AH 中的内容为扫描码；ZF=1 时：缓冲区空
AH=02H	读键盘状态字节	AL 中的内容为键盘状态字节

【例 13.2】下面给出一个利用键盘 I/O 功能的程序。用 INT 16H（AH=0）实现键盘输入字符。

源程序：

```
DATA    SEGMENT
        BUFF    DB 100 DUP(?)
        MESS    DB 'NO CHARACTER!',0DH,0AH,'$'
DATA    ENDS
CODE    SEGMENT
        ASSUME  CS:CODE,DS:DATA
START:  MOV     AX,DATA
```

```
             MOV     DS,AX
             MOV     CX,100
             MOV     BX,OFFSET BUFF        ;设内存缓冲区首址
LOP1:        MOV     AH,1
             PUSH    CX
             MOV     CX,0
             MOV     DX,0
             INT     1AH                  ;设置时间计数器值为0
LOP2:        MOV     AH,0
             INT     1AH;                 ;读时间计数值
             CMP     DL,100
             JNZ     LOP2                 ;定时时间未到,等待
             MOV     AH,1
             INT     16H                  ;判有无输入字符
             JZ      DONE                 ;无键输入,则结束
             MOV     AH,0
             INT     16H                  ;有键输入,则读出键的ASCII码
             MOV     [BX],AL              ;存入内存缓冲区
             INC     BX
             POP     CX
             LOOP    LOP1                 ;100个未输完,转LOP1
             JMP     EN
DONE:        MOV     DX,OFFSET MESS
             MOV     AH, 09H
             INT     21H                  ;显示提示信息
EN:          MOV     AH,4CH
             INT     21H
             CODE    ENDS
             END     START
```

（2）采用DOS功能调用：通过INT 21H实现，和键盘有关的功能调用如表13-2所示。

表13-2　DOS INT 21H功能调用

功能号	执 行 操 作	特　　　点
AH=01H	键盘输入并回显	输入字符送AL保存
AH=06H	直接控制台输入/输出字符	此调用的功能是从键盘输入或输出一个字符到屏幕
AH=07H	直接控制台输入,无回显	此调用同1号功能调用相似,不同的是输入不回显并且不检查快捷键【Ctrl+Break】
AH=08H	键盘输入,无回显	此调用同1号功能调用相似,不同的是输入的字符不回显
AH=0AH	字符串输入到缓冲区	缓冲区首址送DS:DX

【例13.3】利用DOS中断INT 21H中的09H和0AH系统功能调用,实现人机对话功能。
源程序:

```
DATA    SEGMENT
        MESS    DB  'WHAT IS  YOUR NAME?',0AH,0DH,'$'
        IN_BUF  DB  81
                DB  ?
                DB  81 DUP(?)
DATA    ENDS
STACK   SEGMENT
```

```
STA         DB   100 DUP(?)
TOP         EQU $-STA
STACK       ENDS
CODE        SEGMENT
            ASSUME  CS:CODE,DS:DATA,SS:STACK
START:      MOV  AX,DATA
            MOV  DS,AX
            MOV  AX,STACK
            MOV  SS,AX
            MOV  SP,TOP
DISP:       MOV  DX,OFFSET MESS
            MOV  AH,09H
            INT  21H
KEYI:       MOV  DX,OFFSET IN_BUF
            MOV  AH,0AH
            INT  21H
            MOV  DL,0AH
            MOV  AH,02H
            INT  21H
            MOV  DL,0DH
            MOV  AH,02H
            INT  21H
DISPO:      LEA  SI,IN_BUF
            INC  SI
            MOV  AL,[SI]
            CBW
            INC  SI
            ADD  SI,AX
            MOV  BYTE PTR [SI],'$'
            MOV  DX,OFFSET IN_BUF+2
            MOV  AH,09H
            INT  21H
            MOV  AH,4CH
            INT  21H
CODE        ENDS
            END  START
```

13.2.3 鼠标及接口电路

1. 鼠标的工作原理

鼠标是一种快速定位器，可将光标方便地定位在屏幕上任何位置。鼠标在平面上移动时随着方向和速度变化会产生两个在高低电平之间不断变化的脉冲信号，CPU 接收这两个脉冲信号并对其计数。根据脉冲信号的个数，CPU 控制屏幕上鼠标指针在横（X）轴和纵（Y）轴两个方向的移动距离。

按照鼠标结构可分为光机式鼠标和光电式鼠标。

（1）光机式鼠标：在基座底部凹处安有一个实心橡胶球，内部有两个互相垂直的滚轴紧靠在橡胶球上。两个滚轴顶端各装有一个边缘开槽的光栅轮，光栅轮两侧分别安装由发光二极管和光敏晶体管构成的光电检测电路。当鼠标在平面上移动时，橡胶球与平面摩擦带动滚轴及其光栅轮旋转。因为光栅轮开槽处透光，未开槽处遮光，使光敏晶体管接收到由发光二极管发出的光线时断时续，产生不断变化的高低电平，形成脉冲电信号。互相垂直的两个轴对应屏幕上 X、Y 轴两个方向。脉冲信号数量对应位移的大小。

（2）光电式鼠标：在其基座上装有两对发光二极管和光敏接收管。两对光电检测器互相垂直，光敏晶体管检测发光二极管照射到鼠标下面垫板上产生的反射光强度变化，从而确定鼠标在 X、Y 两个方向上的位移。

2．鼠标接口

鼠标接口主要有串口、PS/2 和 USB 鼠标。

（1）串口鼠标：用 RS–232C 接口通信。PC 有 2 个串行接口 COM1 和 COM2。串口鼠标不需专门电源线，由 RS–232C 接口线路中的 RTS 提供驱动，SGND 作为地线，用 TxD 发送数据，DTR 作为联络信号线。

在串行通信鼠标控制板上配置有微处理器，其作用是判断鼠标是否启动工作，工作时组织输出 X、Y 方向串行位移数据。大多数鼠标采用 7 位数据位、1 位停止位，无奇偶校验方式，以 1 200 ~ 2 400 bit/s 的速率发送数据。

（2）PS/2 鼠标：使用专用鼠标插座（6 芯 DIN 型头），安装灵活方便，不占串口，但应注意，用 PS/2 鼠标时主板上要有专门支持 PS/2 鼠标接口的插座。

（3）USB 鼠标：选择 USB 接口的鼠标使用灵活，插接方便。

3．鼠标的编程

Microsoft 为鼠标提供一个软件中断指令 INT 33H，只要加载支持该标准的鼠标驱动程序，在程序中就可直接调用鼠标进行操作。INT 33H 有多种功能，可通过在 AX 中设置功能号来选择，其功能调用如表 13–3 所示。

表 13-3　INT 33H 功能表

功　能	入口参数	出口参数	参 数 描 述
AX=0H；初始化鼠标		AX、BX	AX= -1，已安装鼠标；AX=0，未安装鼠标；BX=按键数目
AX=01H；显示鼠标			
AX=02H；关闭光标			
AX=03H；读取按键状态及光标位置		BX(CX,DX)	B0、B1、B2 表示左、右、中按键，B1=1 表示某键按下，光标位置(X,Y)
AX=04H；设置光标位置	(CX,DX)		光标位置(X,Y)
AX=05H；读取按键按下信息	BX	AX、BX(CX,DX)	B0、B1、B2 表示左、右、中按键，A0、A1、A2 表示左、右、中按键状态、按键按下次数、光标位置(X,Y)
AX=06H；读取按键释放信息	BX	AX、BX(CX,DX)	B0、B1、B2 表示左、右、中按键，A0、A1、A2 表示左、右、中按键状态、按键按下次数、光标位置(X,Y)
AX=07H；设光标横向移动范围	CX,DX		CX=X 最小值；DX=X 最大值
AX=08H；设光标纵向移动范围	CX,DX		CX=Y 最小值；DX=Y 最大值
AX=09H；定义图形光标形状	(BX,CX)EX:DX		光标基点 X、Y 坐标；光标图案首址（0~1FH:背景；20H~3FH:图案）
AX=0BH；读鼠标位移量	CX,DX		分别是 X 方向和 Y 方向的位移量(-32 768~32 767)，单位 0.127 mm

13.3 显示器及其接口

显示器是计算机系统中最重要的部件之一，用来显示字符、图形和图像。既可作为计算机内部信息的输出设备，又可与键盘配合作为输入设备。在单片机上一般使用 LED 七段数码管或 LCD 液晶数码管显示数据，大部分台式微机使用 CRT 显示器，便携式微机则使用 LCD 显示器。下面主要介绍 CRT、LCD 和 LED 的工作原理。

13.3.1 CRT 显示器

1. CRT 显示器性能指标

CRT 显示器是台式机中最常用的显示设备，其性能可通过下面有关指标反映出来。

（1）尺寸：指显示器屏幕对角线的长度。尺寸越大，文字编辑和图像显示的区域也越大，既方便用户的使用，也提供了更好的显示特性。

（2）分辨率：指整个屏幕每行每列像素数。每帧画面像素数决定了显示器画面的清晰度。分辨率可用水平显示像素个数×水平扫描线数表示，如 1 024×768 指每帧图像由水平 1 024 个像素、水平方向 768 条扫描线组成。分辨率越高，屏幕上能显示的像素个数也就越多，图像也就越细腻。

（3）点距：指显示器荧光屏上两个相邻的相同颜色磷光点之间的对角线距离，如图 13-5 所示。显像管荧光屏的点距决定了屏幕的最高分辨率，点距越小，分辨率越高。点距越小，意味着单位显示区域内可以显示更多的像素点，显示的图像就越清晰细腻。

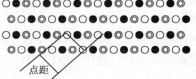

○：红色磷光点
●：绿色磷光点
◎：蓝色磷光点

图 13-5 点距示意图

（4）垂直扫描频率：又称场频或刷新频率，指显示器在某一显示方式下所能完成的每秒从上到下刷新的次数，单位为 Hz。垂直扫描频率越高，图像越稳定，闪烁感越小。

（5）水平扫描频率：又称行频，指电子束每秒在屏幕上水平扫描的次数，单位为 kHz。行频的范围越宽，可支持的分辨率就越高。

（6）隔行扫描和逐行扫描：水平扫描有隔行扫描和逐行扫描。现在一般显示器都采用逐行扫描。隔行扫描是电子枪先扫描奇数行，后扫描偶数行，由于一帧图像分两次扫描，所以屏幕有闪烁现象；逐行扫描指逐行一次性扫描完组成一帧图像，如图 13-6 所示。逐行扫描最佳无闪烁的标准是垂直频率为 85 Hz。

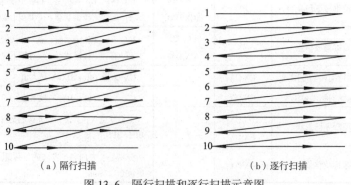

（a）隔行扫描 （b）逐行扫描

图 13-6 隔行扫描和逐行扫描示意图

（7）视频带宽：视频带宽是指每秒扫描过的总像素数，等于水平分辨率×垂直分辨率×刷新频率。

2．CRT显示器基本结构

CRT显示器由阴极射线管（电子枪）、视频放大电路和同步扫描电路3部分组成。彩色CRT组成结构如图13-7所示。

（1）阴极射线管：阴极射线管灯丝加热后，由视频信号放大驱动电路输出电流驱动阴极，使之发射电子束，俗称"电子枪"。彩色CRT由红、绿、蓝三基色的阴极发射三色电子束，经栅极、加速极和聚焦极并在高压极的作用下，形成具有一定能量的电子束射向荧光屏。在垂直偏转线圈和水平偏转线圈经相应扫描电流驱动产生的磁场控制下，三色电子束会被聚到荧光屏内侧金属荫罩板上的某一小孔中，并轰击荧光屏的某一位置。此时，涂有荧光粉的屏幕被激励而出现红、绿、蓝三基色之一或由三基色组成的其他各种彩色点。

荧光屏的发光亮度随加速级电压增加而增加。三基色阴极由外界3个相应的视频信号放大驱动电路所驱动，因此，改变三基色的组合状态可获得色彩的变化。利用三基色R、G、B和加亮I的组合可得到16种色彩，如表13-4所示。

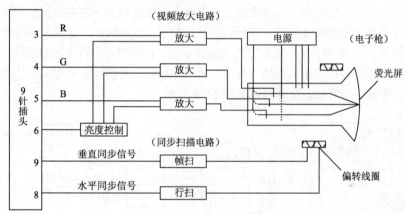

图13-7 彩色CRT组成结构图

表13-4 16种色彩的组合选择

色　彩	R	G	B	I	色　彩	R	G	B	I
黑	0	0	0	0	灰	0	0	0	1
蓝	0	0	1	0	浅蓝	0	0	1	1
绿	0	1	0	0	浅绿	0	1	0	1
青	0	1	1	0	浅青	0	1	1	1
红	1	0	0	0	浅红	1	0	0	1
品红	1	0	1	0	浅品红	1	0	1	1
棕	1	1	0	0	黄	1	1	0	1
白	1	1	1	0	强白	1	1	1	1

（2）视频放大驱动电路：视频显示接口通过9针连接器的引脚3～6将R、G、B、I信号送到相应的放大驱动电路。R、G、B放大驱动电路都是相同的，采用前置放大和末级功率推挽电路输出电流驱动阴极。I信号驱动电路的输出可控制上述3个前置放大级的基极驱动电

流。当 I=0 时，前置放大级的驱动能力下降，使末级推挽驱动强度减弱，形成 8 种正常色彩；反之，当 I=1 时，驱动强度增强，形成另外 8 种加亮色彩。

（3）同步扫描电路：该电路接收来自视频显示接口的垂直同步 VSYNC 和水平同步 HSYNC 信号，经各自的振荡电路和输出电路的控制，最终产生垂直锯齿波扫描电流 VDY 与水平锯齿波扫描电流 HDY，分别驱动相应的偏转线圈，使电子束在偏转磁场的作用下进行有规律的扫描。

3. 视频显示原理

显示器可实现字符和图形两种显示方式，无论哪一种方式，都要求将视频信息存储到视频显示缓冲区 VRAM 中。

（1）字符显示：把屏幕分为许多小方格（字符窗口），要显示的字符位于字符窗口中，并以 ASCII 码形式存放在 VRAM，每个字符占一个单元，如一个屏幕上字符窗口数目为 80 列×25 行，则显示缓存至少有 80×25 B=2 KB，显示 80 列×25 行字符，行号为 0～24，列号为 0～79。由于 VRAM 中存放字符的 ASCII 码，显示字符用的是点阵，就需要把字符的 ASCII 码转换为点阵信息，由字符发生器来完成。图 13-8 所示为字符 Z 对应的 8×8 点阵示意图，黑点为显示的亮点，空白为显示的暗点，右侧和最下方为暗点，以便和上下左右的其他字符分开。

一个 8×8 点阵字模需要 8 字节。所有可能显示的字符点阵放在一起构成字符发生器。字符发生器其实是一个 ROM，工作时以字符编码为索引，找出相应字符点阵的编码，以并行方式输出。由于显示是以横向单向扫描为基础，所以并行输出的点阵必须按横向打点的速率变成串行方式，由寄存器完成，工作过程如图 13-9 所示。

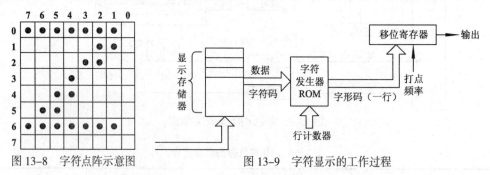

图 13-8　字符点阵示意图　　　　　图 13-9　字符显示的工作过程

（2）图形显示：在光栅扫描 CRT 中，不管哪种显示都是利用某些像素亮，一些像素不亮的组合来表示不同信息。字符显示中组合的类型十分有限。图形显示可能出现的像素组合几乎是无限的，如可画各种几何图形，可画各种不规则的图形等。

图形显示原理示意图如图 13-10 所示。

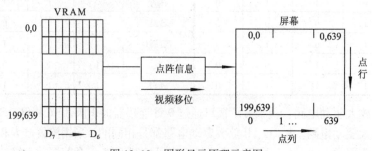

图 13-10　图形显示原理示意图

显示缓存中每一个存储位对应 CRT 屏幕上一个像素点，规定存储"1"表示该像素点亮，存储"0"表示该像素点暗。按照这个规律，使显示缓存中的位与 CRT 上像素排列一致，就能控制 CRT 显示器上像素的亮与暗。当然，也可用显示缓存中多个二进制位对应一个屏幕像素，多位组合所表示的状态可用来控制该像素点的亮度和颜色。

根据 CRT 像素的多少和显示颜色数可计算出显示缓存容量。比如，一个显示器分辨率为 640×400 像素，则其显示缓存容量为 640×400/8B=32 KB。若一个显示器可显示 16 种颜色，即用 4 个二进制位来控制像素的显示，分辨率为 1 024×768 像素，则它的显示缓存容量为 1 024×768×4/8，约等于 400 KB。

4. 视频显示标准

视频显示标准反映了各种视频显示图形卡的性能，如显示工作方式、屏幕显示规格、分辨率及显示色彩的种类等。从 IBM 公司最早推出的视频显示标准 MDA 开始，陆续形成了一系列新的标准，如 CGA、EGA、VGA 和 TVGA 等。在同样尺寸的显示器上，字符显示的列、行数越多，图形显示的分辨率越高，可显示的色彩种类越多，即表明相应视频显示接口——图形显示卡的性能越好。常见视频显示标准如表 13-5 所示。

表 13-5　常见视频显示标准

方　式	模　式	字符规格	图形分辨率/像素	颜色数	VRAM 起址	支持的视频标准
0,1	字符	40 列 × 25 行		16	B8000H	CGA/EGA/VGA/TVGA
2,3	字符	80 列 × 25 行		16		
4,5	图形	40 列 × 25 行	320 × 200	4		
6	图形	80 列 × 25 行	640 × 200	2		
7	字符	80 列 × 25 行		单色	B0000H	MDA/EGA/VGA/TVGA
13	图形	40 列 × 25 行	320 × 200	16	A0000H	EGA/VGA/TVGA
14		80 列 × 25 行	640 × 200	16		
15		80 列 × 25 行	640 × 350	单色		
16		80 列 × 25 行	320 × 350	16		
17	图形	80 列 × 30 行	640 × 480	2	A0000H	VGA/TVGA
18		80 列 × 30 行	640 × 480	16		
19		40 列 × 25 行	320 × 200	256		
50H	字符	80 列 × 30 行		16/256K	B8000H	TVGA
51H		80 列 × 43 行		16/256K		
52H		80 列 × 60 行		16/256K		
53H		132 列 × 25 行		16/256K		
54H		132 列 × 30 行		16/256K		
55H		132 列 × 43 行		16/256K		
56H		132 列 × 60 行		16/256K		
57H		132 列 × 25 行		16/256K		
58H		132 列 × 30 行		16/256K		
59H		132 列 × 43 行		16/256K		
5AH		132 列 × 60 行		16/256K		

方　式	模　式	字符规格	图形分辨率/像素	颜色数	VRAM 起址	支持的视频标准
5BH	图形	100 列×75 行	800×600	16	A0000H	TVGA
5CH		80 列×25 行	640×200	256		
5DH		80 列×30 行	640×480	256		
5EH		100 列×75 行	800×600	256		
5FH	图形	128 列×48 行	1024×768	16		
60H		128 列×48 行	1024×768	4		
61H		96 列×64 行	800×600	16		
62H		128 列×48 行	800×600	256		

各类视频显示标准简介如下：

（1）MDA 标准：单色字符显示接口，只支持 25 行×80 列单色字符显示，不支持图形方式，仅在早期的 PC 中使用。

（2）CGA 标准：彩色显示适配器，与 MDA 相比增加了彩色显示和图形显示两大功能，它支持字符、图形两种方式，但分辨率不高，颜色种类较少，是最早的显示卡产品。

（3）EGA 标准：增强型显示适配器，其字符、图形功能比 CGA 卡有较大提高，显示分辨率较高，显示方式也比 CGA 卡丰富，有 11 种标准模式。

（4）VGA 标准：视频图形阵列彩色显示接口，颜色可达 256 色。 分辨率为 800×600 像素时可显示 16 色；分辨率为 1 024×768 像素时可显示 8 色。VGA 卡兼容了上述各种显示卡的显示模式，支持更高的分辨率和更多的颜色种类。

（5）SVGA 标准：超级 VGA，是 VESA 推荐的一种比 VGA 更强的显示标准。SVGA 标准模式是 800×600 像素，新型显示器分辨率可达 1 280×1 024 像素、1 600×1 200 像素等。

（6）TVGA 标准：全功能视频图形阵列显示接口，兼容 VGA 全部显示标准，并扩展了若干字符显示和图形显示的新标准，具有更高的分辨率和更多的色彩选择。分辨率为 1 024×768 像素时可显示高彩色或真彩色。

13.3.2　LED 与 LCD 显示

1. LED 显示器

LED（Light Emitting Diode）是比较常用和简便的显示器，可显示系统状态、数字和字符。常用 LED 有红色、绿色、黄色及蓝色。LED 发光颜色与发光效率取决于制造材料与工艺，发光强度与其工作电流有关。发光时间常数为 10～200 μs，其工作寿命可长达 10 万小时，甚至更高，工作可靠性高。

LED 具有类似于普通二极管的伏-安特性，在正向导电时其端电压近于恒定，通常约为 1.6～2.4 V，工作电流一般为 10～200 mA。适合于与低电压的数字集成电路器件匹配工作。

（1）LED 显示器结构与原理。常用的 7 段 LED 显示器由 7 条发光线组成，按"日"字形排列，每一段都是一个发光二极管，这 7 个发光二极管可以称为 a、b、c、d、e、f、g，有的还带有小数点，如图 13-11（a）所示。

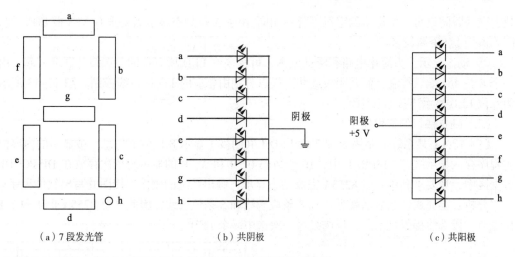

| （a）7 段发光管 | （b）共阴极 | （c）共阳极 |

图 13-11 LED 显示块示意图

通过 7 个发光二极管的不同组合，可显示 0～9 和 A～F 共 16 个字母数字。图中 h 段为小数点，若要显示小数点，可用 D_7 位控制。

数字量和段的对应关系如下：

D_7	D_6	D_5	D_4	D_3	D_2	D_1	D_0
未用	g	f	e	d	c	b	a

7 段 LED 显示器显示 16 个十六进制数码对应的段码，如表 13-6 所示。这种显示块有共阴极和共阳极两种，共阴极 LED 的发光二极管阴极共地，当某个二极管的阳极为高电平时，该发光二极管点亮，如图 13-11（b）所示；共阳极 LED 的发光二极管阳极并接，如图 13-11（c）所示。共阴极一般比共阳极亮，所以多数场合使用共阴极 LED。

表 13-6 7 段 LED 显示器字符段码表

显示字符	共阴极段码	共阳极段码	显示字符	共阴极段码	共阳极段码
0	3FH	C0H	8	7FH	80H
1	06H	F9H	9	6FH	90H
2	5BH	A4H	A	77H	88H
3	4FH	B0H	B(b)	7CH	83H
4	66H	99H	C	39H	C6H
5	6DH	92H	D(d)	5EH	A1H
6	7DH	82H	E	79H	86H
7	07H	F8H	F	71H	8EH

（2）LED 显示方式：LED 显示器有静态和动态两种显示方式。

① 静态显示：共阴极时将阴极连在一起接地，用"1"选通被显示的段；共阳极时将所有阳极连在一起接+5V 电压，用"0"选通即将显示的数码段。每个 LED 的段选线分别与一个 8 位并行相连，如图 13-12 所示。

图 13-12 表示一个 4 位静态 LED 显示器电路。该电路每一位可独立显示，只要在该位的段选线保持段选码电平，就能保持相应显示字符。由于每一位有一个 8 位输出口控制段选码，

故在同一时间里每一位显示的字符可各不相同。由于 N 位静态显示器要求有 N×8 根 I/O 口线，因此占用 I/O 资源较多。

② 动态显示：为简化电路和降低成本，可将多位 LED 所有位的段选线并联在一起，由一个 8 位 I/O 端口控制，而共阴极或共阳极点分别由相应的 I/O 端口线控制。图 13-13 所示为 6 位 LED 显示连接示意图。

（3）LED 接口的编程应用。

【例 13.4】某系统需要用 8 位 7 段 LED（共阴极）显示 8 位数据信息。被显示的内容由主程序存入显示缓存 DISPBUF 中，16 个数码 0～9 和 A～F 的显示码依次存放在 DISPCODE 数据区中，现要求利用并口 8255A 完成动态显示，画出系统的硬件连接图并写出软件程序。

分析：要完成动态显示就需要有 8 条段选线和 8 条位选线，因此需要 8255A 提供两个 8 位端口，段选线提供显示码，位选线每一次选中一个 LED。

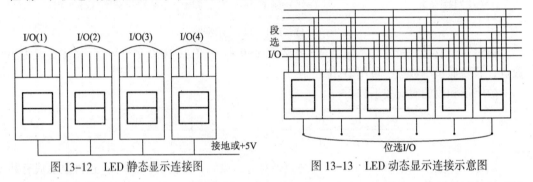

图 13-12　LED 静态显示连接图　　　图 13-13　LED 动态显示连接示意图

具体硬件连接图如图 13-14 所示。8255A 的端口地址为 200H～203H，主程序中完成 8255A 初始化，将 A 口和 B 口定义为方式 0。

源程序：

```
DATA      SEGMENT
          DISPCOEE   DB   40H,79H,24H,30H,19H,12H,02H
                     DB   78H,00H,18H,08H,03H,46H,21H
                     DB   06H,0EH,7DH,7FH,0CH
          DISPBUF    DB   8 DUP(?)
DATA      ENDS                        ;主程序定义显示缓冲区及字符段码表
;动态扫描
DISP      PROC   FAR
          LEA    BX,DISPCODE
          LEA    SI,DISPBUF
          MOV    CX,8
          MOV    AH,80H
LP:       MOV    AL,[SI]
          XLAT
          MOV    DX,2C0H
          OUT    DX,AL
          MOV    AL,AH
          INC    DX
          CALL   NEAR PTR DLIMS
          INC    SI
          ROR    AH,1
```

```
              LOOP    LP
              RET
DISP   ENDP
```

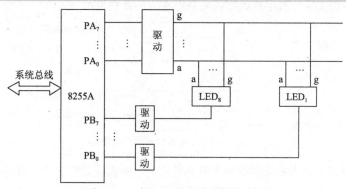

图 13-14 例 13.4 的系统硬件连接图

2. LCD 显示器

LCD 显示器已成为现代仪器仪表用户界面的主要发展方向。其特点是体积小、外形薄、重量轻、功耗小、低发热、工作电压低（1.6～6 V）、无污染、无辐射、无静电感应，尤其是视阈宽、显示信息量大、无闪烁，能直接与 CMOS 集成电路相匹配。

LCD 分无源阵列单色 LCD、无源阵列彩色 LCD、有源阵列单色 LCD 和有源阵列彩色 LCD 等 4 种。

下面简介 LCD 显示器基本技术指标和工作原理。

（1）LCD 的技术指标：

① 速度：显示器的字符显示模式响应时间在 250～500 ms 就可满足要求。例如，使用鼠标驱动光标显示在 175 ms 以内才能防止拖影。对于实时视频显示则必须小于 50 ms。目前，只有有源阵列 LCD 可在 30～50 ms 范围内，无源阵列 LCD 无法满足实时视频的要求。

② 对比度：指开状态像素（白色）与关状态像素（黑色）亮度的对比度，高对比度使文本更清楚，颜色更生动。典型的 CRT 显示器对比度是 245:1，LCD 显示器的对比度从最低 120:1 到最高 430:1。

③ 亮度：LCD 采用背景照亮的方法，亮度取决于 LCD 的结构和背景照亮的类型。LCD 亮度以 1 m^2 多少坎德拉（Candela）来计算（单位 cd/m^2）。一般有源 LCD 可达到 150～250 cd/m^2，甚至更高，好的组合是高尼特率和高对比度。

④ 视角：指人观察显示器的范围，用垂直于显示器平面的法向平面角度来度量。例如，±45° 的视角表示人可从法向量开始向上下左右任意方向的 0～45° 内均可观察到显示器内容。由于 LCD 是背景照亮发光，所以其视角远小于 CRT 显示器。

（2）LCD 显示原理。LCD 显示器结构如图 13-15 所示。由于液晶的四壁效应，在定向膜的作用下，液晶分子在正、背玻璃电极上呈水平排列，但排列方向为正交，而玻璃间的分子呈连续扭转过度，这样的构造能使液晶对光产生旋光作用，使光偏振方向旋转 90°。

工作原理：外部光线通过上偏振片后形成偏振光，偏振方向成垂直排列。当偏振光通过液晶材料后被旋转 90°，偏振方向成水平方向，此方向与下偏振片的偏振方向一致，因此光线能完全穿过下偏振片而达到反射极，经反射后沿原路返回，从而呈现出透明状态。当液晶盒上、下电极加上一定电压后，电极部分的液晶分子转成垂直排列，从而失去旋光性。因此，从上振片入射的偏振光不被旋转，当此偏转光到达下偏振片时，因其偏振方向与下偏转片的偏振方向垂直，因而被下偏振片吸收，无法到达反射板形成反射，所以呈现出黑色。根据需要将电极做成各种文字、数字或点阵就可获得所需的各种显示。

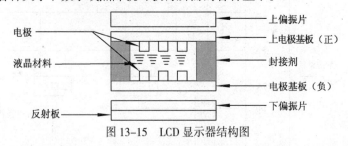

图 13-15　LCD 显示器结构图

LCD 显示屏是笔记本式计算机的主要组件之一。随着液晶显示技术的迅速发展，各家厂商竞相推出各种专用控制和驱动大规模集成电路（Large Scale Integrated Circuit，LSIC），使得液晶显示的控制和驱动极为方便，满足了用户对液晶显示的多种要求。

13.4　打印机及其接口

13.4.1　常用打印机及工作原理

1. 打印机概述

打印机是微机系统中主要的硬拷贝输出设备，可打印数字、文字、字符和图形等。

（1）打印机的分类：打印机种类比较多，按与微机接口的方式分类有并行输出和串行输出打印机；按印字技术分类有击打式和非击打式打印机；按印字方式分类有行式和页式打印机等。常见打印机主要有以下几种：

① 针式打印机：是最早的一种机械式打印机，以针头撞击打印机色带将文字或图像打印在纸上。其价格便宜，经久耐用。

② 激光打印机：属于非击打式打印机，打印时噪声小、速度快、打印质量高，是目前市场的主流打印机。

③ 喷墨打印机：按其工作原理可分为固体喷墨和液体喷墨两种，常见的大多是液体喷墨打印机，其字迹清晰、美观、速度快。

（2）打印机的主要技术指标：采用不同打印技术的打印机性能有很大差别，衡量打印机性能优劣的指标主要包括以下几个方面。

① 分辨率：用每英寸的点数（dpi）表示，决定打印机的打印质量。要达到好的印刷质量，分辨率应在 400 dpi 以上。一般针式打印机的分辨率为 180 dpi，激光打印机可达 600 dpi 以上。

② 打印速度：用每秒钟打印字数表示。页式打印机用每分钟打印页数表示。打印速度在不同的字体和文字下有较大差别，另外，不同的打印方式对打印速度影响较大。

③ 行宽：也称为规格，指每行中打印的标准字符数，分为窄行和宽行。窄行每行打印标准字符 80 个，宽行每行可打印 120 个或 180 个标准字符。

除以上主要技术指标之外，需考虑的还有功耗、稳定性和性能价格比等。

2. 打印机工作原理

以激光打印机为例。激光打印机通过激光技术和电子照相技术完成印字功能，是一种高精度、高速度、低噪声的非击打式打印机。其工作原理如图 13-16 所示，主要由激光扫描系统、电子照相系统和控制系统 3 部分组成。

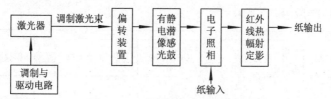

图 13-16 激光打印机工作原理

（1）激光扫描系统：其作用是使激光器产生的激光经调制后变成载有字符或图形信息的激光束，该激光束经扫描偏转装置在感光鼓上扫描，形成"静电潜像"。

（2）电子照相系统：把带有"静电潜像"的感光鼓接触带有相同极性电荷的干墨粉，鼓面被激光照射的部位将吸附墨粉，来显影图像。该图像转印在纸上，经红外线热辐射定影后使墨分子渗透到纸纤维中。

（3）控制系统：包括激光扫描控制、电子照相系统控制、缓冲存储器和接口控制等，其作用是完成接收和处理主机的各种命令和数据以及向主机发送状态。

13.4.2 打印机中断调用

PC 系列的 ROM BIOS 中有一组打印机 I/O 功能程序，显示器中断调用号为 17H，共有 3 个功能，用户可利用中断调用方便地编写有关显示器的接口程序，如表 13-7 所示。

表 13-7 打印机 BIOS 中断调用 INT 17H 功能表

AH 取值	操 作 功 能	入 口 参 数	出 口 参 数
00H	打印一个字符，并回送状态字节	(AL)=打印字符的 ASCII 码(DX)=打印机号	(AH)=打印机状态字节
01H	初始化打印机，并回送状态字节	(DX)=打印机号	(AH)=打印机状态字节
02H	取打印机状态字节回送	(DX)=打印机号	(AH)=打印机状态字节

打印机初始化源程序：

```
MOV  AH,01H
MOV  DX,0
INT  17H
```

初始化操作时要发送一个换页符，所以该操作能把打印机头设置在页的顶部。大多数打印机只要一接通电源就会自动完成初始化操作。

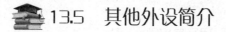 13.5 其他外设简介

13.5.1 扫描仪原理及其应用

1. 工作原理

扫描仪是一种光、机、电一体化的计算机外设产品，它将各种形式的图像信息输入到计算机中，是计算机除鼠标和键盘外使用最广泛的输入设备之一。

扫描仪的基本原理是通过传动装置驱动扫描组件（光电耦合器件——Charge Coupled Device, CCD），将各类文档、相片、幻灯片、底片等稿件经过一系列的光/电转换，最终形成

计算机能识别的数字信号，再由控制扫描仪操作的扫描软件读出这些数据，并重新组成数字化的图像文件，供计算机存储、显示、修改、完善，以满足人们各种形式的需要。图像扫描过程示意如图 13-17 所示。

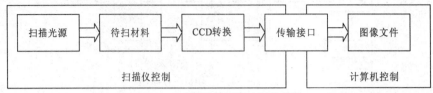

图 13-17 扫描仪扫描过程示意图

扫描仪由顶盖、玻璃平台和底座构成。玻璃平台放置被扫描图稿，塑料上盖内侧有一黑色（或白色）胶垫，其作用是在顶盖放下时压紧被扫描文件，当前大多数扫描仪采用浮动顶盖，以适应扫描不同厚度的对象。

当被扫描图稿正面向下放置在玻璃平台上开始扫描时，机械传动机构带动扫描头沿扫描仪纵向移动，扫描头上光源发出的光线射向图稿，经图稿反射的光信号进入光电转换器转换为电信号，经电路系统处理后送入计算机。光电转换机构沿扫描头上横向放置，机械传动机构带动扫描头沿扫描仪纵向每移动一个单位距离，光电转换机构就采集扫描图稿上一条横线上图形数据，当扫描头沿纵向扫过原稿后，扫描仪就采集并传输了原稿上全部图形信息。

扫描仪作为计算机的重要输入设备，已被广泛应用于报纸、书刊、出版印刷、广告设计、工程技术、金融业务等领域之中。不仅能迅速实现大量文字录入、计算机辅助设计、文档制作、图文数据库管理，而且能实时录入各种图像。

2. 扫描仪主要技术指标

扫描仪的指标主要有分辨率、灰度级、色彩数、扫描速度和扫描幅面等。

（1）分辨率：体现扫描仪对图像细节的表现能力，用每英寸长度上扫描图像所含有的像素点个数表示，即 DPI（Dot Per Inch）。分辨率分为光学分辨率和最大分辨率，光学分辨率从根本上决定扫描仪的档次，取决于扫描仪电荷耦合器（CCD）元件的数量和透镜质量。

（2）灰度级：表示灰度图像的亮度层次范围，代表扫描仪扫描时由亮到暗的扫描范围大小。灰度级数越大，说明扫描生成图像的亮度范围越大；层次越丰富，扫描效果也越好。

（3）色彩数：表示彩色扫描仪所能产生的颜色范围，用每个像素点上颜色的数据位数（bit）表示。色彩数越多，扫描图像越逼真。例如，30bit 就是每个像素点上有 2^{30} 种颜色。

（4）扫描速度通常用一定分辨率和图像尺寸下的扫描时间表示；扫描幅面表示可扫描图稿的最大尺寸，常见的有 A_4 和 A_3 幅面等。

13.5.2 数码照相机原理及其应用

1. 数码照相机的基本原理

数码照相机与传统相机从外观上看区别不是很大，只不过大部分数码照相机都有一个彩色液晶显示屏，两者最大的区别在于它们的内部结构和工作原理。

数码照相机不需要胶卷，在拍摄时图像被聚焦到 CCD 元件上，然后通过 CCD 将图像转换成许多像素，以二进制数字方式存储于照相机的存储器中。只要将存储器与计算机连接，即可在显示器上显示所拍摄的图像，并进行加工处理或打印机输出。

数码照相机的基本结构如图 13-18 所示。主要由以下几部分组成：

（1）镜头：用于取景，是相机的光学部分，决定照相机的质量。可分为变焦镜头、定焦镜头等。

（2）CCD（电荷耦合器件）阵列：读取信息需在同步信号控制下一位一位地实地转移后读取，信息读取复杂、速度慢，但技术成熟，成像质量好。数码照相机通过 CCD 将由镜头取得的光信号转换为数字信号，并用数字信号来记录图像。

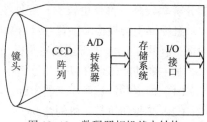

图 13-18　数码照相机基本结构

（3）A/D 转换器：将模拟信号转换成数字信号的部件。

（4）存储系统：用于保存数字图像数据。分为内置存储器和移动存储器，如 SD 卡、MD 卡、记忆棒等。

（5）I/O 接口：起到数据交互作用。常用有图像数据存储扩展设备接口、计算机通信接口、连接电视机的视频接口等。

此外，还有机身（用来承接数码照相机的各个组成部件）、取景器（用来帮助用户选取所要拍摄的景物）、快门（用来控制照相机的成像时间，通过调节快门的速度可以控制照片的曝光程度）、闪光灯（用来辅助照明，以达到所要求的拍摄效果）等。

2．数码照相机主要技术指标

（1）分辨率：决定数码照相机拍摄的图像质量的高低。分辨率越高，图像越清晰，但生成的数据文件越大。

（2）存储媒体：分为内置存储和可移动式存储媒体。

（3）感光度：是感光材料、感光速度和感光灵敏度的度量方式，单位是 ISO。传统照相机使用的感光元件是胶卷，而数码照相机使用的是 CCD 元件。

数码照相机的技术指标还有很多，此处不再过多介绍。

3．数码照相机的应用特点

数码照相机可将图像数字化，操作简便，特别是能与计算机直接连接，而且在计算机上利用丰富且强大的图像处理软件对图像做各种平面处理，得到更好的艺术效果，因此数码照相机被广泛应用于各个领域。

由于数码照相机具有高速数据传输，大容量存储和快捷方便等特点，因此近几年在新闻摄影、网页制作、电子出版、广告设计等领域得到了广泛的应用。

13.5.3　触摸屏原理及其应用

触摸屏通过触摸屏幕来进行人机交互。在 CRT 屏幕上安装一层或多层透明感应薄膜，或在屏幕外框四周安装感应元件，再加上接口控制电路和软件之后，就可利用手指或笔等工具，通过触摸屏幕直接向计算机输入指令或图文消息，使信息的输入变得非常方便。

触摸屏可分为红外线式、电磁感应式、电阻式、电容式及声控式等种类。作为一种定位装置，可将触摸点的坐标输入给计算机。以电阻式和红外式为例，前者是在屏幕上安装感应薄膜，触摸时，由于触摸点电阻受压发生阻值变化而感知触摸位置；后者在屏幕外框四周安装一系列 LED 元件及光敏元件，使得 CRT 表面形成一个纵横交错的光线网络。不触摸时，X、Y 方向的光线均不受阻；触摸时，则与触摸点坐标对应的 X、Y 方向上的光敏元件就会接收不到某束水平方向和某束垂直方向的光线，因此可以检测出触摸位置。电阻式的分辨率较高，价格也较贵；红外线式分辨率虽不高，但较耐用，售价低。

触摸屏由触摸检测装置、接口控制逻辑及控制软件等部分组成。接口控制器有的放在 CRT 内部，有的在 CRT 外部或插在主机箱内，通过 RS-232 串口与主机通信。

其主要功能体现在以下几方面：

（1）检测并计算触摸点的坐标，经缓冲后送给主机。

（2）接收和执行主机的命令。一般包括设定触摸模式（触入时数据有效，离开时数据无效，在行列位置信号变化的上沿或下沿报告，定时报告或连续报告坐标信息等触摸模式），设定行工作模式，设置屏幕窗口。

（3）触摸屏一般都提供一个标准程序，可交互地定义显示区的尺寸和位置，进行有效位置的校准或其他控制。

本 章 小 结

本章介绍了常见外围设备的基本结构和工作原理、与 CPU 的连接方法、通过中断调用进行控制的编程方法等。

计算机系统中的键盘、鼠标、CRT 显示器和打印机是必备的人机交互设备，它们能够完成各种常规信息的输入和输出。键盘工作时要完成键开关状态的可靠输入、键的识别和将键值送给计算机等 3 项任务；鼠标是一种快速定位器，可方便地将光标准确定位在要指定的屏幕位置，是计算机图形界面人机交互必不可少的输入设备；显示器是计算机中用来显示各类信息以及图形和图像的输出设备，CRT 显示器一般采用 15 芯 D 形插座作为与 CPU 联系的接口电路，再通过显示卡与主机连接。

打印机也是常用的输出设备，它将计算机中的各类信息打印到纸上，可以长期保存。目前常见的打印机有针式打印机、喷墨打印机和激光打印机 3 类，其中激光打印机的打印速度可达每分钟 2 000 行，是目前打印机中速度最快的一种。

扫描仪是采用光、机、电一体化的计算机外设产品，是除鼠标和键盘之外计算机使用最广泛的输入设备。它不仅能迅速实现大量的文字录入，而且能实时录入和处理各种图像信息，目前应用最多的是平台式 CCD 扫描仪。

思考与练习题

一、选择题

1. PC 大多采用非编码键盘。在下面有关 PC 键盘的叙述中，（　　）是错误的。

   A. 键盘向 PC 输入的按键的扫描码实质上是按键的位置码

   B. 输入的扫描码直接存放在 BIOS 的键盘缓冲区

   C. 扫描码到 ASCII 码的转换由键盘中断处理程序完成

   D. 软件可以为按键重新定义其编码

2. 在下面 PC 使用的外设接口中，（　　）可用于将键盘、鼠标、数码照相机、扫描仪和外接硬盘与 PC 相连。

   A. PS/2　　　　　B. IEEE-1394　　　　　C. USB　　　　　D. SCSI

3. 显示存储器 VRAM 的容量与显示器的分辨率及每个像素的位数有关。假定 VRAM 的容量为 4 MB, 每个像素的位数为 24 位, 则显示器的分辨率理论上最高能达到 (　　)。
    A. 800×600 像素   B. 1024×768 像素
    C. 1280×1024 像素   D. 1600×1200 像素

4. 分辨率是鼠标器和扫描仪最重要的性能指标, 其计量单位是 dpi, 它的含义是 (　　)。
    A. 每毫米长度上的像素数   B. 每英寸长度上的像素数
    C. 每平方毫米面积上的像素数   D. 每平方英寸面积上的像素数

5. 显示存储器（显存）是 PC 显卡的重要组成部分。下面是有关显存的叙述:
    I. 显存也称为帧存储器、刷新存储器或 VRAM
    II. 显存可用于存储屏幕上每个像素的颜色
    III. 显存的容量等于屏幕上像素的总数乘以每个像素的色彩深度
    IV. 显存的地址空间独立, 不与系统内存统一编址
以上叙述中, 正确的是 (　　)。
    A. 仅 I 和 II   B. 仅 II 和 III   C. 仅 I 和 IV   D. 仅 I、III 和 IV

6. 数码照相机是一种常用的图像输入设备。下面有关数码照相机的叙述中, 错误的是(　　)。
    A. 数码照相机将影像聚焦在成像芯片 CCD 或 CMOS 上
    B. 数码照相机中 CCD 芯片的全部像素都用来成像
    C. 100 万像素的数码照相机可拍摄 1024×768 像素分辨率的相片
    D. 在分辨率相同的情况下, 数码照相机的存储容量越大, 可存储的数字相片越多

二、填空题

1. 人机交互设备是指_____; 通过它们可把要执行的_____传送给计算机; 常见的人机交互设备有_____等。

2. PC 使用的键盘是一种_____键盘, 键盘本身仅仅识别按健位置, 向 PC 提供的是该按键的_____码, 然后由_____把它们转换成规定的编码。

3. PC 的显示输出设备由_____两部分组成, 显示卡主要包含_____等三部分。

4. 数字彩色图像的数据量很大, 分辨率为 1024×768 像素的最多具有 216 不同颜色的彩色图像, 如将其数据量压缩为原来的 1/8, 则每幅图像的数据是_____ KB。

5. 鼠标器、打印机和扫描仪等设备都有一个重要的性能指标, 即分辨率, 它用每英寸的像素数目来描述, 通常用 3 个英文字母_____来表示。

三、简答题

1. 非编码键盘一般需要解决几个问题? 识别被按键有哪几种方法, 各有什么优缺点?

2. 与 PC 键盘发生关联的是哪两类键盘程序, 它们各自的特点是什么?

3. 试简单说明 CRT 显示器的工作原理。

4. 什么叫光栅扫描? 在光栅扫描中, 电子束受到哪些信号的控制?

5. 在字符型显示器上, 如果可以显示 40×80 个字符, 显示缓存容量至少为多少?

6. 一个分辨率为 1 024×768 像素的显示器, 每个像素可以有 16 个灰度等级, 那么相应的缓存容量应为多少?

7. 概述打印机的分类, 用于评价打印机性能的有哪些指标?

8. 简要论述数码照相机和扫描仪的工作原理及应用特点。

第 14 章

D/A 及 A/D 转换器 ‹‹‹

D/A、A/D 转换器是微机测控系统中的重要组成部件，在工程实践中有广泛的应用。本章主要讲解 A/D、D/A 转换器的内部结构，转换原理及外部引脚特性和编程方法。

通过本章的学习，读者应掌握 D/A、A/D 转换器的基本概念及编程技术，熟悉 D/A、A/D 转换器的原理及特点，掌握 D/A、A/D 转换器的选用方法。

14.1 概　述

随着数字技术的飞速发展，计算机已广泛应用于自动控制和测量领域中，在控制系统中，传感器所检测的信号是模拟量，如温度、压力、流量、速度、湿度等。由于计算机只能处理数字量，因此，必须把模拟量通过 A/D（模/数转换）转换器转换成数字量送入计算机进行处理，同样，经计算机处理后的信息要通过 D/A（数/模转换）转换将数字量转换成模拟量来实现对外围设备的控制。微机测控系统如图 14-1 所示。

通常，A/D 转换器位于微机控制系统的前向通道，D/A 转换器位于微机控制系统的后向通道。

A/D、D/A 转换器有串行输入（如 TLV5615 MAX525）和并行输入（如 DAC0832）两种形式，串行输入转换器体积小，与微机接口简单，但速度比并行输入慢。

A/D、D/A 转换器的位数不同，其分辨率也不同，应用较多的有 8 位、10 位和 12 位转换器。D/A 转换器的输出方式有电流输出型（如

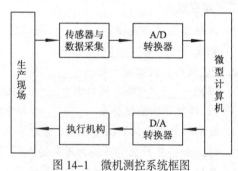

图 14-1　微机测控系统框图

DAC0832，AD7502 等）和电压输出型（如 AD558、AD3860 等）。其中，电流输出型建立时间快，通常为几十纳秒，而电压输出型则需要几百纳秒。

此外，还有许多特殊的 D/A 转换器，如 4～20 mA D/A 转换器，多通道 D/A 转换器等，以满足各种不同系统的要求。

14.2 典型 D/A 转换器及其应用

14.2.1 D/A 转换器工作原理

微机控制系统中，经模拟量输入通道采集来的参数按一定控制规律或某种控制算法处理后，提供能推动执行机构工作的控制量。由于计算机输出的控制量是瞬时值，无法被利用，另一方面，大多数执行机构仍采用模拟量推动其工作。如何把计算机计算出的瞬时数字控制

量转换为执行机构可用的模拟量，就是模拟量输出通道应解决的问题。在该通道中，D/A 转换器是一个重要部件。

D/A 转换器是一种将数字量转换成模拟量的集成电路，它的模拟量输出（电流或电压）与参考量（电流或电压）以及二进制数成比例。一般可用下面的式子表示模拟量输出和参考量及二进制数的关系：

$$X=K \times V_{REF} \times B$$

其中，X 为模拟量输出；K 为比例常数；V_{REF} 为参考量（电压或电流）；B 为待转换的二进制数，通常为 8 位、12 位等。

通过 D/A 转换器进行 D/A 转换就是按照一定的解码方式将数字量转换成模拟量。主要有以下两种解码网络：

1. 二进制加权电阻网络型 D/A 转换器

二进制加权电阻网络型 D/A 转换器由 4 部分组成：电子开关 $S_1 \sim S_n$、产生二进制权电流（电压）的电阻网络、加法放大器、参考电压。其结构原理如图 14-2 所示。

工作原理：每位电子开关由相应位的二进制数控制，当控制某个电子开关的二进制数（$d_0 \sim d_{n-1}$）为 1 时，相应电子开关从接地转闭合方式，参考电压接入电阻网络，该位权电流流向求和点；当控制某位电子开关的二进制数（$d_0 \sim d_{n-1}$）为 0 时，电子开关保持接地或从闭合转接地，

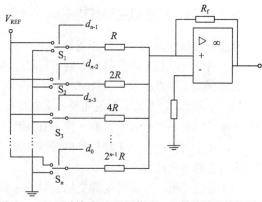

图 14-2　二进制加权电阻网络型 D/A 转换器的结构原理

该位无权电流流向求和点。由此，电阻网络把参考电压转换成相应电流，并将其求和后经放大器放大输出。

每位的权由电流表示，而权电流由权电阻限制其大小，若最高位权电阻为 R，次高位为 $2R$，依次为 $4R$、$8R$、……、第 n 位为 $2^{n-1}R$，这样权电流将分别是 V/R，$V/2R$、$V/(4R)$、……。当 N 位二进制数控制相应的模拟开关接向 V_{REF} 或地时，则总输出电流：

$$I_{OUT}=V_{REF}\sum_{i=1}^{n}\frac{D_i2^i}{2^{i-1}R}$$

其中，V_{REF} 为参考电压，D_i2^i 为第 i 位二进制数。

通过分析可知，由二进制加权电阻网络可进行 D/A 转换，把二进制数表示的数字量转换成模拟量的电流输出。

采用二进制加权电阻网络进行的 D/A 转换，如二进制位数超过 8 位，将造成加权电阻阻值差别很大，若取 $R=10\,k\Omega$，则第 8 位权电阻 $2^7R=2^7 \times 10\,k\Omega=1.28\,M\Omega$，若选参考电压 $V_{REF}=10\,V$，则该位二进制数为 1 时权电流为 $10\,V/1.28\,M\Omega=7.8\,\mu A$，这样小的电流变化，通常早已被噪声所淹没。若选的 R 很小，将导致总电流太大，转换芯片的总体功耗过大。因此，对于位数较多的 D/A 转换可采用梯形电阻网络。

2．梯形电阻网络

该电阻网络中，仅有 R 和 $2R$ 两种电阻，电子开关工作原理与二进制加权电阻网络 D/A 转换工作原理相同。转换原理如图 14-3 所示。

D/A 转换的输出总电流：

$$I_{OUT} = -B \times \frac{V_{REF}}{3R \times 2^n}$$

其中，$B = b_{n-1}2^{n-1} + b_{n-2}2^{n-2} + \cdots + b_0 2^0$，$b_0 \sim b_{n-1}$ 为 N 位二进制数。

以电压形式输出（设 $R_f = 3R$）：

$$V_{OUT} = -B \times \frac{V_{REF}}{2^n}$$

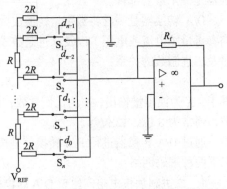

图 14-3 梯形电阻网络 D/A 转换器的结构原理

14.2.2 D/A 转换器主要性能指标

描述 D/A 转换器的主要性能指标如下：

（1）精度：指 D/A 转换器实际输出与理论满刻度输出之间的差异，由 D/A 转换器增益误差、失调误差（零点误差）、线性误差和噪声等综合引起。精度反映了 D/A 转换总误差。

（2）分辨率：输入数字量发生单位数据变化时所对应的输出模拟量变化量。实际应用中，分辨率常用二进制位数表示，如 8 位 DAC 能给出满量程电压的 $1/2^8$ 的分辨能力。

（3）建立时间：指 D/A 转换器的输入数据发生变化后，输出模拟量达到稳定数值所需要的时间，也称为电流建立时间。

（4）温度系数：环境温度的变化会对 D/A 转换精度产生影响，分别用失调温度系数、增益温度系数和微分非线性温度系数来表示。这些系数的含义是当环境温度变化 1℃时该项误差的相对变化率。

（5）非线性误差：也称为线性度，是实际转换特性曲线与理想转换特性曲线之间的最大偏差。

14.2.3 DAC0832 及其应用

典型 D/A 转换器有 8 位 DAC0832、12 位 DAC1208、电压输出型 AD558 和多路输出型 AD7528 等，下面讨论 DAC0832 的结构特点和应用。

DAC0832 是 8 位分辨率的 D/A 转换集成芯片，转换速度约为 1μs，非线性误差为 0.20%FS（FS 是 Full Scale 缩写），温度系数为 2×10^{-6}/℃，工作方式为双缓冲、单缓冲和直通方式，逻辑输入与 TTL 电平兼容，功率为 20 mW，单电源供电。其明显特点是与微机连接简单、转换控制方便、价格低廉，在微机系统中得到广泛应用。D/A 转换器的输出一般都要接运算放大器，微小信号经放大后才能驱动执行机构的部件。

1．内部结构

DAC0832 的内部结构如图 14-4 所示。从结构图中可看出，该芯片有两级 8 位缓冲寄存器，它的 D/A 转换器采用梯形电阻网络。

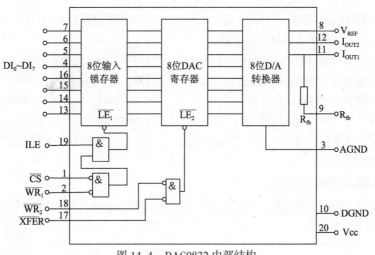

图 14-4　DAC0832 内部结构

2．引脚功能分析

DAC0832 的外部引脚如图 14-5 所示。各引脚功能如下：

（1）$DI_0 \sim DI_7$：数据输入端。

（2）$\overline{CS}$：片选信号输入端，低电平有效。

（3）$\overline{ILE}$：允许输入锁存信号，高电平有效。

（4）$\overline{WR_1}$、$\overline{WR_2}$：写信号。

（5）$\overline{XFER}$：传送控制信号，用来控制 $\overline{WR_2}$ 信号，低电平有效。

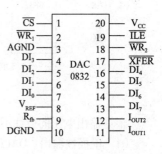

图 14-5　DAC0832 引脚

（6）I_{OUT1}：DAC 电流输出 1 端，此电流输出端为是 1 的各位权电流汇集输出端。当 DAC 寄存器全为 1 时，此电流最大，当 DAC 寄存器全为 0 时，此电流为 0。

（7）I_{OUT2}：DAC 电流输出 2 端，此电流输出端是 0 的各位权电流汇集输出端，当 DAC 寄存器各位全为 0 时，此电流为最大，反之等于 0。

（8）R_{fb}：反馈电阻。

（9）V_{REF}：参考电压输入端，可在-10～+10 V 范围内选择。

（10）AGND、DGND：模拟地和数字地，为了防止串扰，系统的模拟地应共接于一点，系统数字地汇总于一点，然后两地再共接于一点。

（11）V_{CC}：电源，可在+5～+15 V 间选择。

3．DAC0832 工作方式

通过控制端 $\overline{CS}$、$\overline{ILE}$、$\overline{WR1}$、$\overline{WR_2}$、$\overline{XFER}$ 的不同接线方式可控制 DAC0832 工作在不同方式下。

（1）输出直通方式：$\overline{WR_2}$、$\overline{XFER}$、$\overline{CS}$、$\overline{WR_1}$ 接地，ILE 接高电平，输入数据就直接送 D/A 转换器进行电流转换。

（2）缓冲寄存器工作方式：当 $\overline{WR_2}$、$\overline{XFER}$ 接地，则 DAC 寄存器为不锁存状态，ILE 接高电平，$\overline{CS}$、$\overline{WR_1}$ 信号有效时，输入数据就直通输入寄存器，当 $\overline{WR_1}$ 信号变高电平时，数据就被锁存到输入寄存器。若 $\overline{WR_1}$ 接地，ILE 接高电平，$\overline{CS}$ 为恒低时，则输入寄存器为不锁存状态，若 $\overline{\text{XFER}}$ 接地，当 $\overline{\text{WR}_2}$ 信号有效时，输入数据直通到 DAC 寄存器，当 $\overline{\text{WR}_2}$ 变高电平时，数据就被锁存到 DAC 寄存器。

（3）双缓冲寄存器工作方式：ILE 接高电平，当 $\overline{\text{CS}}$ 和 $\overline{\text{WR}_1}$ 信号有效时，此时若 $\overline{\text{WR}_1}$ 信号由低电平变高电平，则输入数据被锁存到输入寄存器，$\overline{\text{XFER}}$ 接地，$\overline{\text{WR}_2}$ 信号有效时，输入寄存器的数据直通 DAC 寄存器，当 $\overline{\text{WR}_2}$ 信号变高电平时，DAC 寄存器就将直通数据进行锁存。这种工作方式可提高采集数据速度，因双缓冲分时锁存，当 DAC 寄存器锁存的数据被转换时，输入寄存器可锁存下次待转换的数据，一旦 DAC 寄存器数据被转换结束便可送入下一个数据锁存并转换。

4．DAC0832 的输出

DAC0832 是电流形式输出，当需要电压形式输出时，必须外接运算放大器，如图 14-6 所示。

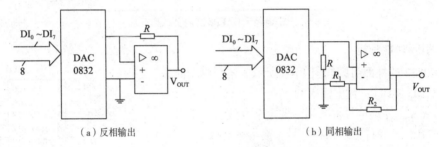

（a）反相输出　　　　　　　　　　　　（b）同相输出

图 14-6　DAC0832 的输出

根据输出电压的极性不同，DAC0832 又可分为单极性输出和双极性输出两种方式。

（1）单极性输出：DAC0832 单极性输出电路如图 14-7 所示。V_{REF} 可接 ±5 V 或 ±10 V 参考电压，当接 +5 V（或 -5 V）时，输出电压范围 -5V～0（或 0～+5V）；当接 +10 V（或 -10 V）时，输出电压范围 -10 V～0 或（0～+10 V）。

若输入数字为 0～255，则输出为 $V_{\text{OUT}} = -\dfrac{V_{\text{REF}} \times B}{256}$，$B$ 为输入二进制数，范围 0～255。

（2）双极性输出：DAC0832 双极性输出电路如图 14-8 所示。其输出为

$$V_{\text{OUT}} = -(128 - B) \times \frac{V_{\text{REF}}}{256}$$

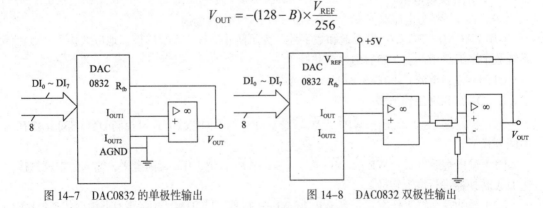

图 14-7　DAC0832 的单极性输出　　　　　图 14-8　DAC0832 双极性输出

5. DAC0832 与微机接口电路的设计

（1）D/A 转换器使用注意事项：

① 选择 D/A 转换器时，首先考虑 D/A 转换器的分辨率和工作温度范围是否满足系统要求，其次根据 D/A 转换芯片的结构和应用特性选择 D/A 转换器，应使接口方便，外围电路简单。

② 接口设计：具有三态输入数据寄存器的 D/A 芯片可直接与计算机 I/O 槽上的数据总线相接。但也要为 D/A 转换器分配一个端口地址。

③ 参考电源配置：若 D/A 芯片无参考电压源则需外接。参考电压必须稳定，温度漂移小。

（2）D/A 转换器的应用。使用 D/A 转换器构造一个波形发生器，如图 14-9 所示。

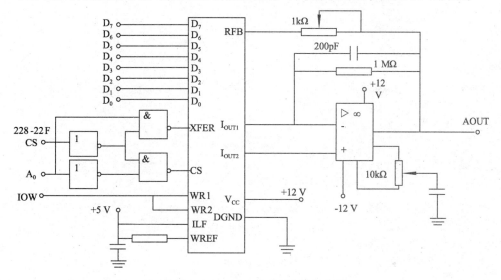

图 14-9　DAC0832 构造的波形发生器

利用 0832 将一组数据转变为 3 种波形（锯齿波、三角波、正弦波）。按 Q 键返回 DOS 操作系统。0832 片选端口地址为 228H～22FH。通过接双运算放大器 LM358 将 D/A 输出的电流转换为电压输出。

地址译码输出为 360H，电路输出各波形描述如下：

① 矩形波：持续 256 次送 0，然后 256 次送 FFH，如此重复，D/A 输出一个矩形波。

② 梯形波：持续 256 次送 0，然后逐次加 1 直到 255，然后持续 256 次，接着将 255 逐次减 1，如此重复，D/A 输出一个梯形波。

③ 三角波：持续 256 次送 0，然后逐次加 1 直到 255，接着将 255 逐次减 1 到 0，如此重复，D/A 输出一个三角波。

源程序：

```
CRLF    MACRO
    MOV DL,0DH
        MOV AH,02H
        INT 21H
        MOV DL,0AH
```

```
                MOV AH,02H
                INT 21H
                ENDM
DATA       SEGMENT
  MESS1 DB 'START D/A--1,END WITH Q!',0DH,0AH,'$'
  MESS2 DB 'START D/A--2,END WITH Q!',0DH,0AH,'$'
  MESS3 DB 'START D/A--3,END WITH Q!',0DH,0AH,'$'
 SINBUF DB 128,88,53,24,6,0,6,24,53,88,128,168,203,232
                DB 250,255,250,232,203,168
DATA       ENDS
STACK      SEGMENT
                STA DB 20 DUP(?)
                TOP EQU LENGTH STA
STACK      ENDS
CODE       SEGMENT
ASSUME     CS:CODE,DS:DATA,SS:STACK,ES:DATA
START:     MOV AX,DATA
                MOV DS,AX
                MOV AX,STACK
                MOV SS,AX
                MOV AX,TOP
                MOV SP,AX
                MOV DX,OFFSET MESS1
                MOV AH,09H
                INT 21H
      A1:  MOV CX,0FFFFH
                MOV DX,228H
                MOV AL,00H
      BBB:OUT DX,AL
                INC DX
                OUT DX,AL
                DEC DX
                ADD AL,10H
                CMP AL,00H
                JNZ BBB
                LOOP BBB
                MOV AH,01H
                INT 21H
                CMP AL,'Q'
                JNZ A1
                CRLF
                MOV DX,OFFSET MESS2
                MOV AH,09H
                INT 21H
      DDD:  MOV CX,0FFFFH
                MOV DX,228H
```

```
             MOV AL,00H
EEE:   OUT DX,AL
             INC DX
             OUT DX,AL
             DEC DX
             ADD AL,10H
             CMP AL,0F0H
             JNZ EEE
FFF:   OUT DX,AL
             INC DX
             OUT DX,AL
             DEC DX
             SUB AL,10H
             CMP AL,00H
             JNZ FFF
             LOOP EEE
             MOV AH,01H
             INT 21H
             CMP AL,'Q'
             JNZ DDD
             CRLF
             MOV DX,OFFSET MESS3
             MOV AH,09H
             INT 21H
GGG:   MOV CX,0FFFFH
             MOV DX,228H
HHH:   MOV SI,OFFSET SINBUF
             MOV BL,20
III:   MOV AL,[SI]
             OUT DX,AL
             INC DX
             OUT DX,AL
             DEC DX
             INC SI
             DEC BL
             JNZ III
             LOOP HHH
             MOV AH,01H
             INT 21H
             CMP AL,'Q'
             JNZ GGG
             MOV AH,4CH
             INT 21
CODE   ENDS
             END START
```

14.3 典型 A/D 转换器及其应用

14.3.1 A/D 转换器工作原理

A/D 转换将连续变化的模拟信号转换为数值上等效的数字信号。A/D 转换器是模拟信号源与数字设备、计算机或其他数据系统之间联系的桥梁，在工业控制和数据采集等领域中，A/D 转换器是不可缺少的重要部件。

实现 A/D 转换的方法很多，但其基本转换原理可归纳为比较和计算两个过程。按转换方法可分为直接比较型和间接比较型两大类。

（1）直接比较型：该方式将被转换的模拟输入信号直接与一个特定基准源进行比较后获得数字量，包括连续比较、逐次比较、斜坡电压比较等方式。

在该转换原理中，A/D 所测得的是瞬时值，所以抑制串模干扰的能力差，但速度快，其转换精度取决于电路中作为比较基准的 D/A 转换器的精度和比较器的精度。其中，逐次比较型 A/D 转换器速度较快，转换程序固定，是当前计算机控制系统中经常采用的 A/D 转换器件。

直接比较型转换原理如图 14-10 所示。

（2）间接比较型：A/D 转换器的模拟输入信号不直接与基准源相比较，而是将其转换为另一种中间物理量，如时间、频率等，再转换为数字量。这类 A/D 转换器具有较强的串模干扰抑制能力，但转换速度较低，常用于对速度要求不高的智能仪表中。

间接比较型 A/D 转换器原理如图 14-11 所示。

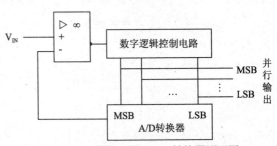

图 14-10　直接比较型 A/D 转换器原理图

这类 A/D 转换电路中，比较器是主要元件，要有较高的灵敏度，使其在阀值附近能够确切地区分模拟信号的最小量值。同时要求它在零点附近具有较高的放大倍数以减小死区，提高系统分辨率。

目前，广泛应用的 A/D 转换器主要有逐次比较型、双积分型及 V/F 变换型 3 种。下面介绍逐次逼近型 A/D 转换器。

逐次逼近型 A/D 转换器具有较快的转换速度，其主要优点是与微机接口方便。比较适合对快速连续变化的物理量进行跟踪采集与记录等。其电路如图 14-12 所示。

主要组成部件有逐次逼近寄存器 SAR、D/A 转换器、比较器、置数选择逻辑和时钟电路等。

工作原理：置数选择逻辑给 SAR 置数，经 D/A 转换器转换成模拟量并和输入模拟信号比较，输入模拟电压大于或等于 D/A 转换器输出电压时，比较器置"1"，否则置"0"。置数选择逻辑根据比较器的结果修正 SAR 的数值，使所置数据转换后得到的模拟电压逐渐逼近输入电压，经过 n 次修改后，SAR 中的数值便是 A/D 转换结果。

逐次逼近式 A/D 转换速度较快，在 1～100 μs 之间，分辨率可达 18 位，转换时间固定，但抗干扰能力比较差。这类典型芯片有 ADC0809、ADC1210、AD574 等，是应用较多的 A/D 转换器芯片。

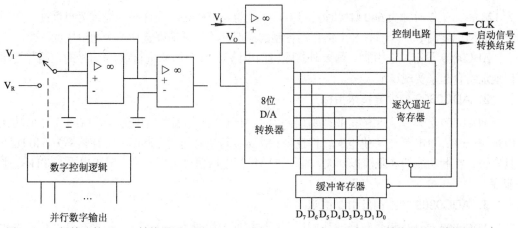

图 14-11　间接比较型 A/D 转换器原理图　　　图 14-12　逐次逼近式 A/D 转换器的电路框图

14.3.2　A/D 转换器主要性能指标

（1）分辨率：能够分辨的最小量化信号的能力，通常用位数来表示。对于一个实现 n 位转换的 A/D 转换器来说，它能分辨的最小量化信号的能力为 2^n 位，即分辨率为 2^n 位。例如，对一个 12 位的 A/D 转换器，分辨率为 $2^{12} = 4\ 096$ 位。

（2）精度：采用绝对精度和相对精度来表示。绝对精度指满量程数字量输出时，模拟输入量的实际值与理论值之差的最大值，通常用数字量最小有效值（LSB）的分数值来表示，例如 ±1LSB、±1/2LSB、±1/4LSB 等。相对精度指在零点满量程较准后，任意数字输出所对应模拟输入量的实际值与理论值之差，用模拟电压满量程的百分比来表示。

（3）转换时间：指 A/D 转换器完成一次转换所需时间，即从启动信号开始到转换结束并得到稳定的数字输出量所需时间，通常为微秒级。一般约定，转换时间大于 1 ms 的为低速，l ms～1 μs 的为中速，小于 1 μs 的为高速，小于 1 ns 的为超高速。

（4）温度系数：表示 A/D 转换器受环境温度影响的程度，采用环境温度变化 1℃ 所产生的相对转换误差来表示。

（5）量程：指所能转换的模拟输入电压范围，分单极性、双极性两种类型。单极性常见量程为 0～+5 V、0～10 V、0～20 V；双极性量程通常为 −5～+5 V，−10～+10 V。

（6）逻辑电平及方式：多数 A/D 转换器输出的数字信号与 TTL 电平兼容，以并行方式输出。

（7）工作温度范围：由于温度会对比较器、运算放大器、电阻网络等产生影响，A/D 转换器的工作温度范围一般为 0～70 ℃。

14.3.3　ADC0809 及其应用

ADC0809 是逐次逼近式 A/D 转换器，片内有 8 路模拟开关，可同时连接 8 路模拟量，单极性，量程为 0～5 V，片内有三态输出缓冲器，可直接与微机总线连接。该芯片有较高的性能价格比，适用于对精度和采样速度要求不高的场合或一般工业控制领域。由于其价格低廉，便于与微机连接，因而应用十分广泛。

1. ADC0809 工作原理

ADC0809 采用单一 +5 V 电源供电，外接工作时钟。当时钟为 500 kHz 时，转换时间大约为 128 ms，工作时钟为 640 kHz 时，转换时间大约为 100 ms。允许模拟输入为单极性，无须零点和满刻度调节。内部有 8 个锁存器控制的模拟开关，可编程选择 8 个通道中的一个。

ADC0809 没有片选引脚，需要外接逻辑门电路对 ADC0809 进行读/写信号的控制并与端口地址组合起来实现编址。

2．ADC0809 的主要技术指标

ADC0809 分辨率为 8 位；非调整误差为 ±1 LSB；工作温度范围为-40～+85 ℃；低功耗电量 20 mW；单电源+5 V 供电；转换速度约 1 μs，转换时间为 100 μs（时钟频率为 640 Hz）；具有锁存控制功能的 8 路模拟开关，能对 8 路模拟电压信号进行转换；输出电平与 TTL 电平兼容。

3．ADC0809 的结构及引脚说明

ADC0809 是 8 位模数转换芯片，其内部结构框图如图 14–13 所示，主要包括 8 位逐次比较 A/D 转换器，8 路模拟开关及地址锁存与译码。

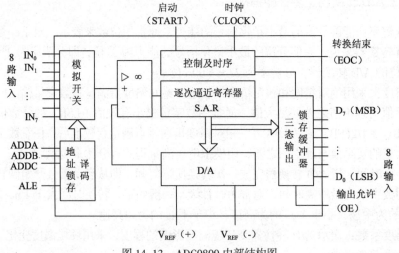

图 14–13　ADC0809 内部结构图

ADC0809 的引脚如图 14–14 所示。各引脚信号功能如下：

（1）$IN_0 \sim IN_7$：8 路模拟输入，通过 ADDA、ADDB、ADDC 三个地址译码来选通一路。

（2）$D_0 \sim D_7$：8 位数据输出端，为三态输出，可直接和微机数据线连接。

（3）ADDA、ADDB、ADDC：模拟通道选择地址信号如表 14–1 所示。ADDA 为低位、ADDC 为高位，如 000 则选 0 通道，001 则选 1 通道，依此类推。

（4）V_{REF}、$+V_{REF}$：正、负参考电压输入端。

（5）CLOCK：时钟输入信号，最大 640 kHz。

（6）START：A/D 转换启动信号，最小宽度为允许地址锁存信号。

（7）ALE ：允许地址锁存信号，当此信号有效时，送入的通道选择地址便被锁存，使用时该信号可和 START 信号连在一起，以便同时锁存通道地址并开始 A/D 采样转换。

（8）EOC：A/D 转换结束信号，常用来作为中断请

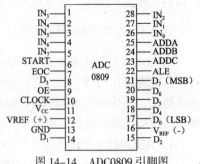

图 14–14　ADC0809 引脚图

求信号。

（9）OE：允许输出信号，送出此信号时 0809 三态门与微机数据总线接通，可把转换的数据取走，若在中断方式下工作，则此信号往往是微机发出的中断请求响应信号。

表 14-1　模拟通道选择地址

地　　址			选择通道
ADDC	ADDB	ADDA	
0	0	0	IN_0
0	0	1	IN_1
0	1	0	IN_2
0	1	1	IN_3
1	0	0	IN_4
1	0	1	IN_5
1	1	0	IN_6
1	1	1	IN_7

4. ADC0809 工作时序

ADC0809 工作时序如图 14-15 所示。

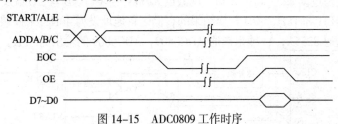

图 14-15　ADC0809 工作时序

当通道选择地址 ADDA、ADDB、ADDC 到来时，ALE 信号有效，地址便立刻被锁存，A/D 转换器将选通的输入信号进行转换，当转换结束时，ADC0809 送出 EOC 信号，微处理器接到此信号时，便立即送出允许输出信号 OE，此时 ADC0809 将转换数据通过内部三态门，送到微机数据总线，由微处理机取走。

ALE 信号宽度不小于 100 ns，启动信号宽度不小于 100 ns，地址保持时间不应小于 25 ns。

5. ADC0809 与微机的接口

ADC0809 数据输出端为 8 位三态输出，故数据线可直接与微机数据线相接。但因为无片选信号线，因而需要与相关的逻辑电路匹配。

（1）ADC0809 与 CPU 的直接连接：该方式如图 14-16 所示。

转换源程序：

```
MOV  AL,07H
OUT  1FH,AL
CALL DELAY100
IN   AL,1FH
HLT
```

（2）系统通过并口与 ADC0809 的连接：系统可对 8 路模拟量分时进行数据采集，转换结果采用查询方式传送，除了一个传送转换结果的输入端口外，还需要传送 8 个模拟量的选择信号和 A/D 转换的状态信息。因此，可采用 8255A 作为 ADC0809 和 CPU 的连接接口，将 A 口设为方式 0 的输入方式，B 口的 $PB_5 \sim PB_7$ 输出选择 8 路模拟量的地址选通信号，PC_1 输出 ADC0809 的控制信号，PB_0 作为启动信号。

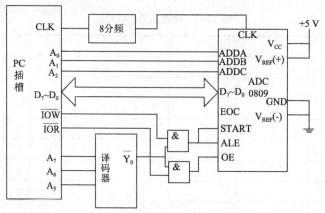

图 14-16　ADC0809 与 CPU 的连接

系统的硬件连接如图 14-17 所示。

由于 ADC0809 需要脉冲启动，所以通过软件编程让 PB_0 输出一个正脉冲。EOC 信号直接接 PC_1。8 位数据通过读 8255 芯片 A 口。现假设 8255A 的 A 口、B 口、C 口及控制口地址分别为 1CH、1DH、1EH 和 1FH，A/D 转换结果的存储区首地址设为 40H，采样顺序从 IN_0 到 IN_7。译码器输出 $\overline{Y_0}$ 选通 8255A，Y_1 输出选通 ADC0809，ADC0809 的输出为 3FH。

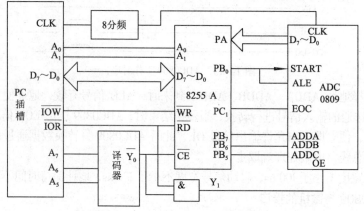

图 14-17　ADC0809 与系统连接图

源程序：

	MOV	DX,1FH	;8255 初始化
	MOV	AL,99H	
	OUT	DX,AL	
	MOV	SI,40H	;数据存储地址
	MOV	CX,08H	
	MOV	BH,00H	
LOOP1:	MOV	BH,08H	
	MOV	AL,01H	
	MOV	DX,1DH	;启动 0809,送脉冲
	OUT	DX,AL	

```
              MOV        AL,00H
              OUT        DX,AL
LOOP2:   IN         AL,DX
              TEST       AL,1EH              ;查寻EOC信号
              JZ         LOOP2
              MOV        DX,1CH              ;取数据
              MOV        AL,DX
              MOV        [SI],AL
              INC        SI                  ;存储单元加1
              INC        BH                  ;循环寄存器加1
              LOOP       LOOP1               ;8路转换结束,没有结束循环
              HLT
```

（3）编制程序，按中断方式采样 A/D 转换数据，结果送内存 6000H 单元，采样点为 300 个。将 A/D 转换结果在屏幕上动态显示，设置显示方式为 640×200 图形方式。0809 片选端口地址为 220H～227H。

其硬件电路如图 14-18 所示。

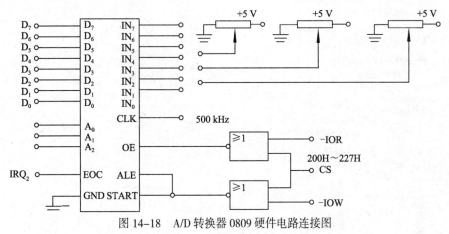

图 14-18 A/D 转换器 0809 硬件电路连接图

分频电路的控制端一个端口接 8 MHz 脉冲输出，另一个端口接+5V，分频电路 Q3（500 kHz）端接 A/D 转换器的 500 kHz。模拟量输入端 IN_0 接 2.2 kΩ 电位器中心抽头，电位器两端分别接+5V 和地。0809 的 CS 端接译码电路的 200H～227H 端口地址。0809 的 EOC 端接总线的 IRQ_2。

源程序：

```
RLF MACRO
              MOV DL,0DH
              MOV AH,02H
              INT 21H
              MOV DL,0AH
              MOV AH,02H
              INT 21H
              ENDM
DATA     SEGMENT
INR      DB ?
              RESULT   DB ?
DATA     ENDS
STACK SEGMENT
```

```
        STA     DB 20 DUP(?)
        TOP     EQU LENGTH STA
STACK   ENDS
CODE    SEGMENT
        ASSUME CS:CODE,DS:DATA,SS:STACK,ES:DATA
START:  MOV AX,DATA
        MOV DS,AX
        MOV AX,STACK
        MOV SS,AX
        MOV AX,TOP
        MOV SP,AX
        MOV AL,0AH
        MOV AH,35H
        INT 21H
        PUSH ES
        PUSH BX
        PUSH DS
        MOV AX,SEG ADINT
        MOV DS,AX
        MOV DX,OFFSET ADINT
        MOV AL,0AH
        MOV AH,25H
        INT 21H
        POP DS
        IN  AL,21H
        MOV BP,AX
        AND AL,11111011B
        OUT 21H,AL
        MOV CX,300
CCC:    STI
        MOV DX,220H
        OUT DX,AL
        HLT
        CLI
        MOV AX,SI
        PUSH DS
        MOV BX,6000H
        MOV DS,BX
        MOV BX,CX
        DEC BX
        MOV [BX],AL
        AND AL,0F0H
        PUSH CX
        MOV CL,04H
        SHR AL,CL
        POP CX
        ADD AL,30H
        CMP AL,39H
        JBE AS1
        ADD AL,07H
AS1:    MOV DL,AL
        MOV AH,02H
        INT 21H
```

```
                MOV AL,[BX]
                AND AL,0FH
                ADD AL,30H
                CMP AL,39H
                JBE AS2
                ADD AL,07H
        AS2:    MOV DL,AL
                MOV AH,02H
                INT 21H
                MOV DL,20H
                MOV AH,02H
                INT 21H
                POP DS
                LOOP CCC
                POP DX
                POP DS
                MOV AL,0AH
                MOV AH,25H
                INT 21H
                MOV AX,BP
                OUT 21H,AL
                MOV AH,4CH
                INT 21H
        ADINT   PROC NEAR
                USH AX
                PUSH DX
                MOV DX,220H
                IN  AL,DX
                MOV SI,AX
                MOV AL,20H
                OUT 20H,AL
                POP DX
                POP AX
                IRET
        ADINT   ENDP
        CODE    ENDS
                END START
```

14.3.4 A/D 转换器选择原则

A/D 转换器的选择原则如下:

(1) 根据检测通道的总误差和分辨率要求, 选取 A/D 转换精度和分辨率。一些大型测控系统中不太计较成本, 应选 A/D 的精度和分辨率比系统要求的精度和分辨率高一个数量级, 这样系统的误差指标可全部分配给传感器和其他环节, 以降低系统的设计或研制难度。在小型智能仪器中, 则对系统各环节进行合理地精度分配, 根据分配给 A/D 部分的指标进行选取, 原则上满足系统要求即可。

(2) 根据被测对象的变化率及转换精度要求确定 A/D 转换器的转换速率。为保证实时性和采样信号不失真的要求, A/D 转换时间必须满足由采样定理所确定的时间。采样定理指出: 当采样器的采样频率高于或至少等于输入信号频谱中的最高频率的两倍时, 信号才不会失真。因此, 需估算出输入信号的最高频率, 选 A/D 转换速率大于两倍的信号的最高频率。

（3）根据环境条件选择 A/D 芯片的环境参数，如工作温度、功耗等。

（4）根据接口设计是否简便及价格等选取 A/D 芯片。现在 A/D 芯片种类繁多，有些内部含基准电源，有些则需外配；有些是 TTL 电平锁存或三态输出。在价格差别不大的情况下，应选取既能保证性能，接口设计又最简单的芯片。

14.4 A/D 和 D/A 转换应用实例

A/D 转换接口是数据采集系统前向通道中的一个环节，D/A 转换接口是数据采集系统后向通道中的一个环节。

实例分析：用 ADC0809 及 DAC0832 构建一个通用 8 位 A/D 采集，一个 D/A 输出的采集卡。

1. 系统电路原理图

根据要求画出系统电路原理图，如图 14-19 所示。

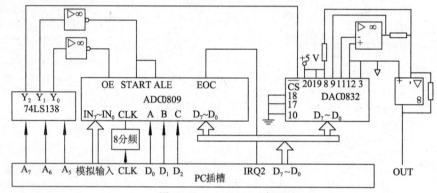

图 14-19　A/D、D/A 应用

2. 相关地址分配

ADC0809 输出允许：1FH；ADC0809 启动：3FH；DAC0832 使能：5FH。

DAC0832 输出为单极性输出，可根据要求变换为双极性输出。程序编制如下：

（1）A/D 采样程序：

```
        MOV  SI,40H
        MOV  CX,08H
LP:     MOV  BH,0
        MOV  AL,BH
        MOB  DX,3FH
        OUT  DX,AL              ;启动 0809,送脉冲
        MOV  AL,0FFH
        OUT  DX,AL
        CALL DELAY100           ;延时 100 μs
        MOV  AL,3FH
        MOV  [SI],AL
        INC  SI
        INC  BH
        LOOP LP
        HLT
```

（2）D/A 转换程序：

```
MOV  SI,80H              ;转换数据存储区地址送 SI
MOV  DX,5FH              ;D/A 转换地址送 DX
MOV  AL,[SI]
OUT  DX,AL               ;D/A 转换
```

本 章 小 结

本章介绍了 D/A 及 A/D 转换器的工作原理和典型的 D/A 及 A/D 转换器芯片。

DAC0832 是 8 位 D/A 转换器，从输出信号来说，D/A 转换器的直接输出是电流量，若片内有输出放大器，则能输出电压量，并能实现单极性或双极性电压输出。D/A 转换器的转换速度较快，一般其电流建立时间为 1 μs。

ADC0809 是逐次逼近型 8 位 A/D 转换芯片，片内有 8 路模拟开关，可同时连接 8 路模拟量，单极性，量程为 0～5 V，典型的转换速度为 100 μs，片内有三态输出缓冲器，可直接与 CPU 总线连接。该芯片有较高的性能价格比，适用于对精度和采样速度要求不高的场合或一般的工业控制领域。

系统应用时应正确理解转换器性能与价格的关系。构建测控系统时要正确选用合适的 D/A、A/D 转换器件。

思考与练习题

一、填空题

1. 某测控系统要求计算机输出的模拟控制信号的分辨率必须达到 1%，应选用的 D/A 转换器的位数至少是_____位。

2. 基于 T 型网络的 D/A 转换器原理电路中，共使用了两种电阻_____和_____。

3. A/D 转换器与 CPU 交换信息的方法有_____、_____和_____。

4. 基于逐次比较法的 A/D 转换须不断地输入值进行比较，因此在变换前应加入_____，而在变换过程中应使其_____。

5. 若某被测信号变化缓慢，且环境干扰大，应采用基于_____原理的 A/D 芯片，而在计算机中广泛采用的 A/D 芯片则是基于_____原理的。

6. 若 A/D 转换器为 12 位，被测信号满量程电压 $V_P = +10\,V$，则所能分辨的最小模拟电压应为_____ mV。

7. 8086 CPU 启动 A/D 转换器应使用_____指令，转换结束则使用_____指令获取数据。

8. 量化误差是 A/D 转换器的_____误差，它只可以通过_____使之减小而不可消除。

二、设计题

1. 用 DAC0832 转换器实现一阶梯波的产生，试编写该程序。

2. 举例说明高于 8 位的 D/A 转换器如何与微机接口。

3. 编写 8 通道 A/D 转换器 0809 的测试程序。

4. 画出 ADC0809 直接与 CPU 扩展槽的连接图并编写采样程序。

参 考 文 献

[1] 钱晓捷. 16/32 位微机原理、汇编语言及接口技术[M]. 北京：机械工业出版社，2011.

[2] 刘锋，董秀. 微机原理与接口技术[M]. 北京：机械工业出版社，2009.

[3] 史新福，等. 微型计算机原理与接口技术[M]. 北京：人民邮电出版社，2009.

[4] 戴梅萼，史嘉权. 微型机原理与技术[M]. 2 版. 北京：清华大学出版社，2009.

[5] 王保恒，等. 汇编语言程序设计及应用[M]. 2 版. 北京：高等教育出版社，2010.

[6] 裘雪红，等. 微型计算机原理与接口技术[M]. 2 版. 西安：电子科技大学出版社，2007.

[7] 史新福，冯萍. 32 位微型计算机原理·接口技术及其应用[M]. 2 版. 北京：清华大学出版社，2007.

[8] 余春暄，等. 80X86/Pentium 微机原理及接口技术[M]. 2 版. 北京：机械工业出版社，2008.

[9] 余朝琨. IBM-PC 汇编语言程序设计[M]. 北京：机械工业出版社，2008.

[10] 朱定华，林卫. 微机原理、汇编与接口技术实验教程[M]. 2 版. 北京：清华大学出版社，2010.